U0467643

遥感图像智能处理技术

黄春林　杨树文　李小军　张志华　李轶鲲　编著

科学出版社

北　京

内 容 简 介

本书系统阐述遥感大数据背景下，遥感图像智能处理的基本理论、相关技术及具体应用。全书共分为 7 章，包括遥感影像几何配准技术、遥感影像智能融合技术、遥感影像变化检测技术、遥感信息智能识别技术、遥感数据同化技术以及遥感智能云计算技术。同时，结合算法原理与实际应用案例，展现了遥感图像智能处理技术应用。

本书可作为地理、遥感、测绘等相关专业的教学、科研和业务参考书，也可作为高等院校相关专业教学用书。

审图号：GS 京（2024）2744 号

图书在版编目（CIP）数据

遥感图像智能处理技术 / 黄春林等编著. -- 北京：科学出版社，2025. 2. -- ISBN 978-7-03-079737-7

Ⅰ. TP751

中国国家版本馆 CIP 数据核字第 2024X5E249 号

责任编辑：杨帅英　赵晶雪 / 责任校对：郝甜甜
责任印制：赵　博 / 封面设计：图阅社

科 学 出 版 社 出版
北京东黄城根北街 16 号
邮政编码：100717
http://www.sciencep.com

北京建宏印刷有限公司印刷
科学出版社发行　各地新华书店经销

*

2025 年 2 月第 一 版　　开本：787×1092 1/16
2025 年 7 月第二次印刷　　印张：16 1/2
字数：390 000
定价：198.00 元
（如有印装质量问题，我社负责调换）

前　言

近年来，随着遥感传感器、卫星技术的迅速发展，遥感影像的获取量日益增加，如何集成、高效地利用海量遥感数据已成为目前亟待解决的问题。遥感图像智能处理技术是指利用人工智能和机器学习等先进技术对遥感影像进行自动化、高效化处理和分析的方法。其发展旨在解决多模态遥感影像一体化智能集成处理和专题应用，为生态环境、自然资源和国土安全动态监测、自然灾害防治、智慧城市建设等领域的遥感应用提供基底数据和技术支撑。本书将为测绘科学与技术、遥感科学与技术、地理学等学科及专业领域的本科生、研究生及相关技术人员提供系统的学习指导，有助于掌握遥感图像智能处理技术的基础理论、最新进展和实践技能，并为相关领域的研究和应用奠定基础。

根据遥感图像智能处理的常规流程，本书依次介绍了遥感影像几何配准技术、遥感影像智能融合技术、遥感影像变化检测技术、遥感信息智能识别技术、遥感数据同化技术及遥感智能云计算技术六个方面。在此过程中，本书对相关关键技术的研究现状和存在问题进行了系统梳理。

针对遥感影像几何配准技术，本书重点介绍了遥感影像配准原理、光学高分影像自动配准技术、光学与雷达影像自动配准技术和基于深度卷积特征的多模态遥感影像配准技术等内容，旨在帮助学习者理解和掌握遥感影像在不同时间或不同传感器获取时的几何位置关系，为后续的处理奠定基础。针对遥感影像智能融合技术，重点阐述了遥感影像融合原理、多光谱图像全色锐化算法、多光谱与无人机图像锐化融合算法、高光谱图像全色锐化算法等内容，旨在帮助学习者了解多源、多尺度遥感影像融合的原理和实现方法。针对遥感影像变化检测技术，重点介绍了经典变化检测方法、耦合模糊聚类算法和贝叶斯网络变化检测、后验概率空间混合条件随机场变化检测、遥感影像抗噪声变化检测等方法，旨在使学习者了解和掌握中高分辨率遥感影像变化检测的基本原理和最新技术。针对遥感信息智能识别技术，重点论述了基于深度学习的语义分割技术、Swin Transformer 融合 Gabor 滤波的遥感影像语义分割技术等，旨在使学习者了解基于深度学习的高分辨率遥感影像精细分割的基本原理和方法。

此外，为解决多源遥感数据的深层次集成应用难题，本书详细介绍了遥感数据同化技术，重点从遥感数据同化基本原理、遥感积雪数据同化技术、遥感微波亮温与地表温度数据同化技术、遥感微波亮温与地下水储量变化的数据同化技术等方面展开，旨在帮助学习者更好地利用多源遥感数据提高信息提取的精度和可靠性。最后，针对遥感智能云计算技术，本书阐述了遥感智能云计算基本概念、可扩展计算资源的遥感大数据云计算平台、基于云平台的遥感大数据快速处理、云平台与深度学习框架的集成等内容，旨在引领学习者了解和利用遥感智能云计算，提高遥感数据处理、分析的效率。

全书共分为 7 章。第 1 章由所有作者共同编写；第 2 章由杨树文编写；第 3 章由李小军编写；第 4 章由李轶鲲编写；第 5 章由张志华编写；第 6 章由黄春林、张莹编写；第 7 章由黄春林、侯金亮编写。黄春林、杨树文负责了全书的内容设计、排版和校稿，所有著者参与了本书所有章节的多次修订和完善，为本书的格式修改和编排付出大量劳动。

  由于作者水平和时间所限，书中难免存在不足，敬请读者批评指正。

作 者
2024 年 4 月

目 录

前言
第1章 绪论 ... 1
1.1 遥感图像智能处理技术 ... 1
1.2 关键图像处理技术研究进展 ... 1
1.2.1 遥感影像几何配准技术 ... 1
1.2.2 遥感影像智能融合技术 ... 6
1.2.3 遥感影像变化检测技术 ... 10
1.2.4 遥感信息智能识别技术 ... 13
1.2.5 遥感数据同化技术 ... 21
1.2.6 遥感智能云计算技术 ... 24
参考文献 ... 28

第2章 遥感影像几何配准技术 ... 45
2.1 遥感影像自动配准技术 ... 45
2.1.1 遥感影像配准原理 ... 45
2.1.2 遥感影像配准方法 ... 46
2.1.3 遥感影像配准精度评估方法 ... 48
2.1.4 多模态遥感影像特性及配准关键问题分析 ... 49
2.2 光学高分影像自动配准技术 ... 52
2.2.1 SIFT算法及存在问题 ... 52
2.2.2 基于SIFT与互信息筛选优化的遥感影像配准方法 ... 57
2.3 光学与雷达影像自动配准技术 ... 64
2.3.1 相位一致性原理 ... 64
2.3.2 扩展相位一致性光学与SAR影像配准算法流程 ... 65
2.3.3 实验结果与分析 ... 71
2.4 基于深度卷积特征的多模态遥感影像配准技术 ... 79
2.4.1 卷积神经网络原理 ... 79
2.4.2 算法流程 ... 80
2.4.3 实验结果与分析 ... 85
2.5 本章小结 ... 94
参考文献 ... 94

第3章 遥感影像智能融合技术 ... 98
3.1 遥感图像自动融合技术 ... 98
3.1.1 遥感图像融合原理 ... 98
3.1.2 融合的细节提取与直方图匹配 ... 99
3.1.3 遥感图像融合评价方法 ... 100
3.1.4 遥感影像融合关键问题分析 ... 103
3.2 基于ICM的自适应多光谱图像全色锐化算法 ... 104
3.2.1 ICM图像分割 ... 104
3.2.2 多光谱图像全色锐化算法设计 ... 106
3.2.3 实验结果与分析 ... 109
3.3 基于ICM的多光谱与无人机图像自适应锐化融合算法 ... 114
3.3.1 多光谱与无人机图像自适应锐化融合算法框架 ... 114
3.3.2 锐化融合 ... 115
3.3.3 实验结果与分析 ... 116
3.4 基于ICM的自适应高光谱图像全色锐化算法 ... 118
3.4.1 高光谱图像全色锐化算法框架 ... 118
3.4.2 锐化融合方法 ... 121
3.4.3 实验结果与分析 ... 123
3.5 本章小结 ... 127
参考文献 ... 127

第4章 遥感影像变化检测技术 ... 130
4.1 经典变化检测方法 ... 131
4.1.1 分类后比较法 ... 131
4.1.2 变化向量分析法 ... 131
4.1.3 后验概率空间变化向量分析法综述 ... 132
4.2 耦合模糊聚类算法和贝叶斯网络变化检测 ... 132
4.2.1 模糊C均值聚类算法 ... 132
4.2.2 简单贝叶斯网络 ... 133
4.2.3 贝叶斯网络学习 ... 134
4.2.4 后验概率空间变化向量分析法原理 ... 135
4.2.5 FCM-SBN-CVAPS变换检测算法流程 ... 135
4.2.6 实验结果与分析 ... 135
4.3 后验概率空间混合条件随机场变化检测 ... 140
4.3.1 随机场原理 ... 140
4.3.2 FCM-SBN-CVAPS-HCRF的势能函数 ... 142
4.3.3 实验结果与分析 ... 143

	4.4 遥感影像抗噪声变化检测	153
	4.4.1 空间 FCM-SBN-CVAPS 原理	153
	4.4.2 实验结果与分析	155
	4.5 本章小结	162
	参考文献	163

第 5 章 遥感信息智能识别技术 165

5.1 基于深度学习的语义分割技术	165
5.1.1 卷积神经网络概念及特点	165
5.1.2 卷积神经网络基本结构	166
5.1.3 语义分割网络	168
5.1.4 典型语义分割网络	169
5.2 Swin Transformer 融合 Gabor 滤波的遥感影像语义分割	173
5.2.1 Gabor 滤波	173
5.2.2 特征融合	174
5.2.3 Swin-S-GF 模型设计	179
5.2.4 实验结果与分析	180
5.2.5 消融实验	187
5.3 本章小结	189
参考文献	190

第 6 章 遥感数据同化技术 193

6.1 遥感数据同化基本原理	193
6.1.1 遥感数据同化原理	193
6.1.2 遥感数据同化方法	194
6.1.3 遥感数据同化评价标准	200
6.1.4 多源遥感数据的特性和同化的关键问题分析	201
6.2 基于 EnKF 的遥感积雪数据同化技术	202
6.2.1 遥感积雪数据同化流程	202
6.2.2 实验结果与分析	206
6.3 基于 EnKF 的遥感微波亮温与地表温度数据同化技术	217
6.3.1 遥感微波亮温与地表温度数据同化流程	217
6.3.2 实验结果分析	220
6.4 基于 EnKF 的遥感微波亮温与地下水储量变化的数据同化技术	225
6.4.1 遥感微波亮温与地下水储量变化数据同化流程	225
6.4.2 实验结果分析	226
6.5 本章小结	232
参考文献	233

第7章 遥感智能云计算技术 ··· 237
7.1 遥感智能云计算 ·· 237
7.1.1 遥感智能云计算基本概念 ···································· 237
7.1.2 遥感智能云计算关键技术 ···································· 238
7.2 可扩展计算资源的遥感大数据云计算平台 ························ 240
7.2.1 云计算平台硬件环境 ··· 240
7.2.2 云计算平台软件环境 ··· 241
7.2.3 云计算平台集成方案 ··· 241
7.3 基于云平台的遥感大数据快速处理——以 MODIS NDVI 数据为例 ········ 243
7.3.1 实验设计 ·· 243
7.3.2 云平台效率评估 ··· 244
7.4 云平台与深度学习框架的集成 ···································· 247
7.4.1 云平台与深度学习框架的集成方案 ························ 248
7.4.2 集成云平台和深度学习框架的时序 MODIS LAI 数据重建 ······· 248
7.5 本章小结 ·· 252
参考文献 ·· 253

第1章 绪 论

1.1 遥感图像智能处理技术

遥感图像智能处理技术是指利用人工智能和机器学习等先进技术对遥感影像进行自动化、高效化处理和分析的方法。随着遥感技术的不断发展，遥感影像的获取量日益增加，如何集成、高效地利用海量的遥感数据已成为目前亟待解决的问题。遥感图像智能处理技术的发展旨在解决多模态遥感影像一体化集成处理和专题应用，有助于为生态环境监测、自然资源管理、智慧城市等领域提供数据和技术支撑。

遥感图像智能处理技术涉及遥感影像处理、分析、挖掘等多个方面，根据多源多时相多分辨率遥感影像集成应用的发展趋势，其关键技术主要集中在多模态影像几何配准、融合、变化检测、数据同化（data assimilation，DA）等。遥感影像的多样性决定了在这些关键技术的自动化智能化研究过程中不可避免地涉及人工智能和云技术。由此本章根据这几个方面展开论述，当然遥感图像智能处理技术还包括其他方面，不再一一赘述。遥感影像几何配准技术是指将不同时间、不同传感器或不同分辨率的遥感影像进行准确的空间配准，确保影像之间的空间一致性。遥感影像智能融合技术通过融合多源数据提高数据的时空分辨率，可以增加影像的信息量，提高数据的可用性和应用范围。遥感影像变化检测技术通过对多时相的遥感图像进行比较和分析，可以实现对地物变化的监测和分析。遥感信息智能识别技术是指利用人工智能、机器学习、深度学习等技术，对遥感图像中的地物、目标进行自动识别和分类的方法。遥感数据同化技术是指将遥感数据与模型模拟数据相结合，通过数据融合的方式，提高地球系统模型的准确性和可靠性。遥感智能云计算技术是指将遥感技术与云计算、人工智能等先进技术相结合，通过云平台实现遥感数据的存储、处理、分析和共享的一种技术。

总之，遥感图像智能处理技术在实现对遥感影像数据的高效处理和分析方面具有巨大潜力，将为地球科学各个领域的研究和应用带来新的发展机遇。

1.2 关键图像处理技术研究进展

1.2.1 遥感影像几何配准技术

多模态遥感协同监测［光学、红外、合成孔径雷达（SAR）及激光雷达（LiDAR）等］和智能集成应用是当前遥感领域研究的热点之一（张兵，2018；张永军等，2021），高精度影像配准技术是多模态遥感影像智能集成、应用的前提（闫利等，2018）。然而，多模态遥感影像之间存在典型的"六差异"（成像物理机理差异、量纲差异、几何差异、尺度差异、视角差异、维度差异等的一种或几种）和"三不同"（不同环境、不同天气、不同天候）（Ye et al.，2017；Balakrishnan et al.，2019）。这些差异影响了多模态影像同名特征点的匹配、配准算法的精度和普适性，影像空间分辨率越高，部分差异会越被局部放大，进而增加了精确配准的难度（Yan et al.，2022）。因此，至今多模态遥感影像精确配准仍是国际遥感领域亟待解决的难题之一。

近年来，研究者们不断在影像的特征检测和特征描述两个阶段探索高效、鲁棒的特征映射方法，推动多源遥感影像配准技术的研究（Moreshet and Keller，2024）。根据特征描述的基元和语义层次不同，多模态遥感影像配准可分为区域配准算法和特征配准算法。此外，随着深度学习方法的深入应用，针对多模态影像提出了适用性较强的深度学习配准算法。因此，本节对三种不同类型的配准算法进行阐述。

1. 区域配准算法

区域配准算法是一类发展比较成熟的影像配准算法，通常利用影像灰度信息与特定的相似性度量寻找待配准影像与基准影像之间的映射关系，使得两幅影像在同一坐标系下对齐（Xue et al.，2021）。经典的相似性度量包括互相关（Pratt，1974）和互信息（Maes et al.，1997）。互相关是最早使用的区域配准算法，它通过遍历计算模板影像和搜索窗口之间的灰度差值进行配准，但是影像之间的灰度变化会影响配准性能。为此，有学者针对这一问题提出一种改进的归一化互相关算法，在一定程度上弱化了对灰度变化的敏感性。互信息是基于全局灰度统计特性构建的，主要思想是使用信息熵度量两幅影像之间的信息包含程度，对影像噪声的鲁棒性更强，但对局部灰度差异较为敏感。在实际应用中，考虑到待配准影像与基准影像之间不重叠区域会减弱两幅影像的相关性并干扰配准，常采用归一化互信息度量两幅影像之间的相关性以提高算法的鲁棒性（Rueckert et al.，2000）。

近年来，很多新颖的区域配准算法相继被提出（林卉等，2012；闫利等，2018；Paul and Pati，2021）。例如，谭东杰和张安（2013）针对可见光与红外影像配准精度较低的问题，提出了一种基于边缘方向相关和局部优选区域互信息加权的配准算法，该算法通过引入边缘方向相关测度提高了互信息配准算法的精度，并利用局部优选区域代替整幅影像提高运算效率。Chen 等（2018）提出了一种基于旋转不变区域互信息的相似度度量，通过结合互信息与中心对称局部二值信息实现信息综合，该算法不仅有效利用影像中的空间信息，还考虑了局部灰度变化和旋转变化对计算概率密度函数的影响，可以获得优于经典互信息算法的配准性能。

相对于空间域中的区域配准算法，在频率域中利用参数不变的相位相关（phase correlation，PC）法提取遥感影像中的不变特征是一种更高效的区域配准算法。Anuta（1970）和 Kuglin（1975）发现空间域中的影像平移等价于傅里叶变换后频率域中的相位差，并据此使用 PC 法进行影像配准。该算法不仅在像元平移、角度旋转和尺度缩放等方面具有不变性，而且对于部分仿射变换和噪声也具有鲁棒性。随后，有学者利用傅里叶-梅林变换将空域中的尺度和旋转差异变换为频率域中的幅值差异，并将幅度谱转换到对数极坐标系下进行参数求解。Hoge（2003）通过奇异值分解提取功率谱的主分量，同时采用条纹滤波过滤由噪声引起的次分量，进而求解变换模型参数。Xiang等（2020）将光学和SAR影像中的一致特征表示嵌入三维PC立体图中，实现二维变换模型参数估计。

此外，许多学者还基于频率域中的相位一致性（phase congruency，PC）原理构建特征描述符，并提出一些可以抵抗多模态遥感影像间非线性辐射差异的鲁棒算法，如相位一致性方向直方图（histogram of orientated phase congruency，HOPC）算法（Ye and Shen，2016）、辐射不变特征变换（radiation-invariant feature transform，RIFT）算法（Li et al.，2019）和方向梯度通道特征（channel features of orientated gradients，CFOG）算法（Ye et al.，2019）等。这些算法一般需要先对两幅影像进行地理信息几何校正，以消除影像之间较大的旋转和平移现象，还需要对待配准影像进行重采样以保证与基准影像之间的尺度一致。然而，当缺失先验信息时，这些算法往往不能得到令人满意的配准效果。

2. 特征配准算法

特征配准算法是影像配准算法中应用最广泛的算法，其核心思想是利用影像中典型、共有、不变的几何特征（点特征、边缘特征及区域特征等）进行匹配，再建立适当的几何变换模型以纠正影像。影像间的共有特征总是比像素点要少很多，计算量小，配准速度快。此外，这种基于特征匹配的配准算法具有受两幅影像间噪声和辐射变化影响小、稳定性强等特点，并且影像特征对于形变和光照变化等有较好的适应能力和鲁棒性。

点特征是特征配准算法中使用最广泛的影像特征（Jiang et al.，2018；Paul and Pati，2019；Fu et al.，2018）。尺度不变特征变换（SIFT）（Lowe，1999，2004）算法是最具代表性的基于点特征的影像配准算法，SIFT算法对灰度变化、旋转、缩放具有不变性。该算法在光学影像匹配任务中被广泛使用，不断涌现出不同的改进版本，如李晓明等（2006）将在视频影像匹配中获得巨大成功的SIFT特征应用于遥感影像的自动配准问题中，在考虑遥感影像成像特点的基础上提出了一种适合遥感影像的特征匹配算法。Dellinger等（2015）在借鉴SIFT算法思想的基础上提出了一种适用于SAR影像配准的改进算法（SAR-SIFT），该算法利用比例梯度代替传统梯度的计算方法，有效提高了SAR影像之间的配准精度。但是该算法只对同源SAR影像对有效，无法从跨模态的影像对上提取稳定的同名特征点对。为了解决这一问题，Xiang等（2018）提出一种SAR-SIFT算法的改进版本[即方向选择性尺度不变特征变换（orientation-selective scale-invariant feature transform，OS-SIFT）]，其分别利用两个不同的运算符来计算光学影像和SAR影像的一致梯度，并基于空间关系进行特征点定位细化以提高重复性。

相比于点特征，影像中的线特征包含更丰富的语义信息，并且在空间结构上也具有更强的约束性。因此，越来越多的学者们利用线特征进行遥感影像的配准研究，并取得了一些重要成果（Wang J et al.，2021；Wei et al.，2021；Zheng et al.，2022）。例如，Wang等（2009）提出一种基于均值标准差描述符的线特征匹配算法（MSLD），该算法通过线支持区域内梯度信息对线特征进行描述得到准确的匹配结果，其在旋转变化、光照变化和视点变化方面具有鲁棒性。但是该算法获取的同名特征点对数量较少，而且不具备尺度不变性。为了解决这个问题，Fan等（2012）提出一种基于点线不变量的线特征匹配算法（LPI），该算法通过线段和两个共面点的仿射不变性识别出不同影像中的同名线特征，有效提高了线特征描述符的区分性。尽管 LPI 算法在应对尺度变化、亮度变化和部分遮挡方面表现出色，但该算法的正确匹配数量仍然很少。为了进一步改善正确匹配数量，Li 等（2016）提出一种基于线交线结构的分层配准算法（LJL），该算法在旋转或缺少纹理信息的场景下表现出良好的配准性能，能够获取数量较多的同名特征点对，但其缺点是运算量大且时间复杂度较高。

在上述研究的基础上，一些研究人员将点线特征结合起来，以进一步提高匹配算法的精度，如 Yan 等（2021）提出了一种基于点线空间几何信息的自动配准算法（PLSGI），该算法可以有效抵抗多源遥感图像的非线性辐射和尺度差异。

3. 深度学习配准算法

随着深度学习算法的不断完善，相关算法也被尝试应用在遥感影像配准中，并取得了良好的效果。大多数深度学习配准算法的基本思路是将特征点匹配问题转化为影像块的匹配问题（Han et al., 2015；Simo-Serra et al., 2015；Bürgmann et al., 2019）。例如，Ma 等（2017）提出一种结合深度特征和局部特征的配准算法，利用卷积神经网络（CNN）计算输入影像块之间的空间关系，并将得到的稳定空间关系用于局部特征匹配，从而实现由粗到细的遥感影像配准。He 等（2018）采用一种双分支卷积神经网络结构学习输入影像块之间的相似度并提取高层语义信息，然后基于耦合四叉树的高斯金字塔进行多尺度匹配，以实现复杂背景变化条件下的遥感影像配准任务。Zhang 等（2019）通过全连接孪生网络（siamese network）计算输入影像块之间的相似性得分，并采用一种正负样本之间特征距离最大化策略获取同名特征点对。上述配准算法主要利用卷积神经网络替代传统特征配准算法中的某一个或多个关键步骤，并且特征检测与特征描述都是独立完成的。由于特征描述不能通过信息反馈指导特征检测过程，所以在严格意义上这些都不是真正的端到端的深度学习影像配准框架。

鉴于深度卷积神经网络强大的特征提取和表达能力，在大量训练数据的驱动下，一些学者采用端到端的网络框架进行遥感影像配准。例如，Zhu H 等（2019）通过训练卷积神经网络提取类似 SIFT 的稀疏深度特征，并将影像匹配问题转换为二分类问题。但是该算法检测到的关键点分布并不均匀，配准精度欠佳。范大昭等（2018）通过在双通道深度卷积神经网络前端加入空间尺度卷积层，解决了神经网络训练中输入数据的多尺度问题，能够实现遥感影像间的稳健匹配。但是该算法仅是针对中分辨率异源遥感影像设计的，对于跨模态的高分辨率遥感影像，特别是对高空间分辨率的光学与 SAR 影像配准可能难以适用。而 Lee 等（2021）基于卷积神经网络进行多时相、多视角遥感影像的高精度配准，较传统配准算法能获取更为丰富的同名特征点，但计算复杂度较大。上述算法都是完全数据驱动的深度学习配准算法，相较于传统方法更大幅度地缩减了时间成本，也在一定程度上提高了遥感影像配准的普适性。

此外，许多学者在不同的配准场景下提出了很多基于深度学习进行影像配准的新思路（Kong et al., 2019；Hughes et al., 2020；Chen and Jiang, 2021）。为了解决多模态遥感影像间存在显著的非线性辐射差异及传统方法难以有效地提取影像间的共有特征等问题，南轲等（2019）提出了一种基于孪生网络的多模态影像配准方法。该方法通过去除孪生网络中的池化层和抽取特征来优化该网络，保持特征信息的完整性和位置精度，使其有效地提取多模态影像间的共有特征。针对异源遥感影像的成像模式、时相、分辨率等不同导致配准困难的问题，蓝朝桢等（2021）提出一种基于卷积深度学习的配准方法［即跨模态图像匹配网络（CMM-Net）］。该方法利用卷积神经网络提取异源遥感影像的高维特征图，能够提取出异源影像的尺度不变相似特征，具有较强的适应性和稳健性。然而，该类算法应用在不同成像模式、多尺度、多时相的遥感影像时，可能难以提取数量充足且分布均匀的同名特征点，进而导致配准精度较低，甚至配准失败。

综上所述，深度学习方法的优异性能主要依赖于大量有效的训练样本和对应的准确标注数据，但是由于缺乏高质量和多样化的遥感基准数据集，其潜力挖掘不可避免地遇到瓶颈。此外，由于多源影像之间特征的差异性，该方法的通用性和适用性相对受限（Yang et al., 2021；Li et al., 2023）。基于深度学习的遥感影像配准方法在配准精度、配准效率的性能在不断提高。可以预见，基于深度学习的遥感影像配准方法会成为解决实时、高精度遥感影像配准问题的重要方法（Liu et al., 2023；Jiang et al., 2023；Zhang et al., 2024）。

4. 问题总结与分析

随着影像类型的不断增加和影像空间分辨率的提升，多模态影像的集成应用已成为趋势，也因此造成多模态影像的高精度配准成为必然的研究重点。然而，多模态影像高精度配准面临的问题不再局限于影像类型间存在的固有差异，复杂环境差异引起的误差将更为突出。对国内外研究现状的分析表明，多源遥感影像的配准虽然已取得了大量研究成果，但还存在一些问题亟待解决，至少包括以下几个方面。

（1）多源遥感影像间存在光照、对比度差异以及非线性辐射畸变等多种干扰因素，提取共有特征变得较为困难。主流研究思路是通过构建相似性测度提取一致特征或者将影像转化为相似度高的中间模态，以保留更多相似特征。然而，这些方法需预先进行地理信息几何校正和重采样，以消除旋转、平移和尺度差异，难以应对复杂几何畸变和噪声干扰，算法准确性和可靠性难以保证。

（2）遥感影像的观测尺度日益精细化，所覆盖的地物信息也变得更加丰富和复杂。加上地形起伏等因素的影响，影像局部畸变问题越发突出，导致遥感影像在不同区域的几何形变存在显著差异。传统的全局或局部转换模型，如仿射变换，在描述所有像元的空间对应关系时面临困难，其精度难以满足要求。因此，许多在大尺度遥感影像匹配中表现优异的传统匹配方法，在小尺度遥感影像的高精度匹配中并不适用。

（3）当前较为成熟的多源影像匹配方法大多基于二维空间关系进行描述和约束，缺乏在三维空间中的感知能力，没有充分利用影像的深层特征信息，如加入地物的高度信息，能够增强对地物属性的描述能力，减少畸变引起的误匹配。除此之外，三维影像匹配方法还面临三维信息获取、三维空间约束关系的构建等难题。如何充分挖掘影像自身的特性，顾及地物间的空间关系，构建基于三维视角的影像匹配方法还需要深入研究。

（4）深度学习配准算法目前还处于起步阶段且研究尚未成熟，尤其是多模态遥感影像配准,其配准性能有待进一步提高。深度学习配准算法具有深层次的结构和强大的学习能力,但优异性能主要依赖于大量有效的训练样本和对应的真实标签数据,而采集大量具有真实标签数据的遥感影像样本十分困难。当前深度学习配准算法往往利用先验信息或控制点对影像进行粗纠正等预处理,再利用深度学习方法进行精确配准。然而,由于遥感影像的成像条件具有异质性和复杂性,在大气介质、温度、湿度、辐射强度等多方面不稳定因素的影响下,深度学习配准算法的性能会低于传统配准算法。此外,基于影像块的深度学习配准算法在制作训练样本时没有考虑影像块之间的全局空间上下文信息,破坏了影像几何拓扑结构关系,导致丢失大量纹理结构信息。通过遍历所有候选影像块来识别同名影像块的策略也使得计算效率降低,无法满足实际需求。

总之,随着多模态影像的快速发展,构建适用多模态影像的高精度、普适性算法势在必行。

1.2.2 遥感影像智能融合技术

本节多源遥感融合的研究内容属于应用最广泛的像素级图像融合技术。为此,针对像素级融合中遥感图像全色锐化的国内外研究现状,本节主要就多光谱图像锐化融合研究进展和高光谱图像锐化融合研究进展分别展开阐述。

1. 多光谱图像锐化融合研究进展

关于多光谱图像全色锐化的研究开始得较早。1985 年,Cliche 首次将 SPOT-1 卫星提供的高分全色通道数据集成到低分多光谱通道中,增强了多光谱图像清晰度,并提高了其在土地分析等应用中的精度,为遥感图像全色锐化奠定了基础。在随后的近 40 年里,多光谱图像全色锐化算法取得了高速发展。根据算法技术路线的不同,现有方法主要可以分为成分替代方法、多分辨率分析方法和深度学习方法。

所谓成分替代就是使用高空间分辨率图像替代低分辨率图像的空间成分。融合方法首先将多光谱图像变换到另外一个空间,将其空间结构和光谱信息分离开来,然后将某一空间信息分量替换为全色图像,最后将重组的数据变换回原空间。经典的基于成分替代的融合方法包括亮度–色调–饱和度(intensity-hue-saturation,IHS)变换算法(Wady et al.,2020)、主成分分析(principal component analysis,PCA)算法(Ghadjati et al.,2019)、施密特(Gram-Schmidt,GS)变换算法(张涛等,2015;Ren et al.,2020)、Brovey 算法(Wang et al.,2005)和 HSV(hue-saturation-value)色彩空间变换算法等(常化文,2009)。

成分替代方法在空间信息丰富方面具有较高的鲁棒性,且方法快速易于实现,但其对所替换分量和全色图像之间的相关性依赖较大,因此通常伴随着较大的光谱失真。近年来,有学者针对这一问题对传统成分替代方法进行了改进,如 Aiazzi 等于 2007 年提出的自适应施密特(adaptive Gram-Schmidt,GSA)方法,Choi 等于 2011 年提出的部分自适应成分替代(partial replacement adaptive component substitution,PRACS)方法,Vivone 于 2019 年提出的基于物理约束的波段相关空间细节(band-dependent spatial detail with physical constrains，BDSD-PC）方法等。这些方法主要改进的是传统成分替代中空间变换这一过程，设计利用全色与多光谱图像分量的差异来计算空间结构信息，然后采用合适的注入方案将提取的空间结构信息注入多光谱图像中，不再需要进行空间变换，在与传统方法的对比中取得了较好的结果。

针对传统成分替代空间容易出现光谱失真的问题，学者们基于空间与光谱保真能力的平衡展开研究。Tu 等（2001）提出了广义 IHS（generalized IHS，GIHS）算法，该算法简化了传统 IHS 的正变换和逆变换过程，提高了锐化效率，并验证了 IHS、GIHS、Brovey、PCA 算法导致锐化图像光谱失真或退化的原因是变换过程中饱和度发生变化引起的，但并未提出改进算法。Zhou 等（2014）为减少 GIHS 中的饱和度变化，提出一种基于 GIHS 的光谱保存方法，该方法利用高斯函数提取全色图像空间细节对多光谱图像进行调制，并使用高斯卷积函数恢复光谱调制过程中丢失的边缘细节，相较于 GIHS 方法获得了较好的光谱保真能力。Shahdoosti 和 Ghassemian（2016）提出将光谱主成分分析与空间主成分分析相结合的全色锐化算法，使用低通滤波（low pass filter，LPF）器和高通滤波（high pass filter，HPF）器设计最优滤波器，将空间与光谱信息逐带融合，该算法发挥了 PCA 方法优秀的空间信息保存能力，同时改善了其光谱失真的问题。

多分辨率分析方法的基本思想是多分辨率的分解与重构，通常设计空间滤波器，对全色图像进行多尺度分解，提取空间细节信息，之后将其注入多光谱图像中，得到融合图像（童庆禧等，2006）。注入系数的获取方法是不同的多分辨率分析方法之间的主要差别。广泛使用的多分辨率分析方法包括拉普拉斯金字塔分解算法（Burt and Adelson，2003）、多孔小波变换（à trous wavelet transform，ATWT）算法（Shensa，1992）、基于平滑滤波器的强度（smoothing filter-based intensity，SFIM）调制算法（Liu，2000）、非下采样轮廓波变换（nonsubsampled contourlet transform，NSCT）算法（da Cunha et al.，2006）、非下采样剪切波变换（nonsubsampled shearlet transform，NSST）算法（Kong and Liu，2013）等。

拉普拉斯金字塔分解算法中首次采用了空间细节注入的思路，该算法旨在减少 IHS 算法对多光谱图像光谱特征的损失。Mallat（1989）提出了离散小波变换（discrete wavelet transform，DWT）算法。小波算法在光谱保持方面取得了良好的效果，因此不断发展派生，涌现出了以多孔小波变换（Shensa，1992）等为代表的改进算法，在国内外图像融合领域被广泛应用，至今依旧是热门的锐化融合方法之一。

多分辨率分析方法的优点是光谱保持效果好，抗混叠，不易受辐射差异的影响。自该方法被首次提出以来，一直备受关注。但其缺点是空间分辨率的提升可能不如成分替代方法，这是由于提取的空间信息仅包含特定谱段范围内的空间结构，与低空间分辨率图像的空间结构不能完全匹配，因此容易产生空间结构失真。许多学者基于多分辨率分析提出了新的全色锐化方法。Vivone 等（2020）提出基于上下文的广义拉普拉斯金字塔方法，并利用鲁棒技术来计算注入系数，但该方法不具备平移不变性。徐欣钰等（2023）提出一种 NSCT 和脉冲耦合神经网络（pulse coupled neural network，PCNN）相结合的遥感图像全色锐化算法，采用 NSCT 变换提取全色图像细节特征，并注入 PCNN 分割的非规则区域中，最后进行加权统计融合，取得了较好的结果，但该算法中 PCNN 模型参数未进行自适应设置。对于 PCNN、交叉皮层模型（intersecting cortical model，ICM）

等人工神经网络,不同参数值的分割结果不同,将严重影响全色锐化结果。以上方法都从不同角度提高了多分辨率分析方法的全色锐化精度。

此外,还有学者利用深度学习的方法来探索源图像的层次特征以解决遥感图像融合问题,目前受到广泛关注。Huang 等(2015)首次将深度学习算法应用在图像融合中,提出了一个基于深度神经网络(deep neural network,DNN)的多光谱图像全色锐化算法。近几年提出的基于深度学习的图像融合研究有:目标自适应卷积神经网络(target-adaptive CNN,TA-CNN)(Scarpa et al.,2018)、全色锐化对抗生成网络(pansharpening generative adversarial network,PSGAN)(Liu Q et al.,2020)等。基于深度学习的方法可以获得高质量的融合结果,但需要大量的样本数据集来训练网络,计算时间也更长。

随着无人机技术的逐渐成熟,利用无人机图像的超高分辨率实现星载多光谱图像空间信息丰富的研究也随之发展起来(张继贤等,2021)。首先,无人机技术在图像采集过程中具有良好的机动灵活性,不易受遮挡物的影响。其次,无人机传感器的分辨率较高,且飞行高度不高,在可控的安全范围内能够更方便地获取不同角度的高分辨率图像。无人机和高分卫星相结合的对地观测方式对于高精度要求的工作具有很高的适用性,如大比例尺地形图的绘制还是需要无人机拍摄成图来完成空间信息的获取。有很多学者提出多光谱与无人机图像的锐化融合方法,包西民(2019)通过目视解译和质量统计得出结论,在无人机图像与高分二号多光谱图像的融合中 PCA 方法优于 SFIM 和 Brovey 方法;熊源等(2021)采用 GS 方法融合无人机图像与哨兵 2A(Sentinel-2A)多光谱图像,进行火灾迹地遥感图像的提取。

2. 高光谱图像锐化融合研究进展

高光谱图像有着丰富的光谱信息,能够更好地反映目标物的实际情况,但较低的空间分辨率给高光谱图像的实际应用带来阻碍。高光谱图像锐化融合是提高图像质量的重要途径,高光谱图像的锐化融合大多为多光谱全色锐化的多波段扩展,比多光谱图像全色锐化更具有挑战性。高光谱图像的全色锐化技术,不但要求在空间信息丰富程度上有显著提升,而且需要具备很强的光谱特征保真能力,以满足光谱解译的应用需求(童庆禧等,2016)。对于高光谱图像锐化融合方法,成分替代方法、多分辨率分析方法和深度学习方法同样适用。

近几年基于成分替代方法和多分辨率分析方法的高光谱图像全色锐化研究有:胡秀秀(2020)提出一种同时利用高光谱与全色图像细节信息的全色锐化算法,利用高斯滤波器提取高光谱和全色图像的高频信息,再分别合并添加到高光谱图像中,获得了良好的效果。Restaino 等(2021)将高光谱图像与不同卫星平台获取的全色、多光谱图像进行锐化融合,建立了一种全分辨率评价方法,在对比实验中找到更适合用于增强高光谱图像的高分辨率信息。

对于采用全色锐化方法提升高光谱图像空间分辨率的研究虽然已有很多成果,但是融合的结果仍然会出现较大光谱失真、图像视觉效果不佳等情况。一方面,由于高光谱与全色图像的空、谱分辨率差异较大,直接将高光谱与全色图像进行锐化融合,需要上采样至很大倍数,缺失的空间信息难以得到有效注入,因此容易造成严重的空间细节缺失。另一方面,高光谱图像的信息冗余较大,在全色锐化从多光谱向高光谱拓展的过程中,若不能有效去除冗余信息对融合结果的干扰,将有效的互补信息集合到同一图像中,会严重影响融合结果的质量。信息冗余影响锐化图像质量的同时,也会大大降低全色锐化效率。一些学者针对以上问题提出了改进方法,一种有效思路是采用分步融合。通常引入中间分辨率的图像,充分利用更多维度的互补信息,逐步提高分辨率,最终过渡到与全色图像的融合。这一思路是基于对全色和高光谱图像之间的大空谱分辨率差异的考量,防止直接替换或注入全色图像的空间信息导致较大的细节损失。孟祥超等(2020)在分步融合方法的基础上,将多传感器的高光谱、多光谱、全色图像利用多分辨率分析方法,设计成一体化融合机制,对由全色和多光谱组成的图像集合进行空间信息提取,并设计两种注入权重,即整体权重和波段权重,将空间信息注入上采样高光谱图像中,最终得到较优的融合结果。

还有学者针对全色与高光谱图像的锐化融合提出另一种思路,即对高光谱图像进行波段选择,设定准则选出几个能够最大程度代表原始高光谱图像数据特征的最优波段作为子集,对波段子集进行融合处理,也称为高光谱降维(苏红军,2022)。选择波段时应满足信息量尽可能大、相关性尽可能小的准则,目前研究中所取得的确定波段子集的方法有基于指数的方法、光谱域聚类分析法、特征提取法、深度学习方法等。广泛使用的确定波段选择指数的方法有最优聚类框架(optimal clustering framework,OCF)(Wang Q et al.,2018),该算法能够在合理的约束下,得到特定形式的目标函数的最优聚类结果,因而可以筛选出具有空间信息的波段子集。孙伟伟等(2022)提出一种谱聚类策略的改进方法,以四种相似性度量分别为光谱信息散度、光谱角度距离、波段相关性和拉普拉斯图谱选取代表性波段。波段选择的方法大大降低了运算量,提高了融合效率。

此外,还有学者提出基于全色锐化方法的多光谱与高光谱图像锐化融合,需要采用波段分组的方法实现波段"多对多"的融合形式。分组的依据为多光谱与高光谱波段之间的光谱特征相关性,因此这种方法可以使光谱信息得到有效保真,但多光谱图像的空间分辨率较低,对融合图像空间细节的增强效果有限。Chen 等(2014)提出将高光谱图像的波段分组,划分为不同的光谱区域,通过传统的全色锐化方法对每个区域内空间维度相匹配的多光谱与高光谱波段进行融合。

近几年,将深度学习框架应用于高光谱图像全色锐化的研究有:Dian 等(2018)在高光谱与多光谱的锐化融合中,采用深度卷积神经网络学习图像的先验知识并注入融合框架中;Zheng Y 等(2020)提出一种基于深度残差卷积神经网络的高光谱图像全色锐化算法,来映射原始高光谱图像和滤波器生成的高分辨率高光谱图像之间的残差。以上方法均表现出较好的性能,但所需的时间成本较大。

3. 图像智能处理的发展趋势

(1)配准与融合一体化。目前的图像智能融合算法大多数都是在严格配准的基础上进行融合,很少有学者将配准与融合结合起来。并且在现实生活中,获取的不同时间、不同传感器的待融合图像因为各种因素,都存在几何不对齐和不匹配的问题。因此,如何在融合的同时考虑未配准的问题是图像智能处理的发展趋势。

（2）结合成像机理的融合。不同类型的传感器会获得不同成像机理的图像，导致待融合的影像存在成像机理的差异，如果使用相同的融合算法进行融合，将不能有效地使用图像的先验知识。因此，考虑成像机理的融合是未来图像智能融合的一大发展方向。

（3）面向具体应用的融合。图像智能融合是目标检测、地物分类等具体应用的先决步骤，但是目前的融合算法主要侧重于提升融合图像本身的质量，而没有结合具体应用的特点进行特定融合。考虑到面向具体应用的融合的现实意义较大，这一方向也会成为将来融合的发展趋势。

1.2.3 遥感影像变化检测技术

目前遥感影像变化检测方法主要包括但不限于以下六类：①算术运算法；②变换法；③分类后比较法；④高级模型法；⑤地理信息系统（GIS）集成法；⑥视觉分析法（Lu et al.，2015）。其中，算术运算法计算简单直接，但是需要设定变化阈值，而阈值的不确定性可能会造成检测结果误差过大。变换法主要用来去除可能对变化检测结果有不利影响的冗余信息，但变换后的检测手段主要依靠人工视觉分析或人工确定阈值，受主观影响较大且自动化程度不高。分类后比较法的优点是能够更好地处理多源数据且可提供变化类型，但检测精度受分类精度影响较大，尤其是前期分类过程如果没有考虑空间信息，对检测精度的不利影响更为明显。视觉分析法在一定程度上直接反映了变化信息和区域，但需要过多的人工干预，不仅时间成本和人力成本过高，且受主观影响较大。

除上述六类方法外，基于深度学习的理论和方法受到广泛关注，并在不同领域取得了巨大的成功，如变化检测、图像分类、语义分割、目标检测、自然语言处理等。与传统方法相比，基于深度学习的方法可以直接从训练数据学习相关问题所需要的特征，具有良好的特征提取能力，因此极大地降低了对特定领域专家经验与知识的依赖。此外，深度学习方法具有非线性的特点，有助于更深入理解复杂场景和问题，因而取得了远超传统方法的性能。由于以上优势，基于深度学习的方法在遥感影像变化检测领域发挥越来越大的作用。目前，已有大量的研究工作致力于改进各种深度学习网络模型，并设计有效的损失函数提取丰富的变化信息，以实现高性能遥感影像变化检测。根据检测单元的粒度，目前基于深度学习的变化检测方法可以分为三大类：场景级、对象级和像素级。

1. 场景级变化检测

目前，随着高分辨率遥感影像的普及，我们可以更容易获取丰富的地表变化的空间信息，使得基于场景级变化检测的土地利用分析成为可能。场景级变化检测能够基于同一地区的多时相遥感影像，从语义角度分析和识别土地利用类型的变化。其中，作为最简单的场景级变化检测方法，分类后变化检测通过基于深度学习的遥感影像分类技术来完成变化检测。然而，该方法由于忽略了时间相关性信息，往往容易受到累计分类误差的影响。因此，有些学者在变化检测模型中引入多时相影像中的相关时间信息，以提高变化检测性能。例如，Wang 等（2019b）提出了深度卷积典型相关分析及软深度典型相关分析法，在场景级变化检测中引入了时间信息以提高变化检测精度。然而，这两种方法仅能从两时相影像中学习相关特征，无法优化特征表示能力，限制了其检测性能。针对这一缺陷，Ru 等（2021）的研究显示可以通过一个受到良好训练的全连接层来对两时相场景的相似性建模，以改善特征表示的可靠性。

2. 对象级变化检测

对象级变化检测技术主要用于检测影像中的变化对象。理论上，这类方法可以降低像素级变化检测结果中经常出现的误检现象（季顺平等，2020）。对象级变化检测可以大致分为两大类：①基于超像素的变化检测；②基于目标检测的变化检测。

基于超像素的变化检测以超像素为检测单位实现变化检测（王艳恒等，2020）。由于超像素有着相似的视觉特征，因而能够有效消除检测结果中的椒盐噪声（Zhang et al.，2023）。另外，多尺度分割算法生成的超像素可以基于多尺度信息进一步提高变化检测的精度。目前，基于超像素的变化检测的研究重心为如何突破先验参数的约束以实现自适应对象变化检测。

基于目标检测的变化检测方法能够在深度学习目标检测算法的基础上实现变化检测。通常该类方法以遥感影像中的变化区域为检测目标，以非变化区域为背景，使用基于深度学习的目标检测方法，如快速区域卷积神经网络（Faster R-CNN）（Ren et al.，2017）和 YOLO1-5（Bochkovskiy et al.，2020）等，实现高性能变化检测。最近，Shi J 等（2022）将向量边界技术和深度学习技术结合，成功实现了细小目标变化检测。

3. 像素级变化检测

通常像素级变化检测方法从单个像素及其邻域像素提取特征，逐像素将中心像素分类为"变化像素"或"非变化像素"。由于其灵活性和高精度，很多基于编码器-解码器网络结构的深度学习方法被用于完成像素级变化检测任务。这类算法能充分考虑相邻像素的空间关系，及像素所处的空间环境，因而提高了检测精度。例如，全卷积神经网络（fully convolutional network，FCN）（Long et al.，2015）用全卷积层替换卷积神经网络中的全连接层，能够在充分考虑像素空间信息的基础上，实现像素级变化检测。目前，作为改进的全卷积神经网络，FC-EF、FC-Siam-conc、FC-Siam-diff（Daudt et al.，2018）、W-Net（Hou B et al.，2020）及其改进版本（Jiang et al.，2022；Li et al.，2022），成功地提高了像素级变化检测的性能。此外，VGG16 的 SegNet 作为有效的图像分割算法，也可以被用于变化检测，但由于其网络结构中没有跳跃连接，因而无法取得满意的精度。虽然，在深度神经网络结构中添加简单的跳跃连接有助于引入空间信息，但这种处理方法依然无法有效检测不同尺度的变化目标（麻连伟等，2022）。针对这一问题，UNet++（Peng et al.，2019）采用了一系列嵌套和密集跳跃连接，实现多尺度特征提取，减少了由尺度差异引起的伪变化。此外，有些研究使用空洞空间卷积池化金字塔（ASPP）来提取多尺度特征，以提高变化检测精度。

时间特征在多时相遥感影像中反映了重要的时间信息，为了更充分地利用时间信息，Chen 和 Shi（2020）提出了 BiDateNet 利用长短时记忆（long short-term memory，LSTM）网络卷积块进行跳跃连接，以提取两时相遥感影像间的时间特征。最近 Sun S 等

（2020）在 Conv-LSTM 网络结构的基础上，通过空洞结构引入多尺度空间信息，提出了 L-UNet 网络结构，进一步提高了变化检测精度。

注意力机制可以改善 CNN 的平均和最大池化性能，使其能考虑影像中不同位置和范围的特征。例如，卷积区块注意力模块被用于提取各个通道和空间位置不同相位的特征。自注意力机制通过连接序列中的不同位置，估计该序列每一个位置的特征，因而可以针对两时相遥感影像中长范围空间信息建模。因此，近些年，研究人员提出了若干结合注意力机制的变化检测方法（Jiang H et al., 2020; Jiang et al., 2022; Shi Q et al., 2022; 林娜等, 2022; 梁哲恒等, 2022; 王鑫等, 2022; 薛白等, 2022）。

4. 深度学习变化检测常用算法模型

深度神经网络具有多个隐藏层，可以模拟生物神经系统，加之其自身良好的判别能力和稳健的特征表示能力，被广泛用于变化检测领域，并取得了满意的效果。通常深度神经网络使用多层感知机把输入特征空间转化为变化特征空间以实现变化检测。例如，Fischer 和 Igel（2012）使用由多层受限玻尔兹曼机构成的深度置信网络成功实现了无监督变化检测；张鑫龙等（2017）构建并训练包含标签层的高斯伯努利深度限制玻尔兹曼机模型，以提取变化和非变化区域深层特征，提高了变化检测精度。

为了实现有监督变化检测，不同的深度神经网络结构被用于提取与视觉信息相关的判别特征。目前，主流网络结构包括自编码器（autoencoder, AE）、循环神经网络（recurrent neural network, RNN）、卷积神经网络（CNN）、生成对抗网络（generative adversarial networks, GAN）和 Transformer 网络。

因为可以避免大量的人工标注任务，AE 常为 CNN 提供变化检测所需的特征（Iyer et al., 2018）。然而，由于遥感场景的复杂性，没有充分引入场景分类训练信息的无监督 AE 常常无法提取最佳判别特征，因而限制了后续变化检测的性能。

RNN 可以有效地捕获序列关系，常用于时间序列处理。由于变化检测任务通常涉及多时相影像的变化信息，RNN 可以从多时相遥感影像中学习关键时间信息并发现变化关系（Lyu et al., 2016; Liu et al., 2019; Chen and Shi, 2020）。然而，随着时间序列的增长，RNN 常常受到梯度消失问题的影响，无法得到有效的训练。为此，LSTM（Ordóñez and Roggen, 2016）在 RNN 结构中引入输入门、输出门和遗忘门缓解了梯度消失问题并提高了训练效果。因此，LSTM 可被用于从多时相遥感影像中提取变化信息（Mou et al., 2019）。

在变化检测领域，CNN 主要用于从多光谱和高光谱影像中提取高维特征，以提高后续变化检测的精度。CNN 主要由卷积层、非线性层和池化层构成（Han et al., 2019; 季顺平等, 2020; 徐俊峰等, 2020; 梁哲恒等, 2022）。作为典型的 CNN，与全连接神经网络相比，FCN 能够通过权重共享和稀疏权重技术大大减少参数数量。此外，FCN 不需要把高维特征扩展为一维向量，进而避免空间信息的损失，因而可以有效进行高光谱影像和 SAR 影像等高维数据的变化检测（Lee and Kwon, 2016; Mazzini et al., 2018; Sharifzadeh et al., 2019）。此外，DeepLab V3+深度学习模型，也被用于变化检测（郝明等, 2021; 常振良等, 2022），有效地降低了计算量和参数量，提高了检测精度。最近，

Tang 等（2021）基于图卷积神经网络实现了多尺度高精度变化检测。Zhan 等（2021）将基于迁移学习的双线性卷积神经网络（BCNNs）与基于对象的变化分析技术结合，成功实现了无监督变化检测。

GAN（Goodfellow et al.，2016）主要由一个生成模型和一个判别模型构成。其中，生成模型负责捕捉样本数据的分布，而判别模型一般情况下是一个二分类器，判别输入是真实数据还是生成的样本。GAN 可以用少量的标签数据进行训练，并在此过程中生成一个有效的判别模型来检测变化。GAN 在变化检测方面有两个主要优势：①虽然数据限制是深度学习的主要问题，但 GAN 可以学习生成大量伪数据，从而加强了网络的泛化能力。具体地说，GAN 可以利用有限的标记样本数据，从大量未标记的数据中提取有用的、有鉴别性的特征，降低了成本，实现了良好的半监督变化检测（Jiang F et al.，2020；Luo et al.，2021；Peng et al.，2021）。②受域适应和迁移学习技术的启发，GAN 可以将源域中的图像映射到虚拟域中的目标图像，从而有效排除（Zhao et al.，2020；Li X et al.，2021）天气、季节等因素导致的伪变化。此外，与执行二分类的 CNN 相比，GAN 对像素中的噪声不敏感。

Transformer 网络用于序列到序列的学习，并可以针对长范围依赖建模，因而在遥感影像变化检测领域有很好的应用前景。基于 Transformer 的网络可以通过卷积和 Transformer 有效地对上下文信息建模，并利用注意力机制扩大模型的视野，从而改善变化检测特征表示能力（Chen et al.，2021）。

1.2.4 遥感信息智能识别技术

目标物体的分类与识别一直都是遥感图像解析的核心内容（崔璐等，2018）。遥感图像中通常含有河流、农田、森林、道路、汽车、飞机以及舰船等目标，利用遥感图像开展目标检测是一项非常具有挑战性的研究（赵其昌等，2024）。随着航天遥感影像的空间分辨率越来越高（达到了亚米级别），遥感影像已经成为一种重要的数据源，为地理信息数据建库及更新带来了便利（曹云刚等，2017）。高分辨率遥感影像的目标分类与识别是精确制导、武器防御、海情监控等军事自动目标识别（automatic target recognition，ATR）系统的关键，也是提升减灾应急、交通监管、渔业海事，乃至无人车和机器人等民用系统智能化水平的核心技术（刘扬等，2015）。无论是专题信息提取、动态变化监测、专题制图，还是遥感数据库建设等都离不开遥感图像分类技术（张日升和张燕琴，2017）。目前，遥感影像分类与识别方法可分为监督分类与非监督分类，监督分类是指对所要分类的地物，利用先验的类别知识，选择出所有要区分的各类地物区域，建立判别函数对分类区域进行分类，如最大似然法、最小距离法等。而非监督分类是一种聚类统计分析方法，以不同地物在影像中的类别特征差别为依据，进行无先验知识分类，具体的分类算法如 K 均值（K-means）聚类算法、ISODATA 聚类算法等。随着遥感技术的快速发展，遥感影像分辨率越来越高，经典分类算法已不能满足高精度的地物分类及识别需求（朱默研等，2021）。

近年来，基于深度学习的遥感影像分类方法得到广大学者的高度关注（王小燕等，2023）。深度学习检测方法可以避免处理流程复杂、人工检测效率低及弱小目标检测精度受限等问题。2006 年，基于机器学习方法，Hinton 和 Salakhutdinov 提出了深度置信网络（deep belief network，DBN）框架，促使深度人工神经网络具备了实用性。此后，改进的 CNN 在 ImageNet 大规模视觉识别挑战赛（Russakovsky et al.，2015）获得了第一名，大幅度提高了基于图像的地物识别准确率，从而使得深度学习越来越受到关注，其应用领域也越来越广泛。自 2015 年起，在目标分类方向有大量的研究成果发表，如 Wang 等（2015）使用深度卷积神经网络结合确定性有限状态机（deterministic finite state machine，DFSM）检测道路，比传统方法更准确、更高效；Mei 等（2015）采用多层受限玻尔兹曼机（restricted Boltzmann machines，RBM）模型–DBN 进行红外超光谱特征分类，提高了分类精度；Geng 等（2015）将深度卷积自编码应用于 SAR 成像的分类任务中，比一般算法得到更好的分类结果；Zou 等（2015）提出了一种基于深度学习的特征选择方法，将特征选择问题表述为特征重构问题，有效实现了遥感场景的分类；Zhou 等（2015）和 Zhang 等（2016）高效地组合不同的深度神经网络进行场景分类，可以获得比传统方法更准确的分类结果；Diao 等（2015）使用稀疏信度网络用于物体识别，在 QuickBird 获取的数据集上取得了准确的识别结果。深度学习被引入遥感影像变化监测、地物识别和分类中，大量研究表明，基于深度学习的遥感影像分类方法可以很好地提高影像分类精度，也证明了深度学习在遥感影像分类应用方面的可行性。

深度学习典型方法包括 RBM、DBN、CNN 和 AE 等（余凯等，2013）。新型深度学习方法包括循环神经网络（RNN）及其变种模型长短时记忆模型（LSTM）、生成对抗网络（GAN）等。因此，本书将对三种主流的基于深度学习网络模型的遥感影像识别及分类模型进行阐述。

1. 卷积神经网络（CNN）

CNN 主要用于计算机视觉（CV）领域（Krizhevsky et al.，2012），通过卷积、池化等操作，对图像的高层语义特征进行提取。典型的 CNN 如 VGG 网络（Simonyan and Zisserman，2014），主要包含卷积层、池化层、全连接层和分类层。其中，卷积层主要利用卷积算子实现特征向量的计算，并通过多层卷积堆叠，实现多层级的图像特征提取；池化层包括均值池化、最大值池化等，主要为了减小特征图的尺寸；全连接层中所有神经元以全连接的形式进行连接；分类层主要采用 softmax 分类器（He K et al.，2016）。以遥感图像分类为例，相比于经典的机器学习模型，CNN 的优势是将图像特征提取与分类任务集成到一个模型中，通过端到端训练，可以使模型自动学习到最具代表性的图像特征，进而提高分类精度（Huang et al.，2017）。

曹林林等（2016）建立的 CNN 模型降低了因图像平移、比例缩放、倾斜或者其他形式的变形而引起的误差。吴正文（2015）总结出 CNN 的网络结构设计和参数优化对于图像分类的一般性规律。何红术等（2020）通过改进 U-Net 网络，将不同扩张路径上的特征图进行融合，并引入条件随机场进行后处理，精细化分割结果，并且在高分二号（GF-2）遥感图像水体数据集上的实验结果表明，该网络能够准确识别小目标水体。Lin 等（2020）提出了交互式图像识别 FCA-Net 的网络结构，通过点击一个点分割目标对象的主体，在错误标记的区域上迭代提供更多点进行精确分割。王鑫等（2019）提出一种基于改进深度学习的高分辨率遥感图像分类算法,首先设计一个七层的 CNN,将第五层池化输出,采用主成分分析进行降维,融合得到高层特征,最后设计一种逻辑分类器对图像进行分类识别。经测试,与传统基于深度学习的遥感图像分类识别方法相比,其准确率提高了 8.66%。Zheng 等(2023)提出了一种新颖的基于 YOLO 火焰检测方法(Fire YOLO)与现实增强型超分辨率生成对抗网络(Real-ESRGAN)相结合的两阶段识别方法,提高了形态可变的火焰信息提取能力,减少信息传输过程中的损失。张载龙和徐杰(2024)提出了一种基于轻量级网络的语义分割模型(Thin-DeepLab V3+),对 DeepLab V3+的编码器进行改进,识别精度高于 DeepLab V3+,并且所需参数仅约为 DeepLab V3+的 1/10。张新君和赵春霖(2024)提出一种基于 YOLOv5s 改进的网络模型,与 YOLO 系列网络和 EfficientDet 模型相比有效地提高了识别准确率、召回率以及全类平均准确率(mean average precision,mAP),并且在训练时间上也比官方的 YOLOv5s 减少了 1/12。Wang 和 Shen(2024)提出改进后的 Mask R-CNN,能有效识别传统村落建筑屋顶和现代建筑屋顶,识别精度分别为 0.7520 和 0.7400,极大地改善由特征异质性导致的误识别和漏检问题。

2. 深度置信网络(DBN)

DBN 由 Hinton 和 Salakhutdinov(2006)提出,作为一种深度学习模型受到了广泛关注,并被成功应用在物体识别、语音识别等领域。从结构上看,DBN 由多层无监督的 RBM 网络和一层有监督的反向传播(BP)网络组成。DBN 的训练包含"预训练"(pre-training)和"微调"(fine-tuning)2 个步骤。预训练阶段 DBN 采用逐层(layer wise)训练的方式对各层中的 RBM 进行训练,低一层 RBM 的隐含层输出作为上一层 RBM 的可见层输入。微调阶段采用有监督学习方式对最后一层的 BP 网络进行训练,并将实际输出与预期输出的误差逐层向后传播,对整个 DBN 的权值进行微调。RBM 网络的训练过程实际上可看成是对深层 BP 网络权值的初始化,使 DBN 克服了 BP 网络因随机初始化权值参数而导致的训练时间长和容易陷入局部最优解的缺点(吕启等,2014)。

基于 DBN 模型,Qi 等(2015)提出了一种针对极化合成孔径雷达(PolSAR)数据的城市精细制图分类方法,通过比较分析发现,该方法优于支持向量机(support vector machine,SVM)、传统神经网络(neural network,NN)和监督期望最大化(supervised expectation-maximization,SEM)3 种方法,并能得到保持形状细节的同质映射结果。进而,刘大伟等(2016)采用 DBN 对高分辨率遥感影像进行了基于光谱-纹理特征的分类。金晨(2017)改进了 DBN 方法,能有效解决预训练过程中梯度消失的问题,使得识别精度随着网络隐藏层数量的增加而提高。Diao 等(2016)引入一种无监督的分块预训练策略来训练第一层 RBM,使得 RBM 可以生成局部和边缘滤波器,得到精确的边缘位置信息和像素值信息,更有利于建立良好的图像模型。窦方正等(2018)提出一种基于 DBN 和对象融合的图像变化检测方法,在 QuickBird 影像数据集上的实验结果表明,该方法可有效提高图像变化检测的准确率。李玮等(2018)提出了一种改进的 dropout 策略,既保持了图像本身的局部信息,又增强了该模型的泛化能力,并使用差分进化对神经网络的权值和偏移值进行优化。Sheikh 等(2022)设计实现并评估了一种深度置信神经网络（P-DBN）的自动化深度学习体系结构（DLA），与其他先进的基于深度学习的模型［如 U-Net、级联 CNN、道路追踪器（roadtracer）、FCN 和显著特征支持向量机（salient features-SVM）］相比，P-DBN 模型在数据集上的性能提升了 3.22 %。

3. 循环神经网络（RNN）

RNN 的输入一般为序列数据（如文本、视频等），其隐含层之间是存在连接的，t 时刻隐含层的输入不仅来自输入层，同时来自 $t–1$ 时刻隐含层的输出。RNN 的输入是一个序列数据 X_t，t 时刻隐含层的输出是 h_t，A 表示 RNN 当前的状态。常用的 RNN 包括长短时记忆（LSTM）模型（Hochreiter and Schmidhuber，1997）、门控循环单元（GRU）（Cho et al.，2014）、Transformer（Vaswani et al.，2017）等。由于 RNN 在处理序列数据方面具有天然的优势，已经被应用在多时相遥感影像分析、高光谱图像分类与识别中，用于建模多时相数据之间以及高光谱不同波段之间的相互依赖关系。

林蕾（2018）提出了两种深度 RNN 模型用于中分辨率成像光谱仪（MODIS）影像时间序列分类，以此实现北京市的土地覆盖分类。Venkatesan 和 Prabu（2019）针对深度学习-循环神经网络（DL-RNN）提出了一个激活函数，以及用于分析超光谱图像中数据序列的参数校正函数，与传统的深度学习方法相比，DL-RNN 产生改进的 F-分数。李婷乔（2021）搭建了一种基于 U-Net-LSTM 的可以端对端训练的地表覆被预测模型，该模型引入了 LSTM 模块，实现对历史数据有区别地记忆和遗忘，并对当前输入数据进行不同程度的利用。张芯睿等（2022）提出了一种基于 Mask R-CNN 的改进方法，改进后算法的检测精度和召回率分别提升 5.37%和 6.37%。张奔（2022）提出了一种基于类别层次结构的卷积递归神经网络（HCS-Conv RNN），研究提出的 HCS-Conv RNN 能够有效实现土地覆盖的分层分类，且展现出应用于大范围地表覆盖精确分类的潜力。Liu 等（2022）提出了一种嵌入线段信息的卷积 RNN［概率潜在语义索引-循环神经网络（LSI-RNN）］，是一种旨在直接检测线段而非边缘的新型网络。为了实现这一点，LSI-RNN 利用额外的协同训练分支，通过神经判别降维（NDDR）层生成吸引场图（AFM）。因此，将传统的边缘分类问题转换为线段的回归问题，解决了上述问题。在三个不同空间分辨率的遥感数据集上的实验结果表明，该方法始终优于其他先进方法。Fan 等（2023）提出了一种称为分层卷积循环神经网络（HCRNN）的分类模型，HCRNN 模型在 Sentinel-2 数据集上的总体准确率达到 97.62%，相比 RNN 模型性能提升了 1.78%。刘纪平等（2024）提出了一种典型路网兴趣点（POI）自动识别方法，利用 RNN 有效捕捉车辆轨迹隐含的道路交通特征，对比单一使用车辆轨迹数据的算法，该算法识别精度提高了 11.83%；对比单一使用遥感影像数据的算法，该算法识别精度提高了近 2.53%。

4. 遥感影像语义分割方法

目前，针对遥感影像的分割任务，主要包括两种解决途径：传统方法和深度学习方法。传统方法中最为典型的是基于光谱空间的统计学分类方法和基于传统机器学习的分割方法。

基于光谱空间的统计学分类方法包括 K-均值法（麻卫峰等，2021）、极大似然法（罗群艳，2012）、最小距离法（马铭和苟长龙，2017）等，这些方法侧重影像的灰度、形状及纹理等底层特征，过度依赖不同地物类别像素间的差异性，适用于地物类别间差异明显、数据量较少且地物特征单一的影像分割情况。例如，K-均值法中 K 值的确定具有很强的主观性，其迭代求解的方式使之对异常点过度敏感；最小距离法通过求解未知向量到已知各类别中心向量的距离大小，将未知向量归结为距离最小的那一类，该方法虽然理解简单且计算速度快，但未考虑类别间的相关关系，在复杂图像上分割精度较低。

基于传统机器学习的分割方法需首先提取图像特征，用以制作包含类别信息的标签图像，此处信息可以是单个或多个，如颜色、长宽比、纹理、POI 及 SIFT 等，然后将特征导入至分类器中完成分割。传统的机器学习分类器有支持向量机（support vector machine，SVM）、随机森林（random forests，RF）和条件随机场（conditional random fields，CRF）等；此外，还有传统的影像纹理提取方法，如灰度共生矩阵（grey level co-occurrence matrix，GLCM）、Gabor 滤波及小波变换等，均可在影像分割任务中起到很好的辅助作用。

基于深度学习的遥感影像语义分割方法目前有三种主流框架。

第一种是基于 CNN 架构的，如基于 FCN（Long et al.，2015）的端到端训练方法，其包含压缩路径的编码器和扩展路径的解码器。编码部分降低图片分辨率，减少计算量，用以提取特征；解码部分逐步扩大感受野来学习更多的语义特征，并提取位置信息。

第二种是基于 CNN 融合注意力机制的语义分割模型，如卷积块注意力模块（convolutional block attention module，CBAM）（Woo et al.，2018），它是一种简单而有效的用于前馈 CNN 的注意力模块。给定一个中间特征图，CBAM 会沿着通道和空间两个独立的维度依次推断注意力图，然后将注意力图与输入特征图相乘以进行自适应特征优化。

第三种语义分割模型是基于 Transformer 架构的，Vision transformer（VIT）（Khan et al.，2022）是计算机视觉中最早使用 Transformer 体系的结构，在其中引入 SETR（Zheng et al.，2021）分割组件后，在图像分割领域取得了较好的性能。VIT 只使用 Transformer 的编码器来提取特征，它的输入是相对较大的图像补丁块而不是像素，这使得它更容易学习位置信息。

1）CNN 架构的语义分割

在影像局部特征提取方面，深度卷积神经网络（deep convolutional neural network，DCNN）具有良好的性能，已成为高分辨率遥感影像多尺度分割任务中最常用的框架。与 SVM（Guo et al.，2018）、RF（Pal，2005）及 CRF（Zhang et al.，2021）等传统机器学习方法相比，FCN 在影像分割任务上有更高的效率和准确性。FCN 使用端到端的训练方法，在增强网络分割性能上主要有两种途径：第一，通过使用大卷积核或空洞扩张卷积增加感受野（Wang et al.，2019a）；第二，使用编码器–解码器结构，通过编码器获得多级特征映射，利用解码器将特征映射合并到最终的预测中。

金字塔场景解析网络（pyramid scene parsing network，PSPNet）（Zhao et al.，2017）将两种途径进行融合，采用了金字塔解析模块，将不同区域的上下文信息连接起来，强化了网络感知全局的能力。U-Net（Ronneberger et al.，2015）及其变体（Yue et al.，2019）跳过了逐步的层级连接，直接将浅层和深层特征连接起来，从而弥补了浅层中损失的空间信息。双向注意力细化网络（bilateral attention refined networks，BarNet）（Jin et al.，2021）在多级别特征融合块上嵌入了边缘感知损失函数，分割得到了更加尖锐的语义边缘。残差神经网络（residual network，ResNet）（Wu et al.，2019）在增加网络深度的同时减少模型的参数，并且加入残差单元（residual unit，RU）提高了模型的训练速度。门控双向网络（gated bidirectional network，GBNet）（Sun H et al.，2020）将分层特征集成到端到端的网络中，克服了 CNN 中只关注局部信息的弊端，使网络能够关注到全局信息。ResUNet（Diakogiannis et al.，2020）以 U-Net 网络为基准，融合了扩张卷积、金字塔场景解析及多任务推理模块等，并引入一种全新的损失函数，得到更加精确的地物边界、分隔掩码及距离变化等。边缘感知网络（edge-aware network，EaNet）（Zheng X et al.，2020）提出一种边缘感知损失（EA loss）函数，通过集成大型金字塔池化模块，对多尺度特征关系的上下文信息实现了像素级的分割预测。Zhang 等（2016）提出了一种梯度增强随机卷积网络（gradient boosting random convolutional network，GBRCN），该网络可通过不同的遥感场景选择不同的 DCNN。BiSeNet V2（Yu et al.，2021）是双边分割网络，可处理空间细节和分类语义，实现高精度、高效率的实时语义分割。其包括细节分支和语义分支，添加了一个引导聚合层，增强了两类特征的互联融合能力。Wang 等（2021a）提出了一种基于共享参数分辨率金字塔的方法，可增加深度模型的接受域，采用水平连接的轻量级编码器提高语义分割的预测精度。网格架网络（ShelfNet）（Zhuang et al.，2019）通过加入级联编码器–解码器模块，显著提高了分割速度和精度。

上述基于 FCN 的方法在分割结果上取得了较高的准确性，DCNN 具有优异的局部特征提取能力，但全局信息提取能力较差，很难解决影像长距离依赖关系。此外，DCNN 依赖卷积池化操作，容易导致影像浅层空间信息的损失。

2）CNN 融合注意力机制的语义分割

为了构建当前地物对全局信息的感知能力，通常在 CNN 架构中引入多尺度融合的注意力机制。例如，Schlemper 等（2019）提出将注意力机制通过跳跃连接集成在"U"形网络中，从而实现对医学图像重点突出区域的分类。ARCNet（Liu Q et al.，2020；Woo et al.，2018）将 CNN 与 LSTM 模型进行融合，通过 LSTM 代替了特征融合，从而建立各层之间的连接关系。Attention GANS（Yu et al.，2020）在 GAN 中添加注意力机制，通过 GAN 对注意力进行优化，并将特征输入至 SVM（Kurani et al.，2023；Guo et al.，2018）或 KNN（Ma，2014；刘梓晶等，2022）中继续分类。Wang 等（2021a）提出了一种带有空洞卷积的空间金字塔结构（atrous spatial pyramid pooling，ASPP），对于同一幅网络顶端的特征图谱，使用不同膨胀率的空洞卷积进行处理，将得到的结果进行连接，再通过一个卷积层，把通道数调整成适用大小。SENet（Zhang T and Zhang X，2022）通过压缩和激励（squeeze and excitation）操作学习通道之间的关系，利用压缩操作获取各通道之间的全局特征，再对得到的全局特征进行激励操作，最后使用 CBAM（Wang et al.，2022）增加空间注意力。

非局部注意力模型（Non-Local Net）（Han et al.，2022）通过计算任意两个位置之间的交互，可直接捕捉地物间的远程依赖，而不用局限于相邻点，相当于构造了一个与特征图谱尺寸一样大的卷积核，从而可以维持更多信息，并且该网络可作为一个组件，能和其他网络灵活结合，在图像分类、目标检测、目标分割等任务中取得了较好的效果。双重注意力网络（dual attention network，DANet）（Fu et al.，2019）采用自注意力机制的方式，计算局部像素与全局像素间的系数矩阵，以此建立全局关系，并在 Cityscapes 数据集上具有良好的精度。图卷积神经网络（graph convolutional network，GCNet）（Jafari and Haratizadeh，2022）采用简化后的自注意力机制建立全局关系，基于轻量级设计，性能得到了优化。快速注意力网络（fast attention network，FANet）（Hu et al.，2021）生成了分层特征金字塔，所有检测分支上的人脸区域均含高级语义信息。它将不同尺度特征图上的高级语义信息进行集成，用以辅助上下文信息，并对低级特征图上的特征进行增强。

上述在 CNN 中添加注意力机制的方法取得了良好的效果，但还存在两点不足：第一，注意力机制只是添加在 CNN 的某一阶段中，对全局特征关系的描述没有贯穿始末。第二，由于网络还是以 CNN 为主干的，所以卷积和池化等操作在提取影像空间信息的过程中会损失部分特征信息。

3）Transformer 架构的语义分割

Transformer 网络模型首次提出，便应用在自然语言处理（natural language processing，NLP）领域，目前已扩展至图像处理、视频处理等方面。VIT（Han et al.，2023）将 Transformer 引入计算机视觉领域中对图像进行处理，步骤如下。

（1）将一张图片划分为多个小块作为模型的输入，每块大小为 16 像素×16 像素或 14 像素×14 像素。

（2）将各个小块通过线性变换进行降维，并嵌入位置信息。

（3）将处理后的结果输入至 Transformer 中，表明 Transformer 可以代替 CNN 完成图像识别任务。

目标检测网络（detection transformer，DETR）（Dai et al.，2021）将 Transformer 与 CNN 进行结合，针对 CNN 输出的二维图像，进一步使用 Transformer 处理，并通过编码的位置查询自动生成位置和目标类别。Wang（2021b）等提出了一种基于双路径 Transformer 的全景图像分割方法，其中包括用于分割的像素路径和类别预测的存储路径，Transformer 完成了两路径之间的信息互通任务。Li W 等（2021）提出了一种网络融合方法 MSNet，并应用于遥感影像的时空融合。Bazi 等（2021）将 VIT 结构应用于遥感场景分类。Xu 等（2021）将 Swin Transformer 和 UperNet 结合起来进行遥感影像的语义分割。为了实现 Transformer 架构的轻量化，Xie 等（2021）提出了一种没有位置编码的 SegFormer 网络，并使用简易解码器来获得最终的分割结果，达到了与相同计算复杂度模型相似的性能。Zhang 等（2023）设计了一种高效 Transformer 模块（ResT），减轻了原 Transformer 主干的计算负载。

上述基于 Transformer 的网络模型在图像处理领域取得了很大进展，受 Swin Transformer 的启发，本书第 5 章基于深度学习的理论基础，首先以 Swin-S 为骨干网络，实现了全局关系的建立；其次使用 Gabor 滤波提取纹理信息，强化空间信息及边缘特征的构建；然后使用特征聚合模块（feature aggregation module，FAM）、注意力嵌入模块

（attentional embedding module，AEM）等对各阶段输出特征进行融合，并引入金字塔池化模块（pyramid pooling module，PPM）和层级加法架构（cascade addition architecture，CAA）操作，以强化融合过程中模型的类别区分能力；最后使用全连接条件随机场（fully connected conditional random field，FC-CRF），锐化了分割边缘，提升了模型的分割完整性与分割精度。

目标背景不均衡问题在遥感影像处理过程中较为常见，主要可总结为以下四类。

（1）类别不均衡：表现为"前景–背景不平衡"，其中背景实例的数量明显超过正实例；表现为"前景–前景不平衡"时，通常只有一小部分类占整个数据集的一大部分。

（2）尺度不均衡：当对象实例具有不同的比例和与不同比例相关的不同数量时，可以观察到尺度比例不均衡。该问题是物体在本质上具有不同维度这一事实的自然结果。规模也可能导致特征级别的不均衡（通常在"特征提取"阶段）、不同抽象层（即高级别和低级别）的贡献不均衡。尺度不均衡问题表明，单一尺度的视觉处理不足以检测不同尺度的目标。

（3）空间不均衡：主要包含三种类型，即①回归损失不平衡，它是关于个别例子对回归损失的贡献，与损失函数设计有关；②交并比（intersection over union，IoU）分布不平衡；③物体位置不平衡。

（4）目标不均衡：当有多个目标（损失函数）要最小化时，就会出现目标不均衡。由于不同的目标在其范围和最佳解决方案方面可能不兼容，因此必须制定一个平衡的策略，以找到一个所有目标都可接受的解决方案。

传统机器学习方法解决目标背景不均衡问题的手段主要反映在数据层面和算法层面。数据层面使用采样操作，根据不同需求和训练数据的数量，使用升采样、欠采样或混合采样操作（Andreou et al.，2010）。算法层面最为常见的是代价敏感学习与集成学习（刘赓，2020），通过对模型赋予不同权重，从而减弱样本不均衡所产生的影响。利用深度学习方法对遥感影像进行语义分割的过程中，对目标背景不均衡问题的研究较少。根据已有研究，对该问题的处理方法通常可采用数据增强、损失函数处理及特定的网络设计，如 Dice 损失（He and Garcia，2009）是一个区域相关的损失，区域相关即当前像素的损失不仅和当前像素的预测值相关，与其他点的值也相关。Dice 损失求交的形式可以理解为掩码操作，因此不管图片有多大，固定大小正样本的区域计算损失是一样的，对网络起到的监督贡献不会随着图片的大小而变化。焦点损失（focal loss）（Petmezas et al.，2022）相当于增加了难分样本在损失函数中的权重，使得损失函数倾向于难分样本，有助于提高难分样本的准确度。对于分类不准确的样本，损失没有改变；而对于分类准确的样本，损失会变小。整体而言，相当于增加了分类不准确样本在损失函数中的权重。

本书所描述的目标背景不均衡问题是指在图像语义分割过程中，被分割地物的像素数与图像中背景像素数差异较大，导致目标地物分割精度低的问题。路面裂缝图像是非常典型的目标背景不均衡数据，通常情况下，裂缝图像的背景像素数远大于前景像素数，在使用语义分割网络训练分类器的过程中，网络更倾向将样本判断为背景，导致裂缝分割精度较低。裂缝检测任务在前景与背景的比值上类似于纹理或边缘检测，裂缝检测与纹理检测在形状与结构上具有相似特性（杨鹏强等，2022）。并且路面裂缝形态单一，使用 DCNN 提取特征时，容易出现过拟合现象。

1.2.5 遥感数据同化技术

遥感数据同化是将地面观测数据与遥感数据相结合，以改进地球系统模型或进行环境监测和预测的过程。其通常基于数据融合技术，将不同来源的数据整合到一个一致的框架中，通过数学方法和模型算法，将观测数据与模型模拟数据结合，以优化模型参数或状态变量，从而提高模型的预测能力。遥感数据同化常用于改进气象模型和气候模拟，提高天气预报和气候变化预测的准确性，也可用于监测土地利用变化、植被覆盖等环境参数的变化和监测水文变量、水质等，改善水资源管理和预警系统。不同来源的观测数据可能存在不一致和误差，需要进行有效的数据校正和融合。遥感数据同化是一种强大的工具，可以结合地面观测和遥感数据，提高对地球系统和环境变量的理解和预测能力。通过有效地整合不同数据源，遥感数据同化为环境科学和气象学领域提供了重要支撑和发展空间。

1. 多源数据同化研究进展

在水文数据同化研究中，多源观测数据，如流域内部的降水、表层土壤水、雪水当量（snow water equivalent，SWE）和径流观测数据等，可以分别或同时同化到陆面模型中提高陆面过程模拟与预报精度（李新等，2010）。随着遥感技术的发展，多源信息融合的数据同化技术逐渐成为研究地球科学的重要手段（王文和寇小华，2009）。世界各地开展了多项地球观测任务，提供了全球水文循环中的降水、土壤水、雪盖面积、径流和蒸散发等多种来源的信息，如全球降水观测（global precipitation measurement，GPM）卫星和热带降水观测计划（tropical rainfall measuring mission，TRMM）、土壤湿度主被动探测（soil moisture active and passive，SMAP）卫星、土壤湿度和海洋盐度（soil moisture and ocean salinity，SMOS）卫星、MODIS 反照率和地表温度等。为了解较精细的陆面空间信息特征和验证大尺度数据，部分研究机构布置了分布式观测网络来获取高精度数据，其中先进的无线传感器网络技术可以提供实时的高时间分辨率的气象和水文数据（Jin et al.，2014；Ge et al.，2015；Kang et al.，2014）。

如何有效地利用各具特点的多源信息为地球模拟和预报服务，值得我们深入研究，也是我们将要在地球物理或其他科学领域面对的机遇和挑战（Reichman et al.，2011）。虽然面对多源观测数据，多变量多尺度数据同化技术为我们提供了理论支持（Montzka et al.，2012），但目前针对点尺度观测数据的同化技术通常是遥感数据的降尺度研究或点尺度数据的升尺度研究，观测信息在升尺度或者降尺度过程中会有所丢失，所以直接同化点尺度观测数据不仅可以保留更多观测信息，还会进一步提高多尺度数据同化的效率。

联合同化陆面水文变量与降水观测数据来提高水文模拟精度是多源数据同化研究的一种新尝试。目前陆面数据同化研究的主要对象是地面水文变量观测数据，如土壤水分和雪深观测，较少涉及降水观测数据，主要是由于降水数据同化属于气象学研究内容，而水文学家对气象学领域不熟悉，通常直接利用气象站或遥感降水产品驱动水文模拟。气象站提供了高时间分辨率的雨量数据，但是不均匀的空间分布和空间不一致性限制了站点数据的应用范围（Kühnlein et al.，2014）。雷达遥感降水观测空间分辨率和精度都较高，但覆盖范围仍有限。虽然卫星遥感降水观测精度较低，但覆盖范围较广。融合站点观测降水与卫星遥感观测的降水生成更高精度的网格降水数据一直是气象学家们不断追求的目标。目前常用的站点与遥感降水数据融合的方法可分为统计转换方法和动力转换方法两类。第一种方法是将站点数据与遥感数据进行线性差值，如样条函数（spline function）法，算法简单，计算效率高，应用范围较广；第二种方法是利用气象模型，如气象研究与预报（weather research and forecasting，WRF）模型和区域气候模型（regional climate model，RegCM），将站点与遥感降水观测数据同化到模型中，生成新的降水数据。联合动力学与统计学方法的多源降水观测融合技术将会在多源水文数据同化研究中起到重要作用。

降水与土壤水分是陆面水文循环的重要组成部分，土壤水分是连接大气和陆面的纽带（黄春林和李新，2006）。目前利用降水估计土壤水分的方法较多，如水文模拟方法。但利用土壤水分反向模拟降水的方法很少，主要是由于表层土壤水对降水的响应方式很多。利用地面条件和土壤水动态变化来反推降水量是目前新兴的研究方向（Brocca et al.，2015），因为即使反推的降水量精度不高，但仍存在真实降水量的信息，为土壤水分数据同化研究提供了新的思路。

土壤水分观测数据也可用于水文模型的参数校准研究。其中，遥感观测的土壤水分数据已经用于水文模型的参数校准（Rajib et al.，2016）。但不同于径流和遥感土壤水分观测，点尺度土壤水分观测数据很少独立用于水文模型的参数校准，主要是由于土壤水分的地面观测数据分布比较离散，空间代表性较差（Thorstensen et al.，2016）。然而，随着无线传感器网络技术的发展，分布式地面观测提供了具有高空间代表性的土壤水分观测数据。因此，联合利用地面与遥感观测的多源数据同化具有广阔的应用前景。

2. 人工智能在遥感数据同化中的应用

在水文数据同化框架下，精确地模拟和预测陆地水循环过程需要从提高观测数据的品质、减少物理过程模型的不确定性以及遥感大数据与水文数据同化系统的有效整合三个方面着手。机器学习/深度学习能够为这三个方面提供良好的解决方案。在提高观测数据的品质方面，深度学习结合遥感大数据的陆地水循环要素信息提取方法已经蓬勃发展；在模型改善方面，机器学习/深度学习在优化模型参数、替代子过程和系统偏差校正方面都取得了进展；在系统整合方面，尤其是在遥感大数据背景下，如何构建深度学习整合遥感大数据的陆地水文数据同化系统仍然是地球系统科学中鲜有涉猎的议题。

近年来，基于机器学习（特别是深度学习）的数据驱动方法，在局部、区域以及全球尺度上的陆表参数估算研究中已取得了长足的进步，如基于人工神经网络（artificial neural network，ANN）的土壤水分（Li et al.，2020）、积雪面积（Hou and Huang，2014；Hou J et al.，2020）、地表温度（Bai et al.，2015）估算，基于支持向量机（SVM）的土壤水分（Ahmad et al.，2010）、雪深/雪水当量（Xiao et al.，2018）估算，基于随机森林

（RF）的土壤水分（Abowarda et al.，2021）、叶面积指数（LAI）估算（Houborg and McCabe，2018）以及云下地表温度重建（Zhao and Duan，2020）等。基于机器学习的多源数据融合和空间降尺度的研究也得到了国内外学者的广泛关注，ANN、SVR、RF 等基于机器学习的数据驱动方法在降水（He X et al.，2016）、土壤水分（Liu Y et al.，2020）和地表温度（Hutengs and Vohland，2016）等的降尺度和缺失信息重建方法均已取得了较好的进展。研究结果表明，基于数据驱动的机器学习方法在地表参数估算、尺度转换以及缺失信息重建方面展示出巨大的潜力，比传统的经验或半经验统计建模方法更为强大和灵活。

在遥感数据环境下，观测数据和模拟数据的多样性和复杂性显著增加，具有时空异质性、噪声和缺失数据等特征。陆地水循环要素的时空相关性和相互依赖性违反了统计学假设。由于一些变量的非平稳性和观测限制，传统浅层机器学习方法在提取陆地水循环要素方面存在局限性，特别是在外推能力方面。深度学习技术在"大数据水文"方面表现出色，具有自动提取模式、信息检索、分类和预测能力。近年来，深度学习成为陆地水循环要素提取的主要方法，如基于卷积神经网络（CNN）的遥感影像分类（Pelletier et al.，2019）、地表温度（land surface temperature，LST）缺失信息重建（Zhang et al.，2018）、基于深度置信网络（DBN）的高光谱影像分类（Zhong et al.，2017）、雪深（Wang et al.，2020）、空气温度（Shen et al.，2020）。这些方法已应用于降水估算、径流预报、土壤湿度估算、积雪检测和蒸散发估算等领域。深度学习技术能更好地捕捉陆地水循环要素的非线性关系，提高估算精度和计算效率。然而，由于深度学习是黑箱方法，存在过拟合、泛化能力差等问题。因此，应用机器学习/深度学习进行陆地水循环要素估算时，需要考虑模型的物理一致性、可信度和可解释性，构建物理感知的机器学习模型。

由于水与自然环境之间错综复杂、不均匀、不稳定和非线性的相互作用，陆面/水文过程模型的边界条件、模型参数和物理过程等都存在巨大的不确定性。面向过程的陆面/水文模型的一个共同特点是它们需要的参数值很难通过观测获得，或几乎没有观测约束。水文模型的参数通常通过反向建模进行拟合，由于参数拟合通常在高维空间中进行，参数"等效性"和"过度参数化"是水文过程模型面临的严峻挑战之一。基于数据驱动的机器学习方法，无须大量关于各种误差源的先验知识，深入挖掘历史数据中陆表变量的时空多样性特征，学习模型中各种误差和相关变量之间的复杂关系，为陆面/水文过程模型不确定性的量化提供了解决方案。目前，ANN、SVR、RF、多元自适应回归样条（multivariate adaptive regression splines，MARS）、高斯过程回归（Gaussion process regression，GPR）、DNN、LSTM 和 RNN 等机器学习/深度学习方法已应用于水文过程模型中的参数优化和不确定性量化。此外，机器学习/深度学习在水文模型的边界条件建模、模型结构不确定性量化、模型误差估计和系统偏差校正以及代替整个物理模型方面也有突出的表现，如利用机器学习方法初始化/限制物理模型（Luo et al.，2012）、改进模型参数化方案（Beck et al.，2016）、量化模型结构不确定性（Zhu J et al.，2019）、估计和校正模型偏差（Arcucci et al.，2021）以及代理物理模型（Brajard et al.，2020），利用物理模型扩充机器学习未采样域的训练数据集（Houborg and McCabe，2018）以及物理约束条件下对机器学习的代价函数优化（Karpatne et al.，2017）等。总之，机器学习/深度学习辅助的陆面/水文过程模型，试图结合面向过程和面向数据的建模方法的优点，利用面向过程的建模保持能量和水量平衡，而数据驱动的方法以一种简单的方式降低模型不确定性，以产生改进的水循环要素预测。

3. 遥感数据同化的发展趋势

未来，遥感数据同化研究将更加关注多模态数据融合，包括光学、雷达、地面观测等多种传感器数据的整合，以获取更全面和多维度的信息。随着深度学习技术的发展，遥感数据同化研究可能会更多地探索如何将深度学习与数据融合方法相结合，提高数据处理和模型优化的效率。为了支持实时监测和预警系统的建设需求，遥感数据同化研究将更加注重实时数据同化方法的研究和应用。为适应不同类型和规模的遥感数据，遥感数据同化将更加注重深度学习模型的优化和改进，增强学习技术也将在遥感数据同化中得到更广泛的应用，帮助优化模型参数和实现自动化的数据处理流程。遥感数据同化研究将更加关注模型的可解释性，帮助理解人工智能模型的决策过程和结果，提高模型的可信度和可靠性。人工智能技术将与遥感学、气象学、地球科学等领域融合，促进跨学科合作，推动遥感数据同化技术的发展，为环境科学、气象学和地球科学等领域提供更多创新和解决方案。

1.2.6 遥感智能云计算技术

在遥感大数据时代，不断涌现的卫星、航空与近地遥感观测数据为地球科学研究提供了丰富的数据，但遥感大数据的组织、存储、管理、处理和分析成为新的挑战。首先，应从遥感数据的存储组织管理等方面进行考虑，由于多源遥感数据的存储格式、分辨率、投影方式等并不相同，使得用户在遥感数据的使用和理解上具有一定的难度；其次，在遥感大数据分析处理过程中，针对不同的数据处理需求，遥感数据的处理分析方法也在不断发展更新；最后，将分布式存储管理和大数据分析技术结合后，云平台这种集多种先进计算机领域技术于一体的解决方案为遥感大数据快速处理分析提供了前所未有的机遇。因此，本节基于这三个方面对遥感智能云计算技术的发展进行概述。

1. 遥感大数据存储管理

遥感数据获取能力的日益增强，一方面导致遥感数据的多元化和海量化，使"存不起"的问题日益突出，另一方面由于缺少有序、高效的存储管理方法，难以及时发现终端应用所需的数据，使结果"存而无用"，存储和管理是大数据时代遥感技术面临的首要难题，也是后续深度信息挖掘和规模化应用的前提（胡晓东等，2016）。对于海量、异构、递增的遥感大数据的存储管理，需要解决的问题包括：①构建大容量、高稳定、可扩充的空间数据（栅格和矢量）存储；②建立统一、高效、协同、分级的索引体系，实现数据的快速查询和提取；③设计简洁交互和直观表达的管理接口。大多数情况下，遥感数据以空间结构化的影像形式进行存储，使用诸如 HDF、netCDF、

GeoTIFF、FAST、ASCII 等多种空间数据标准格式，不同的数据格式具有不同数据组织方式和数据操作接口库。

针对遥感大数据的存储管理问题，研究人员提出了一系列解决方案。早期的存储管理方法主要是基于关系型数据库，其具有强关联特性、高一致性维护和较好的空间索引支持，但存在底层存储的可扩展性弱、数据切分和合并困难的问题（Lü et al.，2011）。为了解决可扩展和数据切分、合并问题，NoSQL、列存储等类型的数据库逐渐出现并发展起来，这些数据库通过分布式存储技术实现存储的容错性和可扩展性。在已有研究中，遥感数据存储主要以 Hadoop 分布式文件系统（HDFS）、HBase、Cassandra、MongoDB 等基于 NoSQL 技术的分布式存储应用比较广泛，如国内外典型的海量遥感数据存储中心，包括美国国家航空航天局地球观测系统（NASA EOS）、欧洲航天局（ESA）、谷歌地球（Google Earth）等，均采用基于卫星条带的分布式集群存储系统与云计算平台存储管理遥感大数据，该方法在海量数据的快速访问和查找能力方面存在明显的不足。此外，分布式存储为了解决数据一致性以及空间索引问题，通常将索引放到大内存或被拆成大量小的索引进行存储，同时又需要大量计算节点进行分布式索引计算。因此，传统的大数据存储管理架构已无法满足稳定、高效、可扩展等遥感大数据的管理要求，需要发展新的基于大数据架构的遥感数据存储管理方案，面向不同计算模式搭建异构式存储，有效地将数据分解、资源聚合。

2. 遥感大数据分析处理

1）高性能计算

很多研究致力于利用高性能计算（high-performance computing，HPC）架构解决遥感大数据面临的处理分析问题（Plaza and Chang，2007；Ma et al.，2014；Liu et al.，2011）。pipsCloud 是一个基于 HPC 框架实现近实时处理遥感大数据的云平台，并利用 Hilbert R+树空间索引技术对遥感数据进行索引以提高数据查询效率（Wang L et al.，2018）。基于 HPC 开发的平台拥有各自独立的计算节点集群和存储节点集群，计算资源和存储资源之间需通过高速网络进行连接（Gomes et al.，2020）。这些基于 HPC 的方法是海量遥感数据处理在巨大计算需求方面最直接、最有效的解决方案，但是与传统的计算密集型问题相比，在遥感数据处理中，巨大可用的算力不再是平台整体效率的限制因素。尽管 HPC 可以提供巨大的算力，但基于 HPC 的系统仍然在数据密集型（Kouzes et al.，2009）的遥感处理应用方面面临巨大挑战。

2）MapReduce 分布式并行化函数编程

并行化、分布式的编程模式在通用数据处理环境甚至在地理信息背景下处理大数据集是很有必要的（Lee et al.，2014；Shekhar et al.，2012）。也有研究指出函数编程（functional programming，FP）理念或语言在处理大数据集等方面是有效的，如 Haskell 函数式编程语言（Mintchev，2014）、MapReduce（Mohammed et al.，2014）以及自适应计算（Acar and Chen，2013）。目前，MapReduce 已成为并行、批处理样式和大量数据分析最受欢迎的计算范例（Maitrey and Jha，2015）。Apache Hadoop 是一个成熟的、被广泛使用的大数据分析应用平台,其核心计算框架 MapReduce 已经被用于多个遥感数据处理平台(Jo and Lee,2018)。在 Hadoop 平台之上,可以很方便地构建基于 MapReduce 的分布式任务,以较高的错误容忍方式处理大体量的数据,著名的谷歌地球引擎(Google Earth Engine,GEE)云计算平台就是基于 MapReduce 并行批处理框架实现的(Gorelick et al.,2017)。然而,MapReduce 处理框架需要频繁读写 HDFS 存储,造成平台 I/O 读写负载增大,对计算效率造成影响。

3)基于内存运算的 Spark 分布式并行框架

Spark 是专为处理大规模数据而设计的基于内存运算的通用并行计算框架,具有 Hadoop MapReduce 可快速通过映射(map)和归约(reduce)实现处理程序并行化的优点,Spark 和 Hadoop MapReduce 唯一的不同点是在 Spark 中处理数据时,所有中间数据及结果都保存在内存中,从而减少频繁的读写存储。所以,Spark 引擎能很好地适用于迭代算法,如数据挖掘或机器学习等算法。Spark 框架支持广泛使用的集群管理系统,包括 Apache Mesos、Hadoop 下一代资源管理器(yet another resource negotiator,Yarn)和 Kubernetes(K8s)。Huang 等(2016)在 Local、Standalone 和 Hadoop Yarn 三种不同的模式下,实现了在 Yarn 上运行 Spark 的遥感数据处理模式,结果表明将 Spark 弹性分布式数据集(resilient distributed datasets,RDDs)与面向条带(strip)抽象的遥感数据结合,在异构计算集群上执行可以获得很好的效果。

4)容器化技术

容器化(containerization)技术是一种新的轻量级虚拟化技术。传统的基于管理程序的虚拟化系统[如 Xen、VMware 和基于内核的虚拟机(kernel-based virtual machine,KVM)]以虚拟机(virtual machine,VM)的形式为客户端操作系统(operation system,OS)提供多租户和硬件独立性。Docker 引擎、OpenVZ 和 Linux 容器(Linux container,LXC)等容器化系统在容器中提供了类似的独立性,如 Docker 引擎管理的应用程序容器共享相同的操作系统内核,并且一台计算服务器上的容器数量远高于虚拟机的数量。已有研究表明,基于容器化技术实现的 Spark 算法要优于基于虚拟机实现的性能(Sollfrank et al.,2020)。K8s 是一个用于容器应用程序自动化部署、扩展和管理的开源系统,并为托管各种工作负载提供了理想的平台,包括基于人工智能(artificial intelligence,AI)的动态工作负载,支持基于并行和分布式架构的泛在计算设备。Vithlani 等(2020)使用开源工具包 OpenDroneMap 建立了一个并行云计算平台,应用在 K8s 上的本地集群中进行无人机(unmanned aerial vehicle,UAV)图像处理。Huang 等(2021)基于 K8s 集群利用 Spark 用户自定义聚合函数(user-defined aggregation functions,UDAF),在 OpenStack 云平台管理环境中实现弹性并行时空自适应反射融合模型,以减少洗牌连接(shuffle join)操作次数。可见,容器化技术与 Spark 分布式并行框架融合的计算环境可以获得很好的计算效率。融合丰富开源软件的容器化技术与 K8s 集群结合可以实现动态计算资源分配以及异构遥感数据的并行化处理。

3. 遥感大数据云计算平台

遥感大数据云计算平台是针对海量遥感数据管理和分析，集成多种技术、应用程序接口和网络服务的更加完整的计算解决方案（Gomes et al.，2020）。该方案中应包括三个模块：①提供相关的针对遥感数据管理、存储和访问的功能；②允许数据处理发生在服务端，而不必将海量遥感对地观测数据下载到本地进行处理；③为用户提供友好访问接口、一定的数据文件抽象及隐藏平台底层细节的高层次处理抽象接口。建立一个完全满足以上功能要求的遥感大数据云计算平台是一项非常艰巨的任务，不同模块之间往往需要妥协折中，如为用户提供更高层次的抽象接口和更丰富的数据处理过程。此外，在数据处理过程中应用分布式存储技术减少数据移动是非常重要的，可利用移动代码范式将数据处理应用运行在数据存储的节点上。

目前，国内外已有众多学者利用遥感云计算平台开展研究，其中 GEE 是应用最为广泛的遥感云计算平台。其他一些遥感云计算平台也处于迅速发展阶段，如 Sentinel Hub（SH），开放数据立方体（open data cube，ODC），陆地监测地球观测数据访问、处理和分析系统（system for earth observation data access, processing and analysis for land monitoring，SEPAL）、OpenEO（Pebesma et al.，2017）、欧盟委员会联合研究中心地球观测数据处理平台（JRC earth observation data and processing platform，JEODPP）（Soille et al.，2018）、pipsCloud（Wang L et al.，2018）和 PIE-Engine（Wang C et al.，2021）。这些平台使用不同的数据存储系统、访问接口和地球观测数据集抽象方式，主要优缺点如表 1.1 所示。

表 1.1 现有遥感大数据云计算平台优缺点

云平台	优势	不足
GEE	为所有互联网用户提供中小型工作负载的免费服务；建立在 Google 一系列技术基础之上，平台稳定性、安全性较高；基于平台进行的研究领域广泛，提供的文档案例丰富；使用切片（tiles）服务高效的数据结果发布；对硬件资源抽象程度较高；拥有超过 800 个功能的对地观测（EO）大数据集处理库；保证用户代码和数据的知识产权	采用 MapReduce 读取谷歌文件系统（Google file system，GFS）；平台代码更新会导致结果无法重复；限制了迭代等耗资源操作；对于数据密集型处理或计算密集型的分析，目前尚需提前向谷歌提供请求；算法本身是封闭的，用户不可以在服务端扩展功能；平台的切片服务并不完全开放；需借助谷歌网盘与 Colab 平台融合以支持深度学习算法
SH	专门用于 Sentinel 数据访问和可视化服务；SH 根据不同的付费计划限制功能的访问权限；提供了基于 Web 接口和 SH 应用程序接口的案例文档	免费计划仅仅允许浏览、选择和下载原始未经处理的数据；源代码同样是封闭的，用户不可以扩展；通过 Deep Sentinel 镜像容器实现深度学习
ODC	支持机构较多；源代码和工具都是开放的；对数据进行了索引编目存储；数据可被重新采样、重新组织成时间序列或者切割成更小的块进行格式优化存储，从而加速文件系统中数据的读取；提供开放地理空间信息联盟（OGC）网络服务来加速数据访问；通过容器化工具加速 ODC 应用发布	在 ODC 平台上用户需利用 Celery 框架自行实现并行化处理应用；未提供任何加速应用和数据在用户间共享的工具，用户想要在另一个 ODC 实例中重新生产结果时，必须通过手动共享和索引数据来实现应用
SEPAL	主要针对具有 Internet 访问困难和计算资源稀缺的国家；使用 GEE 平台作为计算资源；使用谷歌云存储（GCS）、谷歌硬盘（GD）和亚马逊网络服务（AWS）存储遥感数据和元数据	用户需将选择好的影像下载到用户自己的存储空间，用来生成镶嵌（mosaic）产品；平台未提供任何访问数据及发送处理请求到服务端的 Web 服务的案例；用户需要自行开发高效的应用来更好地使用申请的计算资源；以远程虚拟机方式实现；存储空间与虚拟机是独立的；平台使用价格太昂贵

续表

云平台	优势	不足
OpenEO	提供一个在不同系统上基于单一标准构建应用和分析的机制；不熟悉代码编程用户可通过 Web 编辑器进行可视化建模或通过简化 JavaScript 访问平台工作流程和程序；可通过 QGIS 插件访问 OpenEO 平台；可通过 OGC Web 覆盖服务器（WCS）或 Web 地图服务器（WMS）服务访问处理结果	不限制任何用于后端数据存储或处理的技术选型，导致平台不能保证所有采用的功能模块或应用在不同的后端以同样的方式运行；不保证遥感应用科学结果可重复性
JEODPP	拥有交互式数据处理及可视化、虚拟桌面和批量数据处理模块；数据延迟加载的方式与 GEE 在数据可视化方面是类似的；利用 Jupyter Notebook 环境接口，并提供了一个应用程序接口通过预先定义好的功能来表示数据处理链的重建对象	JRC 内部可用的封闭式解决方案；数据存储服务器和专门用于计算处理服务器是独立的；平台抽象程度低，用户需自行集成 HTCondor 才能利用数据处理服务器集群；平台不提供访问或操作数据的抽象接口；数据以源格式存储，利用影像金字塔技术来加速读取及对数据的可视化；启动包含 Conda 的图形处理器（GPU）机器学习容器

参 考 文 献

包西民. 2019. 无人机图像与卫星遥感影像融合算法研究及应用[D]. 银川: 北方民族大学.

曹林林, 李海涛, 韩颜顺, 等. 2016. 卷积神经网络在高分遥感影像分类中的应用[J]. 测绘科学, 41(9): 170-175.

曹云刚, 王志盼, 杨磊. 2017. 高分辨率遥感影像道路提取方法研究进展[J]. 遥感技术与应用, 32(1): 20-26.

常化文. 2009. 基于 HSV 变换与 à trous 变换的图像融合[J]. 计算机工程与设计, 30(4): 938-940.

常振良, 杨小冈, 卢瑞涛, 等. 2022. 基于改进 DeepLab v3+的高分辨率遥感影像变化检测研究[J].激光与光电子学进展, 59(12): 483-494.

崔璐, 张鹏, 车进. 2018. 基于深度神经网络的遥感图像分类算法综述[J]. 计算机科学, 45: 50-53.

窦方正, 孙汉昌, 孙显, 等. 2018. 基于 DBN 与对象融合的遥感图像变化检测方法[J]. 计算机工程, 44(4): 294-298, 304.

范大昭, 董杨, 张永生. 2018. 卫星影像匹配的深度卷积神经网络方法[J]. 测绘学报, 47(6): 844-853.

郝明, 田毅, 张华, 等. 2021. 基于 DeepLab V3+深度学习的无人机影像建筑物变化检测研究[J]. 现代测绘, 44(2): 1-4.

何红术, 黄晓霞, 李红旮, 等. 2020. 基于改进 U-Net 网络的高分遥感影像水体提取[J]. 地球信息科学学报, 22(10): 2010-2022.

胡晓东, 张新, 屈靖生. 2016. 大数据架构的遥感资源存储管理方法[J]. 地球信息科学学报, 18(5): 681-689.

胡秀秀. 2020. 高光谱数据的光谱配准和全色锐化技术研究[D]. 北京: 北京化工大学.

黄春林, 李新. 2006. 土壤水分同化系统的敏感性试验研究[J]. 水科学进展, 17(4): 457-465.

季顺平, 田思琦, 张驰. 2020. 利用全空洞卷积神经元网络进行城市土地覆盖分类与变化检测[J]. 武汉大学学报(信息科学版), 45(2): 233-241.

金晨. 2017. 基于深度信念网络的高光谱遥感图像分类算法研究[D]. 沈阳: 东北大学.

蓝朝桢, 卢万杰, 于君明, 等. 2021. 异源遥感影像特征匹配的深度学习算法[J].测绘学报, 50(2): 189-202.

李树涛, 李聪妤, 康旭东. 2021. 多源遥感图像融合发展现状与未来展望[J]. 遥感学报, 25(1): 148-166.

李婷乔. 2021. 基于深度学习的遥感图像地表覆被动态演化预测[D]. 成都: 电子科技大学.

李玮, 吴亮, 陈冠宇. 2018. 基于遥感分类的深度信念网络模型研究[J]. 地质科技情报, 37(2): 208-214.

李晓明, 郑链, 胡占义. 2006. 基于 SIFT 特征的遥感影像自动配准[J]. 遥感学报, 10(6): 885-892.

李新, 吴立宗, 马明国, 等. 2010. 数字黑河的思考与实践 2: 数据集成[J]. 地球科学进展, 25(3): 306-316.

梁哲恒, 黎宵, 邓鹏, 等. 2022. 融合多尺度特征注意力的遥感影像变化检测方法[J]. 测绘学报, 51(5): 668-676.

林卉, 梁亮, 杜培军, 等. 2012. 利用 Fourier-Mellin 变换的遥感图像自动配准[J]. 武汉大学学报(信息科学版), 37(6): 649-652.

林蕾. 2018. 基于循环神经网络模型的遥感影像时间序列分类及变化检测方法研究[D]. 北京: 中国科学院大学(中国科学院遥感与数字地球研究所).

林娜, 孙鹏林, 王玉莹, 等. 2022. 多尺度特征孪生神经网络的建筑物变化检测方法[J]. 测绘科学, 47(5): 185-192.

刘大伟, 韩玲, 韩晓勇. 2016. 基于深度学习的高分辨率遥感影像分类研究[J]. 光学学报, 36(4): 306-314.

刘赓. 2020. 不平衡数据分类方法研究及其应用[D]. 重庆: 重庆邮电大学.

刘纪平, 王勇, 龙彩霞, 等. 2024. 基于多模态数据融合的典型路网 POI 自动识别[J]. 测绘地理信息, 49(3): 1-7.

刘扬, 付征叶, 郑逢斌. 2015. 高分辨率遥感影像目标分类与识别研究进展[J]. 地球信息科学学报, 17(9): 1080-1091.

刘梓晶, 李红岩, 王新, 等. 2022. 荧光光谱-KNN 算法用于腐殖酸种类识别和定量[J]. 中国给水排水, 38(23): 56-62.

罗群艳. 2012. 基于直方图统计模型的自适应多阈值图像分割算法的研究[D]. 南京: 南京理工大学.

吕启, 窦勇, 牛新, 等. 2014. 基于 DBN 模型的遥感图像分类[J]. 计算机研究与发展, 51(9): 1911-1918.

麻连伟, 宁卫远, 焦利伟, 等. 2022. 基于 U-Net 卷积神经网络的遥感影像变化检测方法研究[J]. 能源与环保, 44(11): 102-106.

马铭, 苟长龙. 2017. 遥感数据最小距离分类的几种算法[J]. 测绘通报, (3): 157-159.

麻卫峰, 王金亮, 麻源源, 等. 2021. 改进 K 均值聚类的点云林木胸径提取[J]. 测绘科学, 46(9): 122-129.

孟祥超, 孙伟伟, 任凯, 等. 2020. 基于多分辨率分析的 GF-5 和 GF-1 遥感影像空-谱融合[J]. 遥感学报, 24(4): 379-387.

南轲, 齐华, 叶沅鑫. 2019. 深度卷积特征表达的多模态遥感影像模板匹配方法[J]. 测绘学报, 48(6): 727-736.

苏红军. 2022. 高光谱遥感影像降维: 进展、挑战与展望[J]. 遥感学报, 26(8): 1504-1529.

孙伟伟, 杨刚, 彭江涛, 等. 2022. 鲁棒多特征谱聚类的高光谱影像波段选择[J]. 遥感学报, 26(2): 397-405.

谭东杰, 张安. 2013. 方向相关与互信息加权组合多模图像配准方法[J]. 红外与激光工程, 42(3): 836-841.

童庆禧, 张兵, 郑兰芬. 2006. 高光谱遥感的多学科应用[M]. 北京: 电子工业出版社.

童庆禧, 张兵, 张立福. 2016. 中国高光谱遥感的前沿进展[J]. 遥感学报, 20(5): 689-707.

王文, 寇小华. 2009. 水文数据同化方法及遥感数据在水文数据同化中的应用进展[J]. 河海大学学报(自然科学版), 37(5): 556-562.

王小燕, 李静澜, 白艳萍, 等. 2023. 基于深度学习的遥感影像分类方法研究[J]. 中国水土保持, (12): 7-10.

王鑫, 李可, 徐明君, 等. 2019. 改进的基于深度学习的遥感图像分类算法[J]. 计算机应用, 39(2): 382-387.

王鑫, 张香梁, 吕国芳. 2022. 基于融合边缘变化信息全卷积神经网络的遥感图像变化检测[J]. 电子与信息学报, 44(5): 1694-1703.

王艳恒, 高连如, 陈正超, 等. 2020. 结合深度学习和超像元的高分遥感影像变化检测[J]. 中国图象图形学报, 25(6): 1271-1282.

吴正文. 2015. 卷积神经网络在图像分类中的应用研究[D]. 成都: 电子科技大学.

熊源, 徐伟恒, 黄邵东, 等. 2021. 融合可见光无人机与哨兵2A影像的森林火灾迹地精细化提取[J]. 西南林业大学学报(自然科学), 41(4): 103-110.

徐俊峰, 张保明, 余东行, 等. 2020. 多特征融合的高分辨率遥感影像飞机目标变化检测[J]. 遥感学报, 24(1): 37-52.

徐欣钰, 李小军, 赵鹤婷, 等. 2023. NSCT和PCNN相结合的遥感图像全色锐化算法[J]. 自然资源遥感, 35(3): 64-70.

薛白, 王懿哲, 刘书含, 等. 2022. 基于孪生注意力网络的高分辨率遥感影像变化检测[J]. 自然资源遥感, (1): 61-66.

闫利, 王紫琦, 叶志云. 2018. 顾及灰度和梯度信息的多模态影像配准算法[J]. 测绘学报, 47(1): 71-81.

杨鹏强, 张艳伟, 胡钊政. 2022. 基于改进RepVGG网络的车道线检测算法[J]. 交通信息与安全, 40(2): 73-81.

余凯, 贾磊, 陈雨强, 等. 2013. 深度学习的昨天、今天和明天[J]. 计算机研究与发展, 50(9): 1799-1804.

张奔. 2022. 基于层次类别结构和卷积递归神经网络的土地覆盖分层分类方法研究[D]. 武汉: 武汉大学.

张兵. 2018. 遥感大数据时代与智能信息提取[J]. 武汉大学学报(信息科学版), 43(12): 1861-1871.

张继贤, 刘飞, 王坚. 2021. 轻小型无人机测绘遥感系统研究进展[J]. 遥感学报, 25(3): 708-724.

张日升, 张燕琴. 2017. 基于深度学习的高分辨率遥感图像识别与分类研究[J]. 信息通信, (1): 110-111.

张涛, 刘军, 杨可明, 等. 2015. 结合Gram-Schmidt变换的高光谱影像谐波分析融合算法[J]. 测绘学报, 44(9): 1042-1047.

张新君, 赵春霖. 2024. 改进的YOLOv5s遥感影像机场场面飞机小目标识别[J]. 电光与控制, 31(7): 104-111.

张鑫龙, 陈秀万, 李飞, 等. 2017. 高分辨率遥感影像的深度学习变化检测方法[J]. 测绘学报, 46(8): 999-1008.

张芯睿, 赵清华, 王雷, 等. 2022. 基于Mask R-CNN的雾天场景目标检测[J]. 电光与控制, 29(12): 83-88.

张永军, 万一, 史文中, 等. 2021. 多源卫星影像的摄影测量遥感智能处理技术框架与初步实践[J]. 测绘学报, 50(8): 1068-1083.

张载龙, 徐杰. 2024. 用于高分辨率遥感影像地类识别的Deeplabv3+改进模型[J]. 南京邮电大学学报(自然科学版), 44(2): 62-68.

赵春晖, 王立国, 齐滨. 2016. 高光谱遥感图像处理方法及应用[M]. 北京: 电子工业出版社.

赵其昌, 吴一全, 苑玉彬. 2024. 光学遥感图像舰船目标检测与识别方法研究进展[J]. 航空学报, 45(8):

51-84.

朱默研, 侯景伟, 孙诗琴, 等. 2021. 基于深度学习的遥感影像识别国内研究进展[J]. 测绘与空间地理信息, (5): 67-73, 85.

Abowarda A S, Bai L L, Zhang C J, et al. 2021. Generating surface soil moisture at 30m spatial resolution using both data fusion and machine learning toward better water resources management at the field scale[J]. Remote Sensing of Environment, 255: 112301.

Acar U A, Chen Y. 2013. Streaming big data with self-adjusting computation[C]. Rome: Proceedings of the 2013 Workshop on Data Driven Functional Programming: 15-18.

Ahmad S, Kalra A, Stephen H. 2010. Estimating soil moisture using remote sensing data: a machine learning approach[J]. Advances in Water Resources, 33(1): 69-80.

Aiazzi B, Baronti S, Selva M. 2007. Improving component substitution pansharpening through multivariate regression of MS+PAN data[J]. IEEE Transactions on Geoscience and Remote Sensing, 45(10): 3230-3239.

Andreou E, Ghysels E, Kourtellos A. 2010. Regression models with mixed sampling frequencies[J]. Journal of Econometrics, 158(2): 246-261.

Anuta P E. 1970. Spatial registration of multispectral and multitemporal digital imagery using fast Fourier transform techniques[J]. IEEE Transactions on Geoscience Electronics, 8(4): 353-368.

Arcucci R, Zhu J C, Hu S, et al. 2021. Deep data assimilation: integrating deep learning with data assimilation[J]. Applied Sciences, 11(3): 1114.

Bai Y, Wong M, Shi W Z, et al. 2015. Advancing of land surface temperature retrieval using extreme learning machine and spatio-temporal adaptive data fusion algorithm[J]. Remote Sensing, 7(4): 4424-4441.

Balakrishnan G, Zhao A, Sabuncu M R, et al. 2019. Voxel morph: a learning framework for deformable medical image registration[J]. IEEE Transactions on Medical Imaging, 38(8): 1788-1800.

Bazi Y, Bashmal L, Rahhal M M A, et al. 2021. Vision transformers for remote sensing image classification[J]. Remote Sensing, 13(3): 516-529.

Beck H E, van Dijk A I J M, de Roo A, et al. 2016. Global-scale regionalization of hydrologic model parameters[J]. Water Resources Research, 52(5): 3599-3622.

Bochkovskiy A, Wang C Y, Liao H Y M. 2020. YOLOv4: optimal speed and accuracy of object detection[J]. arXiv preprint arXiv, 10934: 2020.

Brajard J, Carrassi A, Bocquet M, et al. 2020. Combining data assimilation and machine learning to emulate a dynamical model from sparse and noisy observations: a case study with the Lorenz 96 model[J]. Journal of Computational Science, 44: 101171.

Brocca L, Massari C, Ciabatta L, et al. 2015. Rainfall estimation from in situ soil moisture observations at several sites in Europe: an evaluation of the SM2RAIN algorithm[J]. Journal of Hydrology and Hydromechanics, 63(3): 201-209.

Bürgmann T, Koppe W, Schmitt M. 2019. Matching of TerraSAR-X derived ground control points to optical image patches using deep learning[J]. ISPRS Journal of Photogrammetry and Remote Sensing, 158: 241-248.

Burt P J, Adelson E H. 2003. The Laplacian pyramid as a compact image code[J]. IEEE Transactions on Communications, 31: 532-540.

Chang X B, Xiang T, Hospedales T M. 2018. Scalable and effective deep CCA via soft decorrelation[C]. Salt Lake City: Proceedings of the IEEE Conference on Computer Vision and Pattern Recognition: 1488-1497.

Chen H, Qi Z P, Shi Z W. 2021. Remote sensing image change detection with transformers[J]. IEEE Transactions on Geoscience and Remote Sensing, 60: 1-14.

Chen H, Shi Z W. 2020. A spatial-temporal attention-based method and a new dataset for remote sensing image change detection[J]. Remote Sensing, 12(10): 1662.

Chen H, Wu C, Du B, et al. 2019. Change detection in multisource VHR images via deep Siamese convolutional multiple-layers recurrent neural network[J]. IEEE Transactions on Geoscience and Remote Sensing, 58(4): 2848-2864.

Chen S H, Li X R, Zhao L Y, et al. 2018. Medium-low resolution multisource remote sensing image registration based on SIFT and robust regional mutual information[J]. International Journal of Remote Sensing, 39(10): 3215-3242.

Chen Y, Jiang J. 2021. A two-stage deep learning registration method for remote sensing images based on sub-image matching[J]. Remote Sensing, 13(17): 3443-3468.

Chen Z, Pu H Y, Wang B, et al. 2014. Fusion of hyperspectral and multispectral images: a novel framework based on generalization of PAN-sharpening methods[J]. IEEE Geoscience and Remote Sensing Letters, 11(8): 1418-1422.

Cho K, van Merrienboer B, Bahdanau D, et al. 2014. On the properties of neural machine translation: encoder-decoder approaches[J]. arXiv preprint, arXiv: 1409. 1259.

Choi J, Yu K, Kim Y. 2011. A new adaptive component-substitution-based satellite image fusion by using partial replacement[J]. IEEE Transactions on Geoscience and Remote Sensing, 49(1): 295-309.

Cliche F. 1985. Integration of the SPOT panchromatic channel into its multispectral mode for image sharpness enhancement[J]. Photogrammetric Engineering and Remote Sensing, 51(3): 311-316.

da Cunha A L, Zhou J P, Do M N, et al. 2006. The nonsubsampled contourlet transform: theory, design, and applications[J]. IEEE Transactions on Image Processing, 15(10): 3089-3101.

Dai Z G, Cai B L, Lin Y G, et al. 2021. UP-DETR: unsupervised pre-training for object detection with transformers[C]. Nashville: Proceedings of the IEEE/CVF Conference on Computer Vision and Pattern Recognition: 1601-1610.

Daudt R C, Le Saux B, Boulch A. 2018. Fully convolutional Siamese networks for change detection[C]. Athens: 2018 25th IEEE International Conference on Image Processing (ICIP): 4063-4067.

Dellinger F, Delon J, Gousseau Y, et al. 2015. SAR-SIFT: a SIFT-like algorithm for SAR images[J]. IEEE Transactions on Geoscience and Remote Sensing, 53(1): 453-466.

Diakogiannis F I, Waldner F, Caccetta P, et al. 2020. ResUNet-a: a deep learning framework for semantic segmentation of remotely sensed data[J]. ISPRS Journal of Photogrammetry and Remote Sensing, 162: 94-114.

Dian R W, Li S T, Guo A J, et al. 2018. Deep hyperspectral image sharpening[J]. IEEE Transactions on Neural Networks and Learning Systems, 29(11): 5345-5355.

Diao W H, Sun X, Dou F Z, et al. 2015. Object recognition in remote sensing images using sparse deep belief networks[J]. Remote Sensing Letters, 6(10): 745-754.

Diao W H, Sun X, Zheng X W, et al. 2016. Efficient saliency-based object detection in remote sensing images using deep belief networks[J]. IEEE Geoscience and Remote Sensing Letters, 13(2): 137-141.

Fan B, Wu F C, Hu Z Y. 2012. Robust line matching through line-point invariants[J]. Pattern Recognition, 45(2): 794-805.

Fan X S, Chen L, Xu X G, et al. 2023. Land cover classification of remote sensing images based on hierarchical convolutional recurrent neural network[J]. Forests, 14(9): 1881.

Fischer A, Igel C. 2012. An introduction to restricted Boltzmann machines[C]//Progress in Pattern Recognition, Image Analysis, Computer Vision, and Applications. Berlin, Heidelberg: Springer Berlin Heidelberg: 14-36.

Fu J, Liu J, Tian H, et al. 2019. Dual attention network for scene segmentation[C]. Long Beach: Proceedings of the IEEE/CVF Conference on Computer Vision and Pattern Recognition: 3146-3154.

Fu Z T, Qin Q Q, Luo B, et al. 2018. HOMPC: a local feature descriptor based on the combination of magnitude and phase congruency information for multi-sensor remote sensing images[J]. Remote Sensing, 10(8): 1234-1262.

Ge Y, Wang J H, Heuvelink G B M, et al. 2015. Sampling design optimization of a wireless sensor network for monitoring ecohydrological processes in the Babao River Basin, China[J]. International Journal of Geographical Information Science, 29(1): 92-110.

Geng J, Fan J C, Wang H Y, et al. 2015. High-resolution SAR image classification via deep convolutional autoencoders[J]. IEEE Geoscience and Remote Sensing Letters, 12(11): 2351-2355.

Ghadjati M, Moussaoui A, Boukharouba A. 2019. A novel iterative PCA-based pansharpening method[J]. Remote Sensing Letters, 10(3): 264-273.

Gomes V, Queiroz G R, Ferreira K R. 2020. An overview of platforms for big earth observation data management and analysis[J]. Remote Sensing, 12(8): 1253.

Goodfellow I, Bengio Y, Courville A. 2016. Deep Learning[M]. Cambridge: MIT press.

Goodfellow I, Pouget-Abadie J, Mirza M, et al. 2020. Generative adversarial networks[J]. Communications of the ACM, 63(11): 139-144.

Gorelick N, Hancher M, Dixon M, et al. 2017. Google Earth Engine: planetary-scale geospatial analysis for everyone[J]. Remote Sensing of Environment, 202: 18-27.

Guo Y Q, Jia X P, Paull D. 2018. Effective sequential classifier training for SVM-based multitemporal remote sensing image classification[J]. IEEE Transactions on Image Processing, 27: 3036-3048.

Han K, Wang Y, Chen H, et al. 2023. A survey on vision transformer[J]. IEEE Transactions on Pattern Analysis and Machine Intelligence, 45(1): 87-110.

Han X F, Leung T, Jia Y Q, et al. 2015. MatchNet: unifying feature and metric learning for patch-based matching[C]. Boston: IEEE Conference on Computer Vision and Pattern Recognition: 3279-3286.

Han Y, Tang B P, Deng L. 2019. An enhanced convolutional neural network with enlarged receptive fields for fault diagnosis of planetary gearboxes[J]. Computers in Industry, 107: 50-58.

Han Y D, Feng L J, Gao J. 2022. A new end-to-end framework based on non-local network structure and spatial attention mechanism for image rain removal[J]. International Journal of Computers and Applications, 44(11): 1083-1091.

He H, Garcia E A. 2009. Learning from imbalanced data[J]. IEEE Transactions on Knowledge and Data

Engineering, 21(9): 1263-1284.

He H Q, Chen M, Chen T, et al. 2018. Matching of remote sensing images with complex background variations via Siamese convolutional neural network[J]. Remote Sensing, 10(2): 355-378.

He K M, Zhang X Y, Ren S Q, et al. 2016. Deep residual learning for image recognition[C]. Las Vegas: Proceedings of the IEEE Conference on Computer Vision and Pattern Recognition: 770-778.

He X G, Chaney N W, Schleiss M, et al. 2016. Spatial downscaling of precipitation using adaptable random forests[J]. Water Resources Research, 52(10): 8217-8237.

Hinton G E, Salakhutdinov R R. 2006. Reducing the dimensionality of data with neural networks[J]. Science, 313(5786): 504-507.

Hochreiter S, Schmidhuber J. 1997. Long short-term memory[J]. Neural Computation, 9(8): 1735-1780.

Hoge W S. 2003. A subspace identification extension to the phase correlation method[J]. IEEE Transactions on Medical Imaging, 22(2): 277-280.

Hou B, Liu Q, Wang H, et al. 2020. From W-Net to CDGAN: bitemporal change detection via deep learning techniques[J]. IEEE Transactions on Geoscience and Remote Sensing, 58(3): 1790-1802.

Hou J L, Huang C L. 2014. Improving mountainous snow cover fraction mapping via artificial neural networks combined with MODIS and ancillary topographic data[J]. IEEE Transactions on Geoscience and Remote Sensing, 52(9): 5601-5611.

Hou J L, Huang C L, Zhang Y, et al. 2020. On the value of available MODIS and Landsat8 OLI image pairs for MODIS fractional snow cover mapping based on an artificial neural network[J]. IEEE Transactions on Geoscience and Remote Sensing, 58(6): 4319-4334.

Houborg R, McCabe M F. 2018. A hybrid training approach for leaf area index estimation via Cubist and random forests machine-learning[J]. ISPRS Journal of Photogrammetry and Remote Sensing, 135: 173-188.

Hu P, Perazzi F, Heilbron F C, et al. 2021. Real-time semantic segmentation with fast attention[J]. IEEE Robotics and Automation Letters, 6(1): 263-270.

Huang G, Liu Z, van Der Maaten L, et al. 2017. Densely connected convolutional networks[C]. Honolulu: Proceedings of the IEEE Conference on Computer Vision and Pattern Recognition: 2261-2269.

Huang W, Meng L, Zhang D, et al. 2016. In-memory parallel processing of massive remotely sensed data using an apache spark on hadoop yarn model[J]. IEEE Journal of Selected Topics in Applied Earth Observations and Remote Sensing, 10(1): 3-19.

Huang W, Xiao L, Wei Z H, et al. 2015. A new PAN-sharpening method with deep neural networks[J]. IEEE Geoscience and Remote Sensing Letters, 12(5): 1037-1041.

Huang W, Zhou J Z, Zhang D Y. 2021. On-the-fly fusion of remotely-sensed big data using an elastic computing paradigm with a containerized Spark engine on Kubernetes[J]. Sensors, 21(9): 2971.

Hughes L H, Marcos D, Lobry S, et al. 2020. A deep learning framework for matching of SAR and optical imagery[J]. ISPRS Journal of Photogrammetry and Remote Sensing, 169: 166-179.

Hutengs C, Vohland M. 2016. Downscaling land surface temperatures at regional scales with random forest regression[J]. Remote Sensing of Environment, 178: 127-141.

Iyer V, Aved A, Howlett T B, et al. 2018. Autoencoder versus pre-trained CNN networks: deep-features applied to accelerate computationally expensive object detection in real-time video streams[C]. Berlin:

Target and Background Signatures IV: 304-314.

Jafari A, Haratizadeh S. 2022. GCNET: graph-based prediction of stock price movement using graph convolutional network[J]. Engineering Applications of Artificial Intelligence, 116: 105452-105471.

Jiang F L, Gong M G, Zhan T, et al. 2020. A semisupervised GAN-based multiple change detection framework in multi-spectral images[J]. IEEE Geoscience and Remote Sensing Letters, 17(7): 1223-1227.

Jiang H W, Hu X Y, Li K, et al. 2020. PGA-SiamNet: pyramid feature-based attention-guided Siamese network for remote sensing orthoimagery building change detection[J]. Remote Sensing, 12(3): 484.

Jiang H Y, Diao Z S, Shi T Y, et al. 2023. A review of deep learning-based multiple-lesion recognition from medical images: classification, detection and segmentation[J]. Computers in Biology and Medicine, 157: 106726.

Jiang K X, Zhang W H, Liu J, et al. 2022. Joint variation learning of fusion and difference features for change detection in remote sensing images[J]. IEEE Transactions on Geoscience and Remote Sensing, 60: 1-18.

Jiang S, Jzang U, Wang B N, et al. 2018. Registration of SAR and optical images by weighted SIFT based on phase congruency[C]. Valencia: IEEE International Geoscience and Remote Sensing Symposium: 22-27.

Jin R, Li X, Yan B P, et al. 2014. A nested ecohydrological wireless sensor network for capturing the surface heterogeneity in the midstream areas of the Heihe River Basin, China[J]. IEEE Geoscience and Remote Sensing Letters, 11(11): 2015-2019.

Jin Y W, Xu W B, Zhang C, et al. 2021. Boundary-aware refined network for automatic building extraction in very high-resolution urban aerial images[J]. Remote Sensing, 13(4): 692-714.

Jo J, Lee K W. 2018. High-performance geospatial big data processing system based on MapReduce[J]. ISPRS International Journal of Geo-Information, 7(10): 399.

Kang J, Li X, Jin R, et al. 2014. Hybrid optimal design of the eco-hydrological wireless sensor network in the middle reach of the Heihe River Basin, China[J]. Sensors, 14(10): 19095-19114.

Karpatne A, Atluri G, Faghmous J H, et al. 2017. Theory-guided data science: a new paradigm for scientific discovery from data[J]. IEEE Transactions on Knowledge and Data Engineering, 29: 2318-2331.

Karpatne A, Ebert-Uphoff I, Ravela S, et al. 2019. Machine learning for the geosciences: challenges and opportunities[J]. IEEE Transactions on Knowledge and Data Engineering, 31(8): 1544-1554.

Khan S, Naseer M, Hayat M, et al. 2022. Transformers in vision: a survey[J]. ACM Computing Surveys, 54: 1-41.

Kong B, Supancic J, Ramanan D, et al. 2019. Cross-domain image matching with deep feature maps[J]. International Journal of Computer Vision, 127(11): 1738-1750.

Kong W W, Liu J P. 2013. Technique for image fusion based on nonsubsampled shearlet transform and improved pulse-coupled neural network[J]. Optical Engineering, 52(1): 017001.

Kouzes R T, Anderson G A, Elbert S T, et al. 2009. The changing paradigm of data-intensive computing[J]. Computer, 42(1): 26-34.

Krizhevsky A, Sutskever I, Hinton G E. 2012. ImageNet classification with deep convolutional neural networks [J]. Advances in Neural Information Processing Systems, 25: 1097-1105.

Kuglin C D. 1975. The phase correlation image alignment methed[C]. New York: IEEE International Conference on Cybernetics and Society.

Kühnlein M, Appelhans T, Thies B, et al. 2014. Improving the accuracy of rainfall rates from optical satellite sensors with machine learning: a random forests-based approach applied to MSG SEVIRI[J]. Remote Sensing of Environment, 141: 129-143.

Kurani A, Doshi P, Vakharia A, et al. 2023. A comprehensive comparative study of artificial neural network (ANN) and support vector machines (SVM) on stock forecasting[J]. Annals of Data Science, 10(1): 183-208.

Lee H, Kwon H. 2016. Contextual deep CNN based hyperspectral classification[C]. Beijing: 2016 IEEE International Geoscience and Remote Sensing Symposium (IGARSS): 3322-3325.

Lee K, Ganti R K, Srivatsa M, et al. 2014. Efficient spatial query processing for big data[C]. Dallas: Proceedings of the 22nd ACM SIGSPATIAL International Conference on Advances in Geographic Information Systems: 469-472.

Lee W, Sim D, Oh S J. 2021. A CNN-based high-accuracy registration for remote sensing images[J]. Remote Sensing, 13(8): 1482-1496.

Li J Y, Hu Q W, Ai M Y. 2019. RIFT: multi-modal image matching based on radiation-variation insensitive feature transform[J]. IEEE Transactions on Image Processing, 29: 3296-3310.

Li K, Yao J, Lu X H, et al. 2016. Hierarchical line matching based on line-junction-line structure descriptor and local homography estimation[J]. Neurocomputing, 184: 207-220.

Li P J, Zha Y Y, Shi L S, et al. 2020. Comparison of the use of a physical-based model with data assimilation and machine learning methods for simulating soil water dynamics[J]. Journal of Hydrology, 584: 124692.

Li W S, Cao D W, Peng Y D, et al. 2021. MSNet: a multi-stream fusion network for remote sensing spatiotemporal fusion based on transformer and convolution[J]. Remote Sensing, 13(18): 3724-3746.

Li X H, Du Z S, Huang Y Y, et al. 2021. A deep translation (GAN) based change detection network for optical and SAR remote sensing images[J]. ISPRS Journal of Photogrammetry and Remote Sensing, 179: 14-34.

Li Y T, Fan Q S, Huang H S, et al. 2023. A modified YOLOv8 detection network for UAV aerial image recognition[J]. Drones, 7(5): 304.

Li Z M, Yan C X, Sun Y, et al. 2022. A densely attentive refinement network for change detection based on very-high-resolution bitemporal remote sensing images[J]. IEEE Transactions on Geoscience and Remote Sensing, 60: 1-18.

Lin Z, Zhang Z, Chen L Z, et al. 2020. Interactive image segmentation with first click attention[C]. Seattle: Proceedings of the IEEE/CVF Conference on Computer Vision and Pattern Recognition: 13336-13345.

Liu J G. 2000. Smoothing filter-based intensity modulation: a spectral preserve image fusion technique for improving spatial details[J]. International Journal of Remote Sensing, 21(18): 3461-3472.

Liu J, Gao J, Ji S P, et al. 2023. Deep learning based multi-view stereo matching and 3D scene reconstruction from oblique aerial images[J]. ISPRS Journal of Photogrammetry and Remote Sensing, 204: 42-60.

Liu Q, Zhou H, Xu Q, et al. 2020. PSGAN: a generative adversarial network for remote sensing image PAN-sharpening[J]. IEEE Transactions on Geoscience and Remote Sensing, 59(12): 10227-10242.

Liu R C, Cheng Z H, Zhang L L, et al. 2019. Remote sensing image change detection based on information transmission and attention mechanism[J]. IEEE Access, 7: 156349-156359.

Liu Y, Jing W L, Wang Q, et al. 2020. Generating high-resolution daily soil moisture by using spatial downscaling techniques: a comparison of six machine learning algorithms[J]. Advances in Water

Resources, 141: 103601.

Liu Y H, Chen B, Yu H, et al. 2011. Applying GPU and POSIX thread technologies in massive remote sensing image data processing[C]. Shanghai: 19th International Conference on Geoinformatics: 1-6.

Liu Z P, Tang H, Huang W. 2022. Building outline delineation from VHR remote sensing images using the convolutional recurrent neural network embedded with line segment information[J]. IEEE Transactions on Geoscience and Remote Sensing, 60: 1-13.

Long J, Shelhamer E, Darrell T. 2015. Fully convolutional networks for semantic segmentation[C]. Boston: Proceedings of the IEEE Conference on Computer Vision and Pattern Recognition: 3431-3440.

Lowe D G. 1999. Object recognition from local scale-invariant features[C]. Kerkyra: Proceedings of the Seventh IEEE International Conference on Computer Vision: 1150-1157.

Lowe D G. 2004. Distinctive image features from scale-invariant keypoints[J]. International Journal of Computer Vision, 60(2): 91-110.

Lu J, Li J, Chen G, et al. 2015. Improving pixel-based change detection accuracy using an object-based approach in multitemporal SAR flood images[J]. IEEE Journal of Selected Topics in Applied Earth Observations and Remote Sensing, 8(7): 3486-3496.

Lü X F, Cheng C Q, Gong J Y, et al. 2011. Review of data storage and management technologies for massive remote sensing data[J]. Science China Technological Sciences, 54: 3220-3232.

Luo X, Li X X, Wu Y X, et al. 2021. Research on change detection method of high-resolution remote sensing images based on subpixel convolution[J]. IEEE Journal of Selected Topics in Applied Earth Observations and Remote Sensing, 14: 1447-1457.

Luo Y Q, Randerson J T, Abramowitz G, et al. 2012. A framework for benchmarking land models[J]. Biogeosciences, 9: 3857-3874.

Lyu H B, Lu H, Mou L C. 2016. Learning a transferable change rule from a recurrent neural network for land cover change detection[J]. Remote Sensing, 8(6): 506.

Ma B. 2014. A new kind of parallel K_NN network public opinion classification algorithm based on Hadoop platform[J]. Applied Mechanics and Materials, 644: 2018-2021.

Ma W P, Wen Z L, Wu Y, et al. 2017. Remote sensing image registration with modified SIFT and enhanced feature matching[J]. IEEE Geoscience and Remote Sensing Letters, 14(1): 3-7.

Ma Y, Wang L Z, Zomaya A Y, et al. 2014. Task-tree based large-scale mosaicking for massive remote sensed imageries with dynamic dag scheduling[J]. IEEE Transactions on Parallel and Distributed Systems, 25(8): 2126-2137.

Maes F, Collignon A, Vandermeulen D, et al. 1997. Multimodality image registration by maximization of mutual information[J]. IEEE Transactions on Medical Imaging, 16(2): 187-198.

Maitrey S, Jha C K. 2015. Handling big data efficiently by using map reduce technique[C]. Ghaziabad: 2015 IEEE International Conference on Computational Intelligence & Communication Technology: 703-708.

Mallat S G. 1989. A theory for multiresolution signal decomposition: the wavelet representation[J]. IEEE Transactions on Pattern Analysis and Machine Intelligence, 11(7): 674-693.

Mazzini D, Buzzelli M, Pauy D P, et al. 2018. A CNN architecture for efficient semantic segmentation of street scenes[C]. Berlin: 2018 IEEE 8th International Conference on Consumer Electronics-Berlin (ICCE-Berlin): 1-6.

Mei X G, Ma Y, Fan F, et al. 2015. Infrared ultraspectral signature classification based on a restricted Boltzmann machine with sparse and prior constraints[J]. International Journal of Remote Sensing, 36(18): 4724-4747.

Mintchev S. 2014. User-defined rules made simple with functional programming[C]. Cham: International Conference on Business Information System: 229-240.

Mohammed E A, Far B H, Naugler C. 2014. Applications of the MapReduce programming framework to clinical big data analysis: current landscape and future trends[J]. BioData Mining, 7: 22.

Montzka C, Pauwels V R N, Franssen H J H, et al. 2012. Multivariate and multiscale data assimilation in terrestrial systems: a review[J]. Sensors, 12: 16291-16333.

Moreshet A, Keller Y. 2024. Attention-based multimodal image matching[J]. Computer Vision and Image Understanding, 241: 103949.

Mou L C, Bruzzone L, Zhu X X. 2019. Learning spectral-spatial-temporal features via a recurrent convolutional neural network for change detection in multispectral imagery[J]. IEEE Transactions on Geoscience and Remote Sensing, 57(2): 924-935.

Ordóñez F J, Roggen D. 2016. Deep convolutional and LSTM recurrent neural networks for multimodal wearable activity recognition[J]. Sensors, 16(1): 115.

Pal M. 2005. Random forest classifier for remote sensing classification[J]. International Journal of Remote Sensing, 26(1): 217-222.

Paul S, Pati U C. 2019. A Gabor odd filter-based ratio operator for SAR image matching[J]. IEEE Geoscience and Remote Sensing Letters, 16(3): 397-401.

Paul S, Pati U C. 2021. High-resolution optical-to-SAR image registration using mutual information and SPSA optimisation[J]. IET Image Processing, 15(6): 1319-1331.

Pebesma E, Wagner W, Schramm M, et al. 2017. OpenEO: a common, open source interface between earth observation data infrastructures and front-end applications[EB/OL]. https://zenodo.org/records/1065474.

Pelletier C, Webb G I, Petitjean F. 2019. Temporal convolutional neural network for the classification of satellite image time series[J]. Remote Sensing, 11(5): 523.

Peng D F, Bruzzone L, Zhang Y J, et al. 2021. SemiCDNet: a semisupervised convolutional neural network for change detection in high resolution remote-sensing images[J]. IEEE Transactions on Geoscience and Remote Sensing, 59(7): 5891-5906.

Peng D F, Zhang Y J, Guan H Y. 2019. End-to-end change detection for high resolution satellite images using improved UNet++[J]. Remote Sensing, 11(11): 1382.

Petmezas G, Cheimariotis G A, Stefanopoulos L, et al. 2022. Automated lung sound classification using a hybrid CNN-LSTM network and focal loss function[J]. Sensors, 22(3): 12-32.

Plaza A, Chang C I. 2007. High Performance Computing in Remote Sensing[M]. Boca Raton: Chapman & Hall/CRC.

Pratt W K. 1974. Correlation techniques of image registration[J]. IEEE Transactions on Aerospace and Electronic Systems, (3): 353-358.

Qi L, Yong D, Xin N, et al. 2015. Urban land use and land cover classification using remotely sensed SAR data through deep belief networks[J]. Journal of Sensors, (1): 538063.

Rajib M A, Merwade V, Yu Z Q. 2016. Multi-objective calibration of a hydrologic model using spatially distributed remotely sensed/in-situ soil moisture[J]. Journal of Hydrology, 536: 192-207.

Reddy B S, Chatterji B N. 1996. An FFT-based technique for translation, rotation, and scale-invariant image registration[J]. IEEE Transactions on Image Processing, 5(8): 1266-1271.

Reichman O J, Jones M B, Schildhauer M P. 2011. Challenges and opportunities of open data in ecology[J]. Science, 331(6018): 703-705.

Ren K, Sun W W, Meng X C, et al. 2020. Fusing China GF-5 hyperspectral data with GF-1, GF-2 and Sentinel-2A multispectral data: which methods should be used?[J]. Remote Sensing, 12(5): 882.

Ren S Q, He K M, Girshick R, et al. 2017. Faster R-CNN: towards real-time object detection with region proposal networks[J]. IEEE Transactions on Pattern Analysis and Machine Intelligence, 39(6): 1137-1149.

Restaino R, Vivone G, Addesso P, et al. 2021. Hyperspectral sharpening approaches using satellite multiplatform data[J]. IEEE Transactions on Geoscience and Remote Sensing, 59(1): 578-596.

Roche A, Malandain G, Pennec X, et al. 1998. The correlation ratio as a new similarity measure for multimodal image registration[C]. Boston: International Conference on Medical Image Computing and Computer-Assisted Intervention: 11-13.

Ronneberger O, Fischer P, Brox T. 2015. U-Net: convolutional networks for biomedical image segmentation[C]. Munich: Proceedings of the Medical Image Computing and Computer-Assisted Intervention: 234-241.

Ru L X, Du B, Wu C. 2021. Multi-temporal scene classification and scene change detection with correlation based fusion[J]. IEEE Transactions on Image Processing, 30: 1382-1394.

Rueckert D, Clarkson M J, Hill D L, et al. 2000. Non-rigid registration using higher-order mutual information[C]. San Diego: Medical Imaging 2000: Image Processing: 11-14.

Russakovsky O, Deng J, Su H, et al. 2015. ImageNet large scale visual recognition challenge[J]. International Journal of Computer Vision, 115(3): 211-252.

Scarpa G, Vitale S, Cozzolino D. 2018. Target-adaptive CNN-based pansharpening[J]. IEEE Transactions on Geoscience and Remote Sensing, 56(9): 5443-5457.

Schlemper J, Oktay O, Schaap M, et al. 2019. Attention gated networks: learning to leverage salient regions in medical images[J]. Medical Image Analysis, 53: 197-207.

Shahdoosti H R, Ghassemian H. 2016. Combining the spectral PCA and spatial PCA fusion methods by an optimal filter[J]. Information Fusion, 27: 150-160.

Sharifzadeh F, Akbarizadeh G, Seifi K Y. 2019. Ship classification in SAR images using a new hybrid CNN-MLP classifier[J]. Journal of the Indian Society of Remote Sensing, 47: 551-562.

Sheikh A A M, Maity T, Kole A. 2022. Deep learning approach using patch-based deep belief network for road extraction from remote sensing imagery[J]. International Journal of Applied Mathematics, 52(4): 760-775.

Shekhar S, Evans M R, Gunturi V, et al. 2012. Spatial big-data challenges intersecting mobility and cloud computing[C]. Scottsdale, Arizona Proceedings of the 11th ACM International Workshop on Data Engineering for Wireless and Mobile Access: 1-6.

Shen H F, Jiang Y, Li T W, et al. 2020. Deep learning-based air temperature mapping by fusing remote sensing, station, simulation and socioeconomic data[J]. Remote Sensing of Environment, 240: 111692.

Shensa M J. 1992. The discrete wavelet transform: wedding the à trous and Mallat algorithms[J]. IEEE

Transactions on Signal Processing, 40(10): 2464-2482.

Shi J C, Liu W, Zhu Y H, et al. 2022. Fine object change detection based on vector boundary and deep learning with high-resolution remote sensing images[J]. IEEE Journal of Selected Topics in Applied Earth Observations and Remote Sensing, 15: 4094-4103.

Shi Q, Liu M X, Li S C, et al. 2022. A deeply supervised attention metric-based network and an open aerial image dataset for remote sensing change detection[J]. IEEE Transactions on Geoscience and Remote Sensing, 60: 1-16.

Simonyan K, Zisserman A. 2014. Very deep convolutional networks for large-scale image recognition [J]. arXiv preprint,arXiv: 1409. 1556.

Simo-Serra E, Trulls E, Ferraz L, et al. 2015. Discriminative learning of deep convolutional feature point descriptors[C]. Santiago: IEEE International Conference on Computer Vision: 118-126.

Soille P, Burger A, De Marchi D, et al. 2018. A versatile data-intensive computing platform for information retrieval from big geospatial data[J]. Future Generation Computer Systems, 81: 30-40.

Sollfrank M, Loch F, Denteneer S, et al. 2020. Evaluating docker for lightweight virtualization of distributed and time-sensitive applications in industrial automation[J]. IEEE Transactions on Industrial Informatics, 17(5): 3566-3576.

Sun H, Li S Y, Zheng X T, et al. 2020. Remote sensing scene classification by gated bidirectional network[J]. IEEE Transactions on Geoscience and Remote Sensing, 58(1): 82-96.

Sun S T, Mu L, Wang L Z, et al. 2020. L-UNet: an LSTM network for remote sensing image change detection[J]. IEEE Geoscience and Remote Sensing Letters, 19: 1-5.

Tang X, Zhang H Y, Mou L C, et al. 2021. An unsupervised remote sensing change detection method based on multiscale graph convolutional network and metric learning[J]. IEEE Transactions on Geoscience and Remote Sensing, 60: 1-15.

Thorstensen A, Nguyen P, Hsu K, et al. 2016. Using densely distributed soil moisture observations for calibration of a hydrologic model[J]. Journal of Hydrometeorology, 17(2): 571-590.

Tu T M, Su S C, Shyu H C, et al. 2001. A new look at IHS-like image fusion methods[J]. Information Fusion, 2(3): 177-186.

Vaswani A, Shazeer N, Parmar N, et al. 2017. Attention is all you need[C]. Long Beach: Advances in Neural Information Processing Systems: 5998-6008.

Venkatesan R, Prabu S. 2019. Hyperspectral image features classification using deep learning recurrent neural networks[J]. Journal of Medical Systems, 43(7): 216.

Vithlani H N, Dogotari M, Lam O H Y, et al. 2020. Scale drone mapping on K8S: auto-scale drone imagery processing on Kubernetes-orchestrated on-premise cloud-computing platform[C]. Prague: 6th International Conference on Geographical Information Systems Theory, Applications and Management.

Vivone G. 2019. Robust band-dependent spatial-detail approaches for panchromatic sharpening[J]. IEEE Transactions on Geoscience and Remote Sensing, 57(9): 6421-6433.

Vivone G, Marano S, Chanussot J. 2020. Pansharpening: context-based generalized Laplacian pyramids by robust regression[J]. IEEE Transactions on Geoscience and Remote Sensing, 58(9): 6152-6167.

Wady S, Bentoutou Y, Bengermikh A, et al. 2020. A new IHS and wavelet based pansharpening algorithm for high spatial resolution satellite imagery[J]. Advances in Space Research, 66(7): 1507-1521.

Wang C, Liu Y, Guo L, et al. 2021. A smart agricultural service platform for crop planting, monitoring and management-PIE-engine landscape[C]. Shenzhen: 2021 9th International Conference on Agro-Geoinformatics: 1-6.

Wang H, Jiang X, Ren H, et al. 2021a. Swiftnet: real-time video object segmentation[C]. Nashville: Proceedings of the IEEE/CVF Conference on Computer Vision and Pattern Recognition: 1296-1305.

Wang H, Zhu Y, Adam H, et al. 2021b. Max-DeepLab: end-to-end panoptic segmentation with mask transformers[C]. Nashville: Proceedings of the IEEE/CVF Conference on Computer Vision and Pattern Recognition: 5463-5474.

Wang J W, Yuan Q Q, Shen H F, et al. 2020. Estimating snow depth by combining satellite data and ground-based observations over Alaska: a deep learning approach[J]. Journal of Hydrology, 585: 124828.

Wang J, Song J W, Chen M Q, et al. 2015. Road network extraction: a neural-dynamic framework based on deep learning and a finite state machine[J]. International Journal of Remote Sensing, 36(12): 3144-3169.

Wang J X, Zhu Q, Liu S Y, et al. 2021. Robust line feature matching based on pair-wise geometric constraints and matching redundancy[J]. ISPRS Journal of Photogrammetry and Remote Sensing, 172: 41-58.

Wang L Z, Ma Y, Yan J N, et al. 2018. PipsCloud: high performance cloud computing for remote sensing big data management and processing[J]. Future Generation Computer Systems, 78: 353-368.

Wang M C, Shen L. 2024. High-resolution remote sensing imagery for the recognition of traditional villages[J]. Journal of Architectural Research and Development, 8(1): 75-83.

Wang Q, Zhang F H, Li X L. 2018. Optimal clustering framework for hyperspectral band selection[J]. IEEE Transactions on Geoscience and Remote Sensing, 56(10): 5910-5922.

Wang S, Quan D, Liang X F, et al. 2018. A deep learning framework for remote sensing image registration[J]. ISPRS Journal of Photogrammetry and Remote Sensing, 145: 148-164.

Wang W, Tan X N, Zhang P, et al. 2022. A CBAM based multiscale transformer fusion approach for remote sensing image change detection[J]. IEEE Journal of Selected Topics in Applied Earth Observations and Remote Sensing, 15: 6817-6825.

Wang Y, Du B, Ru L, et al. 2019b. Scene change detection VIA deep convolution canonical correlation analysis neural network[C]. Yokohama: IGARSS 2019-2019 IEEE International Geoscience and Remote Sensing Symposium: 198-201.

Wang Y J, Wang G D, Chen C, et al. 2019a. Multi-scale dilated convolution of convolutional neural network for image denoising[J]. Multimedia Tools and Applications, 78: 19945-19960.

Wang Z H, Wu F C, Hu Z Y. 2009. MSLD: a robust descriptor for line matching[J]. Pattern Recognition, 42(5): 941-953.

Wang Z H, Zhong Y F, Yao M D, et al. 2021. Automated segmentation of macular edema for the diagnosis of ocular disease using deep learning method[J]. Scientific Reports, 11(1): 13392.

Wang Z J, Ziou D, Armenakis C, et al. 2005. A comparative analysis of image fusion methods[J]. IEEE Transactions on Geoscience and Remote Sensing, 43(6): 1391-1402.

Wei D, Zhang Y J, Liu X Y, et al. 2021. Robust line segment matching across views via ranking the line-point graph[J]. ISPRS Journal of Photogrammetry and Remote Sensing, 171: 49-62.

Woo S, Park J, Lee J Y, et al. 2018. Cbam: convolutional block attention module[C]. Munich: Proceedings of the European Conference on Computer Vision (ECCV): 3-19.

Wu Z F, Shen C H, van Den Hengel A. 2019. Wider or deeper: revisiting the ResNet model for visual recognition[J]. Pattern Recognition, 90: 119-133.

Xiang Y M, Tao R S, Wan L, et al. 2020. OS-PC: combining feature representation and 3-D phase correlation for subpixel optical and SAR image registration[J]. IEEE Transactions on Geoscience and Remote Sensing, 58(9): 6451-6466.

Xiang Y M, Wang F, You H J. 2018. OS-SIFT: a robust SIFT-like algorithm for high-resolution optical-to-SAR image registration in suburban areas[J]. IEEE Transactions on Geoscience and Remote Sensing, 56(6): 3078-3090.

Xiao X X, Zhang T J, Zhong X Y, et al. 2018. Support vector regression snow-depth retrieval algorithm using passive microwave remote sensing data[J]. Remote Sensing of Environment, 210: 48-64.

Xie E Z, Wang W H, Yu Z D, et al. 2021. SegFormer: simple and efficient design for semantic segmentation with transformers[J]. Advances in Neural Information Processing Systems, 34: 12077-12090.

Xu Z Y, Zhang W C, Zhang T X, et al. 2021. Efficient transformer for remote sensing image segmentation[J]. Remote Sensing, 13(18): 3585-3597.

Xue L, Yang S W, Liu Y. 2021. Remote sensing image matching featured by the optimal entropy classification[J]. Journal of Applied Remote Sensing, 15(4): 044515.

Yan H, Yang S W, Li Y K, et al. 2021. Multisource high-resolution optical remote sensing image registration based on point-line spatial geometric information[J]. Journal of Applied Remote Sensing, 15(3): 036520.

Yan H, Yang S W, Xue Q, et al. 2022. HR optical and SAR image registration using uniform optimized feature and extend phase congruency[J]. International Journal of Remote Sensing, 43(1): 52-74.

Yang N, Han Y L, Fang J, et al. 2021. UP-Net: unique keypoint description and detection net[J]. Machine Vision and Applications, 33(1): 13.

Ye Y X, Bruzzone L, Shan J, et al. 2019. Fast and robust matching for multimodal remote sensing image registration[J]. IEEE Transactions on Geoscience and Remote Sensing, 57(11): 9059-9070.

Ye Y X, Shen L. 2016. Hopc: a novel similarity metric based on geometric structural properties for multimodal remote sensing image matching[J]. ISPRS Annals of the Photogrammetry, Remote Sensing and Spatial Information Sciences, 3: 9-16.

Ye Y X, Shen L, Hao M, et al. 2017. Robust optical-to-SAR image matching based on shape properties[J]. IEEE Geoscience and Remote Sensing Letters, 14(4): 564-568.

Yu C Q, Gao C X, Wang J B, et al. 2021. BiSeNet V2: bilateral network with guided aggregation for real-time semantic segmentation[J]. International Journal of Computer Vision, 129: 3051-3068.

Yu Y L, Li X Z, Liu F X. 2020. Attention GANs: unsupervised deep feature learning for aerial scene classification[J]. IEEE Transactions on Geoscience and Remote Sensing, 58(1): 519-531.

Yue K, Yang L, Li R R, et al. 2019. TreeUNet: adaptive tree convolutional neural networks for subdecimeter aerial image segmentation[J]. ISPRS Journal of Photogrammetry and Remote Sensing, 156: 1-13.

Zhan T, Gong M G, Jiang X M, et al. 2021. Transfer learning-based bilinear convolutional networks for unsupervised change detection[J]. IEEE Geoscience and Remote Sensing Letters, 19: 1-5.

Zhang F, Du B, Zhang L P. 2016. Scene classification via a gradient boosting random convolutional network framework[J]. IEEE Transactions on Geoscience and Remote Sensing, 54(3): 1793-1802.

Zhang H, Ni W P, Yan W D, et al. 2019. Registration of multimodal remote sensing image based on deep fully convolutional neural network[J]. IEEE Journal of Selected Topics in Applied Earth Observations and Remote Sensing, 12(8): 3028-3042.

Zhang H Y, Lin M H, Yang G Y, et al. 2023. ESCNet: an end-to-end superpixel-enhanced change detection network for very-high-resolution remote sensing images[J]. IEEE Transactions on Neural Networks and Learning Systems, 34(1): 28-42.

Zhang J, Zhao L, Wei Z. 2021. Poisson-Skellam distribution based regularization conditional random field method for photon-limited Poisson image denoising[J]. Signal Processing, 188: 108165.

Zhang Q, Yang Y B. 2021. Rest: an efficient transformer for visual recognition[J]. Advances in Neural Information Processing Systems, 34: 15475-15485.

Zhang Q, Yuan Q Q, Zeng C, et al. 2018. Missing data reconstruction in remote sensing image with a unified spatial-temporal-spectral deep convolutional neural network[J]. IEEE Transactions on Geoscience and Remote Sensing, 56(8): 4274-4288.

Zhang T W, Zhang X L. 2022. A full-level context squeeze-and-excitation ROI extractor for SAR ship instance segmentation[J]. IEEE Geoscience and Remote Sensing Letters, 19: 1-5.

Zhang Y X, Lan C Z, Zhang H M, et al. 2024. Multimodal remote sensing image matching via learning features and attention mechanism[J]. IEEE Transactions on Geoscience and Remote Sensing, 62: 5603620.

Zhao H S, Shi J P, Qi X J, et al. 2017. Pyramid scene parsing network[C]. Honolulu: Proceedings of the IEEE Conference on Computer Vision and Pattern Recognition: 2881-2890.

Zhao W, Duan S B. 2020. Reconstruction of daytime land surface temperatures under cloud-covered conditions using integrated MODIS/Terra land products and MSG geostationary satellite data[J]. Remote Sensing of Environment, 247: 111931.

Zhao W Z, Du S H. 2016. Learning multiscale and deep representations for classifying remotely sensed imagery[J]. ISPRS Journal of Photogrammetry and Remote Sensing, 113: 155-165.

Zhao W Z, Mou L C, Chen J G, et al. 2020. Incorporating metric learning and adversarial network for seasonal invariant change detection[J]. IEEE Transactions on Geoscience and Remote Sensing, 58(4): 2720-2731.

Zheng H T, Dembélé S, Wu Y X, et al. 2023. A lightweight algorithm capable of accurately identifying forest fires from UAV remote sensing imagery[J]. Frontiers in Forests and Global Change, 6: 1134942.

Zheng S X, Lu J C, Zhao H S, et al. 2021. Rethinking semantic segmentation from a sequence-to-sequence perspective with transformers[C]. Nashville: Proceedings of the IEEE/CVF Conference on Computer Vision and Pattern Recognition: 6877-6886.

Zheng X W, Huan L X, Xia G S, et al. 2020. Parsing very high resolution urban scene images by learning deep ConvNets with edge-aware loss[J]. ISPRS Journal of Photogrammetry and Remote Sensing, 170: 15-28.

Zheng X W, Yuan Z, Dong Z, et al. 2022. Smoothly varying projective transformation for line segment matching[J]. ISPRS Journal of Photogrammetry and Remote Sensing, 183: 129-146.

Zheng Y X, Li J J, Li Y S, et al. 2020. Deep residual learning for boosting the accuracy of hyperspectral pansharpening[J]. IEEE Geoscience and Remote Sensing Letters, 17(8): 1435-1439.

Zhong P, Gong Z Q, Li S T, et al. 2017. Learning to diversify deep belief networks for hyperspectral image classification[J]. IEEE Transactions on Geoscience and Remote Sensing, 55(6): 3516-3530.

Zhou W, Shao Z, Diao C, et al. 2015. High-resolution remote-sensing imagery retrieval using sparse features by auto-encoder[J]. Remote Sensing Letters, 6(10): 775-783.

Zhou X R, Liu J, Liu S G, et al. 2014. A GIHS-based spectral preservation fusion method for remote sensing images using edge restored spectral modulation[J]. ISPRS Journal of Photogrammetry and Remote Sensing, 88: 16-27.

Zhu H, Jiao L C, Ma W P, et al. 2019. A novel neural network for remote sensing image matching[J]. IEEE Transactions on Neural Networks and Learning Systems, 30(9): 2853-2865.

Zhu J C, Hu S, Arcucci R, et al. 2019. Model error correction in data assimilation by integrating neural networks[J]. Big Data Mining and Analytics, 2: 83-91.

Zhuang J T, Yang J L, Gu L, et al. 2019. ShelfNet for fast semantic segmentation[C]. Seoul: Proceedings of the IEEE/CVF International Conference on Computer Vision Workshop: 847-856.

Zou Q, Ni L H, Zhang T, et al. 2015. Deep learning based feature selection for remote sensing scene classification[J]. IEEE Geoscience and Remote Sensing Letters, 12(11): 2321-2325.

第 2 章　遥感影像几何配准技术

影像配准是实现多模态遥感影像信息优势互补的基本前提，也是影像融合、场景分类、三维建模、目标识别、土地资源变化监测及地图更新等应用中的关键步骤（李加元，2018；刘佳等，2022；Zheng et al.，2023）。近年来，学者们面向不同类型的遥感影像提出了诸多影像配准算法，在各个领域发挥了重要作用，极大地推动了遥感影像自动化、智能化处理和应用的进程。然而，随着高分多模态影像类型的快速增加及深层次落地应用的需要，这些算法在适应性、精度和效率等方面仍难以满足实际应用要求（Wongkhuenkaew et al.，2024）。因此，研究最新的多模态遥感影像智能配准技术势在必行。

本章在介绍多模态遥感影像配准的基础理论和基本方法的基础上，分析了多模态影像的特性及配准过程中存在的关键问题，并对光学高分影像自动配准、光学与 SAR 影像自动配准及多模态影像自动配准的技术进行举例说明，以更好地满足不断变化的新需求，为研究较高鲁棒性和普适性的智能影像配准算法提供理论和技术支撑。

2.1　遥感影像自动配准技术

2.1.1　遥感影像配准原理

多源遥感影像配准是指将两景或多景场景相同、多时相、多尺度、多源传感器的遥感影像进行几何精纠正的过程，通过一定的空间映射变换使得两幅遥感影像中同名像点纠正到一致的空间位置（龚健雅，2018；Ma et al.，2018；何梦梦等，2018）。

在数字遥感影像处理中，每一幅影像都可以看作是一个二维矩阵，并且矩阵中各个位置的值代表影像中对应位置像素点的灰度值。假设基准影像和待配准影像分别表示为 $I_1(x,y)$ 和 $I_2(x,y)$，则两幅影像间对应像素点的几何映射关系可以定义为

$$I_2(x,y) = g\{I_1[f(x,y)]\} \tag{2.1}$$

式中，f 为二维空间几何变换函数；g 为一维灰度变换函数。

影像配准可以看成影像与影像之间整体的对应关系，也可以看作影像像素之间逐一的对应关系。Brown（1992）在归纳影像配准的问题模型时指出，计算最佳空间变换的任务可以分解为特征空间、相似性度量、搜索空间及搜索策略四个部分。特征空间确定了匹配的数据类型，相似性度量衡量了最佳的配准关系，搜索空间和搜索策略共同提供了精确的配准结果。

在实际研究应用中，影像配准算法主要通过四个方面的技术进行实现。

1）特征空间

特征空间指从两幅及多幅影像间获取特征集合。一般情况下，特征空间的不同取决于不同的配准方法。对于基于区域的配准方法，影像的整体或者局部灰度（梯度、边缘等）就是其特征空间。而对于基于特征的配准方法，影像局部特征基元为点、线、面、纹理等特征空间（赵中阳等，2018；Yan et al.，2021）。通过手动和自动方式在影像中获取的特征来构建特征空间，以供后续步骤使用。

2）相似性度量

相似性度量通过某一度量以量化形式评价影像特征空间的相关性和相似性。针对不同的配准方法，需要选择合适的相似性度量准则，比较经典的度量模型有欧氏距离、马氏距离、街道距离等（鲍文霞等，2017）。

3）搜索空间

搜索空间表示获取参考影像与感测影像间最优变换模型，可以真实反映影像间的空间几何变换关系及灰度映射关系。对于多源遥感影像，通常需要选择不同空间变换关系实现配准，常见的变换模型有刚体变换、仿射变换、透视变换、分段线性变换、多项式变换等（贾鸿顺，2020）。

4）搜索策略

搜索策略指影像配准过程中，解算搜索空间最佳变换模型的方法和技术。其中，常见方法有随机抽样一致性（Fischler and Bolles，1981）、渐进采样一致性（Chum and Matas，2005）、人工免疫算法（冯甜甜等，2015）、最小二乘法（宋文平等，2019）及灰狼优化算法（grey wolf optimizer，GWO）（Yan et al.，2020）等。

2.1.2 遥感影像配准方法

经过学者们的探索、研究，已形成众多配准方法，根据遥感影像获取方式差异及匹配时所需信息差异等，本章将遥感影像配准方法分为基于区域和基于特征的两大类，其他算法都是在此基础上衍生出来的。下面分别对两类方法进行阐述。

1. 基于区域的配准方法

基于区域的配准方法包含空间域和频率域两种。空间域方法以影像的灰度信息为基础，构建影像间的相似性度量，通过求解模型函数的最大值，解算出两幅影像相似性最大时的几何变换参数（逄博，2019）。该方法的优点是两幅影像无须特征提取，利用影像灰度信息进行配准，可以获取较为精确的变换参数。然而，该方法存在诸多问题，主要包括：①利用影像的全部灰度信息容易导致计算效率低、复杂度高；②对噪声和光照变化较为敏感；③易受参考影像和感测影像重合区域大小的影响，表现为当影像的重叠区域较少时，所解算的函数最大值不准确从而导致配准失效。频率域类方法主要利用快速傅里叶变换的相位相关法实现配准。相位相关法通过傅里叶变换的平移、旋转求解参考影像与待配准影像之间的最优变换参数。然而，该方法较适用于灰度线性映射的影像，在非线性辐射差异较大的影像间难以实现精确配准，且易受噪声影响（Tang et al., 2013）。经典的基于区域的遥感影像配准方法流程如图 2.1 所示。

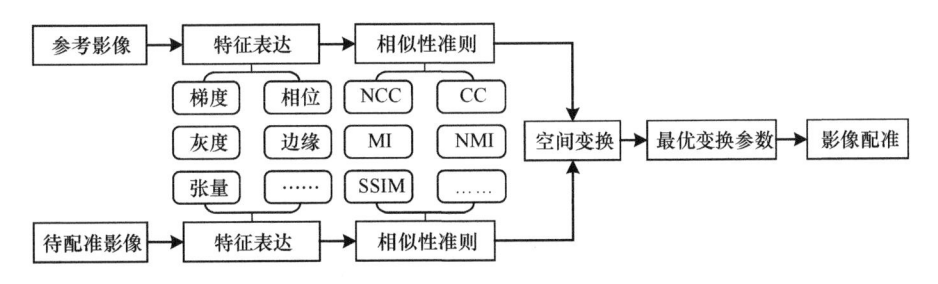

图 2.1 基于区域的遥感影像配准方法流程

NCC 表示归一化互相关（normalized cross-correlation）；MI 表示互信息（mutual information）；SSIM 表示结构相似性（structural similarity）；CC 表示相关系数（correlation coefficient）；NMI 表示归一化互信息（normalized mutual information）

2. 基于特征的配准方法

相比基于区域的配准方法，基于特征的配准方法应用更为广泛。基于特征的配准方法不再依靠影像所有的像素值，而主要利用影像中显著、稳定不变的特征。配准时通过提取参考影像与待配准影像间的有效共同特征，然后依据相应的匹配准则获取特征之间的匹配关系，最终获取影像间的几何变换模型实现配准。基于特征的配准方法通过利用影像局部特征从而降低了计算量，且对灰度、旋转、尺度具有较好的不变性和较强的鲁棒性（杨玉焓，2020）。

影像中的局部特征主要包括点、线及面特征。其中，点特征是遥感影像中常见的特征之一，其具有较好的稳定性，可以抵抗影像间的平移、旋转和缩放。点特征主要包含角点、交叉点、边缘点等（Ling et al., 2016）。线特征主要包括边缘、直线段等。在道路、海岸线等边界轮廓丰富的影像中，通过线特征提取、构造线特征描述符和线特征匹配三个步骤能够实现影像较高精度的匹配和配准。相比而言，点特征对噪声的鲁棒性更好，适用于 SAR 影像，但其效率低于点特征匹配。面特征通过对富含水域、森林、农田等场景的遥感影像进行边缘检测和影像分割，获取闭合区域，使用面积、不变矩、周长等描述区域特征，求解变换参数完成配准（孙超，2018）。但是，其易受分割结果影响，相比点、线特征更为复杂，对影像的几何变换不够稳定。经典的基于特征的遥感影像配准方法流程如图 2.2 所示。

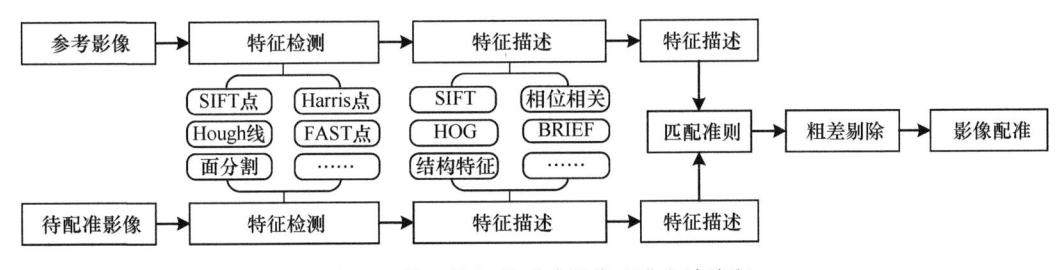

图 2.2 基于特征的遥感影像配准方法流程

FAST 表示快速角点检测（特征）（features from accelerated segment test）；HOG 表示方向梯度直方图（histogram of oriented gradient）；BRIEF 表示鲁棒的二进制独立描述子（binary robust independent elementary features）

2.1.3 遥感影像配准精度评估方法

影像配准精度是评价配准算法有效性的重要指标之一。多模态高分辨率遥感影像易受场景、纹理、地物复杂度等的影响,配准精度需要综合考虑配准算法的效率、鲁棒性等评价指标。目前,还没有统一的评价指标来衡量算法的性能,常用的遥感影像配准评价方法主要分为两种:定量评价准则和定性评价准则(眭海刚等,2017)。

1. 定量评价准则

定量评价准则是从客观角度入手,通过一些定量指标衡量配准算法精度,能够减少一些主观因素的影响,使得评价结果相对可靠。常用的评价指标有:精度(precision)、重复率(repetition rate,RT)、召回率(recall)、均方根误差(root mean square error,RMSE)、正确匹配点对数(number of correct matches,NCM)、分布程度(distribution quality,DQ)及耗时等(周海洋等,2017;Xiang et al.,2020;王丽娜,2021),下面详细介绍。

(1)精度:是用于衡量影像同名特征点对匹配精确程度的指标,其主要受匹配准则和描述符区分性影响。通常匹配准则严格增加时,误匹配数降低,精度上升。匹配精度计算公式如式(2.2)所示:

$$\text{Precision} = \frac{n_{\text{correct}}}{n_{\text{all}}} \quad (2.2)$$

式中,n_{correct}为最终正确匹配数;n_{all}为实际总匹配数。

(2)重复率:其值越大表明特征检测器的性能越优异。重复率的计算公式如式(2.3)所示:

$$\text{RT} = \frac{2N_c}{N_1 + N_2} \quad (2.3)$$

式中,N_1和N_2分别为待配准影像和基准影像上的特征点数量;N_c为两幅影像上正确匹配点的对数。

(3)召回率:与精度相同,用于评价描述符、匹配准则的指标,图2.3给出了精度和召回率示意图。召回率较低表明描述符过于模糊,匹配准则太严格,其定义如式(2.4)所示:

$$\text{Recall} = \frac{n_{\text{correct}}}{n_{\text{should}}} \quad (2.4)$$

式中,n_{correct}为最终正确匹配数;n_{should}为应匹配数。

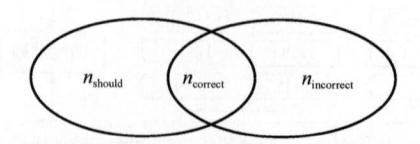

图2.3 精度正确匹配数和召回率正确匹配数的关系

$n_{\text{incorrect}}$表示错误匹配数

(4)均方根误差:衡量配准算法精确程度的指标,通过待配准影像中的特征点,经过几何变换模型解算获取在参考影像中的位置,与参考影像中特征点实际位置之间的均方根误差越小,说明配准精度越高,其定义如式(2.5)所示:

$$\text{RMSE} = \sqrt{\frac{1}{N}\sum_{i=1}^{N}\left[x_i^{\text{ref}} - \left(x_i^{\text{sen}}\right)'\right]^2 + \left[y_i^{\text{ref}} - \left(y_i^{\text{sen}}\right)'\right]^2} \quad (2.5)$$

式中,N 为所选控制点个数,是 $(x_i^{\text{ref}}, y_i^{\text{ref}})$ 参考影像中第 i 对特征点坐标;$(x_i^{\text{sen}}, y_i^{\text{sen}})$ 为感测影像中第 i 对特征点坐标;$((x_i^{\text{sen}})', (y_i^{\text{sen}})')$ 为感测影像中经过几何变换后的特征点坐标。

(5)NCM:经过误匹配剔除算法之后的正确匹配点对数(内点)。NCM 数值越大,变换矩阵拟合的精度越高。如果 NCM 数量较少,会出现配准失败现象。

(6)分布程度:根据同名点构成的三角形的属性进行计算,是衡量特征检测器性能的一个评价指标。分布程度的计算公式如式(2.6)所示:

$$\text{DQ} = \sqrt{\frac{\sum_{i=1}^{M}\left(\frac{A_i}{\bar{A}}-1\right)^2}{M-1}} \cdot \sqrt{\frac{\sum_{i=1}^{M}(S_i-1)^2}{M-1}} \quad (2.6)$$

$$\bar{A} = \frac{\sum_{i=1}^{M} A_i}{M}, S_i = \frac{3\max(J_i)}{\pi}$$

式中,M 为三角形的数量;S_i 表示衡量种子点三角形形状分布的离散度或变异程度;A_i 和 J_i 分别为第 i 个三角形的面积和内角;$\bar{A}$ 为全部三角形面积和的平均值。该值越小,同名特征点分布越均匀。

(7)耗时(T):是衡量配准算法计算效率的指标。该值越小,表明计算效率越高。

2. 定性评价准则

定性评价准则主要以目视检查的方式对配准结果进行评价,通常采用棋盘格镶嵌图及放大子影像作为配准结果的精度衡量。这种方法直接观察影像块拼接线、影像地物的连续性、边缘轮廓是否对齐等情形(Ye and Shan, 2014)。虽然可以直观地观察,但评价结果易受观察者专业知识和经验的影响。此外,可以通过相似性测度值绘制配准结果的相似性曲线和曲面进行评判,如果相似性曲线和曲面越光滑,峰值所处位置对应良好且突出,说明配准算法性能越好。总之,定性评价是主观评价方法,易受个人主观因素影响,因此,实际应用中需要结合定量评价方法综合进行性能评价。

2.1.4 多模态遥感影像特性及配准关键问题分析

1. 典型多模态遥感影像特性分析

1)可见光–近红外

可见光、近红外影像记录地物对太阳辐射能的反射辐射能,通过分析地物目标的辐射能量信息来精准识别地物目标所处状态。可见光、近红外影像与人类的视觉感知相符，包含清晰的地物轮廓结构和丰富的细节纹理及颜色等特征，易于进行地物解译、目标识别和分类提取等遥感应用（Yan et al., 2022；Chen et al., 2022）。然而，可见光、近红外遥感在成像时往往会受到环境照度和地物自身反射率的影响，在不良天气下很难获取高质量的影像，也不能进行昼夜连续观测（Cao et al., 2022）。当前，GF-1、GF-2、ZY-3、QuickBird 等常用的卫星拍摄的可见光、近红外影像已在各种遥感应用中广泛使用，部分影像的空间分辨率已达到亚米级。此外，通过无人机平台获取的可见光、近红外影像能够达到厘米级的空间分辨率，在适宜的光照强度下能够获取更丰富、更细节的场景信息。

2）热红外

热红外影像通过黑白色调表示地物目标的热辐射特性，浅色调表征高温，深色调表征低温。热红外遥感能够在完全无光的夜晚或光照程度较低的环境下进行全天时工作，具有较强的穿透性（吴骅等，2021；Cui et al., 2022）。然而，热红外遥感影像的空间分辨率通常低于可见光影像，且纹理、细节信息相对较弱，在成像过程中容易产生冷、热阴影。目前，部分热红外遥感的空间分辨率已从百米级提高至 10m 级，并在地表参数定量反演、城市热环境监测等遥感应用中发挥了重要作用。

3）合成孔径雷达

合成孔径雷达（SAR）能够克服各种恶劣天气、光照等条件的限制，可进行全天候、全天时的对地观测，弥补了可见光和红外遥感的不足。在实际应用中，SAR 影像虽然能够反映地物目标的结构特性，即地物目标的纹理、几何结构和分布方位等，但是其独特的成像机制也会导致阴影、叠掩、透视收缩、距离压缩等误差，且乘性噪声会干扰、降低 SAR 影像的质量。随着雷达遥感技术的不断革新，SAR 系统的对地观测已经从单频、单极化发展为多频、多极化（Paul and Pati, 2019；Wang et al., 2021）。SAR 系统常用的工作波段为 Ka、Ku、X、C、S、L、P，其波长依序增加，并且穿透能力逐渐变强。其中，C 频和 X 频是星载 SAR 系统中最广泛使用的频段，如 Sentinel-1、RADARSAT-1、RADARSAT-2 及国产 GF-3 卫星都运行于 C 频段，而 TerraSAR 运行于 X 频段。当前 SAR 影像的空间分辨率从中低分辨率提高到高分辨率，其中机载 SAR 影像的空间分辨率已达到亚米级。

4）激光雷达

与光学影像具有丰富的纹理细节和颜色特征相反，激光雷达（LiDAR）数据仅包含三维坐标和强度信息，缺少光谱和空间等影像信息（Yang and Chen, 2015）。LiDAR 的深度影像通过灰度信息表达地物目标与相机之间的距离，而强度影像则记录地物目标对激光信号的响应程度。例如，强度影像反映建筑物顶部和地面之间的相对位置，而深度影像则反映建筑物与地面的相对高度。LiDAR 系统具有受成像条件影响小、反应时间短等特点，在地物目标的空间位置信息提取方面表现出独特的优势，但却极易受到噪声干扰，并且覆盖面积也较小。

多模态遥感影像类型在不断增多，上述多模态影像的影像特征之间既有关联又存在较大差异性，部分特征对比如图 2.4 所示。

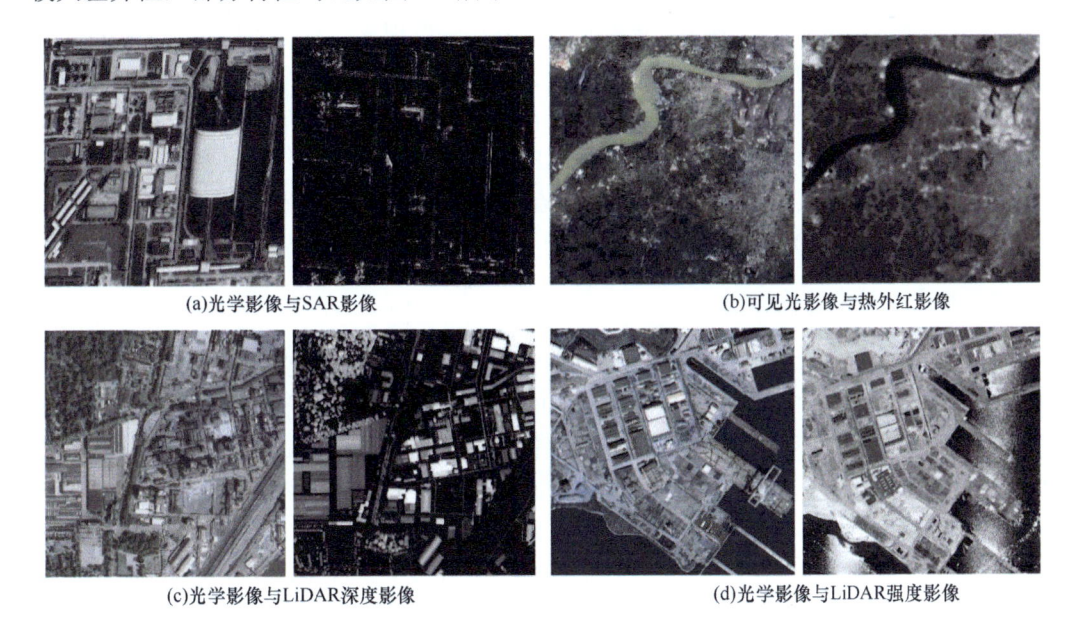

(a)光学影像与SAR影像　　　　　　　　(b)可见光影像与热外红影像

(c)光学影像与LiDAR深度影像　　　　　(d)光学影像与LiDAR强度影像

图 2.4　多模态影像特征对比

2. 多模态遥感影像配准关键问题

学者们提出了许多优秀的影像配准方法，但是这些方法多关注的问题是如何解决影像灰度变化对影像配准产生干扰，且部分算法仅在满足特定假设条件下才能取得良好的配准结果，而对于差异性更明显的多模态遥感影像，已有算法大多难以保证优异的配准性能。不同成像条件导致待配准影像与基准影像之间普遍存在差异，重点表现在非线性辐射差异、复杂几何畸变和时空分辨率差异，这三方面也是多模态遥感影像配准过程中亟待解决的关键问题。

1）非线性辐射差异

不同传感器的成像机理差异性较大，获取的影像对同一地物目标的表达也各不相同，从而导致多模态遥感影像之间出现非线性辐射差异现象。可见光影像的灰度值表示地物目标的真实辐射信息，而红外影像的灰度值反映地物目标的热辐射信息，两者存在显著的非线性映射关系。LiDAR 深度图及强度图与可见光影像的灰度值之间存在不同的辐射映射模型，造成二者的非线性辐射差异。此外，同一地物目标在可见光和 SAR 影像上也会表现出不同的灰度特性，如可见光影像中亮度灰暗的建筑物，在 SAR 影像中则表现为高亮状态。经典配准方法通常利用灰度或梯度信息进行特征检测与特征描述，而基于灰度或梯度信息的特征检测器和特征描述符都对非线性辐射差异非常敏感。

2）复杂几何畸变

多模态遥感影像的几何投影方式各不相同，包括中心投影、斜距投影、球面投影、多中心投影等多种方式,每种投影方式都会引入不同类型的几何畸变。例如,光学影像多是中心投影成像方式,影像几何畸变相对较小,而 SAR 影像采用的斜距投影成像方式易造成叠掩、透视收缩、多路径虚假目标等几何畸变现象。对于多模态遥感影像,成像场景的地形复杂多样、地势起伏迥异等亦会带来像点位移、遮挡等问题,从而引起不同程度的影像几何畸变。当地物目标处于非静止状态时,也将造成影像的非刚性形变。此外,一些外部因素如星载遥感平台、地球曲率、光线折射等也会引起不同程度的几何畸变,如在低空无人机航拍过程中,飞行姿态的大幅变化通常会造成明显的旋转、缩放、平移、扭曲等多种组合的几何畸变。

3) 时空分辨率差异

多模态遥感影像由不同传感器在不同成像条件和不同时间下获取,这些影像之间通常表现出较大的时相和尺度差异。影像间的时相差异表现为成像条件和地物目标本身发生较为明显的变化。不同成像时间导致影像包含不同地物目标,降低了待配准影像和基准影像之间的相关性。对于同一场景,不同时相影像中的主体内容基本保持不变,但因为成像时间存在间隔,可能存在一些地物目标的增加与消失等变化,如植被覆盖的季节性变化和建筑物的新建与拆迁等。这些问题在一定程度上降低了两幅影像间的重叠度,导致难以识别更多的同名特征点并可能出现大量错误匹配。

此外,当待配准的两幅影像之间存在较大空间分辨率差异时,如 8 m 的 GF-1 多光谱影像与 1 m 的 GF-2 影像配准时,较高分辨率影像中存在的明显特征(如阴影、道路、小河等)可能不会在较低分辨率影像中出现,在一定程度上干扰特征匹配过程,导致出现大量错误匹配。需要特别强调的是,影像的空间分辨率越高,影像中的细节特征越明显,次要特征干扰主要特征引起的配准困难难以避免。

2.2　光学高分影像自动配准技术

基于特征的多源光学遥感影像配准方法已被广泛应用,但由于存在尺度、灰度等差异,不是所有影像配准时都可以提取到足够的共有特征并完成匹配,或因所提取的共有特征点较多但匹配时相似性测度引起的误匹配点较多导致配准失败。因此,如何剔除误匹配点是本章尽力解决的问题。本章在介绍基于特征的 SIFT 方法的基础上,从原理上分析了基于特征的配准方法能够实现影像配准的原因,重点对存在的问题进行了阐述。基于此,本章提出了基于 SIFT 与互信息筛选优化的遥感影像配准方法,并通过多源光学遥感影像实验测试证明了所提方法的有效性和正确性。

2.2.1　SIFT 算法及存在问题

1. SIFT 算法理论

SIFT,即尺度不变特征变换,是一种用来描述影像局部特征的计算机视觉算法,其借鉴了人体视觉系统,采用尺度空间理论获取影像的细节信息和轮廓特征,具有灰度、尺度、平移、旋转和部分仿射不变性，能较好地解决由视角、光照及其他因素引起的影像灰度和几何差异等问题（Lowe，2004）。SIFT算法主要包含尺度空间构造、关键点检测、主方向赋值、关键点向量描述和特征匹配五个部分。

1）尺度空间构造

SIFT算法检测特征点是通过构建高斯差分尺度空间对原始图像不断进行降采样得到一系列不同分辨率的图像，由大到小，从下到上，构成塔状模型。原始图像为金字塔的第一层，每次降采样得到新图像作为金字塔的下一层，通过改变特征点检测中参数变量值，以获取不同尺度图像的信息。SIFT算法利用高斯函数与图像卷积计算得到尺度空间，具体计算公式为

$$L(x,y,\sigma) = G(x,y,\sigma) \times I(x,y) \tag{2.7}$$

式中，$L(x, y, \sigma)$为尺度空间；$G(x, y, \sigma)$为高斯函数；$I(x, y)$为图像；σ为尺度因子。$G(x, y, \sigma)$的定义如式（2.8）所示：

$$G(x,y,\sigma) = \frac{1}{2\pi\sigma^2} e^{-\frac{x^2+y^2}{2\sigma^2}} \tag{2.8}$$

式中，σ为尺度因子，图像模糊程度与尺度值成正比，σ值越小，相应的图像尺度越小，图像的细节保留越多。相反，σ值越大，图像的尺度越大，图像越模糊。

在尺度空间中，利用高斯函数在不同尺度下的差与图像卷积生成高斯差分（图2.5），定义如式（2.9）所示：

$$D(x,y,\sigma) = [G(x,y,k\sigma) - G(x,y,\sigma)] \times I(x,y) \tag{2.9}$$

式中，σ为常数，在计算所有尺度时固定不变，σ的取值不会对后续极值点的检测产生较大影响，并且建议σ取值为$\sqrt{2}$。

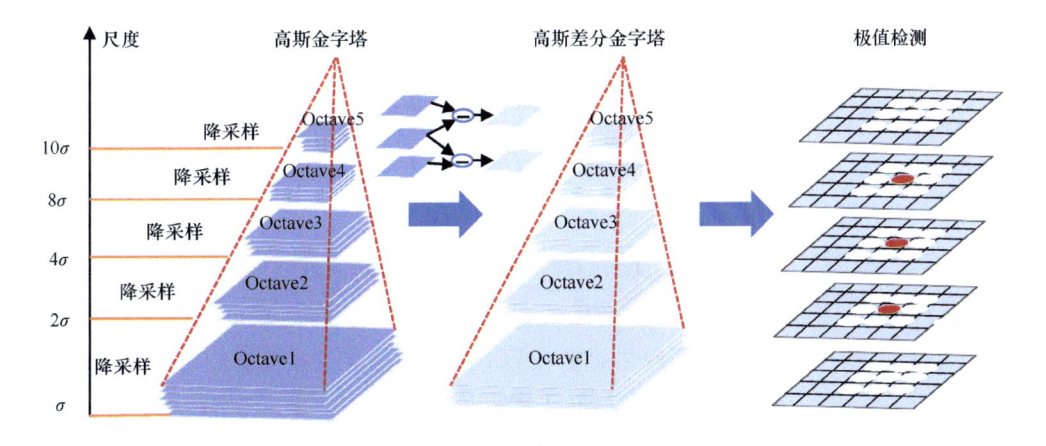

图2.5　SIFT算法尺度空间特征检测示意图
Octave 1～Octave 5分别代表金字塔的1～5组

2）关键点检测

检测关键点的准确位置和尺度是非常重要的一步。关键点检测过程如图2.6所示，

通过对比高斯差分相邻层间局部领域内的 27 个点，即中间的检测点与它同尺度的 8 个相邻点和上下相邻对应的 9×2 个点共 26 个点比较，当被检测点的像素值最大或最小时，则被作为特征点。

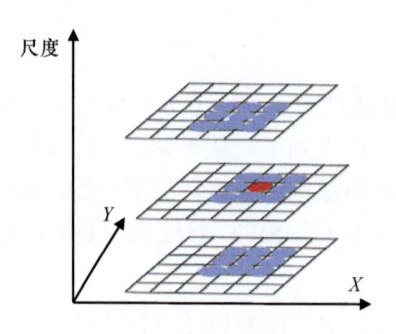

图 2.6 关键点检测过程

此外，为了提高算法的稳定性，需要将不稳定的特征点剔除。不稳定的特征点主要有两类：一类是易受噪声影响且对比度低的特征点，一般阈值设定为 0.3；另一类是位于边缘上位置不易确定的特征点。Lowe 算法利用尺度空间函数的泰勒二次展开式进行曲线拟合，同时采用该点的 2×2 的海塞（Hessian）矩阵过滤不稳定的边缘响应点和极值点，以获取具有抗噪能力的特征点，增强了算法匹配的稳定性。其中，海塞矩阵的定义如式（2.10）所示：

$$H = \begin{bmatrix} D_x & D_{xy} \\ D_{xy} & D_y \end{bmatrix} \quad (2.10)$$

式中，D_x 为图像在 x 方向上的二阶导数；D_y 为图像在 y 方向上的二阶导数；D_{xy} 为在 x 方向和 y 方向求导数。

令 α 为海塞矩阵的最大特征值，β 为海塞矩阵的最小特征值，则海塞矩阵的行列式为

$$T(H) = D_x + D_y = \alpha + \beta \quad (2.11)$$

$$\mathrm{Det}(H) = D_x D_y - D_{xy}^2 = \alpha\beta \quad (2.12)$$

令 $\alpha = r\beta$，则

$$\frac{T(H)^2}{\mathrm{Det}(H)} = \frac{(\alpha+\beta)^2}{\alpha\beta} = \frac{(r\beta+\beta)^2}{r\beta^2} = \frac{(r+1)^2}{r} \quad (2.13)$$

受边缘响应的影响，主曲率应尽可能相等，反映在海塞矩阵特征值上时，使特征值相等，此时值最小。利用式（2.14）判断关键点是正确的，则需要保留该点。

$$\frac{T(H)^2}{\mathrm{Det}(H)} < \frac{(r+1)^2}{r} \quad (2.14)$$

3）主方向赋值

对于在高斯差分金字塔中检测出的特征点，需要为每个关键点确定一个主方向。在

特征点所在的高斯金字塔邻域范围内，一般利用直方图统计各像素的梯度幅值信息与方向信息，并以直方图中最大值作为该特征点的主方向。为了增强匹配的鲁棒性，只保留峰值 80%的方向作为该特征点的辅方向，计算公式如式（2.15）和式（2.16）所示：

$$m(x,y) = \sqrt{\left[L(x+1,y) - L(x-1,y)\right]^2 + \left[L(x,y+1) - L(x,y-1)\right]^2} \quad (2.15)$$

$$\theta(x,y) = \tan^{-1}\frac{L(x,y+1) - L(x,y-1)}{L(x+1,y) - L(x-1,y)} \quad (2.16)$$

式中，$m(x,y)$为梯度幅值，代表像素点(x,y)在图像中的梯度强度；$L(x+1,y)–L(x-1,y)$为水平梯度，代表像素点在 x 方向上的变化率；$L(x,y+1)–L(x,y-1)$为垂直梯度，代表像素点在 y 方向上的变化率；$L(x,y)$为关键点所在的尺度；$\theta(x,y)$为梯度方向。以特征点为中心，统计邻域内各像素的梯度分布。在使用直方图统计邻域内像素的梯度与方向分布情况时，把 0°~360°的方向范围以 10°为间隔划分为 36 组，直方图峰值处为主方向，如图 2.7 所示。

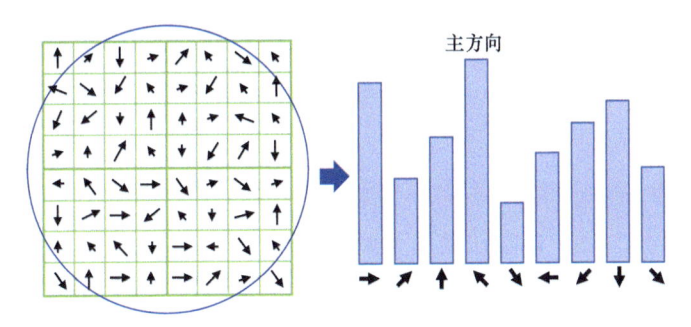

图 2.7 关键点主方向直方图

4）关键点向量描述

每个关键点应包含位置、尺度以及方向信息，因此需要为每个关键点建立一个描述符，用一组向量将该关键点描述出来，使其不随各种变化而改变。关键点向量描述过程如图 2.8 所示，以特征点为中心选取 16×16 大小的区域，其中每个单元格表示关键点邻域所在的像素点，黑色箭头代表像素点的梯度方向，箭头的长度表示梯度方向大小。在图像区域范围中统计出 8 个方向的梯度信息，并累加每个梯度方向的和，得到该区域的种子点，用该区域的 4×4 个种子点描述特征点，最后生成 4×4×8=128 维描述子，该描述

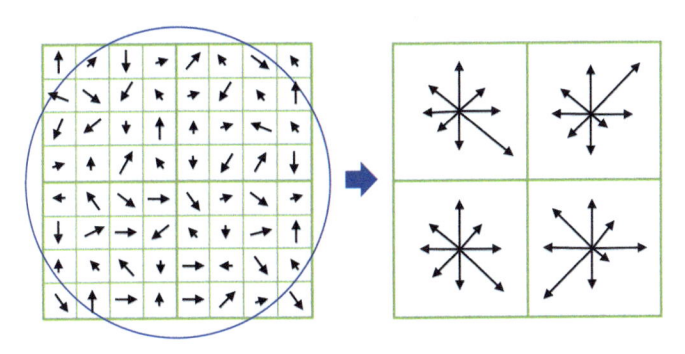

图 2.8 关键点向量描述过程

子具有高度唯一性，此时 128 维描述符已具有尺度、旋转不变性，鲁棒性较好。此外，为了削弱光照、对比度对特征向量的影响，采用归一化处理消除灰度变化的影响。

5）特征匹配

特征向量构建之后，需进行特征向量匹配。首先计算特征向量间的欧氏距离，通过欧氏距离大小确定点之间的相似程度，多维特征向量之间的欧氏距离计算公式如式（2.17）所示：

$$Dis = \sqrt{(x_1-y_1)^2 + (x_2-y_2)^2 + \cdots + (x_n-y_n)^2} \qquad (2.17)$$

式中，Dis 为特征向量之间的欧氏距离；x_i、y_i 分别为特征向量中对应的特征分量。

对于参考影像中的每个特征点，须在感测影像中寻找最为匹配的某个特征点，通过特征点的描述向量计算欧氏距离获取最小的两个特征点，计算最近欧氏距离 Dis_1 与次近欧氏距离 Dis_2 之间的比值，如果该值小于某阈值（threshold），则为正确匹配点对。其计算公式如式（2.18）所示：

$$\frac{Dis_1}{Dis_2} < threshold \qquad (2.18)$$

2. 存在问题

由上文分析可知，SIFT 算法是基于局部特征的匹配方法，其利用特征点附近邻域内像素灰度值差异进行特征检测及描述符构建。众多研究表明，SIFT 算法匹配性能优越，已被广泛应用于自然图像的匹配。然而，自然图像大多为近景成像，目标细节特征丰富清晰，便于匹配。相反，遥感图像多为下视成像，成像的传感器差异较大，成像距离较远，图像中地物目标复杂多样且目标尺寸相对较小。因此，与自然图像相比，遥感图像存在的众多特性使得匹配更加困难。

综上所述，对 SIFT 存在的主要问题进行总结如下。

（1）遥感影像传感器类型众多，图幅大、覆盖范围广且易受光照、分辨率、视角等因素影响。SIFT 算法应用于同源影像时，具有较好的匹配性能，但应用于异源遥感影像匹配时，不同传感器所形成的影像灰度值差异较大，难以提取足够有效的共有特征点或部分区域共有特征点数量较少且分布不均，如图 2.9 所示。

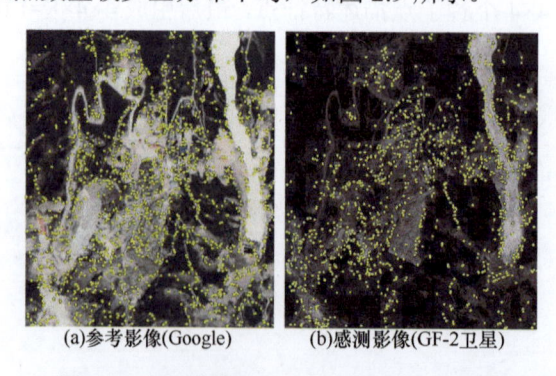

(a)参考影像(Google)　　(b)感测影像(GF-2卫星)

图 2.9　多源遥感影像 SIFT 特征点提取结果

（2）遥感影像分辨率已达到亚像素级别，SIFT 算法所检测的特征点数量极其庞大且属于 128 维高维特征描述符，算法复杂度较高，经过欧氏距离和最近邻距离匹配后，极易产生较多误匹配点，不利于后续影像精确匹配。

为此，相关学者通过改进 SIFT 特征点提取与描述符降维方式提高匹配能力，也有学者通过增加相关空间约束条件剔除误匹配点，提高了其匹配性能。本节针对误匹配较多的问题，采用后者（增加约束方法）尽可能保留大量优质匹配点对，提高了 SIFT 算法应用于异源遥感影像的匹配精度。

2.2.2 基于 SIFT 与互信息筛选优化的遥感影像配准方法

1. 互信息理论

互信息（MI）是基于信息理论的相似性准则，用以描述两个独立的随机变量概率关系（Cover and Thomas，2012）。假设 A 与 B 是两个离散的随机变量，其用互信息可以表示为

$$\mathrm{MI}(A,B) = \sum_{a \in \Omega_A} \sum_{b \in \Omega_B} p_{A,B}(a,b) \ln \frac{p_{A,B}(a,b)}{p_A(a) p_B(b)} \tag{2.19}$$

式中，Ω_A 和 Ω_B 分别为 A 和 B 的采样空间；$p_A(a)$ 和 $p_B(b)$ 分别为变量 A 与 B 的概率分布函数；$p_{A,B}(a,b)$ 为 A、B 联合概率分布函数。互信息通常采用熵表示，熵是信息领域中的重要概念，是利用数学统计方法描述某一随机变量信息量的一种数学度量。在图像中，熵反映该图像灰度值分布的聚集特性，其表达如式（2.20）所示：

$$H(x) = -\sum_{x \in X} p(x) \ln p(x) \tag{2.20}$$

式中，x 为灰度值（0~255）；$p(x)$ 为灰度值是 x 的概率，则互信息表达式为

$$\mathrm{MI}(A,B) = H(A) + H(B) - H(A,B) \tag{2.21}$$

式中，$H(A)$ 和 $H(B)$ 分别为 A 和 B 的熵；$H(A,B)$ 为联合熵，其具体表达式如式（2.22）~式（2.24）所示：

$$H(A) = \sum_{a \in \Omega_A} -p_A(a) \ln p_A(a) \tag{2.22}$$

$$H(B) = \sum_{b \in \Omega_B} -p_B(b) \ln p_B(b) \tag{2.23}$$

$$H(A,B) = \sum_{a \in \Omega_A, b \in \Omega_B} -p_{A,B}(a,b) \ln p_{A,B}(a,b) \tag{2.24}$$

在图像配准时，MI 用于衡量两幅图像之间共同的信息特征，即一幅图像包含另一幅图像信息总量的大小，当感测影像经过变换后所得到的配准后影像与参考影像的空间位置对齐时，二者的互信息值最大。如果图像之间的互信息越大表明相似程度越高，反之，图像之间的互信息越小表明相似程度越低。假设参考图像为 Ref，感测图像为 Sen，二者之间的互信息表示如式（2.25）所示：

$$MI(Ref,Sen) = H(Ref) + H(Sen) - H(Ref,Sen) \qquad (2.25)$$

式中，H(Ref)和 H(Sen)为参考图像和感测图像的熵；H(Ref, Sen)为其联合熵。MI 值越高，相互包含的信息量越多，图像匹配程度越好，当两个区域或图像完全相同时，它们的值最大。

2. 互信息筛选优化原理

在上述研究的基础上，本节提出了一种基于 SIFT 与互信息筛选优化的遥感影像配准方法，该方法是基于 SIFT 算法的改进。与传统 SIFT 匹配方法相比，本节所提方法主要通过加入基于局部影像灰度的方法对初始匹配点进行精匹配，剔除错误匹配率较大的匹配点，并将互信息作为配准结果与参考影像之间的相似度衡量标准，用于提高配准精度。

该方法的核心思想如下。

（1）在初始匹配点集合中，选取一对特征点，依据特征点参考影像和感测影像上的坐标位置，在其周围建立 4×4 邻域。

（2）将这对匹配点邻域灰度值作为两个变量，其灰度的取值范围为 0～255，统计灰度值的总数。

（3）计算每个灰度值的概率 $p(x)$，分别计算选取特征点的信息熵。先计算匹配点的联合熵，最后计算匹配点的互信息。

（4）利用上述计算所得的匹配点区域灰度之间的互信息值来判断匹配点的相关性，若匹配点区域互信息值最大，表明两区域最相关，相似性最高，该匹配点对匹配正确。

该方法通过剔除区域互信息值较小的匹配点来优化筛选样本，之后使用随机采样一致性（random sample consensus，RANSAC）筛选内点，纠正得到配准后影像，依据所剔除 MI 值较小的同名点对进行迭代，比较配准后影像与参考影像互信息值的大小，输出与参考影像互信息最大值的配准后影像为最佳配准结果。

本节提出的互信息筛选优化算法的示意图如图 2.10 所示。图 2.10（a）中点 A_1、B_1 为参考影像的特征点，图 2.10（b）中点 A_2、B_2 为感测影像的特征点，点 A_1-A_2、点 B_1-B_2 为经过粗匹配后的同名点对。通过计算点 A_1-A_2、B_1-B_2 同名点对的区域互信息值，依据 MI 值的大小判断同名点对的相关性，如果 MI 值大表明该同名点对的局部区域较为相

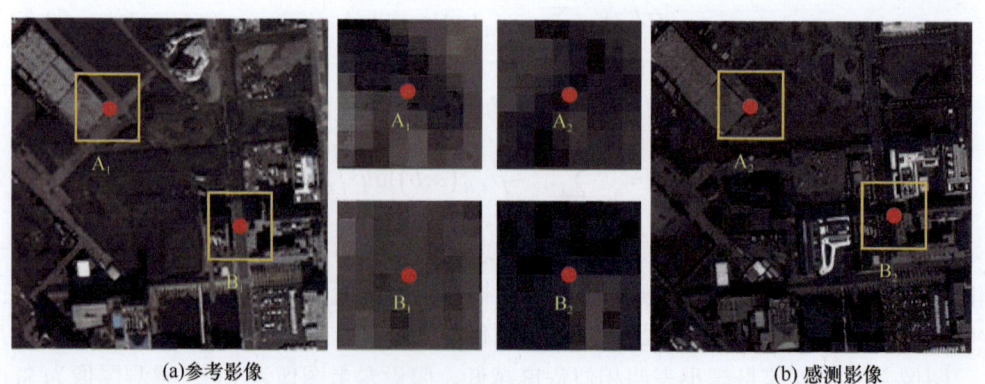

(a)参考影像　　　　　　　　　　　　　　　　(b)感测影像

图 2.10　互信息筛选优化算法的示意图

似，保留该同名点对。如果 A_1-A_2 同名点对的区域 MI 值较大，则保留；B_1-B_2 同名点对的区域 MI 值较小，则剔除该匹配点对。

3. 配准方法流程

本节构建的配准算法主要分为两部分。第一部分为参考影像与感测影像粗匹配，首先，统一影像分辨率，削减影像尺度差异，将感测影像分辨率重采样至参考影像；其次，进行特征点提取和描述符的欧氏距离匹配，获得初始匹配点集合。第二部分为基于互信息筛选优化特征点对，获取最优变换矩阵，然后输出最佳配准结果。基于 SIFT 与互信息筛选优化的遥感影像配准流程如图 2.11 所示。

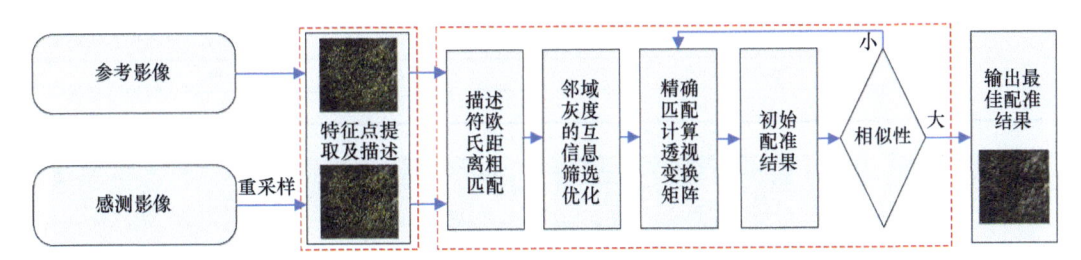

图 2.11 基于 SIFT 与互信息筛选优化的遥感影像配准流程图

基于上述配准流程，经过欧氏距离粗匹配后，参考影像 I_{Ref} 特征点集合为 $P_{Ref}=\{(x_i, y_i), i=1, 2, \cdots, m\}$，感测影像 I_{Sen} 特征点集合为 $P_{Sen}=\{(x_j, y_j), j=1, 2, \cdots, n\}$。利用互信息筛选优化后的 SIFT 算法能够实现两幅影像的配准，具体步骤如下。

（1）在初始匹配点集合中，选取一对匹配点，依据其在参考影像 I_{Ref} 和感测影像 I_{Sen} 中的坐标信息，分别在特征点周围建立 4×4 邻域，计算特征点邻域灰度值熵及联合熵，随之解算邻域区域的灰度互信息值，循环计算所有匹配点互信息值并记录。

（2）对步骤（1）中所有初始匹配点对的互信息值从大到小排序，并记录存储对应匹配点对坐标信息。

（3）设互信息值较小匹配点的个数为 S，剔除互信息值较小的匹配点，保留互信息值较大的匹配点，构成新的匹配点集合，使用 RANSAC 算法进一步筛选内点与外点，计算单应性变换矩阵，通过透视变换输出配准后影像 I_{Regis}。

（4）依据所剔除互信息值较小匹配点个数 S 的不同，进行迭代，直至配准后影像 I_{Regis} 与基准影像 I_{Ref} 互信息值最大，即配准结果与基准影像相关性最大亦最相似。此时，所求解出的单应性变换矩阵精度最高，最后输出配准后影像 I_{Regis} 作为最佳配准结果。

4. 实验数据

为验证本章所提算法的有效性，实验选用不同的数据，实验数据的详细信息如表 2.1 所示，部分数据的截图如图 2.12 所示。其中，图 2.12（a）、图 2.12（c）、图 2.12（e）、图 2.12（g）为参考影像，图 2.12（b）、图 2.12（d）、图 2.12（f）、图 2.12（h）为感测影像。第一组测试影像对为 Google 全色波段和 GF-2，地形起伏较大，有时相差异；第二组测试影像对为 GF-1 和 ZY-3 影像，影像覆盖区域地物复杂度较高；第三组测试影像对为 GF-2 和 ZY-3 影像，具有显著的空间分辨率差异，覆盖农田、山脉、建筑等不同地物；第四组测试影像对为国外的 WorldView2 和 QuickBird 高分影像，影像中有较大面积的海面稀疏纹理。

表 2.1 实验数据信息

类别	实验编号	参考影像/感测影像	地面采样距离（GSD）/m	大小/像素	日期（年-月）	影像特点
可见光–可见光	Case1	Google	0.3	1024×1024	2018-07	纹理特征复杂，地形起伏较大
		GF-2	0.8	1024×1024	2017-09	
	Case2	GF-1	2.0	1850×1404	2019-07	纹理特征复杂
		ZY-3	2.1	1706×1294	2019-05	
	Case3	GF-2	0.8	2585×2227	2019-09	分辨率差异大，地形起伏较大
		ZY-3	2.1	993×856	2019-09	
	Case4	WorldView2	2	600×600	2011-09	纹理特征稀疏
		QuickBird	2.4	600×600	2007-11	

(a)Google(RGB)　(b)GF-2 (Pan)　(c)GF-1(Pan)　(d)ZY-3(Pan)

(e)GF-2(Pan)　(f)ZY-3(Pan)　(g)WorldView2(MSS)　(h)QuickBird(MSS)

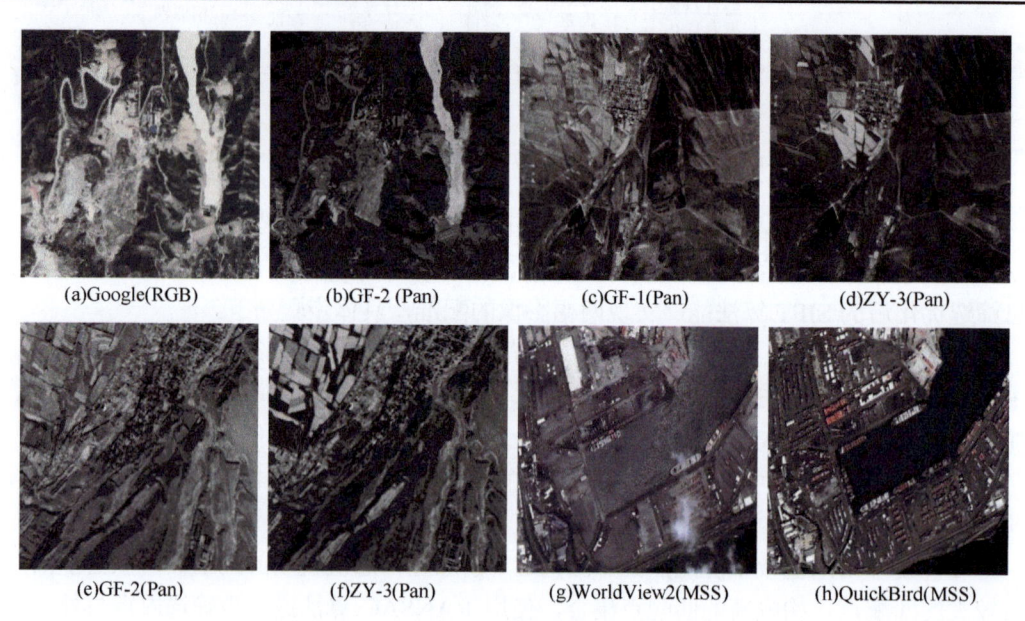

图 2.12　实验数据

本章实验的软硬件环境为：Intel（R）Core（TM）i5-6200U 2.30GHz 处理器，8G 运行内存，采用了 Python3.6.5 与 OpenCV3.4.2。在所有试验中，提出方法和对比方法比例阈值均设为 0.7，矩阵变换误差大于 3 个像素的同名点为外点，且对比方法的评价标准一致。

5. 实验结果与分析

1）自动匹配实验

为分析所提出配准算法的性能，对四组高分辨卫星影像数据进行匹配实验。Case1 和 Case2 匹配结果如图 2.13 所示。图 2.13（a）、图 2.13（c）分别为本章算法 Case1 与 Case2 的匹配结果，图 2.13（b）、图 2.13（d）分别为 Case1 与 Case2 的 SIFT 算法匹配结果。对于 Case1，影像覆盖山区，纹理特征较弱，本章算法经过筛选优化后获得 96 个正确匹配点，但 SIFT 算法仅仅获得 53 个匹配点；对于 Case2，SIFT 算法获得 556 个匹配点，相比之下，本章算法共获得 576 个匹配点。

Case3 和 Case4 匹配结果如图 2.14 所示。图 2.14（a）、图 2.14（c）分别为本章算法 Case3 与 Case4 的匹配结果，图 2.14（b）、图 2.14（d）分别为 Case1 与 Case2 的 SIFT

(a)Case1本章算法匹配结果   (b)Case1 SIFT算法匹配结果

(c)Case2本章算法匹配结果   (d)Case2 SIFT算法匹配结果

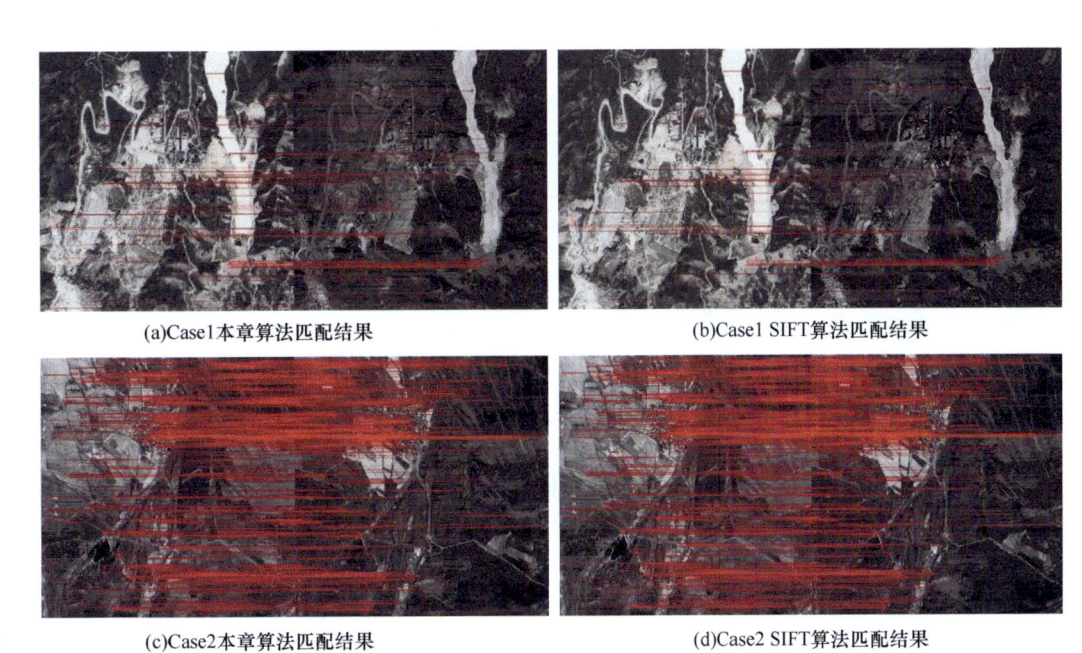

图 2.13　Case1 和 Case2 匹配结果

(a)Case3本章算法匹配结果   (b)Case3 SIFT算法匹配结果

(c)Case4本章算法匹配结果   (d)Case4 SIFT算法匹配结果

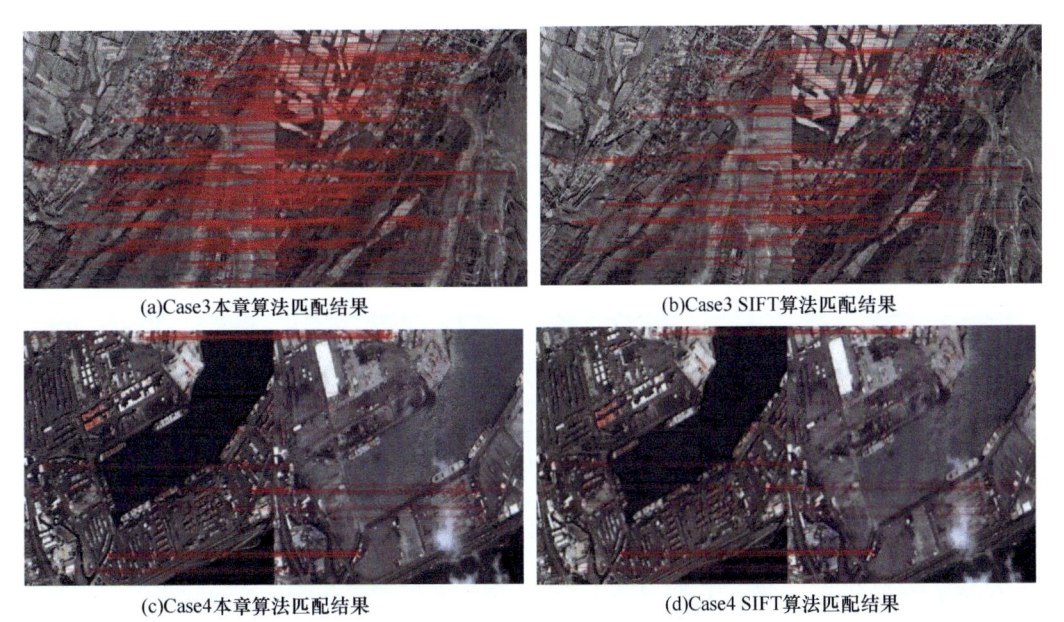

图 2.14　Case3 和 Case4 匹配结果

算法匹配结果。对于 Case3，本章算法获得 241 个匹配点，优于 SIFT 算法 212 个；对于 Case4，SIFT 算法获得 25 个正确匹配点，但本章算法获得 34 个正确匹配点。

从四组异源光学高分遥感影像匹配实验来看，本章利用互信息筛选优化后的算法，匹配点个数都多于 SIFT 算法，表明互信息筛选优化方法的可行性。

本节选取的上述四组影像具有一定的典型性，Case1 选用山区弱纹理影像，提取初始特征点较为稀少，与 SIFT 算法相比，本章算法剔除互信息值较小的匹配点后，筛选的内点数量有所增加。Case2 选用分辨率差异较小影像，所提取的原始特征点数量较多，当参数 S 设置为 1 时，在农田区域有部分匹配点增加，正确匹配点数量优于 SIFT 算法。Case3 选用农田、村落、山地起伏较小的影像，但此组实验具有较大的空间分辨率差异。当参数 S 设置为 1 时，与 SIFT 算法相比，经过互信息筛选优化后，匹配点对分布主要集中在村落区域，匹配精度和召回率都优于 SIFT 算法。Case4 选用的影像具有较大面积海域，所提取的原始尺度不变特征点数量相较于其他三组实验稀少，但经过筛选后，正确匹配点数量、精度、召回率都有所提高。

2）自动配准实验

经过上文特征点匹配后，利用 RANSAC 方法获得最优单应性变换矩阵，本章算法配准结果如图 2.15 所示，SIFT 算法配准结果如图 2.16 所示，两种算法对比的详细结果详见表 2.2。

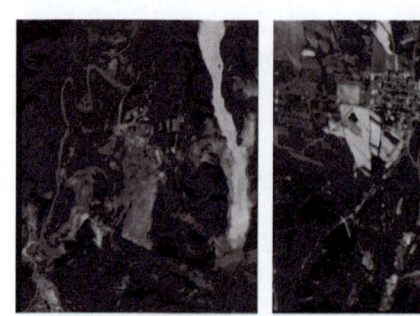

(a)Case1 配准结果　　(b)Case2 配准结果　　(c)Case3 配准结果　　(d)Case4 配准结果

图 2.15　本章算法配准结果

(a)Case1 配准结果　　(b)Case2 配准结果　　(c)Case3 配准结果　　(d)Case4 配准结果

图 2.16　SIFT 算法配准结果

表 2.2　本章算法和 SIFT 算法配准结果的比较

实验编号	评价标准	本章算法	SIFT 算法
Case1	召回率/%	93.10	85.71
	精度/%	57.45	50.00
	RMSE/像素	1.88	2.07
Case2	召回率/%	100	100
	精度/%	97.39	97.39
	RMSE/像素	0.71	0.93
Case3	召回率/%	96.82	93.66
	精度/%	88.75	85.89
	RMSE/像素	0.92	1.55
Case4	召回率/%	97.37	93.55
	精度/%	73.17	69.05
	RMSE/像素	1.27	1.56

对比后发现，四组实验中，感测影像与参考影像都存在较大的差异，灰度相似度较低。经过本章方法配准后，在 Case1 和 Case2 中，RMSE 都优于 SIFT 算法，表明本章方法剔除了部分误匹配点，保留了正确的同名点对，影像匹配程度较好，即配准后影像与参考影像的相似度提高，配准精度提高。其中，Case1 数据中山地地区起伏较大，且匹配点较少，变形较大，均方根误差为 1.88 个像素，表明配准误差大于 1 个像素；Case2 与 Case3 中 RMSE 值均小于 1，表明配准误差在 1 个像素之内。相反，Case4 精度为 1.27 个像素，表明优化后的 SIFT 算法还存在一定的缺陷，共有特征点提取较少，经过匹配后的特征点数量更为稀少。此外，由于本章算法中引入互信息对匹配点进行筛选优化，增加算法复杂度，故算法耗时相比 SIFT 算法有所增加。

为清晰地对比观察配准结果，对每组图像的棋盘格镶嵌图及对应放大子图做了显示处理（图 2.17）。通过对镶嵌图像进行简单的目视检查，发现其中地物边缘吻合，无偏差，定性地验证了本章算法的良好配准性能。另外，根据表 2.2 中所统计的 RMSE，本章算法的 RMSE 小，说明所提算法优于 SIFT 算法的配准精度，亦证明了互信息误匹配剔除方法的有效性。

(a)Case1棋盘格镶嵌图　　　　　　　　　(b)Case2棋盘格镶嵌图

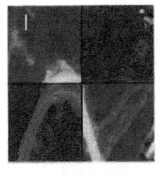

(c)Case3棋盘格镶嵌图　　　　　　　　(d)Case4棋盘格镶嵌图

图 2.17　棋盘格镶嵌图

2.3　光学与雷达影像自动配准技术

SAR 影像具有区别于光学影像独特的优势，将 SAR 影像与光学影像集成使用已成为目前的发展趋势，已在很多领域得到广泛应用。影像高精度自动配准是解决多源影像有效集成的关键技术。然而，光学和 SAR 影像具有不同的辐射特性和几何特性，增加了提取影像间共有特征的难度，从而成为两种影像之间信息有效集成的"瓶颈"问题。相位一致性（PC）理论通常被应用于影像融合、特征检测等领域，能够有效保留光学与 SAR 影像中的共有结构特征。为此，本节在扩展相位一致性的基础上提出了一种基于扩展相位一致性的光学与 SAR 影像配准算法，从而实现光学与 SAR 影像的高精度配准。

2.3.1　相位一致性原理

相位一致性是一种基于频率的特征检测模型，在傅里叶分量最大的位置感知特征（Kovesi，1999），其通过多尺度多方向的 Log-Gabor（LG）滤波器组对影像进行卷积运算以提取局部相位信息。频率域中的二维 Log-Gabor 滤波器表示如式（2.26）所示：

$$\text{LG}_{s,o}(f,\theta) = \exp\left[-\frac{\ln(f/f_s)}{2\sigma_f}\right] \exp\left[-\frac{(\theta-\theta_{s,o})^2}{2\sigma_\theta^2}\right] \quad (2.26)$$

式中，s、o 分别为滤波器组的尺度和方向；f、θ 分别为滤波器的半径和角度；f_s、$\theta_{s,o}$ 分别为滤波器的中心频率和中心方向；σ_f、σ_θ 分别为滤波器的径向带宽和角度带宽。

为了方便处理，一般使用逆傅里叶变换（IFFT）将 Log-Gabor 滤波器从频率域变换到空间域。在空间域中，Log-Gabor 滤波器分解为两个不同的部分：偶数对称滤波器和奇数对称滤波器。分解后的两个滤波器都具有良好的方向性和局部性。空间域中的二维 Log-Gabor 滤波器定义如式（2.27）所示：

$$\text{LG}_{s,o}(x,y) = \text{LG}_{s,o}^{\text{even}}(x,y) + i \cdot \text{LG}_{s,o}^{\text{odd}}(x,y) \quad (2.27)$$

式中，$\text{LG}_{s,o}^{\text{even}}$ 和 $\text{LG}_{s,o}^{\text{odd}}$ 分别为在尺度 s 和方向 o 下的偶数对称滤波器和奇数对称滤波器，符号 i 是复数的虚数单位。空间域中 Log-Gabor 小波的基本形状如图 2.18 所示。

第 2 章 遥感影像几何配准技术 ·65·

(a)实部偶数对称滤波器　　　　　　(b)虚部奇数对称滤波器

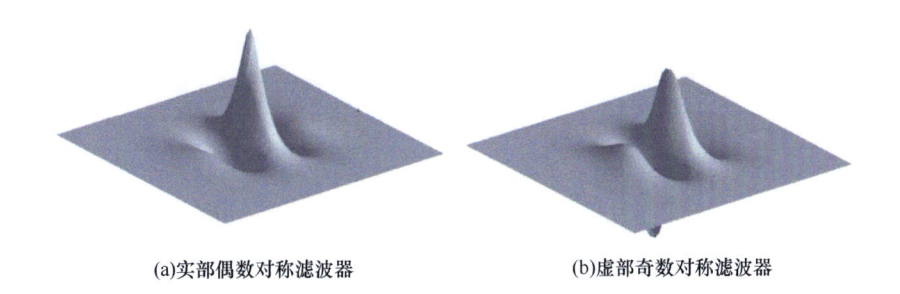

图 2.18 Log-Gabor 小波的基本形状

首先，对输入影像 $I(x,y)$ 分别做偶数对称滤波器和奇数对称滤波器卷积运算，得到尺度 s 和方向 o 下的响应能量为

$$\left[E_{s,o}(x,y), O_{s,o}(x,y)\right] = \left[I(x,y) \otimes \text{LG}_{s,o}^{\text{even}}(x,y), I(x,y) \otimes \text{LG}_{s,o}^{\text{odd}}(x,y)\right] \quad (2.28)$$

式中，$\otimes$ 表示图像处理中卷积操作。

其次，计算在尺度 s 和方向 o 下的 Log-Gabor 滤波器响应的幅度 $A_{s,o}$ 和局部相位 $\phi_{s,o}(x,y)$：

$$\begin{aligned} A_{s,o}(x,y) &= \sqrt{E_{s,o}^2(x,y) + O_{s,o}^2(x,y)} \\ \phi_{s,o}(x,y) &= \text{atan2}\left[E_{s,o}(x,y), O_{s,o}(x,y)\right] \end{aligned} \quad (2.29)$$

最后，利用不同尺度、不同方向的幅度 $A_{s,o}$ 和局部相位 $\phi_{s,o}(x,y)$ 计算得到输入影像的相位一致性信息。其表达式被定义为

$$\begin{aligned} \text{PC}(x,y) &= \frac{\sum_o \sum_s W_o(x,y) \lfloor A_{s,o}(x,y) \Delta\varphi_{s,o}(x,y) - T \rfloor}{\sum_o \sum_s A_{s,o} + \varepsilon} \\ \Delta\varphi_{s,o}(x,y) &= \cos\left[\phi_{s,o}(x,y) - \overline{\phi}(x,y)\right] - \left|\sin\left[\phi_{s,o}(x,y) - \overline{\phi}(x,y)\right]\right| \end{aligned} \quad (2.30)$$

式中，$\Delta\varphi_{s,o}$ 为相位差；W_o 为频率扩散的加权因子，用于减少虚假的响应；T 为估计的噪声阈值；ε 为防止被零除的恒定值，一般取 0.01；$\overline{\phi}$ 为加权平均相位角；$\lfloor x \rfloor$ 为一种量化数学运算，当 x 为正时取自身，否则其值为零。

2.3.2 扩展相位一致性光学与 SAR 影像配准算法流程

本章针对光学和 SAR 影像间不同的成像特性及明显的非线性辐射差异造成的配准难题，提出一种基于扩展相位一致性光学与 SAR 影像配准算法。该算法的整体流程如图 2.19 所示，具体步骤如下。

（1）为了克服非线性辐射对特征提取的影响，设计了一种基于四叉树均匀优化的多尺度 Harris（quadtree uniformization Harris，QU-Harris）检测器。首先，利用各向异性扩散滤波构造光学和 SAR 影像的多尺度空间，同时在各向异性尺度空间分别使用 Sobel 运算符和指数加权均值比（ROEWA）运算符（Fjortoft et al.，1998）提取光学和 SAR 影像的一致边缘结构，随后引入 QU-Harris 检测器获取均匀分布的特征点。

（2）依据边缘结构信息对模态变化具有的强鲁棒性，对相位一致性进行扩展得到不同方向下的相位一致信息，并根据扩展相位一致性的方向及其对应幅度信息生成多尺度方向索引图（multi-scale orientation index map，MS-OIM）和多方向相位一致性幅度图（multi-orientation phase congruency amplitude map，MO-PCAM），在两种特征图的基础上构建了一种类似梯度位置方向直方图（gradient location and orientation histogram，GLOH）结构的局部特征描述符。

（3）耦合快速近似最近邻搜索库（fast library for approximate nearest neighbor，FLANN）方法和快速采样一致（fast sample consensus，FSC）方法进行特征初始匹配和误匹配剔除，并计算两幅影像间的分段线性变换模型参数以实现影像高精度配准。

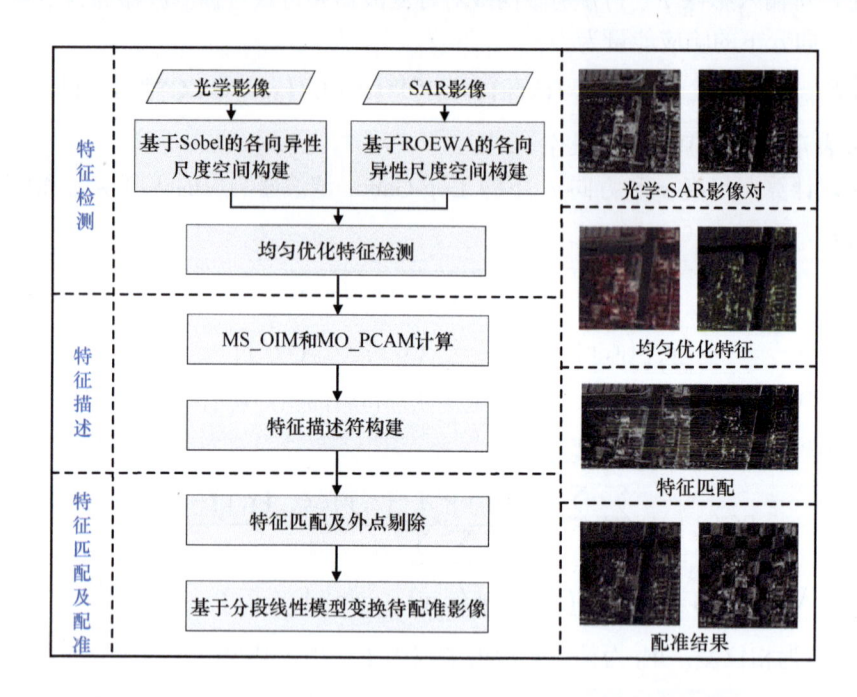

图 2.19　扩展相位一致性光学影像与 SAR 影像配准算法流程

1. 特征检测

特征点的高重复性和均匀分布不仅对影像匹配极其重要，而且会对后续影像配准的精度起到决定性作用。在不同成像技术的限制下，使用同一梯度运算符处理光学影像和 SAR 影像会导致梯度大小差异巨大，也会影响两幅影像检测出的关键点的可重复性（Ye et al.，2020）。由于光学影像与 SAR 影像的成像机制不同，同一梯度算子难以获得光学影像和 SAR 影像之间的一致梯度信息，并且可能会干扰特征检测过程。

为此，本章设计了适用于高分辨率光学影像和 SAR 影像的均匀优化特征提取方法。首先，通过各向异性扩散滤波器实现光学影像和 SAR 影像的多尺度表达，并构建两幅影像的尺度空间。各向异性扩散滤波可以弥补高斯平滑滤波的缺陷，不仅能够更好地抑制噪声，还能够保留影像中地物目标的边界信息。其次，在光学影像和 SAR 影像的各向异性尺度空间中分别使用 Sobel 和 ROEWA 算子提取一致的边缘，并引入四叉树对 Harris 检测器进行优化获取均匀分布的特征点。四叉树优化剔除大量冗余的、弱响应的特征点以实现影像上特征点的均匀分布，有效提高特征点的正确匹配率。

在此过程中，Perona 等（1998）首次在尺度空间中引入各向异性扩散，通过连续的迭代计算实现影像每一尺度边缘区域的精确定位。各向异性扩散表达式为

$$\frac{\partial L}{\partial t} = \text{div}\left[\frac{1}{1+\left(|\nabla L_\sigma|/k_1\right)^2}\nabla L\right]$$
$$L^{n+1} = \left[I - \tau \sum_{i=1}^{m} A_i\left(L^n\right)\right]^{-1} L^n \tag{2.31}$$

式中，div 为散度运算符；∇ 为梯度运算符；L 为高斯平滑后的影像；$\dfrac{1}{1+\left(|\nabla L_\sigma|/k_1\right)^2}$ 为扩散系数，其控制各向异性扩散程度，使得保留边缘和细节而平滑其他区域；k_1 为对比度因子，用于确定保留哪些边缘；$A_i\left(L^n\right)$ 为在第 i 个方向上的扩散系数矩阵；τ 为时间步长，其值等于 $t^{n+1}-t^n$；L^n 为第 n 层扩散结果。扩散计算时，需要将尺度 σ_n 转换为时间 t^n，它们的转换关系为

$$t^n = \frac{1}{2}\sigma_n^2 = \frac{1}{2}\left(\sigma_0 \cdot k_2^n\right)^2 \quad n = [0, N-1] \tag{2.32}$$

式中，σ_0 为初始尺度因子，设置为 2；k_2 为尺度比例常量，设置为 $2^{1/3}$；N 为尺度层数量，设置为 $N=8$。

各向异性扩散过程中，使用两种不同的梯度算子获取每一尺度的边缘结构。多尺度 Sobel 运算符被用于计算光学影像梯度，其水平梯度和垂直梯度的计算公式如式（2.33）所示：

$$\begin{aligned} L_\text{h} &= L * f_\text{h} \\ L_\text{v} &= L * f_\text{v} \end{aligned} \tag{2.33}$$

式中，L_h 为由 Sobel 算子处理影像得到的水平方向梯度；L_v 为由 Sobel 算子处理影像得到的垂直方向梯度；f_h 为水平卷积核；f_v 为垂直卷积核；*为卷积运算符。

考虑到干涉的成像机制会在 SAR 影像上产生较大的乘法散斑噪声，经典的梯度运算符难以抵抗噪声而容易检测出大量错误的关键点。因此，本章利用抗噪性较好的 ROEWA 运算符计算 SAR 影像梯度值，其水平梯度和垂直梯度计算公式如式（2.34）所示：

$$\begin{aligned} R_{\text{h},\sigma} &= \frac{f_1(x-1) \odot f(y) \otimes L(x-1, y)}{f_2(x+1) \odot f(y) \otimes L(x+1, y)} \\ R_{\text{v},\sigma} &= \frac{f_1(y-1) \odot f(x) \otimes L(x, y-1)}{f_2(y+1) \odot f(x) \otimes L(x, y+1)} \end{aligned} \tag{2.34}$$

式中，$R_{\text{h},\sigma}$ 和 $R_{\text{v},\sigma}$ 分别为由 RDEWA 算子处理影像得到的水平方向梯度和垂直方向梯

度；f 为无限对称指数滤波器（ISEF）；f_1 和 f_2 分别为 f 的两个分量；$\odot$ 和 $\otimes$ 分别为水平卷积运算符和垂直卷积运算符。

在获取每一尺度的水平梯度和垂直梯度后，使用 Harris 提取特征点。针对光学影像和 SAR 影像的多尺度 Harris 响应函数 R_σ^O 和 R_σ^S 定义为

$$M_\sigma^O = \sigma^2 G(\sqrt{2}\sigma) * \begin{bmatrix} L_{h,\sigma}^2 & L_{h,\sigma} L_{v,\sigma} \\ L_{h,\sigma} L_{v,\sigma} & L_{v,\sigma}^2 \end{bmatrix}$$

$$M_\sigma^S = \sigma^2 G(\sqrt{2}\sigma) * \begin{bmatrix} G_{h,\sigma}^2 & G_{h,\sigma} G_{v,\sigma} \\ G_{h,\sigma} L_{v,\sigma} & G_{v,\sigma}^2 \end{bmatrix} \quad (2.35)$$

$$R_\sigma^O = \det(M_\sigma^O) - d \cdot \mathrm{tr}(M_\sigma^O)^2, \quad R_\sigma^S = \det(M_\sigma^S) - d \cdot \mathrm{tr}(M_\sigma^S)^2$$

式中，M^O 为光学影像结构张量；M^S 为 SAR 影像结构张量；σ 为尺度因子；G 为高斯核函数；* 为卷积运算符；d 为常量，设置为 0.04；det 表示矩阵的行列式；tr 表示矩阵的迹。

由于局部几何失真的影响，分布不均匀的特征点会极大地降低影像配准精度。因此，本章利用四叉树对每一尺度的 Harris 响应特征图提取均匀分布的特征点。特征检测器构建过程如图 2.20 所示，具体方法如下。

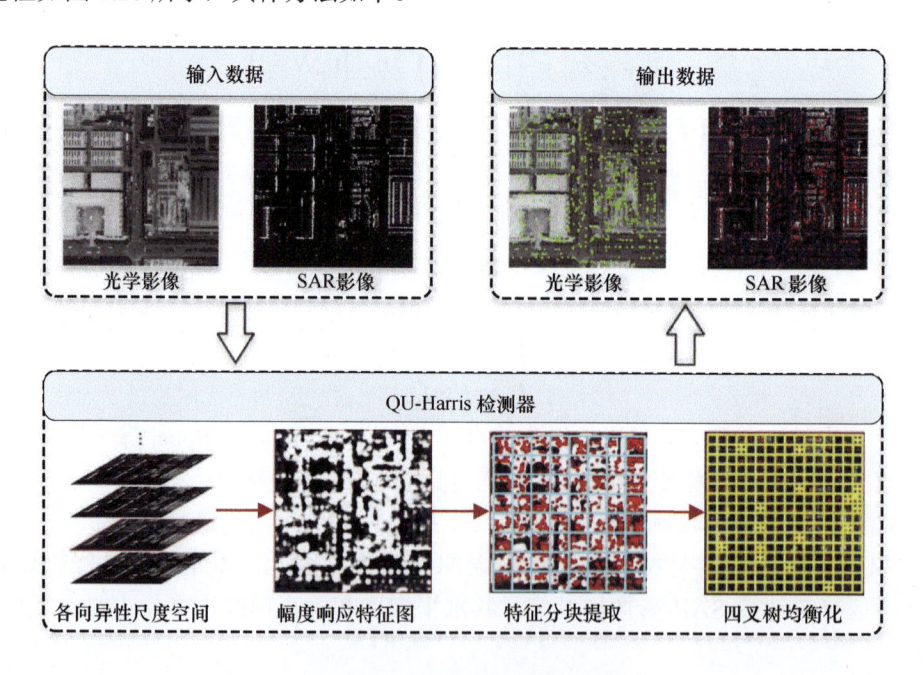

图 2.20 特征检测器构建过程

（1）将输入的 Harris 响应特征图划分为 $N_h \times N_v$ 个小块，并分别对每个小块进行特征点提取。在每个小块中，利用非极大值抑制和阈值的方式提取特征点，同时结合对数函数和高斯曲面拟合方法获取特征点的亚像素坐标。

（2）将输入的 Harris 响应特征图确定为根节点的覆盖范围，并将根节点分裂成四

个子节点。统计每个子节点里包含的特征点数量，如果某个子节点包含的特征点数量为 0，则删掉这个子节点；如果某个子节点包含的特征点数量为 1，则该子节点不再进行分裂。

（3）判断此时的子节点总数是否满足设定值 N，如果没有则继续对每个子节点分裂。当节点总数满足设定关键点数量时，停止节点分裂，而不是对所有节点都进行分裂。

（4）从每个节点中选择响应值最大的特征点作为该节点中的唯一特征点，而剩余的低响应值特征点被全部删除，最终在两幅输入影像上均获取了均匀分布的特征点。

2. 特征描述

具有卓越鲁棒性和独特性的特征描述符是建立两幅影像之间正确对应关系的关键。经典描述符一般利用遥感影像的强度信息来构造特征描述符。然而，光学影像和 SAR 影像之间的非线性辐射差异和严重噪声干扰可能会导致强度信息不稳定，进而干扰描述符对特征点进行有效描述。

相位一致性模型独立于信号幅度，具有较强的光照不变性和对比度不变性，已广泛应用于影像处理的各种研究中（Wong and Clausi，2007；Fan et al.，2018；Liu et al.，2019；Wang et al.，2020）。但是相位一致性模型不具有旋转不变性，原因在于其是将所有尺度及方向下的相位幅度信息通过加权累计获取边缘信息，对影像特征的方向性缺乏考虑。为使特征描述符具有旋转不变性，本章对相位一致性模型进行扩展并生成两种不同的特征图，以构建稳健的特征描述符。

本章提出特征描述符的构建过程如下。

首先，通过 Log-Gabor 滤波对每个特征点周围的局部邻域进行卷积，得到 $s \times o$ 幅相位一致性响应图。再利用式（2.36）计算尺度 s_i 下 o 个方向的响应图中每一个像素 (x, y) 在对应位置的最大幅度响应，同时记录该最大幅度响应对应的方向索引，并对每个尺度的最大响应指数值进行累加生成 MS-OIM 特征图。MO-PCAM 特征图由 o 个方向的边缘相位一致性（edge phase congruency，EPC）幅度信息构成，进而利用式（2.37）计算不同方向上的相位一致性信息（默认设置 $s=4$，$o=6$）：

$$M_s^{\text{MS-OIM}}(x,y) = \arg\max\left[A_{s,o}(x,y)\right] \tag{2.36}$$

$$\text{EPC}_{\theta_o}(x,y) = \frac{\sum_s W_o(x,y) \lfloor A_{s,o}(x,y)\Delta\varphi_{s,o}(x,y) - T \rfloor}{\sum_s A_{s,o} + \varepsilon} \tag{2.37}$$

其次，采用改进的 GLOH-like 描述符结构将特征点的局部区域划分为 20 个柱，其中内圆区域的柱数由之前的 1 个变为 4 个[图 2.21（c）]。传统 GLOH[图 2.21（a）]和 SC 图[图 2.21（b）]描述符结构对柱的位置不敏感，距离描述符的结构中心或太近或太远，在较大几何失真的影像上容易导致无法识别特征点邻域内每个像素与柱的准确对应关系。基于此，本章使用的描述符结构可以实现内圆柱与其他柱具有相同或相近大小的采样区域，有效解决了 GLOH 结构内圆中每柱对局部几何失真不鲁棒的问题。

(a)GLOH (b)SC (c)GLOH-like

图 2.21 传统描述符结构与本章描述符结构对比

然后，根据 MS-OIM 和 MO-PCAM 得到每柱的特征直方图。特征描述符生成过程如图 2.22 所示，以描述符结构最外侧柱的一个小块为例说明特征描述符的构建过程。对于尺度 s_i 的 MS-OIM 特征图上的某一像素(x,y)，若它的方向索引值为 o，则将不同方向上相位一致性幅度图中对应位置的幅度值在特征直方图 H_o 上累加。因此，每柱都将生成 s 个独有的特征直方图。

最后，将每个柱的直方图从内到外依次串联，组合 20 个柱的直方图生成每个特征点的 480 维特征向量。

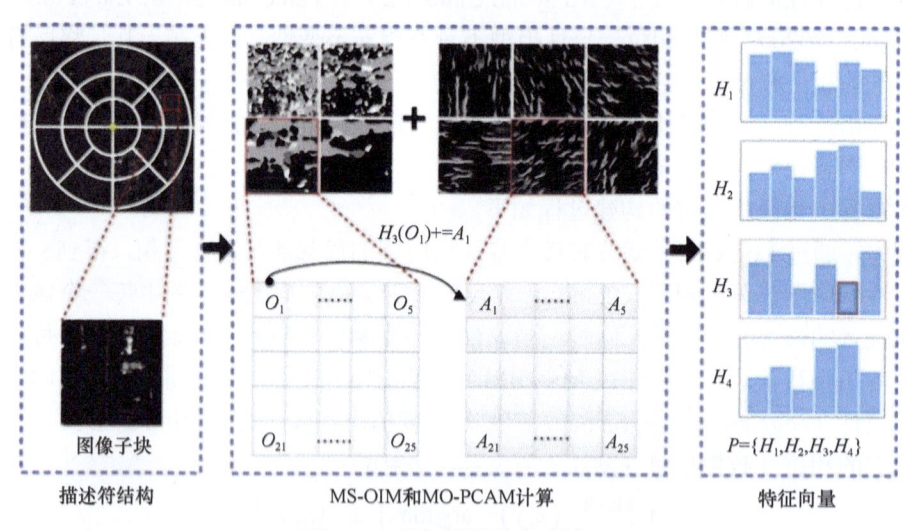

图 2.22 特征描述符生成过程

$H_1 \sim H_{20}$ 分别表示每一个图像子块计算产生的直方图；$O_1 \sim O_{25}$ 表示方向索引值；$A_1 \sim A_{25}$ 表示相位一致性幅度值；P 表示特征点的特征向量

3. 特征匹配

欧氏距离是特征匹配过程中最常用的相似度测度，但却无法很好地平衡较大和较小的柱值，往往会产生许多错误匹配。因此，本章使用巴氏距离代替欧氏距离衡量跨模态的光学影像和 SAR 影像上特征向量之间的相似性。两个归一化特征向量间的巴氏距离为

$$D_B(X,Y) = \sum_{i=1}^{n} \sqrt{x_i y_i} \tag{2.38}$$

式中，$D_B(X,Y)$ 为两个特征向量 X 和 Y 之间的巴氏距离；x_i、y_i 分别为特征向量 X 和 Y 中第 i 维特征分量。

本章首先使用 FLANN 匹配技术获得初始匹配特征点对；其次通过 FSC 方法去除异常值得到最终的同名特征点；最后采用分段线性模型作为变换模型，根据这些同名特征点将影像划分为若干个三角形区域，将各个局部三角形区域的仿射变换拼接起来得到全局映射函数。根据准确的模型参数对待配准影像进行变换，以获得与基准影像的地理位置准确对应的配准结果。

2.3.3 实验结果与分析

本章设计了检测性能和配准性能两个不同的实验以评估本章所提算法的有效性。在检测性能实验中，使用仿真数据集和真实数据集评估所提算法中 QU-Harris 检测器对噪声和非线性辐射变化的鲁棒性。在配准实验中，将本章算法与多种常用影像配准算法在 8 组高分辨率光学影像与 SAR 影像对进行配准性能对比检验。

1. 实验数据

本章的两个实验分别使用不同的数据进行测试。在检测性能实验中，实验数据分为仿真数据集和真实数据集两类。仿真数据集是分别以高分一号（GF-1）和高分二号（GF-2）的全色影像为原始影像生成的两组影像，如图 2.23 所示。第 1 组仿真影像对应一个覆盖场景，包含很多规则建筑的工厂，其空间分辨率为 2m，尺寸大小为 835 像素×613 像素；第 2 组仿真影像覆盖场景为山区，其空间分辨率为 0.5m，尺寸大小为 1001 像素×1001 像素。

| GF-1全色影像 | 仿真光学影像 | 仿真SAR影像 | 非线性辐射差异 |

(a)第1组

| GF-2全色影像 | 仿真光学影像 | 仿真SAR影像 | 非线性辐射差异 |

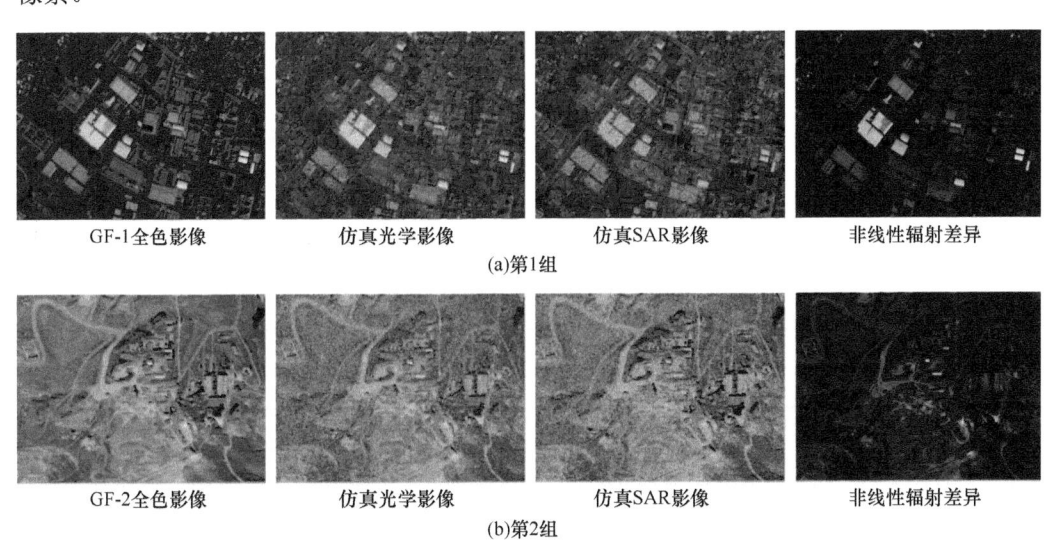

(b)第2组

图 2.23 仿真数据集示例

仿真光学影像是通过向原始影像添加均值为 0 个、10 个不同方差（0.01，0.02，…，0.10）的高斯噪声生成，而仿真 SAR 影像则是通过向原始影像添加乘性噪声来生成。乘性噪声通过 $S = I \times (1 + N_u)$ 实现，其中 S 和 I 为输入影像和输出影像；N_u 为均值是 0 个、10 个不同方差（0.1，0.2，…，1.0）的均匀噪声，并且最大噪声等级的仿真 SAR 影像的等效视数（equivalent numbers of looks，ENL）都接近原始影像的10倍。

此外，非线性辐射是通过对原始影像进行10个不同的伽马参数（1.2, 1.4, …, 3.0）的幂律变换实现的。图2.23中第1列是原始影像，第2～第3列分别是噪声等级为6的仿真光学影像和仿真SAR影像，第4列是非线性辐射等级为6的仿真影像。

真实数据集包含不同传感器的9组高分辨率光学影像与SAR影像对，这些影像对的详细信息见表2.3。第1组、第2组、第9组影像对是公共数据集中的共享数据，它们均利用元数据和地理参考信息进行粗配准，并且没有明显的尺度和旋转差异。相比之下，第3～第8组影像对有明显的尺度、旋转和变换差异。这些不同空间分辨率的光学影像和SAR影像分别作为基准影像和待配准影像，它们的地表覆盖类型为机场、农田、湖泊、河流和郊区等不同场景。

表2.3 真实影像集详细信息

组别	影像平台	波段	分辨率/m	大小/像素	影像特点
1	谷歌地球	Red	1.0	512×512	高分辨率，包含农田、道路
	TerraSAR	X	1.0	512×512	
2	谷歌地球	Red	1.0	512×512	高分辨率，包含农田、道路
	TerraSAR	X	1.0	512×512	
3	谷歌地球	Red	0.3	2796×2660	高分辨率，包含湖泊、农田
	机载SAR	C	0.4	2555×2654	
4	谷歌地球	Red	0.3	3087×2655	超高分辨率，包含河流、农田
	机载SAR	Ka	0.2	2853×2658	
5	谷歌地球	Red	0.3	2877×2463	超高分辨率，包含湖泊、道路
	机载SAR	Ka	0.1	2696×2458	
6	谷歌地球	Red	1.0	923×704	高分辨率，包含机场、郊区
	TerraSAR	X	1.0	900×795	
7	谷歌地球	Red	0.3	2574×1776	高分辨率，包含河流、农田
	机载SAR	X	0.4	2426×1778	
8	谷歌地球	Red	0.3	2643×2564	超高分辨率，包含农田、道路
	机载SAR	Ka	0.2	2989×2562	
9	谷歌地球	Red	1.0	512×512	高分辨率，包含机场、郊区
	TerraSAR	X	1.0	512×512	

2. 检测性能分析

为了评估本节所提QU-Harris检测器的有效性，选择Shi-Tomasi（Shi, 1994）、SIFT和SAR-SIFT三种经典的特征检测方法进行对比试验，并从重复率和分布程度两个指标上进行客观分析。Shi-Tomasi方法通过比较梯度矩阵的最小特征值来确定特征点，SIFT方法在不同的尺度空间上查找特征点，SAR-SIFT方法使用ROEWA算子代替差分算法计算梯度，对SAR影像的散斑具有一定的稳健性。

本实验设置的每个检测算法的最大特征点检测数量为1200个，并且最终的实验结果为五次检测结果的平均值。对于两组不同覆盖场景的仿真影像，四种方法在不同程度

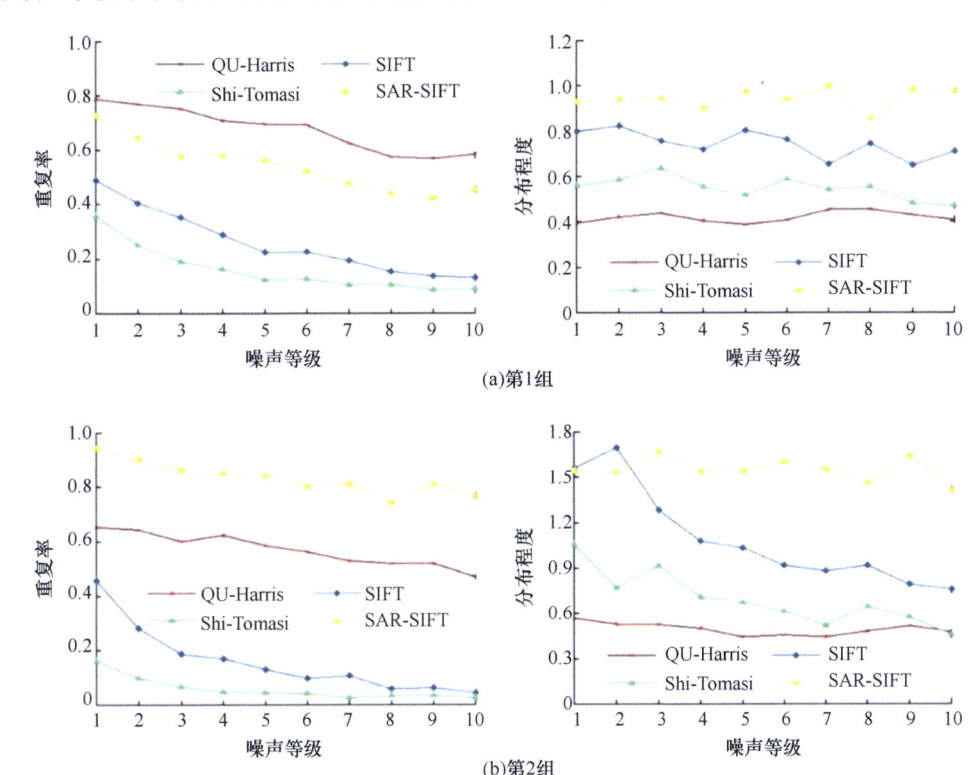

的噪声干扰下表现出不同的检测性能，如图 2.24 所示。

图 2.24　不同方法的检测性能对比

其中，图 2.24（a）是城市区域（第 1 组）仿真影像不同方法检测性能对比结果。对结果图进一步分析发现，随着噪声等级的增加，QU-Harris 检测器在重复率和分布程度两个指标上始终优于其他三种对比方法。其中，QU-Harris 在最大噪声级别（10 级）的仿真影像上的特征重复率仍然接近 0.6，并且分布程度指标值也一直保持在 0.4 左右的良好水平。SAR-SIFT 方法同样获得了较好的特征重复率，但其在分布程度指标上却表现不佳，其检测结果中的特征点总是聚集在某一小块区域，而在其他区域可能没有分布任何特征点，这种聚集现象会严重干扰后续的影像配准精度。SIFT 和 Shi-Tomasi 两种方法对噪声干扰十分敏感，当噪声等级不断增加时，它们获得的特征重复率不断下降。

图 2.24（b）是山地区域（第 2 组）仿真影像不同方法检测性能对比结果。对结果图进一步分析发现，尽管 QU-Harris 检测器获得的特征重复率低于 SAR-SIFT 方法，但 QU-Harris 检测器在分布程度指标上的表现仍然是所有方法中最好的。

与第 1 组仿真实验检测结果相比，SIFT 和 Shi-Tomasi 在第 2 组仿真实验中两个指标的表现都较差，表明它们对于噪声严重且地势起伏大的影像不具有鲁棒性，因而不适用于在成像条件更复杂的跨模态影像上进行特征检测。

不同算法在非线性辐射仿真影像上的平均检测性能详见表 2.4。对表 2.4 进行分析发现，所有算法在第 1 组非线性辐射仿真影像上都能表现出良好的检测性能。其中，QU-Harris 检测器的性能表现最佳，其重复率指标的平均值接近 0.7，分布程度指标值的平均值优于 0.4。这些指标反映出 QU-Harris 检测器可以很好地抵抗非线性辐射变化,并且特征点的重复性和均匀分布性较好。虽然 SAR-SIFT 的重复率平均值超过 0.6,但特征点分布相对集中,分布程度的平均值最高。此外,Shi-Tomasi 在重复率和分布程度两个指标上的表现相对均衡,而 SIFT 的检测性能表现较差。

表 2.4　不同算法在非线性辐射仿真影像上的平均检测性能

组别	评价指标	Shi-Tomasi	SIFT	SAR-SIFT	QU-Harris
1	重复率	0.559	0.529	0.651	0.699
	分布程度	0.614	0.900	0.901	0.419
2	重复率	0.506	0.519	0.911	0.700
	分布程度	1.041	1.502	1.615	0.391

上述四种不同算法在非线性辐射等级为 8 的第 1 组仿真影像上获得的同名特征点的结果如图 2.25 所示。分析该图可发现,本章提出的 QU-Harris 检测器获得的特征点对不仅可以在两幅影像上均匀分布,而且这些特征点的定位更加准确。相比之下,其他三种算法检测到的特征点不仅数量较少而且分布不均匀,尤其是 SIFT 和 SAR-SIFT 算法的检测结果中均出现了严重的强聚集现象。

为了验证 QU-Harris 检测器的有效性,本章选择了第 9 组真实影像(TerraSAR)进行实验分析,并与 OS-SIFT 算法进行对比,特征检测结果如图 2.26 所示。QU-Harris

(a)QU-Harris　　　　　　　　　　　(b)Shi-Tomasi

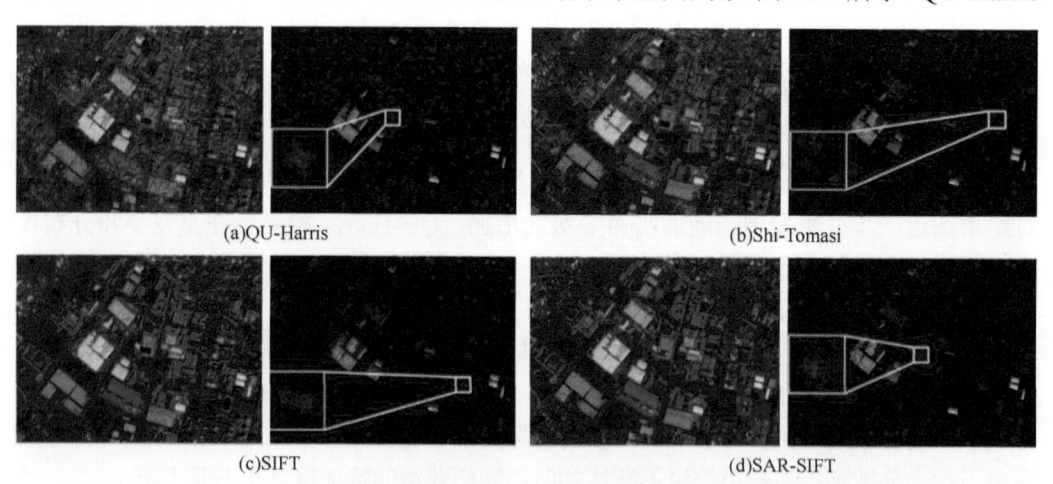

(c)SIFT　　　　　　　　　　　(d)SAR-SIFT

图 2.25　不同算法在非线性辐射等级为 8 的第 1 组仿真影像上获得的同名特征点的结果

(a)QU-Harris　　　　　　　　　　　(b)OS-SIFT

图 2.26　不同算法在真实影像上的检测结果对比

在真实光学影像和 SAR 影像上都检测出大量分布均匀的特征点,并且这些特征点具有较高的重复性。相反,OS-SIFT 算法的特征检测结果相对较差,检测到的特征点主要聚集在某些人工目标显著的小区域,分布不均匀且重复性相对较低,不利于特征匹配。

通过上述对仿真影像和真实影像的特征检测实验,证明本章提出的 QU-Harris 检测器对非线性辐射变化和严重乘性噪声干扰下的光学影像和 SAR 影像是有效的,能够很好地适应不同模态影像间的较大特征差异。

3. 配准性能分析

本实验选择 OS-SIFT、相位一致性方向直方图（HOPC）、局部梯度十六进制模式描述符（LGHD）（Chakraborty et al., 2018）和辐射不变特征变换（RIFT）四种现有算法与本章构建的算法进行对比实验。其中,OS-SIFT、LGHD 和 RIFT 算法属于特征配准算法,HOPC 算法属于区域配准算法。OS-SIFT 算法利用两种不同的梯度算子在跨模态影像之间构建稳健的描述符,HOPC 算法使用影像的结构特征作为相似性测度进行模板匹配,而 LGHD 和 RIFT 两种算法则均对跨模态影像之间的非线性辐射差异不敏感。

本章采用分布程度（DQ）、正确匹配点对数（NCM）、正确匹配率（RCM）、均方根误差（RMSE）和耗时（T）五种客观指标定量评估不同算法的配准性能,不同算法在 8 组真实影像上的配准结果详见表 2.5。不同成像机理造成光学影像与 SAR 影像之间存在严重的非线性辐射差异以及 SAR 影像固有的散斑噪声干扰,五种算法的配准性能都不可避免地受到较大的负面影响。其中,OS-SIFT 算法未能成功配准第 4 组和第 5 组真实影像对。OS-SIFT 算法获取同名特征点的分布程度最差,其主要原因是该算法严重依赖待配准影像与基准影像之间的线性灰度关系,难以获取大量分布均匀的同名特征点。同理,HOPC 和 LGHD 算法在分布程度指标上也表现不佳。反观 RIFT 算法因其对非线性辐射变化的较强鲁棒性,获取同名特征点的分布程度优于上述三种算法。与上述对比算法不同,本章算法获取同名特征点的分布程度表现最佳,能够有效地获取大量分布均匀的同名特征点,证明该算法对于光学影像与 SAR 影像之间的复杂辐射度变化和严重噪声干扰具有强鲁棒性。

表 2.5 不同算法在真实影像上的配准结果

算法	评价指标	1	2	3	4	5	6	7	8
OS-SIFT	DQ	2.223	1.379	2.205	—	—	1.159	1.304	2.005
	NCM/个	11	47	18	—	—	68	15	16
	RCM/%	0.440	0.447	0.439	—	—	0.535	0.493	0.381
	RMSE/像素	1.090	1.387	1.131	—	—	1.378	1.066	1.132
	T/s	4.8	5.4	226.3	—	—	34.9	56.7	283.7
HOPC	DQ	1.607	0.972	0.636	1.595	1.663	1.637	1.432	1.592
	NCM/个	59	66	113	12	10	25	24	30

续表

算法	评价指标	组别							
		1	2	3	4	5	6	7	8
HOPC	RCM/%	0.395	0.398	0.588	0.500	0.294	0.431	0.338	0.405
	RMSE/像素	1.426	1.234	1.616	1.235	1.595	1.578	1.360	1.809
	T/s	67.7	96.1	311.9	128.7	227.2	85.1	126.1	241.3
LGHD	DQ	0.752	0.828	1.057	1.505	1.678	0.946	1.503	1.478
	NCM/个	30	99	44	11	12	170	14	12
	RCM/%	0.428	0.417	0.338	0.314	0.333	0.385	0.538	0.413
	RMSE/像素	1.866	2.010	1.939	1.764	1.488	1.967	1.516	1.335
	T/s	78.8	83.7	274.3	597.4	269.2	109.0	161.7	463.1
RIFT	DQ	0.994	0.629	0.923	0.729	1.399	0.878	1.549	0.972
	NCM/个	47	185	163	53	10	172	20	58
	RCM/%	0.540	0.470	0.434	0.351	0.256	0.562	0.350	0.211
	RMSE/像素	1.114	1.336	1.265	1.155	1.091	1.336	1.221	1.336
	T/s	19.5	16.7	125.5	164.2	126.2	31.3	77.4	131.2
本章算法	DQ	0.623	0.797	0.505	0.623	1.152	0.840	1.005	0.680
	NCM/个	52	202	307	116	36	201	34	120
	RCM/%	0.732	0.406	0.421	0.532	0.559	0.679	0.666	0.553
	RMSE/像素	0.745	1.024	0.684	1.195	1.144	0.790	1.001	0.820
	T/s	15.7	13.2	94.5	121.5	102.8	26.7	60.7	103.1

本章算法在 8 组真实影像上获得的同名特征点结果如图 2.27 所示。其中，红色和绿色的圆圈标识分别表示基准影像和待配准影像上捕获的同名特征点。对于前四组真实影像，所提算法获得了大量的同名特征点，有助于实现高分辨率光学影像与 SAR 影像之间的高精度配准。对于后四组有较大局部几何畸变的真实影像，尽管所提算法获取的同名特征点数量有所下降，但这些同名特征点都均匀分布在基准影像和待配准影像上，仍然能够满足高精度影像配准时对同名特征点数量及分布均匀性的要求。

采用棋盘格镶嵌的方式对本章算法与其他不同对比算法的配准效果进行定性分析，结果如图 2.28 所示。分析该图可发现，本章算法中相邻的小块区域能够自然连接，准

第1组

第2组

第 2 章　遥感影像几何配准技术

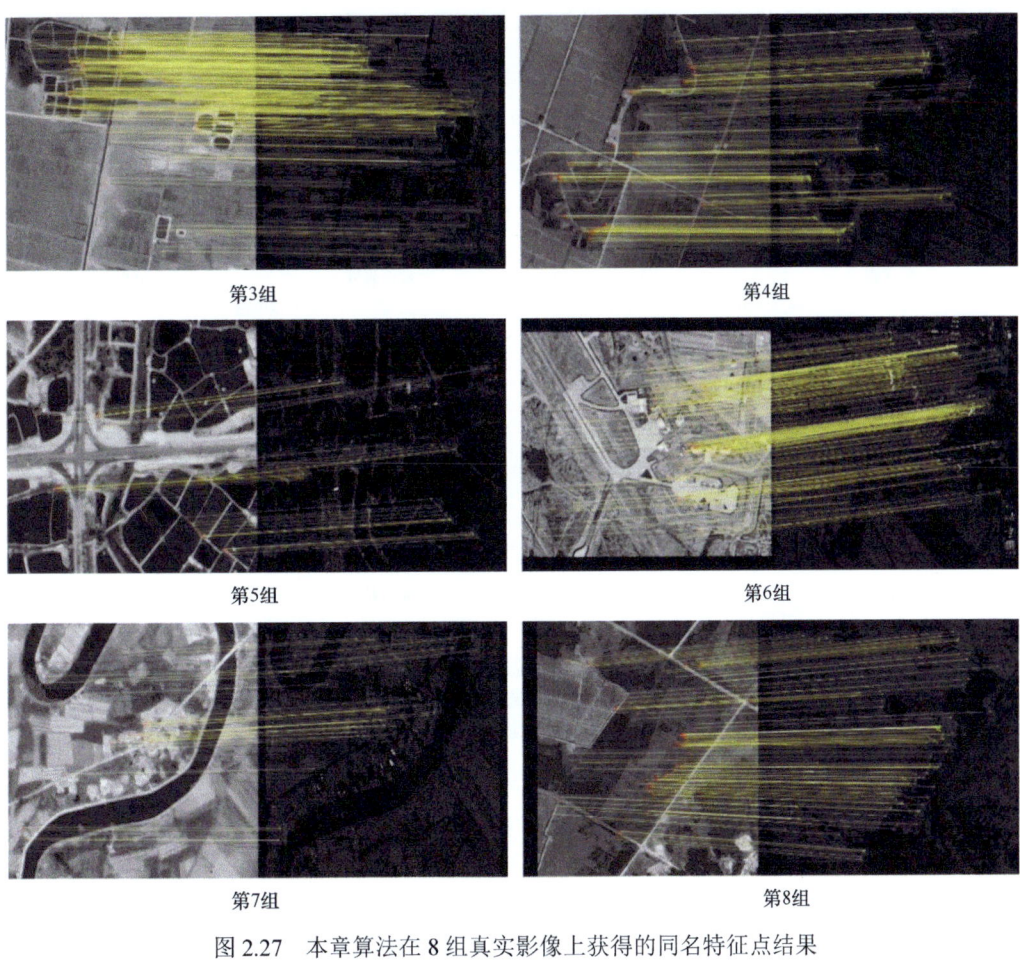

第3组　　　　　　　　　　　　　　第4组

第5组　　　　　　　　　　　　　　第6组

第7组　　　　　　　　　　　　　　第8组

图 2.27　本章算法在 8 组真实影像上获得的同名特征点结果

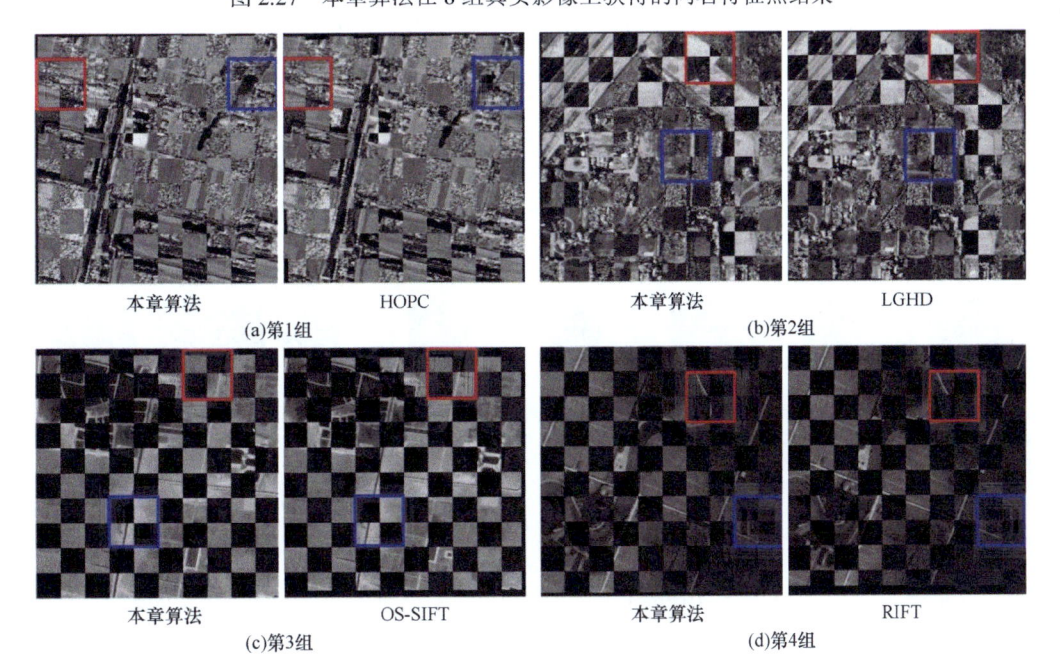

本章算法　　　　HOPC　　　　　　本章算法　　　　LGHD
(a)第1组　　　　　　　　　　　　(b)第2组

本章算法　　　　OS-SIFT　　　　　本章算法　　　　RIFT
(c)第3组　　　　　　　　　　　　(d)第4组

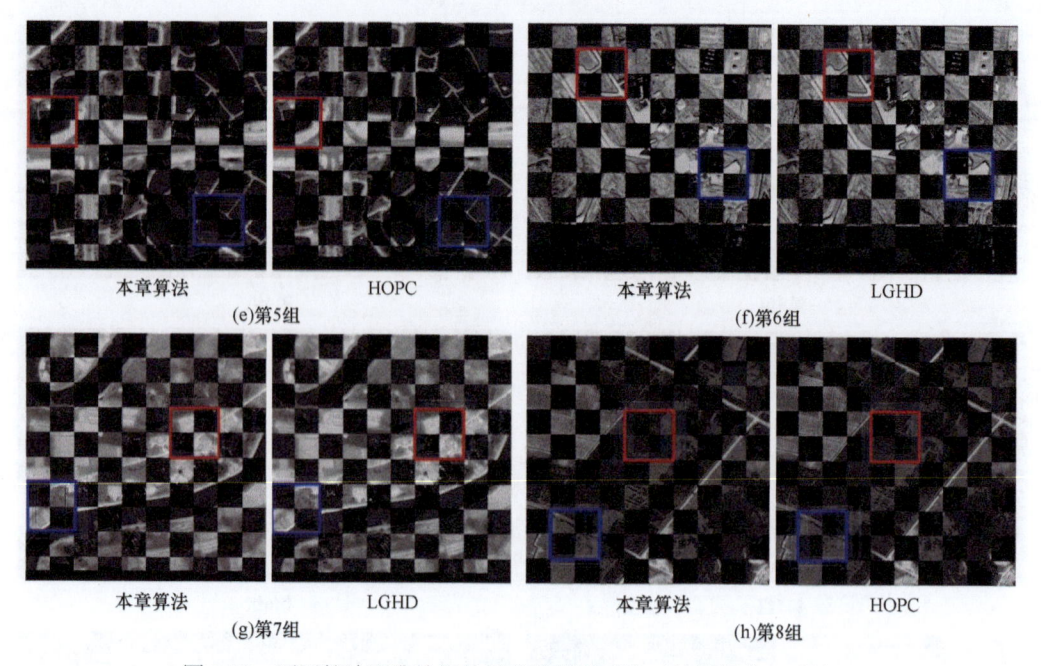

图 2.28 (e)第5组 本章算法 / HOPC (f)第6组 本章算法 / LGHD (g)第7组 本章算法 / LGHD (h)第8组 本章算法 / HOPC

图 2.28　不同算法配准结果的棋盘格镶嵌对比（扩展相位一致性）

棋盘格镶嵌图中红色方框和蓝色方框分别表示最具代表性的两块子区域，并且使用相同颜色表示不同算法棋盘格镶嵌图中的对应区域

确对齐，连续性较好，而其他对比算法却出现不同程度的错位现象。在图 2.29 所示的局部放大图中，配准后影像和基准影像可以严格对齐，进一步表明本章提出的算法对辐射畸变和散斑噪声干扰的光学影像与 SAR 影像具有较强的鲁棒性。

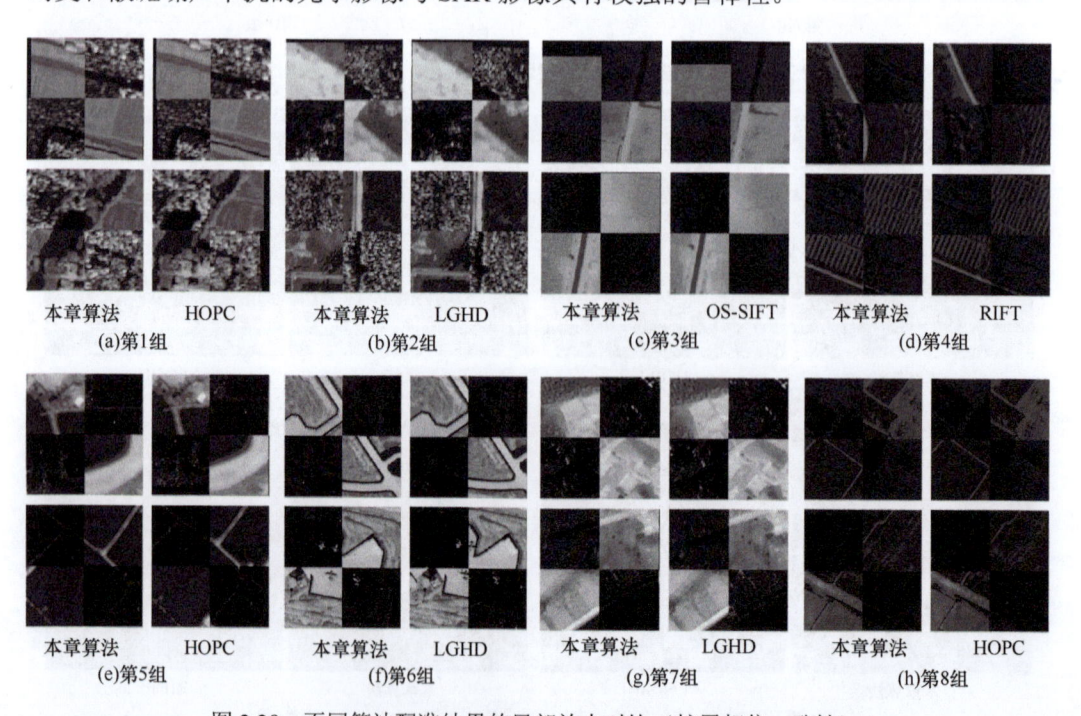

图 2.29 (a)第1组 本章算法 / HOPC　(b)第2组 本章算法 / LGHD　(c)第3组 本章算法 / OS-SIFT　(d)第4组 本章算法 / RIFT
(e)第5组 本章算法 / HOPC　(f)第6组 本章算法 / LGHD　(g)第7组 本章算法 / LGHD　(h)第8组 本章算法 / HOPC

图 2.29　不同算法配准结果的局部放大对比（扩展相位一致性）

随着空间分辨率的不断提高，光学影像和 SAR 影像中的干扰信息不断增加，对人工设计特征描述符的特征表示和抗干扰能力提出了更高的要求，面对不同模态变化的影像应具有更强的鲁棒性和适应性。

实验对比分析表明，对于上述 8 组具有复杂纹理信息的高分辨率光学影像与 SAR 影像对，基于形状和结构信息的 RIFT 算法获得了较多的正确匹配，同样也能够取得较高的米级配准精度，但其正确匹配率相对较低。由于无法抵抗明显的非线性辐射差异，OS-SIFT、HOPC 和 LGHD 三种算法只能获得少量的正确匹配点对数和较低的正确匹配率，故最终的配准结果较差。本章算法获得的正确匹配点对数始终是所有算法中最多的，是对比算法的 4~17 倍，同时正确匹配率也是最高的。此外，对于大部分的真实影像，本章算法的时间效率都高于其他算法。

综上分析，本章算法对于分布程度、正确匹配点对数、正确匹配率三项指标的平均值分别为 0.778、133 和 0.5689，并且其均方根误差指标值的平均值优于 1 个像素。但是该算法对于第 1 组、第 5 组、第 7 组影像对却获得了较少的正确匹配点对数，主要原因可能是：①第 1 组影像对中人工目标相对较少，难以提取一致的边缘结构；②第 5 组影像对中渔场网格密布相似结构较多，并且几何形变较大，对同名特征点识别过程产生了干扰；③第 7 组影像对存在较大时相差异，导致缺乏共有地物目标。

2.4 基于深度卷积特征的多模态遥感影像配准技术

近年来，深度学习凭借其优异的学习能力在遥感领域的不同研究方向取得了显著成果，并且通常能获得相对于传统算法更高的精度（Ye et al.，2018；Ma et al.，2019）。由此，研究人员将深度学习中自适应性更强的卷积神经网络应用到多模态遥感影像配准研究中，通过堆叠多组卷积层和池化层实现从局部到全局的深层特征提取，在一定程度上解决了现有配准算法精度低、耗时长、普适性差等实际存在的问题。

2.4.1 卷积神经网络原理

卷积神经网络是一种表征能力强大的深度结构的层次模型，可以有效发掘影像数据中深层次的隐含特征，整个网络结构通常由卷积层、池化层、全连接层、激活函数、损失函数等基本部件组成。

卷积层是卷积神经网络中的重要组成部分，也是区别于其他人工神经网络的优势之一。卷积层将不同的卷积核作用于影像的局部感受野上以提取不同的特征，从浅层提取边缘、纹理、角点等细节信息开始逐层抽象出深度语义特征，实现对影像数据从简单到高级的理解（Li et al.，2022）。卷积运算是一种突出特征的线性运算，其概念源自数据分析领域，过程可以表示为

$$S(i,j) = (K*I)(i,j) = \sum_m \sum_n I(i+m, j+n) K(m,n) \quad (2.39)$$

式中，I 为输入影像；K 为卷积核；S 为卷积运算得到的特征图；i、j 为原始图像 I 中像

素的行列坐标，$I(i, j)$就是图像 I 在第 i 行、第 j 列的像素值；m 和 n 为卷积核 K 中心的横向和纵向的偏移量，$K(m, n)$就是卷积核 K 在以中心为原点时，偏移量为 m 行和 n 列的权重值。

卷积层采用的权重共享机制可以大幅减少网络训练所需的参数数量，从而加快了网络的计算速度。池化层通常作用在连续的卷积层之间，利用固定大小的滑动窗口对特征图进行下采样，从而有效缩减参数量和防止过拟合。对于遥感影像，池化操作的特殊意义主要表现为特征的缩放和平移不变性（Khan et al., 2020）。影像经过池化层后，网络会保留最重要的特征并进行深层抽象，同时舍弃冗余的影像信息。最大池化、平均池化和随机池化是卷积神经网络中最常用的三种池化操作，分别使用卷积核对应位置上的最大值、平均值或随机值作为输出的特征值。

对于卷积神经网络而言，通过卷积–池化操作只能得到线性模型，无法描述现实中线性不可分的复杂特征。激活函数一般表示非线性变换，将其引入后不仅可以提高卷积神经网络的泛化及表达能力，亦可达到压缩数据分布范围的目的。卷积神经网络中常用的激活函数有 Sigmoid 函数、TANH 函数、ReLU 函数等。其中，Sigmoid 函数主要用于解决二分类问题，TANH 函数是针对 Sigmoid 函数的均值问题提出的一个变体，ReLU 函数具有良好的梯度反向传播能力。

全连接层一般设计在卷积神经网络的末尾部分，通过对前部多个卷积层和池化层提取的所有特征进行综合，并将预测结果映射到标记空间。为了降低卷积神经网络的计算复杂度，经历堆叠的多个卷积层和池化层后的原始输入影像数据会转变为尺寸缩小的低分辨率特征图，而全连接层的作用就是将生成的特征图恢复至原始尺寸大小并输出预测结果。但是不当使用易造成网络模型过拟合，还会大幅增加网络中的参数量以及训练时间的开销。

损失函数是针对网络中众多参数的最优化问题提出的，其用于衡量网络预测值和样本真实标签之间的误差，进而引导网络模型的反向传播。损失函数的一般表示形式为

$$\text{Loss} = \frac{1}{N}\sum_{i=1}^{N} L\left[\hat{y}_i, f(x_i)\right] \tag{2.40}$$

式中，x_i 为第 i 个样本的真实标签值；$\hat{y}_i$ 为其对应的输出预测值；N 为样本数量。

此外，卷积神经网络中常用的损失函数包括交叉熵损失函数、Hinge 损失函数、L1 损失函数及 L2 损失函数。其中，交叉熵损失函数和 Hinge 损失函数主要用于解决分类问题，而 L1 损失函数和 L2 损失函数则用于解决回归问题。

2.4.2 算法流程

本章提出一种基于深度卷积特征的多模态遥感影像配准算法，主要包括特征提取、特征匹配和影像配准三个部分，整体流程如图 2.30 所示，其主要步骤包括以下三点。

（1）特征提取。将基准影像和待配准影像处理为灰度影像，通过特征提取网络初步提取位置准确的特征点和对应描述符，此时每一特征点都具有表示稳定程度的不同得分。为了避免特征点聚集在影像某一局部区域而增加不必要的计算，利用四叉树算法对

初步提取的特征点进行筛选实现均匀分布。

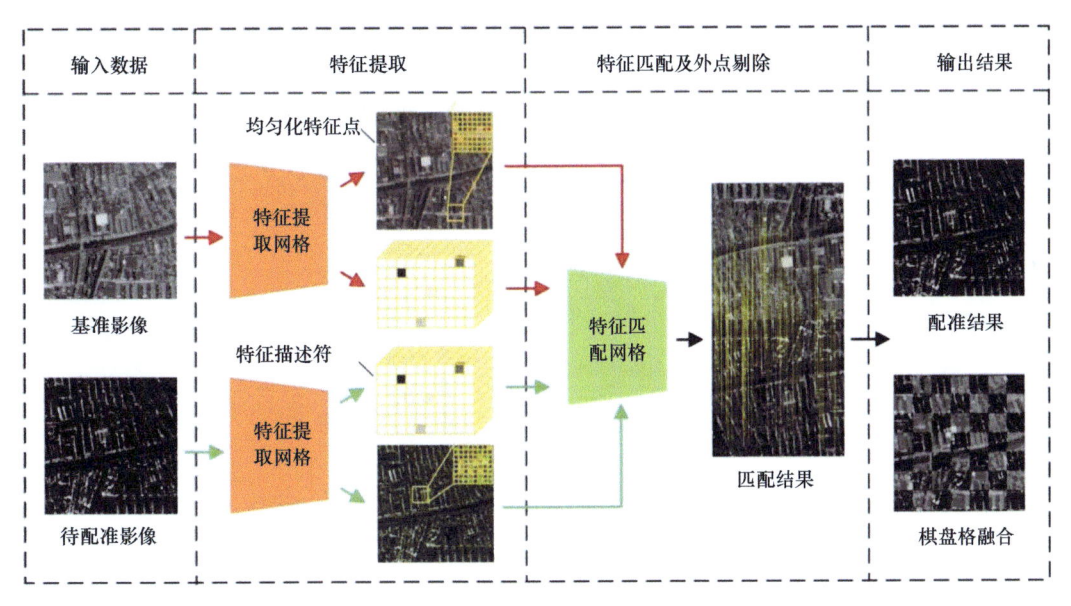

图 2.30　基于深度卷积特征的多模态遥感影像配准算法流程

（2）特征匹配。将均匀化筛选后的特征点和对应特征描述子共同输入特征匹配网络，并根据给定的匹配阈值 T_m 进行特征匹配及外点剔除以得到同名特征点。匹配阈值设置 $T_m = 0.75$。

（3）影像配准。得到大量同名特征点后，采用分段线性模型迭代估计基准影像和待配准影像之间的变换模型参数，最终实现多模态遥感影像的高精度配准。

1. 特征提取

特征点的高重复性和均匀分布是影像匹配必不可少的，共同决定着后续影像配准的精度。已有的特征提取方法通常能在光学遥感影像对上获取大量特征点，但是这些方法针对具有非线性辐射和尺度等差异的多模态遥感影像时往往是无效的，提取的特征点多聚集在影像的某一局部区域。

SuperPoint 是一种基于自监督多尺度特征提取的全卷积神经网络框架，能够同时获取关键点及对应的描述子。该网络包括共享编码层、特征点检测层和描述符解码层三部分。但是它的网络层数多，模型训练计算复杂度大，不仅影响计算效率，而且会产生大量冗余信息。鉴于此，本章采用轻量化的 GhostNet 结构（Han et al.，2020）代替 SuperPoint 网络中共享编码层的 VGG 结构以降低计算量，并在原始特征点检测层和描述符解码层加入金字塔卷积以获取影像的多尺度特征映射。基于此，本章构建的特征提取网络框架如图 2.31 所示。

GhostNet 是一种模型参数少且特征编码信息丰富的残差结构，它通过一系列线性操作代替部分卷积减少计算量（Xiao et al.，2016）。对于数据量庞大、纹理信息复杂的遥感影像，该网络结构有助于提高特征提取的计算效率。因此，本章将 GhostNet 结构的

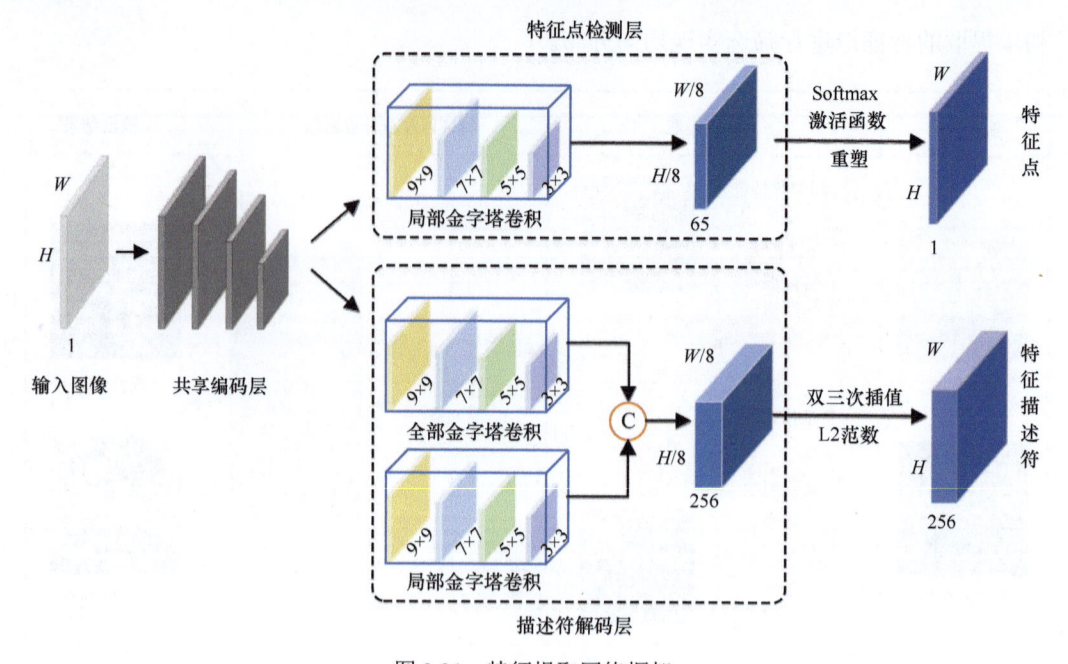

图 2.31　特征提取网络框架

W 表示输入图像的宽度；*H* 表示输入图像的高度。9×9、7×7、5×5、3×3 表示卷积核的大小

前 7 层作为特征提取网络的共享编码层，同时保留 GhostNet 结构中第 2～第 7 层的叠影瓶颈（ghost bottleneck，G-bneck）层。G-bneck 是一种残差块结构，通过将通道数先扩张后压缩的方式来增加感受野的范围，从而聚合更多的细节特征。

为适应多模态遥感影像间的尺度差异以稳健地提取大量多尺度特征，本章首先采用由不同尺度卷积核构成的金字塔卷积代替上述 GhostNet 结构中的单一尺度卷积核，即在 GhostNet 结构的第 1 个卷积层中使用大小不同的 3×3、5×5、7×7、9×9 卷积核代替原始的 3×3 卷积核，并保持其通道总数不变，以生成四组不同尺度的 GhostNet 结构。然后，在每组 GhostNet 结构中进行空间下采样操作，再经过连续六次 G-bneck 操作生成该尺度下的共享特征图。GhostNet 编码层的结构如表 2.6 所示，其中 (H_c, W_c) 表示将图像大小缩小 c 倍，Conv2d 表示卷积操作，BN 表示样本批量标准化，ReLU 表示 ReLU 激活函数。

表 2.6　GhostNet 编码层的结构

输入	操作	扩张大小	步长
$H×W×1$	Conv2d + BN + ReLU	—	2
$H_2×W_2×16$	G-bneck + BN	16	1
$H_2×W_2×16$	G-bneck + BN	48	2
$H_4×W_4×24$	G-bneck + BN	72	1
$H_4×W_4×24$	G-bneck + BN	72	2
$H_8×W_8×40$	G-bneck + BN	120	1
$H_8×W_8×40$	G-bneck + BN	240	1

对于得到的不同尺度共享特征图 $F \in \mathbb{R}^{\frac{H}{8} \times \frac{W}{8} \times 128}$，首先在特征点检测层使用大小为 1×1 的卷积核对多尺度特征信息进行组合生成特征图 $\mathbb{R}^{\frac{H}{8} \times \frac{W}{8} \times 65}$。然后，对特征图 F 进行两层卷积操作，使得特征图大小变为 $S \in \mathbb{R}^{H \times W}$。最后，通过 Softmax 激活函数操作将特征图取值映射至(0,1)并执行归一化，从而输出兴趣点得分图。描述符解码层将得到半稠密描述子使用双三次插值上采样生成完整的描述子，同时执行 L2 范数归一化，最终得到稠密描述子 $F \in \mathbb{R}^{\frac{H}{8} \times \frac{W}{8} \times 256}$。

2. 特征匹配

传统的特征匹配方法通常利用人工设计的特征描述符及欧氏距离识别同名特征点对。当两幅影像具有明显的非线性辐射差异时，提取的特征描述符可能存在较大差异，其匹配结果易陷入局部极值，导致大量正确匹配点对的丢失。

为了解决上述问题，本章使用 SuperGlue 特征匹配网络对提取到的多尺度特征点进行匹配。SuperGlue 特征匹配是一种简单且鲁棒性强的特征匹配网络，其将特征匹配转换为寻找两个特征点集合之间的最优分配问题，可以同时实现特征匹配和外点剔除。与经典的最近邻（nearest neighbor，NN）匹配方法仅使用特征描述符进行特征匹配不同，SuperGlue 特征匹配网络将特征点的位置和描述符共同作为网络输入以构建更具代表性的特征表示。特征匹配网络主要包括两个模块：注意力图神经网络层和优化匹配层，其网络框架如图 2.32 所示。

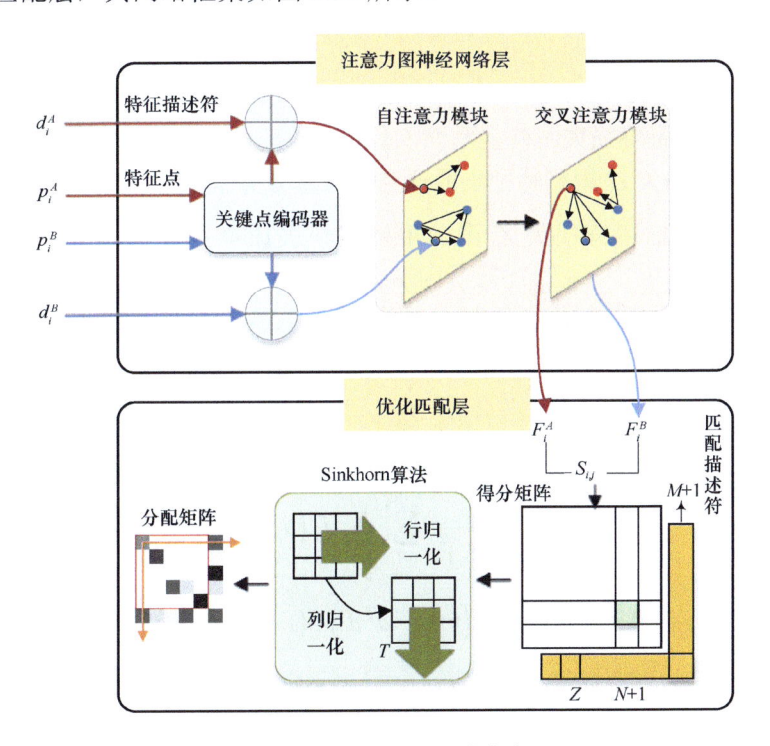

图 2.32 特征匹配网络框架

d^A 表示源图像 A 中所有特征点的描述符；p^A 表示源图像 A 中所有特征点的位置坐标；d^B 表示目标图像 B 中所有特征点的描述符；p^B 表示目标图像 B 中所有特征点的位置坐标；Z 表示对虚拟通道的赋值；T 表示迭代次数

注意力图神经网络层通过设计节点为影像中每个特征点的单一完全图来模拟人类视觉系统重复浏览的匹配过程。该结构包括两种不同的无向边，分别用来连接影像内部特征点和两张影像所有的特征点。关键点编码器将特征点坐标和特征描述符映射为一维特征向量，并通过自注意力模块和交叉注意力模块操作交替更新生成更具代表性的特征向量，其定义如式（2.41）所示：

$$F_i = W \cdot x_i^{(L)} + b, \forall i \in A, B \tag{2.41}$$

式中，W 和 b 分别为权重和偏差；F_i 为描述符；x_i 为特征向量；L 为重复增强次数。

优化匹配层则通过计算由注意力图神经网络生成的特征向量之间的相似性求解最优分配矩阵，从而获取正确匹配并剔除误匹配。假设影像 A 和影像 B 分别有 M 个和 N 个特征点，首先建立分配矩阵 $P \in [0,1]^{M \times N}$，并对所有可能匹配点的对应描述符 F_i^A 和 F_j^B 计算内积得到相似度 $S_{i,j}$ 以生成得分矩阵 S，其利用式（2.42）进行计算。然后在得分矩阵 S 的最后一行或最后一列增加虚拟通道用于剔除外点，并执行总得分最大化操作，从而求解得到最优分配矩阵 P。

$$S_{i,j} = \left\langle F_i^A, F_j^B \right\rangle, \forall (i,j) \in A \times B \tag{2.42}$$

3. 损失函数

特征提取网络的总损失函数 $\mathcal{L}_{FE}$ 包含 3 个部分：特征点检测器损失 $\mathcal{L}_p$、单应性变换后的特征点检测器损失 $\mathcal{L}_{wp}$ 和稠密描述符损失 $\mathcal{L}_d$，其定义如式（2.43）所示：

$$\mathcal{L}_{FE} = \mathcal{L}_p + \mathcal{L}_{wp} + \mu \mathcal{L}_d \tag{2.43}$$

式中，μ 为用于平衡最终损失的权重因子（本章设置 $\mu = 0.0001$）。

特征点检测器损失 $\mathcal{L}_p$ 根据特征点的预测坐标和真实标签之间的全卷积交叉熵损失进行计算，而稠密描述符损失 $\mathcal{L}_d$ 则使用铰链损失计算对应描述符单元 $d_{hw} \in D$ 和 $d_{h'w'} \in D'$ 之间的相似性。它们的定义分别如式（2.44）至式（2.46）所示：

$$\mathcal{L}_p = \frac{1}{H_8 W_8} \sum_{\substack{h=1, \\ w=1}}^{H_8, W_8} \left(-\ln \frac{e^{n_{hw}}}{\sum_{k=1}^{65} e^{m_{hw}^k}} \right) \tag{2.44}$$

$$\mathcal{L}_d = \frac{1}{(H_8 W_8)^2} \sum_{\substack{h=1, \\ w=1}}^{H_8, W_8} \sum_{\substack{h'=1, \\ w'=1}}^{H_8, W_8} l_d \left(d_{hw}, d'_{h'w'}; s_{i,j} \right) \tag{2.45}$$

$$l_d(d, d'; s) = \mu_d \times s \times \max\left(0, s_p - d^\top d'\right) + (1-s) \times \max\left(0, d^\top d' - s_n\right) \tag{2.46}$$

式中，m_{hw} 为特征点的真实标签；$n_{hw} \in \mathbb{R}^{H_8 \times W_8 \times 65}$ 表示特征点检测层输出张量的每一单元，65 个通道包含 8×8 个不重复的局部网格区域和一个额外的分箱；l_d 表示每一个对应描述符单元 $d \in D$ 和 $d' \in D'$ 之间的对比损失，稠密描述符损失 $\mathcal{L}_d$ 是 l_d 的统计平均；d_{hw} 为描述符单元；$d'_{h'w'}$ 为对应的描述符单元；μ_d 为加权因子；s_p 和 s_n 分别为正样本和负样本；d 为某个特征点的特征描述符向量；d' 为该特征点对应同名点的特征描述符向量；d^T 为 d 的转置；$d^T d'$ 为 d 和 d' 的内积；s 为匹配得分；$s_{hw,h'w'}$ 为对应特征点 $(hw, h'w')$ 之间的像素距离，当像素距离小于或等于 8 时，$s_{hw,h'w'} = 1$，否则 $s_{hw,h'w'} = 0$。

对于特征匹配网络，定义其损失函数如式（2.46）所示：

$$\mathcal{L}_{\text{FM}} = -\sum_{(i,j) \in G} \ln \overline{P}_{i,j} - \sum_{i \in I} \ln \overline{P}_{i,N+1} - \sum_{j \in J} \ln \overline{P}_{M+1,j} \quad (2.47)$$

式中，$P_{i,j}$ 为特征点 i 和特征点 j 之间的匹配概率；$G = \{(i,j)\}$ 表示匹配真值；$I \subseteq A$ 和 $J \subseteq B$ 分别表示影像 A 和影像 B 中不匹配的关键点。

此外，本章在包含 80000 张图像和丰富 MagicPoint 关键点的 MS-COCO 2014 数据集（Lin et al., 2014）生成真实标签的基础上，对特征提取网络进行预训练。而对于特征匹配网络，本章选择 SUN 数据集作为预训练数据集，其包含 899 个类别的表示不同场景的 13000 余张图像。最后使用收集到的 100 张多模态遥感影像，通过旋转、缩放、平移等操作对这些影像进行扩展，最终生成数据量为 4000 的真实遥感数据集，并基于这些数据对预训练的网络进行微调，从而提高所提网络对尺度和旋转变化的鲁棒性。

2.4.3 实验结果与分析

本章开展 3 种不同的实验以验证所提算法的优越性，分别是特征相似性实验、尺度和旋转不变性实验和配准性能实验。特征相似性实验中，通过两组不同模态的影像对评估算法表征影像之间同名特征的准确性。尺度和旋转不变性实验中，使用仿真数据集测试所提算法对尺度和旋转变化的鲁棒性。配准性能实验中，选择多组多模态影像进行算法的定性与定量评估，并与多种最新的影像配准算法进行对比。

1. 实验数据

选择 9 组不同的影像对测试本章提出的算法性能，包括可见光–可见光、可见光–SAR、可见光–深度影像、可见光–地图、可见光–强度影像、可见光–热红外等，实验中使用的多模态遥感影像对的详细信息如表 2.7 所示。这些影像数据不仅包含多时相、多传感器的星载光学影像、SAR 影像，而且还包括机载光学影像，LiDAR 的强度影像和深度影像，以及人工制作的电子地图影像。同时，这些影像数据具有不同的光谱分辨率、时空分辨率、几何畸变和辐射畸变，并且地表覆盖工厂、建筑、河流、湖泊、农田等不同场景，极具代表性，可以更全面地验证所提算法配准不同模态遥感影像的鲁棒性和普适性。

表 2.7 多模态遥感影像对的详细信息

组别	影像平台	波段	分辨率/m	大小/像素	影像特点
1	谷歌地球	RGB	2.4	610×610	可见光–可见光，包含工厂和农田
	GF-1	Pan	2.0	560×560	
2	谷歌地球	R	1.2	512×512	可见光–SAR，包含高层建筑，场景为农田、建筑
	TerraSAR	X	1.0	512×512	

续表

组别	影像平台	波段	分辨率/m	大小/像素	影像特点
3	LiDAR	Depth	1.0	1000×1000	可见光–深度影像，包含建筑、道路
	UAV	RGB	1.0	1000×1000	
4	GF-1	Pan	2.0	1189×1065	可见光–可见光，包含工厂、河流
	GF-2	Pan	0.8	2771×2495	
5	Landsat-8	TIR	30.0	512×512	可见光–热红外影像对，包含河流
	Landsat-8	RGB	30.0	512×512	
6	LiDAR	Intensity	—	617×621	可见光–强度影像，包含港口
	UAV	RGB	—	617×617	
7	GF-6	RE	18.0	1605×1293	可见光–可见光影像对，包含城镇、田地、河流
	谷歌地球	RGB	19.0	1855×1365	
8	GF-3	SL	1.0	1700×1670	可见光–SAR，包含建筑、湖泊
	谷歌地球	R	1.2	2053×1724	
9	百度地图	RGB	6.0	1605×1618	可见光–地图，包含建筑、湖泊
	谷歌地球	RGB	4.0	2676×2308	

本章使用第1组和第2组影像对进行特征相似性实验，第3～第8组影像对用于配准性能实验。此外，对于第1组和第2组影像对中的GF-1全色影像和TerraSAR-X影像，将它们各自缩小为原始大小的0.4倍和0.7倍，并分别旋转10°、20°和30°，以生成如图2.33所示的两组仿真影像。这些仿真影像数据被用于测试算法在一系列尺度和旋转的组合变化下的鲁棒性，利用异源光学、可见光–SAR两组不同模态影像生成的仿真影像数据进行尺度和旋转不变性实验更具代表性。

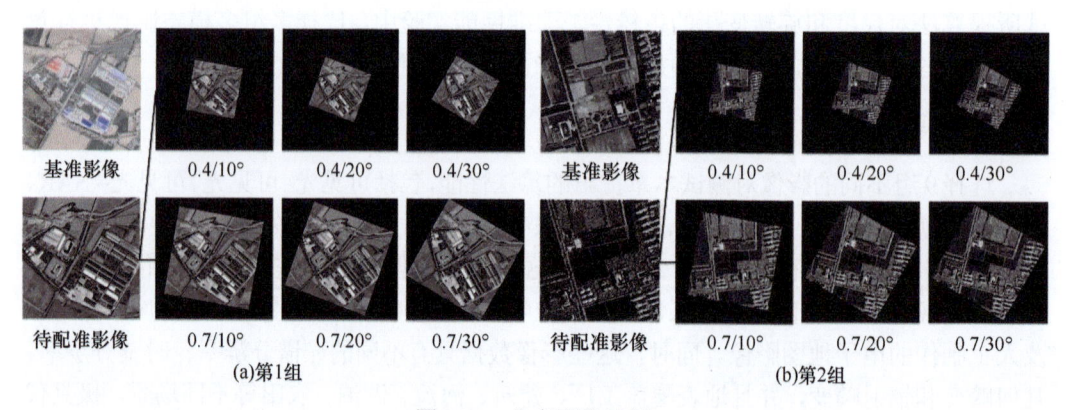

图 2.33 仿真影像示例

2. 特征相似性分析

由于多模态影像之间同名特征的相似性会直接影响特征匹配的准确性，因此实验选择 RIFT 算法和 CMM-Net 算法与本章所提算法对典型的光学–光学、可见光–SAR 两组影像进行对比实验。RIFT 算法是一种基于特征的传统配准方法，该方法利用最大索引图构造特征描述符以实现特征的辐射不变特性。CMM-Net 算法则是一种基于深度学习的配准方法，它通过卷积神经网络提取高维的尺度不变相似特征，并结合最近邻匹配方法和动态自适应欧氏距离阈值实现影像匹配。

同名特征的相似性可利用其特征向量大小进行衡量，通常采用直方图或曲线图的方式绘制所有维度的特征值以进行定性分析。其中，曲线图不仅能显示特征向量每一维度的取值大小，而且可以反映特征向量的整体变化趋势。因此，本章使用连续的曲线绘制同名特征的特征向量，通过比较不同曲线的贴近程度及波峰波谷的变化规律比较同名特征的相似性。由于特征向量维数较大，仅对部分特征向量进行展示，如图2.34所示。

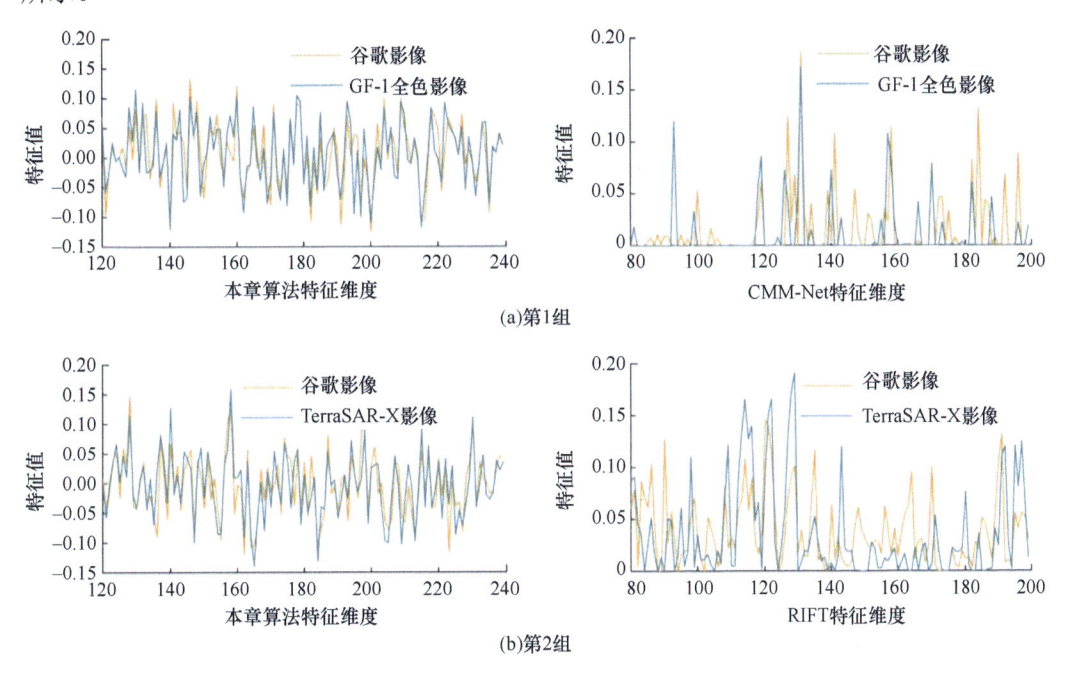

图 2.34 特征相似性测试结果

进一步分析图 2.34（a）表明，本章算法在多源光学影像对上获取的同名特征具有较高的相似性，其特征向量在维度方向上的曲线变化规律十分相似，曲线的波峰波谷变化也具有一致性，而 CMM-Net 算法获取的同名特征的特征向量则存在较大差异。对图 2.34（b）的分析亦表明，对于存在明显非线性辐射差异和乘性噪声影响的可见光–SAR 影像对，本章算法相较 RIFT 算法能够表现出更好的鲁棒性，获取的同名特征的特征向量仍然具有较高相似性。综上所述，与上述两种多模态遥感影像配准算法相比，本章算法能够更加准确地描述影像特征，保持同名特征具有更高的相似性。

3. 尺度和旋转不变性分析

为检验本章算法在尺度、旋转变化下的匹配性能，将原始 SuperPoint 特征提取网络分别与 SuperGlue 特征匹配网络和最近邻（NN）匹配方法进行组合和对比实验，尺度和旋转变化下不同算法的匹配结果见表 2.8。

表 2.8　尺度和旋转变化下不同算法的匹配结果

尺度/旋转	算法	第 1 组				第 2 组			
		NCM/个	RCM/%	RMSE/像素	T/s	NCM/个	RCM/%	RMSE/像素	T/s
0.4/10°	本章算法	324	0.893	0.716	1.5	244	0.900	0.925	2.3
	SuperPoint + NN	79	0.563	1.201	5.7	74	0.542	1.457	6.4
	SuperPoint + SuperGlue	158	0.817	1.056	2.3	144	0.878	1.123	4.4
0.4/20°	本章算法	331	0.877	0.636	1.8	246	0.847	0.861	2.2
	SuperPoint + NN	63	0.554	1.444	6.9	84	0.481	1.303	5.8
	SuperPoint + SuperGlue	172	0.746	0.924	2.0	136	0.782	1.198	3.2
0.4/30°	本章算法	317	0.756	0.770	1.7	216	0.779	0.983	2.7
	SuperPoint + NN	44	0.593	1.230	5.6	40	0.626	1.521	5.8
	SuperPoint + SuperGlue	124	0.787	0.897	2.7	65	0.704	1.210	3.5
0.7/10°	本章算法	406	0.901	0.549	1.7	425	0.885	0.773	2.7
	SuperPoint + NN	158	0.610	1.197	8.2	82	0.574	1.250	7.9
	SuperPoint + SuperGlue	278	0.821	0.840	2.5	171	0.714	0.861	4.1
0.7/20°	本章算法	389	0.862	0.565	1.9	340	0.855	0.794	2.9
	SuperPoint + NN	152	0.521	1.272	6.2	64	0.529	1.411	8.1
	SuperPoint + SuperGlue	266	0.796	0.833	1.8	150	0.783	1.246	5.1
0.7/30°	本章算法	396	0.872	0.682	1.9	353	0.790	0.836	2.6
	SuperPoint + NN	161	0.634	1.469	8.3	55	0.582	1.520	9.3
	SuperPoint + SuperGlue	242	0.803	0.917	1.6	137	0.642	1.064	4.2

本章算法与其他两种算法的对比分析表现出以下三种特点。

（1）本章算法在所有的尺度变化和旋转变化下始终表现出较强的鲁棒性。

（2）本章算法在正确匹配点对数和均方根误差两项指标上均表现最佳，并且平均正确匹配率超过 85%。

（3）在时间成本方面，本章算法同样表现优异，可以满足实时性的要求。

上述实验对比表明，通过耦合 GhostNet 架构和金字塔卷积对 SuperPoint 特征提取网络进行优化，不仅能够提取大量重复性高且分布均匀的特征点，而且进一步提高了计算效率。此外，引入 SuperGlue 网络进行特征匹配可以避免大量正确匹配点对数被遗漏。尽管 SuperPoint + SuperGlue 算法同样耗时较少，但是该算法获取的正确匹配点对数少于本章算法，而且其平均均方根误差超过 1 个像素。SuperPoint + NN 算法在对比的所有算法中表现出最差的匹配性能，其对尺度和旋转变化十分敏感，并且获取的正确匹配点对数始终是三种算法中最少的。由于 NN 算法仅根据特征描述子之间的欧氏距离来确定匹配特征，而欧氏距离测度无法准确衡量多模态影像中特征点的相似性，故出现较多的误匹配，同时丢失了大量正确匹配。不同算法在第 1 组和第 2 组仿真影像上的匹配结果分别如图 2.35 和图 2.36 所示。

第 2 章 遥感影像几何配准技术

(a)本章算法　　　　　(b)SuperPoint+NN　　　　　(c)SuperPoint+SuperGlue

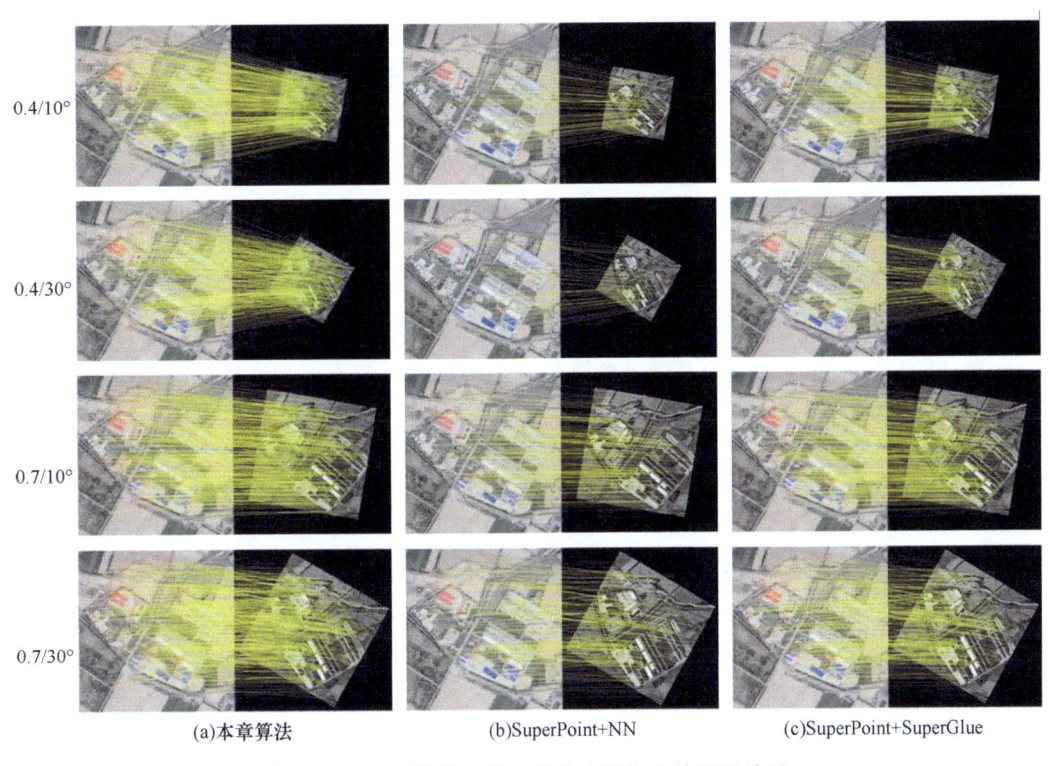

图 2.35　不同算法在第 1 组仿真影像上的匹配结果

(a)本章算法　　　　　(b)SuperPoint+NN　　　　　(c)SuperPoint+SuperGlue

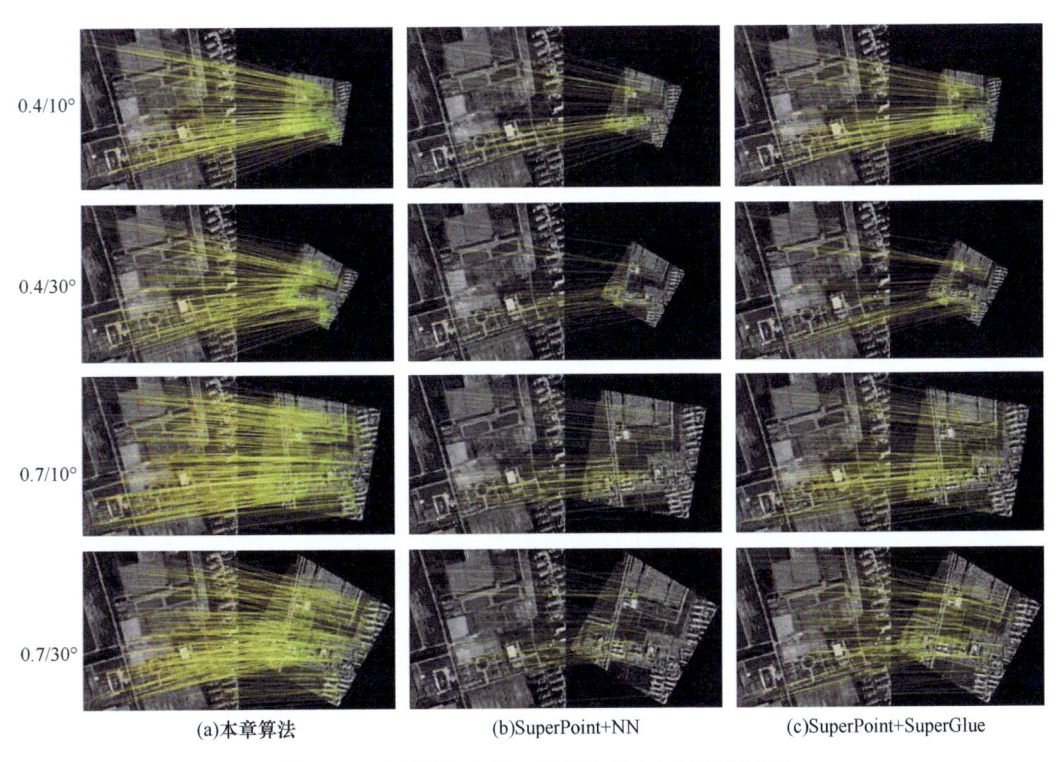

图 2.36　不同算法在第 2 组仿真影像上的匹配结果

实验对比分析发现，对于异源光学影像对生成的第 1 组仿真影像，三种算法虽然都能够获得数量可观的同名特征点对，但是本章算法得到的同名特征点对数量更多、分布更均匀。此外，由于两种对比算法无法很好地抵抗光学影像与 SAR 影像间严重的辐射畸变和噪声干扰，对于再次添加了较大尺度和旋转变化的第 2 组仿真影像而言，更加难以有效提取同名特征点对。随着旋转角度和尺度缩放的增加，这两种算法提取同名特征点的数量逐渐减少，同时这些同名特征点仅覆盖了影像的一部分区域，而其他区域却无法识别出任何一对同名特征点。与之相反，本章算法不仅对可见光–SAR 影像间较大的非线性辐射差异具有鲁棒性，而且还表现出较强的尺度和旋转不变性，始终能够获取大量均匀分布的同名特征点，进一步验证了所提算法能够在跨模态的遥感影像间表现出鲁棒的匹配性能。

4. 配准性能分析

选择 HOPC、RIFT、CMM-Net 和 ContextDesc（Luo et al., 2019）四种常用的算法与本章算法进行配准性能对比试验。其中，HOPC 和 RIFT 算法都是传统的配准算法，而 CMM-Net 和 ContextDesc 都是基于深度学习的配准算法。HOPC 算法是一种典型的区域配准算法，该算法将影像几何结构特性作为相似性度量进行模板匹配。ContextDesc 算法是一种基于深度学习的配准算法，它通过耦合几何上下文和视觉上下文以增强描述符的特征表示。

本节仍然采用 DQ、NCM、RCM、RMSE 和 T 五种客观指标对五种不同算法的配准性能进行定量评估，表 2.9 给出了不同算法在 9 组真实影像上的详细配准结果。

表 2.9　不同算法在 9 组真实影像上的详细配准结果

算法	评价指标	1	2	3	4	5	6	7	8	9
HOPC	DQ	1.851	0.907	0.845	1.293	0.952	0.798	0.932	1.030	1.517
	NCM/个	54	88	199	32	153	37	197	34	20
	RCM/%	0.270	0.440	0.905	0.092	0.863	0.944	0.502	0.175	0.121
	RMSE/像素	1.86	1.573	1.748	1.788	0.771	1.010	1.221	2.071	1.064
	T/s	24.3	24.9	19.7	53.9	22.6	20.4	31.6	49.0	23.1
CMM-Net	DQ	1.492	2.598	1.652	1.279	0.670	0.660	1.122	1.219	0.933
	NCM/个	42	12	37	9	24	25	70	12	24
	RCM/%	0.080	0.033	0.185	0.039	0.042	0.068	0.040	0.027	0.074
	RMSE/像素	2.531	2.604	1.333	2.408	1.760	1.817	1.908	1.644	1.556
	T/s	10.7	8.856	31.3	3.0	2.2	13.1	4.3	4.3	5.0
ContextDesc	DQ	0.884	—	—	1.802	1.006	1.794	0.942	—	—
	NCM/个	366	—	—	67	76	16	44	—	—
	RCM/%	0.689	—	—	0.441	0.242	0.204	0.251	—	—
	RMSE/像素	1.143	—	—	1.839	1.532	2.553	1.852	—	—
	T/s	13.8	—	—	19.8	14.6	11.6	15.7	—	—
RIFT	DQ	1.405	1.648	1.284	—	0.647	1.508	1.025	0.813	1.861
	NCM/个	261	72	226	—	313	195	201	12	284
	RCM/%	0.583	0.521	0.398	—	0.229	0.263	0.142	0.065	0.304
	RMSE/像素	1.627	1.330	1.216	—	0.853	1.502	1.238	1.935	1.680
	T/s	15.6	12.3	18.2	—	15.1	12.9	16.5	23.7	12.8

续表

算法	评价指标	组别								
		1	2	3	4	5	6	7	8	9
本章算法	DQ	0.511	0.774	0.447	0.571	0.410	0.821	0.845	0.844	0.657
	NCM/个	495	166	586	260	873	890	533	133	379
	RCM/%	0.793	0.763	0.834	0.797	0.815	0.725	0.683	0.674	0.830
	RMSE/像素	0.850	0.978	0.690	0.980	0.527	0.488	0.626	0.478	0.517
	T/s	3.7	2.1	4.5	2.7	3.8	4.5	3.0	3.7	3.3

不同的成像条件会造成多模态遥感影像间普遍存在差异，如拍摄角度不同、分辨率差异、时相差异、光谱差异等，都会对影像配准过程造成不同程度的干扰。实验对比分析发现，五种算法中 ContextDesc 算法在四组影像对上未成功配准，普适性较差，而 RIFT 算法也因无法适应第 4 组影像对间较大的尺度差异配准失败。本章算法获取同名特征点兼具最佳的正确匹配点对数和分布均匀性，在所有测试影像上均获得亚像素级的配准精度，同时具有较高的计算效率，证明本章算法对多模态遥感影像具有很强的普适性和鲁棒性。但是，同样属于深度学习的配准算法 CMM-Net 获取的特征点定位精度较差，并且只能获得少量的同名特征点对，是五种算法中配准精度最差的。HOPC 算法在 9 组影像上配准性能表现得相对均衡，均能成功配准，但是该算法的计算效率最低。

上述 5 种不同算法在第 2～第 9 组多模态遥感影像对上获取同名特征点对的对比结果见图 2.37。其中，红色圆圈标识符用于表示基准影像上的同名点，绿色圆圈标识符用

本章算法　RIFT
(a)第2组

本章算法　CMM-Net
(b)第3组

本章算法　HOPC
(c)第4组

本章算法　ContextDesc
(d)第5组

本章算法　ContextDesc
(e)第6组

本章算法　RIFT
(f)第7组

本章算法　CMM-Net
(g)第8组

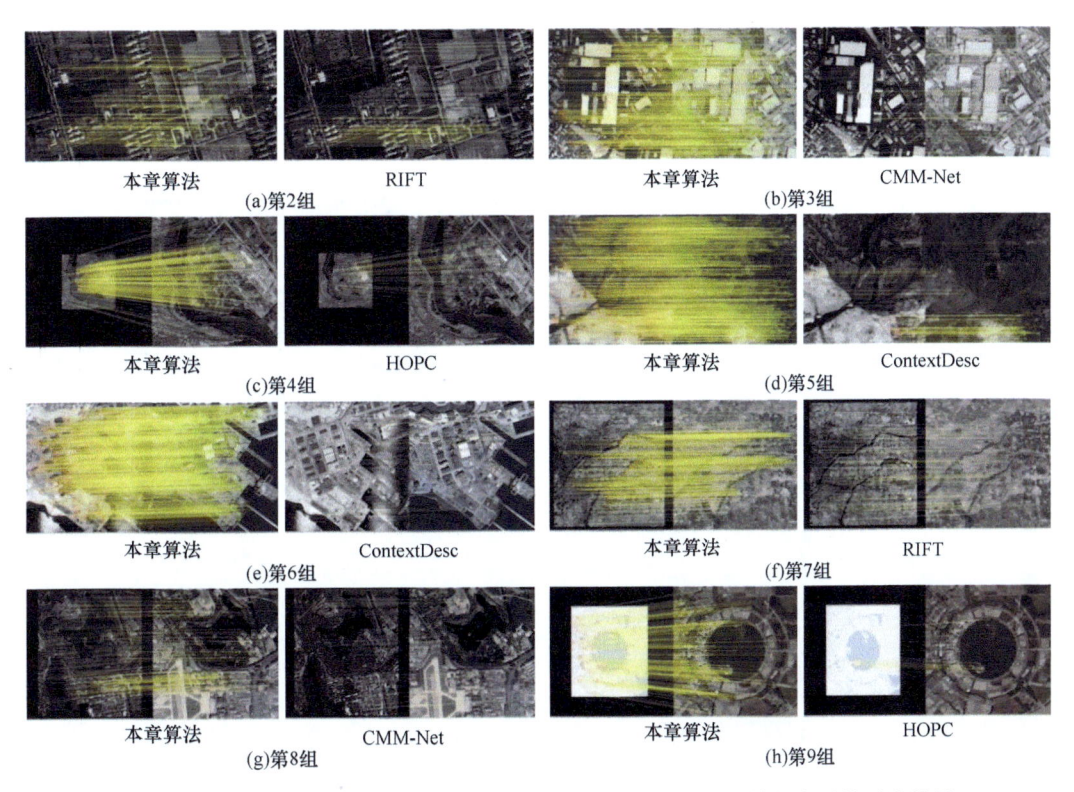

本章算法　HOPC
(h)第9组

图 2.37　不同算法在第 2～第 9 组多模态遥感影像上获取同名特征点对的对比结果

于表示待配准影像上的同名点。如图 2.37（d）所示，相比于 ContextDesc 算法，本章算法在可见光–深度图像上获取了更多的同名特征点，并且获取的同名特征点对在影像上分布更均匀，有助于得到更准确的配准结果。由图 2.37（c）可以明显地看出，在尺度差异较大的异源光学影像对上，本章算法相比于 HOPC 算法能够获取数量更多且分布均匀的同名特征点对。而对于其他的多模态遥感影像，对比算法在复杂辐射变化的影响下都难以获取有效的特征表示，只得到少量分布质量较差的正确匹配点对数。相比之下，本章算法始终都表现出较强的鲁棒性，甚至在受到强散斑噪声干扰的可见光–SAR 影像对上仍然获取了足量的同名特征点对。

为验证各类算法的直接配准效果，本章采用棋盘格镶嵌模式对 5 种算法在第 2～第 9 组影像进行对比分析，结果如图 2.38 所示。分析该图可发现，在本章算法配准结果生成的所有棋盘格镶嵌图中，基准影像和配准后影像的分块区域可以很好地衔接。然而，其他对比算法生成的棋盘格镶嵌图中却存在不同程度的错位现象，其中最严重的是 ContextDesc 算法在第 5 组和第 6 组影像对上的配准结果。

棋盘格镶嵌图中红色方框和蓝色方框分别表示最具代表性的两块子区域，并且使用相同颜色表示不同算法棋盘格镶嵌图中的对应区域，其局部放大对比如图 2.39 所示。

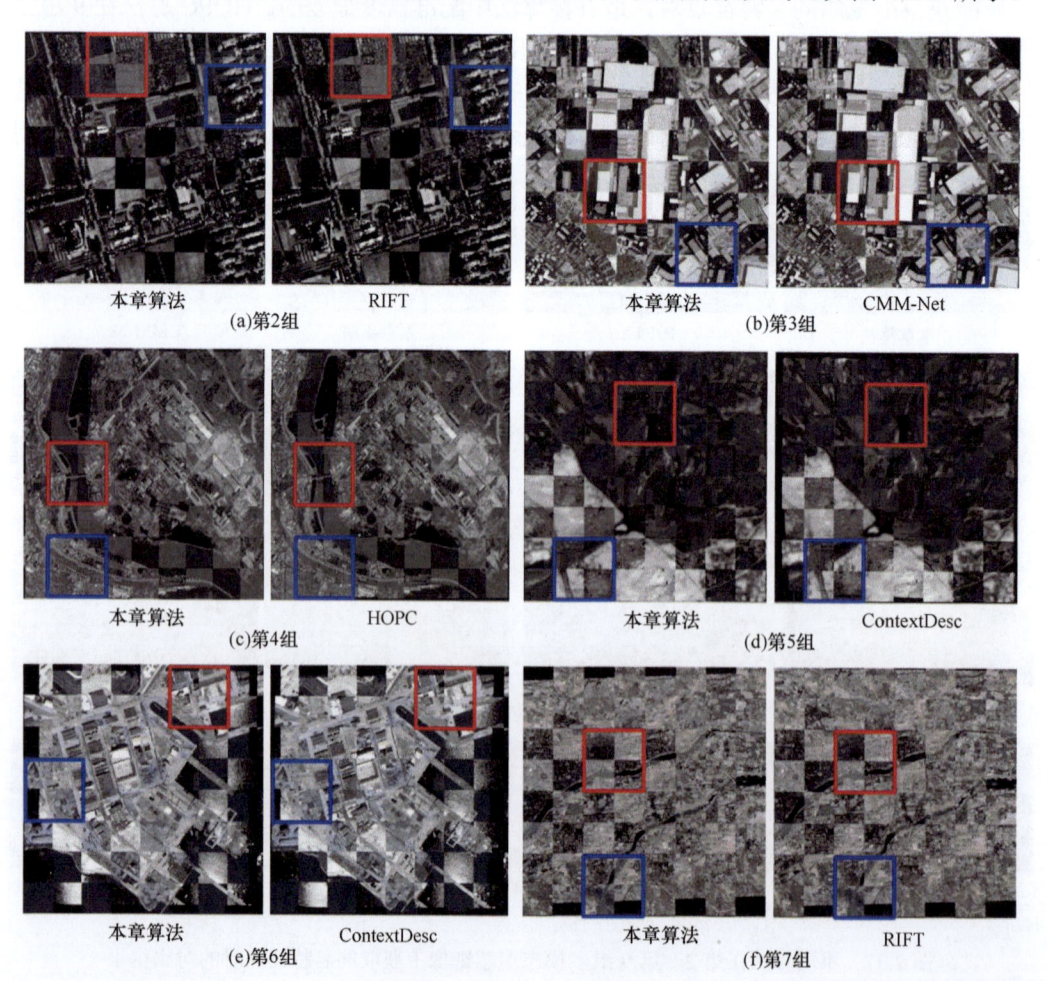

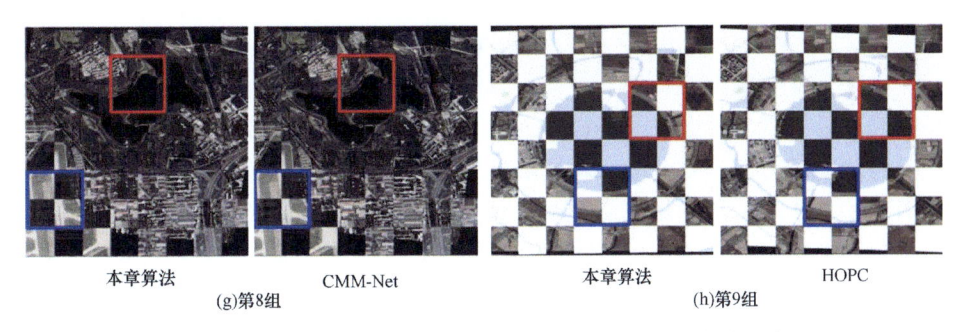

图 2.38 不同算法配准结果的棋盘格镶嵌对比（基于深度卷积特征）

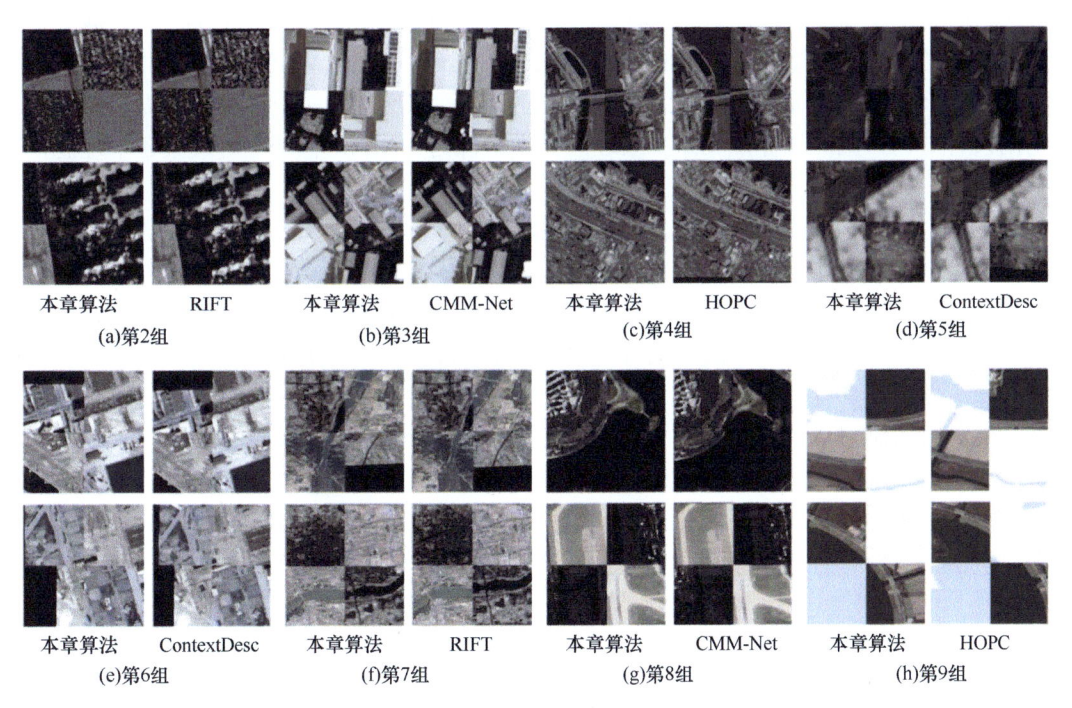

图 2.39 不同算法配准结果的局部放大对比（基于深度卷积特征）

从图 2.39 中可以清晰地发现，本章算法在每个棋盘格镶嵌图中相邻的分块区域具有良好的连续性，体现出该算法相对于其他算法具有更强的鲁棒性和准确性。

综上所述，多模态遥感影像对中基准影像和待配准影像之间的不同成像模式造成明显的非线性辐射差异，导致难以找到大量稳定的同名特征点对。尽管这些差异巨大，本章提出的算法在 9 组多模态遥感影像上都表现出优异的配准性能。具体而言，五种评价指标的平均值依序分别为 0.653、479、0.768、0.681、3.4，证明所提算法在所有不同模态形式的遥感影像上都具有很好的适用性。相反地，尽管 RIFT 算法在第 5～第 8 组影像对上均获取了一定数量的同名特征点，但是对应的正确匹配率却不足 30%。对于分布程度和均方根误差两个评价指标，本章算法都远好于其他对比算法。在耗时指标方面，CMM-Net 算法的时间成本与本章算法差别较大，HOPC 算法的耗时最长，其在配准第 4 组影像对的耗时几乎是本章算法的 20 倍。

2.5 本章小结

多模态遥感影像的复杂性和多样性通常会造成配准算法在精度、鲁棒性、普适性和实时性等方面的差异和不足。本章开展了多模态遥感影像配准算法研究，构建了具有针对性的算法模型，较为有效地提高了配准精度，取得的主要结论如下：

（1）针对光学影像与SAR影像间难以提取均匀分布的稳定同名特征点对的问题，提出了一种基于扩展相位一致性的高分辨率光学影像与SAR影像配准算法。该算法从特征检测和特征描述入手，设计了一种应用于光学影像与SAR影像的多尺度特征检测方法，通过扩展相位一致性获取两种共有特征图以构建鲁棒的局部特征描述符，显著提高了同名特征点对的数量及配准精度。该算法适用于米级/亚米级空间分辨率的光学影像与SAR影像配准场景。然而，由于扩展相位一致性在应对稀疏纹理场景时无法有效识别出共有结构，因此该算法在缺少纹理的光学影像与SAR影像配准时效果还不理想，有待改进。

（2）传统配准算法难以同时兼顾多模态遥感影像间不同的特性，而基于数据驱动的卷积神经网络可以在不断的训练过程中对不同模态影像进行学习、泛化，以识别出共有的高级语义特征。鉴于此，本章提出的基于深度卷积特征的多模态遥感影像配准算法采用特征提取和特征匹配的双网络耦合策略，有效实现了多模态遥感影像间端到端的高精度配准。该算法具有尺度和旋转不变性，在具有非线性辐射差异、背景变化、复杂几何畸变的多模态影像上都表现出较强的鲁棒性，配准精度和运算效率均较高。

参考文献

鲍文霞, 余国芬, 胡根生, 等. 2017. 基于马氏距离谱特征的图像匹配算法[J]. 华南理工大学学报(自然科学版), 45(10): 114-120, 128.

冯甜甜, 艾翠芳, 王建梅, 等. 2015. 基于人工免疫算法的光学影像与SAR影像配准方法[J]. 同济大学学报(自然科学版), 43(10): 1588-1593.

龚健雅. 2018. 人工智能时代测绘遥感技术的发展机遇与挑战[J]. 武汉大学学报(信息科学版), 43(12): 1788-1796.

何梦梦, 郭擎, 李安, 等. 2018. 特征级高分辨率遥感图像快速自动配准[J]. 遥感学报, 22(2): 277-292.

贾鸿顺. 2020. 光学与SAR图像自动配准方法研究[D]. 西安: 长安大学.

李加元. 2018. 鲁棒性遥感影像特征匹配关键问题研究[D]. 武汉: 武汉大学.

刘佳, 刘斌, 邱凯昌, 等. 2022. "天问一号"着陆区地貌解译与定量分析[J]. 深空探测学报(中英文), 9(3): 329-337.

逄博. 2019. 基于特征的SAR图像配准技术研究[D]. 武汉: 武汉大学.

宋文平, 张斌, 牛常领, 等. 2019. 一种融合最小二乘和相位相关的粗匹配纠正算法[J]. 遥感技术与应用, 34(6): 1296-1304.

眭海刚, 徐川, 刘俊怡. 2017. 基于特征的光学与SAR遥感图像配准[M]. 北京: 科学出版社.

孙超. 2018. 基于混合方法的卫星遥感图像自动配准技术的研究[D]. 长春: 吉林大学.

王丽娜. 2021. 可见光与SAR遥感图像配准技术研究[D]. 长春: 中国科学院大学(中国科学院长春光学

精密机械与物理研究所).

吴骅, 李秀娟, 李召良, 等. 2021. 高光谱热红外遥感:现状与展望[J]. 遥感学报, 25(8): 1567-1590.

杨玉焓. 2020. 基于结构特征与互信息的 SAR 与可见光图像配准研究[D]. 西安: 西安电子科技大学.

赵中阳, 程英蕾, 何曼芸. 2018. 基于面特征和 SIFT 特征的 LiDAR 点云与航空影像配准[J]. 空军工程大学学报(自然科学版), 19(5): 65-70.

周海洋, 朱鑫炎, 余飞鸿. 2017. 改进型高效三角形相似法及其在深空图像配准中的应用[J]. 光学学报, 37(4): 126-136.

Brown L G. 1992. A survey of image registration techniques[J]. ACM Computing Surveys (CSUR), 24(4): 325-376.

Cao J S, Zhou N, Shang H X, et al. 2022. Internal geometric quality improvement of optical remote sensing satellite images with image reorientation[J]. Remote Sensing, 14(3): 471-489.

Chakraborty S, Singh S K, Chakraborty P. 2018. Local gradient hexa pattern: a descriptor for face recognition and retrieval[J]. IEEE Transactions on Circuits and Systems for Video Technology, 28(1): 171-180.

Chen J, Yang M, Peng C L, et al. 2022. Robust feature matching via local consensus[J]. IEEE Transactions on Geoscience and Remote Sensing, (60): 5618416.

Chum O, Matas J. 2005. Matching with PROSAC-progressive sample consensus[C]. San Diego: 2005 IEEE Computer Society Conference on Computer Vision and Pattern Recognition: 220-226.

Cover T M, Thomas J A. 2012. Elements of Information Theory[M]. Hoboken: John Wiley & Sons Inc.

Cui S, Ma A, Wan Y, et al. 2022. Cross-modality image matching network with modality-invariant feature representation for airborne-ground thermal infrared and visible datasets[J]. IEEE Transactions on Geoscience and Remote Sensing, 60: 1-14.

Fan J W, Wu Y, Li M, et al. 2018. SAR and optical image registration using nonlinear diffusion and phase congruency structural descriptor[J]. IEEE Transactions on Geoscience and Remote Sensing, 56(9): 5368-5379.

Fischler M A, Bolles R C. 1981. Random sample consensus: a paradigm for model fitting with applications to image analysis and automated cartography[J]. Communications of the ACM, 24(6): 381-395.

Fjortoft R, Lopes A, Marthon P, et al. 1998. An optimal multiedge detector for SAR image segmentation[J]. IEEE Transactions on Geoscience and Remote Sensing, 36(3): 793-802.

Han K, Wang Y H, Tian Q, et al. 2020. GhostNet: more features from cheap operations[C]. Seattle: IEEE/CVF Conference on Computer Vision and Pattern Recognition: 1577-1586.

Khan A, Sohail A, Zahoora U, et al. 2020. A survey of the recent architectures of deep convolutional neural networks[J]. Artificial Intelligence Review, 53(8): 5455-5516.

Kovesi P. 1999. Image features from phase congruency[J]. Videre: Journal of Computer Vision Research, 1(3): 1-26.

Li Z W, Liu F, Yang W J, et al. 2022. A survey of convolutional neural networks: analysis, applications, and prospects[J]. IEEE Transactions on Neural Networks and Learning Systems, 33(12): 6999-7019.

Lin T Y, Maire M, Belongie S, et al. 2014. Microsoft COCO: common objects in context[C]. Zurich: European Conference on Computer Vision: 6-12.

Ling X, Zhang Y J, Xiong J X, et al. 2016. An image matching algorithm integrating global SRTM and image segmentation for multi-source satellite imagery[J]. Remote Sensing, 8: 672-691.

Liu X M, Li J B, Pan J S. 2019. Feature point matching based on distinct wavelength phase congruency and Log-Gabor filters in infrared and visible images[J]. Sensors, 19: 4244-4264.

Lowe D G. 2004. Distinctive image features from scale-invariant keypoints[J]. International Journal of Computer Vision, 60(2): 91-110.

Luo Z X, Shen T W, Zhou L, et al. 2019. ContextDesc: local descriptor augmentation with cross-modality context[C]. Long Beach: IEEE Conference on Computer Vision and Pattern Recognition: 2522-2531.

Ma J Y, Jiang J J, Zhou H B, et al. 2018. Guided locality preserving feature matching for remote sensing image registration[J]. IEEE Transactions on Geoscience and Remote Sensing, 56(8): 4435-4447.

Ma L, Liu Y, Zhang X L, et al. 2019. Deep learning in remote sensing applications: a meta-analysis and review[J]. ISPRS Journal of Photogrammetry and Remote Sensing, 152: 166-177.

Paul S, Pati U C. 2019. SAR image registration using an improved SAR-SIFT algorithm and delaunay-triangulation-based local matching[J]. IEEE Journal of Selected Topics in Applied Earth Observations and Remote Sensing, 12(8): 2958-2966.

Perona P. 1998. Orientation diffusions[J]. IEEE Transactions on Image Processing, 7(3): 457-467.

Shi J. 1994. Good features to track[C]. Seattle: Proceedings of IEEE Conference on Computer Vision and Pattern Recognition: 593-600.

Tang Y X, Wang C, Zhang H, et al. 2013. An auto-registration method for space-borne SAR images based on FFT-shift theory and correlation analysis in multi-scale scheme[C]. Melbourne: 2013 IEEE International Geoscience and Remote Sensing Symposium: 3550-3553.

Wang L N, Sun M C, Liu J H, et al. 2020. A robust algorithm based on phase congruency for optical and SAR image registration in suburban areas[J]. Remote Sensing, 12(20): 3339-3366.

Wang L N, Sun M C, Liu J H, et al. 2021. Combining optimized SAR-SIFT features and RD model for multisource SAR image registration[J]. IEEE Transactions on Geoscience and Remote Sensing, 60: 1-16.

Wong A, Clausi D A. 2007. ARRSI: automatic registration of remote-sensing images[J]. IEEE Transactions on Geoscience and Remote Sensing, 45(5): 1483-1493.

Wongkhuenkaew R, Auephanwiriyakul S, Chaiworawitkul M, et al. 2024. Grey wolf optimizer with behavior considerations and dimensional learning in three-dimensional tooth model reconstruction[J]. Bioengineering, 11(3): 254.

Xiang Y M, Tao R S, Wang F, et al. 2020. Automatic registration of optical and SAR images via improved phase congruency model[J]. IEEE Journal of Selected Topics in Applied Earth Observations and Remote Sensing, 13: 5847-5861.

Xiao J X, Ehinger K A, Hays J, et al. 2016. SUN database: exploring a large collection of scene categories[J]. International Journal of Computer Vision, 119(1): 3-22.

Yan H, Yang S, Li Y, et al. 2021. Multisource high-resolution optical remote sensing image registration based on point-line spatial geometric information[J]. Journal of Applied Remote Sensing, 15(3): 036520.

Yan X H, Zhang Y J, Zhang D J, et al. 2020. Multimodal image registration using histogram of oriented gradient distance and data-driven grey wolf optimizer[J]. Neurocomputing, 392: 108-120.

Yan Y M, Wang W X, Su N, et al. 2022. Cross-dimensional object-level matching method for buildings in airborne optical image and LiDAR point cloud[J]. IEEE Geoscience and Remote Sensing Letters, 19: 1-5.

Yang B S, Chen C. 2015. Automatic registration of UAV-borne sequent images and LiDAR data[J]. ISPRS Journal of Photogrammetry and Remote Sensing, 101: 262-274.

Ye F M, Su Y F, Xiao H, et al. 2018. Remote sensing image registration using convolutional neural network features[J]. IEEE Geoscience and Remote Sensing Letters, 15(2): 232-236.

Ye Y X, Shan J. 2014. A local descriptor based registration method for multispectral remote sensing images with non-linear intensity differences[J]. ISPRS Journal of Photogrammetry and Remote Sensing, 90: 83-95.

Ye Z, Kang J, Yao J, et al. 2020. Robust fine registration of multisensor remote sensing images based on enhanced subpixel phase correlation[J]. Sensors, 20(15): 4338-4359.

Zheng Y, Yang S W, Li Y K, et al. 2023. Multisource remote sensing image matching based on expanded phase consistency[J]. Journal of Applied Remote Sensing, 17(4): 046502.

第 3 章　遥感影像智能融合技术

　　图像融合技术可以获得具有互补性、更精确和更丰富的融合图像，遥感领域主要是希望获得具有空–谱互补的高空间分辨率和光谱分辨率的融合结果，以便为后续的遥感图像解译与地理国情监测等应用提供高精度的图像数据源。传统的遥感图像融合主要是采用全色锐化融合技术得到兼顾全色分辨率的多光谱图像。近年来，高分、高光谱和无人机遥感的不断发展，对遥感图像融合技术提出了新的、更高的要求，传统全色锐化融合已不再完美满足于光谱跨度更宽、空间尺度差异更大的多源遥感图像融合需求，为此需要发展新型的遥感图像融合技术。

　　本章在介绍遥感图像自动融合技术理论的基础上，结合符合生物视皮层神经元特征的交叉皮层模型（intersecting cortical model，ICM），提出了多源遥感图像（全色、多光谱、高光谱和无人机航片）的融合新方法，以便更好地满足遥感图像融合新需求，为多源遥感图像融合研究提供理论的技术支撑。

3.1　遥感图像自动融合技术

3.1.1　遥感图像融合原理

　　实际应用中，为了满足高精度的需求，往往需要将多光谱、高光谱图像中丰富的光谱信息与全色图像中的空间细节信息进行融合，即遥感图像全色锐化融合技术。全色锐化融合通过设定适当的准则，集成同一区域多源遥感图像的空、谱互补优势，融合得到同时具有高空间分辨率和高光谱分辨率的遥感图像（孟祥超等，2020）。将全色图像的空间细节信息注入低分辨率多光谱、高光谱图像中，可以有效提升多光谱、高光谱数据的空间分辨能力（Jin et al.，2022）。全色锐化作为遥感图像处理的重要研究方向，一直以来是遥感信息处理的热点问题，对于后续遥感图像的智能解译（张继贤等，2021）、目标识别（王文胜等，2020）、变化监测（Wang et al.，2015）和地物分类（Li et al.，2015）等研究具有重要意义。

　　交叉皮层模型（ICM）（Ekblad et al.，2004）是通过模拟生物视觉神经元的工作原理，基于脉冲耦合神经网络（pulse coupled neural network，PCNN）模型改进建立的单层神经网络模型，具有同步脉冲发放、非线性调制、数据耦合等特点，同时不需要进行训练就可以实现对图像的实时处理。其独特的生物学背景还能够突出图像的细节信息，同时保留图像边缘轮廓信息。因此，若结合 ICM 与多源遥感图像全色锐化技术，有望提高全色锐化图像精度，使其更好地服务于应用。

　　多光谱以及高光谱图像全色锐化算法均以多分辨率分析方法为框架，数学描述分别如式（3.1）和式（3.2）所示：

$$\widetilde{\mathrm{MS}}_k = \widetilde{\mathrm{MS}}_k + g_k\left(\mathrm{PAN} - \mathrm{PAN}_\mathrm{L}\right) \quad k=1,\cdots,K \tag{3.1}$$

$$\widetilde{\mathrm{HS}}_k = \widetilde{\mathrm{HS}}_k + g_k\left(\mathrm{PAN} - \mathrm{PAN}_\mathrm{L}\right) \quad k=1,\cdots,K \tag{3.2}$$

式中，$\widetilde{\mathrm{MS}}_k$ 为融合后的高分辨率多光谱图像；$\widetilde{\mathrm{MS}}_k$ 为上采样至全色大小的多光谱图像；$\widetilde{\mathrm{HS}}_k$ 为融合后的高分辨率高光谱图像；$\widetilde{\mathrm{HS}}_k$ 为上采样至全色大小的高光谱图像；g_k 为注入系数；PAN 为全色图像；PAN_L 为经低通处理后的全色图像；k 为多光谱的第 k 波段，波段总数为 K。

多分辨率分析方法中全色图像的空间细节是通过计算全色图像与其低通版本之差获得的，即 $\mathrm{PAN}-\mathrm{PAN}_\mathrm{L}$。将获取到的空间细节与注入系数 g_k 相乘，使全色细节向多光谱维度转换，就可以补充上采样多光谱图像 $\widetilde{\mathrm{MS}}_k$ 各波段缺失的空间信息。通常低频的 PAN_L 图像是通过多分辨率迭代分解、修改与重构的过程获得，得到全色图像的低频信息，用于多光谱图像进行直方图匹配过的全色图像减去低频信息得到高频信息，即全色细节。从式（3.1）和式（3.2）可以看出，多分辨率分析算法对光谱和空间信息采取分散处理，进而能够很大程度地保留光谱图像的光谱多样性。

3.1.2 融合的细节提取与直方图匹配

1992 年，Shensa 提出了多孔小波变化算法。该算法通过有限滤波器的内插近似，在变换过程中不需要进行插值或下采样操作，能够从图像中获取丰富的细节纹理特征信息，且子带图像与原始图像尺寸一致。鉴于这些优点，使得多孔小波变换相较于普通小波的融合效果提升明显，在全色锐化中得到广泛应用。其基本思想是通过由尺度函数生成的滤波器对信号进行 n 层分解，将信号分解成一个低频分量和多个高频分量。

多孔小波分解与重构过程如图 3.1 所示，这一过程是基于对原始信号 F 进行低通与高通滤波处理实现的。其中，h 为低通滤波器；g 为高通滤波器；c_j 和 d_j 分别为分解的低频信息与高频信息；n 为分解尺度。

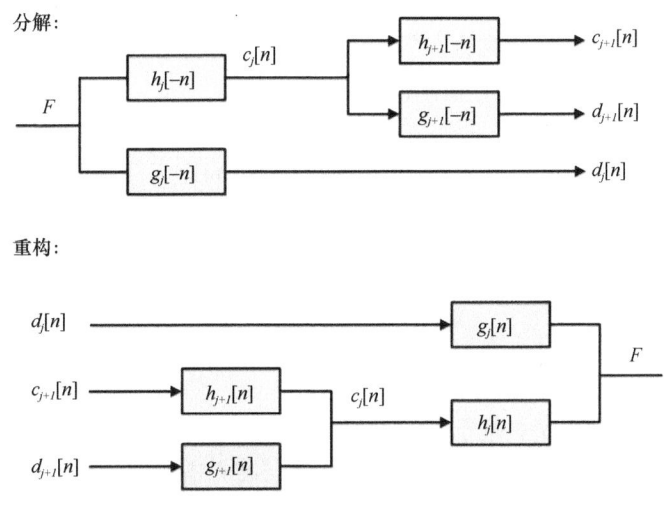

图 3.1 多孔小波分解与重构过程图

对于二维图像 $F(x,y)$，在横轴和纵轴分别经过低通滤波器和高通滤波器进行多孔变换，可以得到一个低频轮廓子带，称为低频近似面，以及多个高频纹理细节子带，称为高频小波面，低频近似面和高频小波面均与原图像大小一致。逐层描述的图像近似信息序列，如式（3.3）所示：

$$\begin{aligned} L_1\left[F(x,y)\right] &= F_1(x,y) \\ L_2\left[F_1(x,y)\right] &= F_2(x,y) \\ &\vdots \\ L_n\left[F_{n-1}(x-y)\right] &= F_n(x,y) \\ &\vdots \\ L_N\left[F_{N-1}(x,y)\right] &= F_N(x,y) \end{aligned} \quad (3.3)$$

式中，F_n 表示对源图像 $F(x,y)$ 在尺度 n 下，低通滤波 L_n 操作后得到的近似图像，其中 N 为最大变换尺度。二维图像在相邻尺度间的近似信息差为 H_n，即源图像的细节信息，计算方法如式（3.4）所示：

$$H_n(x,y) = F_{n-1}(x,y) - F_n(x,y) \quad n=1,\cdots,N \quad (3.4)$$

源图像经滤波处理后，源像素点 (x,y) 的位置表示可由分解后的细节分量 H_n 与近似图像 L_N 叠加得到，即重构信号 F'。这一重构过程如式（3.5）所示：

$$F'(x,y) = L_N(x,y) + \sum_{n=1}^{N} H_n(x,y) \quad (3.5)$$

图像的直方图描述的是像素的灰度分布情况，显示图中包含的所有灰度级对应的像素点出现概率。直方图匹配的目的是用另一幅图像的灰度统计特性来修改当前图像，使两幅图像的对比度等指标相似。图像的视觉效果与其直方图具有直接联系，直方图的变化会对图像的色调等产生相应的影响，因此用对比度级别高的图像来修改视觉效果较差的图像可以改善图像质量（杨勇等，2019）。在全色锐化中，全色图像和多光谱、高光谱图像各波段之间的直方图匹配被广泛用于全色锐化的预处理，目的是使两幅图像具有相似的均值和方差，从而减少融合图像中的波谱差异，使融合效果更好。全色锐化中常用的直方图匹配方法如式（3.6）所示：

$$P = \left[\text{PAN} - \text{mean}(\text{PAN})\right] \cdot \frac{\text{std}(I_k)}{\text{std}(\text{PAN})} + \text{mean}(I_k) \quad (3.6)$$

式中，PAN 为原始全色图像；P 为直方图匹配后的全色图像；I_k 为多光谱或高光谱图像的第 k 波段；mean( ) 为求取均值操作；std( ) 为求取标准差操作。

3.1.3 遥感图像融合评价方法

对于融合图像定量评价，基于有无原始参考图像，可以分为降分辨率评价和全分辨率评价两种评价方式。降分辨率评价是将多光谱、高光谱图像与全色图像按照空间分辨率比值，在融合之前进行原始图像的空间域降分辨率处理，因此也称为退化数据实验，融合指标以原始多光谱、高光谱图像作为参考图像。全分辨率评价是直接在原始图像上进行融合，融合后的图像为与原始全色图像空间分辨率一致的多波段图像，融合指标无参考图像。不同评价方式的指标不同，融合指标从空间、光谱、综合差异等方面评估融合图像与参考图像的相似性，本章对常用的融合评价指标进行简单的介绍。

为了便于计算，现对表示图像的相关符号做出如下规定：假定全色锐化后的多光谱、高光谱图像为 X，原始多光谱、高光谱图像为 $\hat{X}$，k 为图像的第 k 波段，K 为波段总数，I 为图像的第 i 个像素点，M 为图像中所有像素个数，μ 为均值，σ^2 为方差。

对于降分辨率评价，通常采用的指标包括均方根误差（root mean squared error，RMSE）（Li et al.，2018）、相对无量纲全局综合误差（relative dimensionless global error in synthesis，ERGAS）（Lu et al.，2021）、通用图像质量指数（universal image quality index，UIQI）（张立福等，2022）、四元数指标（Q4）（Vivone et al.，2015）、空间相关系数（spatial correlation coefficient，SCC）（Vivone et al.，2015）、光谱角映射（spectral angle mapper，SAM）（Vivone et al.，2015）、峰值信噪比（peak signal-to-noise ratio，PSNR）（Yokoya et al.，2017）、结构相似性指数度量（structural similarity index measurement，SSIM）（Wang et al.，2004）、失真度（degree of distortion，DD）（Vivone et al.，2015）等。

RMSE 常用于测量全色锐化图像和参考图像的差异程度，理想值为 0。其数学表述如式（3.7）所示：

$$\text{RMSE} = \sqrt{\frac{1}{M}\sum_{i=1}^{M}(X-\hat{X})^2} \tag{3.7}$$

ERGAS 相较其他指标能更客观地反映融合图像的整体质量，其值由 RMSE 的总和组成，值越低表示锐化图像与参考图像相似度越高，理想值为 0。其数学表述如式（3.8）所示：

$$\text{ERGAS} = 100\frac{h}{l}\sqrt{\frac{1}{K}\sum_{k=1}^{K}\left(\frac{\text{RMSE}_k}{\mu_k}\right)^2} \tag{3.8}$$

式中，h 为全色图像的空间分辨率；l 为多光谱、高光谱图像空间分辨率。

Q4 克服了 UIQI 不适用于彩色图像的局限性，增加了光谱失真的计算。对每个波段的谱带相关性、平均偏差、对比度变化以及光谱角度四个因素同时计算，可以理解为计算每个波段的 UIQI 和平均光谱失真。该指标能够测量光谱和空间畸变，被广泛运用于多光谱图像全色锐化的质量评估。Q4 的范围为 0~1，理想值为 1。其数学表述如式（3.9）所示：

$$Q(a,b) = \frac{4\mu_a\mu_b}{\mu_a^2+\mu_b^2}\frac{\sigma_{a,b}^2}{\sigma_a^2+\sigma_b^2} \tag{3.9}$$

式中，μ_a 和 μ_b 分别为图像 a 和图像 b 的均值；σ_a^2 和 σ_b^2 分别为图像 a 和图像 b 的标准差。

UIQI 只能用于单色图像，与常用的相加方式计算误差不同，该指标采用的是计算相关性损失、亮度畸变和对比度畸变三个因素的乘积来考量图像中的失真程度，理想值为 1。其数学表述如式（3.10）所示：

$$\text{UIQI}(FH, F) = \frac{1}{K}\sum_{k=1}^{K} Q(FH_k, F_k) \tag{3.10}$$

式中，FH 表示参考图像；F 表示融合图像。k 表示图像的第 k 波段，K 为波段总数。FH_k 表示参考图像的第 k 个波段；F_k 表示融合图像的第 k 个波段。

SCC 可以评估全色锐化图像与参考图像各个波段的空间细节相关性。SCC 越高，说明融合过程中全色图像空间信息注入越多，理想值为1。其数学表述如式（3.11）所示：

$$\text{SCC} = \frac{\sum_{k=1}^{K}(\hat{X}_k - \mu_{\hat{X}})(X_k - \mu_X)}{\sqrt{\sum_{k=1}^{K}(\hat{X}_k - \mu_{\hat{X}})^2 \sum_{k=1}^{K}(X_k - \mu_X)^2}} \tag{3.11}$$

SAM 通过计算所有像素的余弦角平均值，得到图像的全局光谱失真度。一般来说，SAM 值越低，表示光谱失真越少，理想值为0。其数学表述如式（3.12）所示：

$$\text{SAM} = \frac{1}{M}\sum_{i=1}^{M}\arccos\left(\frac{\langle X_i, \hat{X}_i \rangle}{\|X_i\|\cdot\|\hat{X}_i\|}\right) \tag{3.12}$$

式中，$\langle X, \hat{X} \rangle$ 表示两个向量的点积；$\|\ \|$ 操作符表示二阶范数。

PSNR 评估图像的空间信息重构的丰歉程度，融合图像的有效信息是否得到增强，反映了融合图像的逼真程度。图像质量越好，其值越大。该指标可以通过 RMSE 进行定义，其数学表述如式（3.13）所示：

$$\text{PSNR} = 10\lg\left[\frac{\max(X)}{\text{RMSE}(X, \hat{X})^2}\right] \tag{3.13}$$

式中，$\max(X)$ 为图像每一波段中所出现的最大值。

SSIM 对图像的评价更符合人类的视觉特性。从亮度、对比度和结构三个重要的图像影响因子间的相似性衡量图像质量，理想值为1。其数学表述如式（3.14）~式（3.16）所示。

$$\text{SSIM}(a,b) = \frac{(2\mu_a\mu_b + c_1)(\sigma_a\sigma_b + c_2)}{(\mu_a^2 + \mu_b^2 + c_1)(\sigma_a^2 + \sigma_b^2 + c_2)} \tag{3.14}$$

$$c_1 = k_1^2, k_1 = 0.01 \tag{3.15}$$

$$c_2 = k_2^2, k_2 = 0.03 \tag{3.16}$$

式中，a 和 b 分别表示待比较的两幅图像；σ_a 和 σ_b 分别表示图像 a 和 b 的标准差；c_1 和 c_2 是确保稳定性的两个较小的常数。

DD 直接反映图像的光谱扭曲程度。DD 值越小，说明图像光谱质量越高。其数学表述如式（3.17）所示：

$$\text{DD} = \frac{1}{K}\sum_{k=1}^{K}\left[\frac{1}{M}\sum_{i=1}^{M}\left|V(\hat{X}) - V(X)\right|\right] \tag{3.17}$$

式中，$V(\hat{X})$ 和 $V(X)$ 分别为原始图像和融合图像的灰度值，范围为[0, 255]。

对于全分辨率评价，目前广泛使用的定量评价指标为光谱扭曲度 D_λ、空间失真度 D_S 和无参考质量（quality with no reference，QNR）指标（Vivone et al., 2015）。

D_λ：通过计算全色锐化图像与原始多光谱、高光谱图像之间各个波段的 UIQI 值之差，得到光谱扭曲度，理想值为 0。其数学表述如式（3.18）所示：

$$D_\lambda = \sqrt[p]{\frac{1}{K(K-1)}\sum_{k=1}^{K}\sum_{k=1,k\neq d}^{K}\left|\text{UIQI}(\hat{X}_k,\hat{X}_d)-\text{UIQI}(X_k,X_d)\right|^p} \quad (3.18)$$

式中，UIQI（ ）表示计算两幅输入图像的通用图像质量指数；k 和 d 均为不同的波段数；p 为正整数。

D_S：通过全色锐化图像和全色图像每个波段之间、全色图像与上采样的光谱图像每个波段之间，两者的 UIQI 之差计算的，理想值为 0。其数学表述如式（3.19）所示：

$$D_S = \sqrt[q]{\frac{1}{K}\sum_{k=1}^{K}\left|\text{UIQI}(X_k-\text{PAN})-\text{UIQI}(\text{UP}\hat{X}_k,\text{PAN})\right|^q} \quad (3.19)$$

式中，UIQI（ ）表示计算两幅输入图像的通用图像质量指数；$\text{UP}\hat{X}$ 为上采样后的多光谱、高光谱图像；q 为正整数；k 为不同的波段数；PAN 为原始全色图像。

QNR：由 D_λ 和 D_S 两个因素组成，理想值为 1。其数学表述如式（3.20）所示：

$$\text{QNR}=(1-D_\lambda)(1-D_S) \quad (3.20)$$

3.1.4 遥感影像融合关键问题分析

传统遥感图像融合方法很难直接照搬应用于高光谱融合任务，与 SAR 的融合方法也较少考虑光谱保真。因此，要完成全色图像、SAR 遥感图像与高光谱遥感图像融合任务，尚需解决以下关键问题。

（1）全色图像细节丰富，空间分辨率比高光谱高很多，而高光谱遥感图像的光谱范围与全色图像并不完全重叠，比全色图像光谱范围要大得多。一般的全色图像光谱范围接近可见光谱范围在 0.4~0.8μm，而高光谱遥感图像的范围通常涵盖可见光到短波红外波段，一般在 0.4~2.5μm。因此，对于高光谱遥感图像，大部分光谱范围的高分辨空间细节信息很难获取。因此，常见的全色与多光谱融合算法并不适用于高光谱遥感图像融合。因此，必须设计新的融合思路，开展全色与高光谱遥感图像的融合研究。

（2）SAR 属于主动的雷达成像系统，反映的是地物目标散射信息，与光学被动成像方式不同，细节信息不受光谱范围约束。同时，可全天时、全天候获取的高分 SAR 遥感图像结构与轮廓更为明晰，纹理分辨率较高，且具有一定的穿透成像能力，空间分辨率较高的光谱图像也大幅提高。但是高分 SAR 与高光谱成像机理和平台分辨率差异较大，并且现有的融合方法大多偏重图像增强，得到的是伪彩色图像，忽略了图像的光谱保真。因此，必须针对高分 SAR 与高光谱图像特点，开展 SAR 与高光谱遥感图像的融合研究。

(3) ICM 等相关模型更符合人眼视觉系统对图像的理解,在图像除噪、分割、融合、特征分析中获得了成功应用。但是如何结合高分 SAR、全色、高光谱等不同传感器特点,在保持其人眼视觉机理的同时,使其在高光谱遥感图像融合中发挥作用,获得符合人眼视觉理解和处理更优的高光谱融合效果,仍然是一个亟须解决的难题。

3.2 基于 ICM 的自适应多光谱图像全色锐化算法

针对传统多光谱图像全色锐化方法大多利用整幅图像或规则区域注入空间信息,而导致融合图像的细节损失和光谱扭曲问题,本章结合符合人眼视觉特性的 ICM,提出了一种基于 ICM 的自适应多光谱图像全色锐化算法。该算法首先结合混合蛙跳算法(shuffled frog leaping algorithm,SFLA)自适应优化 ICM 参数,其次通过融合指标 SAM 和 Q4 构建适应度函数进行非线性分割,然后利用多孔小波提取精准的全色图像空间信息,最后根据获取的最优非规则区域对空间信息进行自适应加权注入,获得高分辨率全色锐化多光谱图像。实验结果表明,与传统全色锐化方法相比,该算法具有良好的锐化性能。

3.2.1 ICM 图像分割

人工神经网络是基于对生物神经元系统工作机制的抽象模拟产生的。以人脑视觉皮层为例,该网络由数千个信息处理单元组成,这些信息处理单元由单个神经元构成,神经元之间相互协作,可以完成对外界信息的处理和传递。每个神经元都接受从邻近神经元传来的激励,也向其他邻近神经元传送激励。视觉皮层神经元结构如图 3.2 所示,每个神经元由细胞体、树突、轴突、突触等部分组成。外界信息从树突进入,传递到细胞体中,再通过轴突从细胞体输出到突触,相邻的神经元是通过突触连接的,进而将信号传给其他相邻神经元,完成信息的接收、处理和传递。

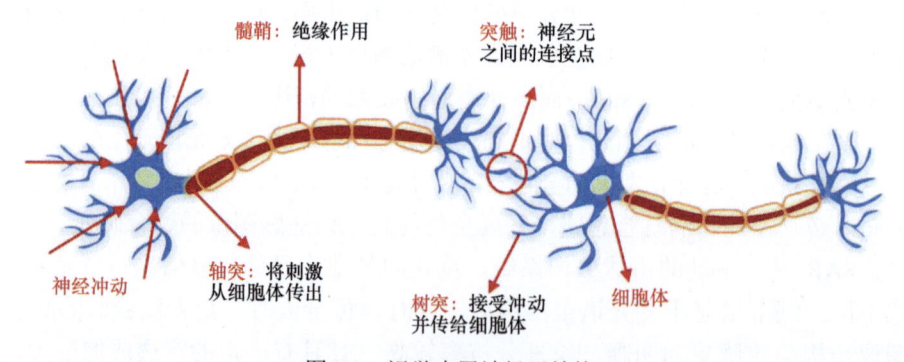

图 3.2 视觉皮层神经元结构

当人脑视觉皮层在处理图像时,图像信息在人脑中通常转化为电脉冲的形式由一个神经元传递给其他神经元。当神经元持续受到刺激时,生物电信号会导致细胞体的膜电位上升或下降,若膜电位上升,则进入兴奋状态,神经元被激活,当膜电位上升到高于阈值时，神经元就会产生电脉冲信号，由突触传给许多其他神经元。

ICM 是第三代人工神经网络中的代表，由 Kinser 等（Ekblad et al.，2004；Kinser，1996）借鉴并保留脉冲耦合神经网络模型的优点，进而优化提出。ICM 是由若干神经元组成的二维横向连接神经网络，不需要经过训练，能够将多维的图像信息转换成一维脉冲序列，十分适合应用于图像处理。该模型通过对哺乳动物视觉皮层神经元的脉冲发放现象进行综合模拟，具备空间邻域神经元同步脉冲发放、非线性调制的特性，且模型中待定参数较少。ICM 的每个神经元都由接收模块、非线性脉冲调制模块、脉冲发射器三部分组成，单个 ICM 神经元模型的结构如图 3.3 所示，对应数学表达式如式（3.21）～式（3.24）所示。

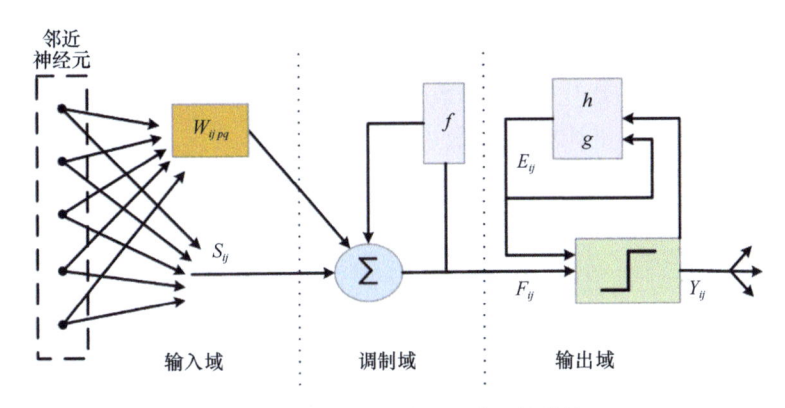

图 3.3 单个 ICM 神经元模型的结构

$$\mathrm{OP} = \sum_{pq} W_{ijpq}\left[Y_{pq}(n-1)\right] \quad (3.21)$$

$$F_{ij}(n) = fF_{ij}(n-1) + S_{ij} + \mathrm{OP} \quad (3.22)$$

$$Y_{ij}(n) = \begin{cases} 1, F_{ij}(n) > E_{ij}(n-1) \\ 0, F_{ij}(n) \leqslant E_{ij}(n) \end{cases} \quad (3.23)$$

$$E_{ij}(n) = gE_{ij}(n-1) + hY_{ij}(n) \quad (3.24)$$

式中，S_{ij} 为外部活动刺激，即输入的遥感图像灰度值；n 为网络的当前迭代次数；F_{ij} 为反馈输入；E_{ij} 为活动阈值；f、g 分别为 F_{ij}、E_{ij} 的衰减系数；系数 h 决定神经元在被激发后阈值的增量；OP 为邻域神经元输入，由邻近神经元脉冲输出 Y_{pq} 和权值矩阵 W_{ijpq} 组成。在模型运行中，当反馈输入 F_{ij} 大于活动阈值 E_{ij} 时，模型中的神经元被激发，产生输出脉冲 Y_{ij}，神经元发生点火，分割出非规则聚类区域，此时 E_{ij} 大幅增加，并随着迭代进行在衰减系数 g 的作用下不断衰减，当衰减到小于内部活动项时，神经元再次点火，如此迭代循环。ICM 应用于图像处理时，图像的一个像素即代表一个神经元（杨青，2013）。

ICM 符合人眼视觉的分割特性。每个神经元与邻域神经元连接（一般邻域取 3×3），构成单层二维局部连接网络（戴文战和胡伟生，2016）。归一化的遥感图像像素灰度值映射神经元的外部输入 S，亮度大的像素点所对应的神经元会先点火，输出的脉冲作为 Y_{pq} 继续作用于相邻神经元，将可能使本来不点火的神经元的内部活动项的值大于阈值而提前点火（Li et al.，2020）。因此，当前神经元的激发会引起其周围灰度值相近的神经元同步激发,加快当前区域神经元被激发的进程,输出的同步脉冲序列包含图像中相似区域、边缘、纹理等信息,由这些脉冲序列构成的二值图像就是 ICM 输出的分割图像。这就是 ICM 进行图像分割的简单原理。在本章算法中,活动阈值一般设置为较大值,以确保已点火神经元在很长一段时间不被激发,从而保证每个神经元属于唯一的分割区域(Li et al., 2020)。

3.2.2 多光谱图像全色锐化算法设计

本章提出的自适应参数 ICM 全色锐化算法流程框架如图 3.4 所示。该算法主要包括 ICM 参数自适应设计模块和空间细节提取与注入模块。其中,ICM 参数自适应设计模块内容为结合 SFLA 自适应优化 ICM 参数设计,空间细节提取与注入模块主要包括空间细节提取、非规则区域权重计算和细节注入部分。

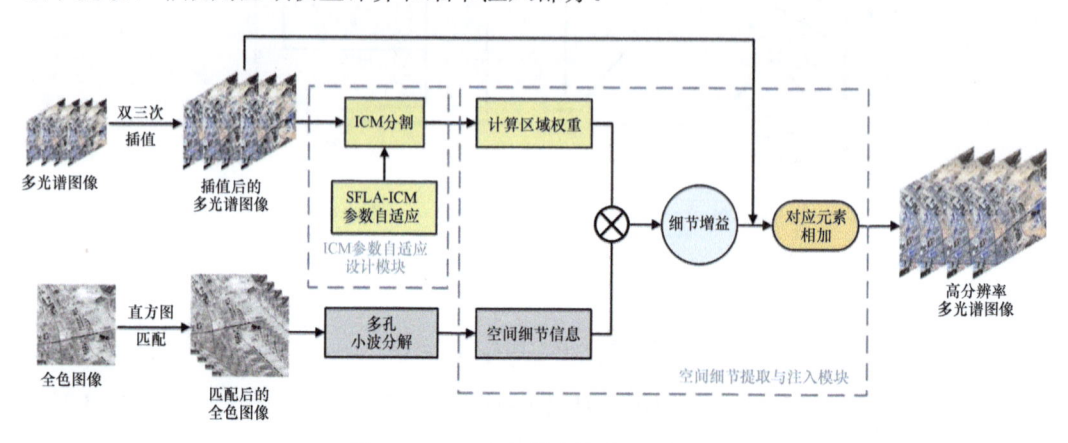

图 3.4　ICM 全色锐化算法流程框架

1. ICM 参数自适应设计

当 ICM 应用于图像分割时,参数 f 和 g 的选择尤为重要,二者共同影响着图像像素的激活状态。但传统的 ICM 中,往往使用固定不变的经验值,并且每换一幅图像都需人工再重新设置参数,确定最终参数的过程复杂且不稳定。因此,本章设计了采用 SFLA 优化 ICM 参数的自适应算法,实现参数配置和最优分割区域输出的自适应。

SFLA 是由 Eusuff 等提出的群体进化式算法(Huang et al., 2019)。该算法模拟了青蛙种群寻找食物的过程,利用食物信息在种群间的交流传播,不断更新青蛙的位置,最终找到食物最好的地方,即达到确定优化问题最优解的目的。其具体方法为:将一个青蛙种群分成若干子群,每只青蛙只属于一个特定子群(张新明等,2018)。首先,建立适应度规则,得到子群内适应度最佳的青蛙 X_b 和最差的青蛙 X_w,以及整个种群范围内所有青蛙中最优的青蛙 X_m。然后,依式(3.25)和式(3.26),子群内最差的青蛙向最佳的青蛙学习,其中 D_j 为蛙跳步长,rand() 为 0 和 1 之间的随机数。

$$D_{jl} = \text{rand}(X_b - X_w) \tag{3.25}$$

$$X_{\mathrm{w1}} = X_{\mathrm{w}} + D_{\mathrm{j1}} \tag{3.26}$$

若学习后的青蛙 X_{w1} 适应度值高于原子群中的 X_{m}，则用 X_{w1} 代替 X_{m}；若 X_{w1} 的适应度值依旧低于 X_{w}，则需扩大搜索范围，通过全局最优方法再次更新，方法如式（3.27）和式（3.28）所示，即通过种群中最优的青蛙 X_{m} 对 X_{w} 进行更新，得到更新后的青蛙 X_{w2}。

$$D_{\mathrm{j2}} = \mathrm{rand}\left(X_{\mathrm{m}} - X_{\mathrm{w}}\right) \tag{3.27}$$

$$X_{\mathrm{w2}} = X_{\mathrm{w}} + D_{\mathrm{j2}} \tag{3.28}$$

再次评价 X_{w2} 的适应度值，若不能代替 X_{w}，则在解空间中随机生成一只青蛙代替 X_{w}，如式（3.29）所示：

$$X_{\mathrm{w3}} = s_{\min} + \mathrm{rand}\left(s_{\max} - s_{\min}\right) \tag{3.29}$$

式中，$s_{\min}$ 为解空间定义域的下界向量；$s_{\max}$ 为解空间定义域的上界向量。

如此循环，子群内最差的青蛙不断更新，得到 X_{w1}、X_{w2}、$\cdots$、$X_{\mathrm{w}n}$，构成了新的种群，再进行同样的学习过程，在迭代中不断淘汰更新得到各青蛙种群中的最优信息，这些信息重新组合产生新的最优配置，如此循环操作 n 次，直至满足迭代结束条件，达到寻找全局最优的目的。

本章方法中，设每只青蛙 X 为参数 f 或 g 的一个值，搜索食物的过程，即为寻找 ICM 参数最优配置的过程。每种可能的参数配置方案构成参数优化问题的解空间，对应整个青蛙种群，种群中的青蛙被划分为 r 个子群。本章以融合指标 Q4 和 SAM 的平均值构建适应度函数，从 UIQI 和 SAM 两个方面综合评价图像，两个指标的理想值分别为 1 和 0，适应度函数如式（3.30）所示。参数 f 和 g 的值在局部和全局内迭代优化，不断提高自己的适应度，适应度更高的值构成新的种群，重新划分子群，再进一步进行子群内优化，直到满足迭代终止条件即融合指标最佳。

$$\mathrm{fitness} = \frac{1}{2}\left[\mathrm{Q4} + \cos\left(\frac{\mathrm{SAM}}{180} \times \pi\right)\right] \tag{3.30}$$

将 SFLA 与 ICM 相结合，优化了 ICM 参数需要人工设置的问题，实现了参数自适应。因此，利用 ICM 的生物视觉特性和 SFLA 的空间随机搜索能力，来求解 ICM 网络中两个参数的最优值，可以在自动完成每次迭代参数设置的同时，使每一次迭代均按照适应度值进行非规则聚类分割，生成最优分割区域。结合 SFLA 的 ICM 参数优化流程如图 3.5 所示。

2. 空间细节提取

多孔小波变换具有非正交性、平移不变性等特征，可以有效地保留图像的空间信息。利用多孔小波提取全色图像空间信息的具体步骤如下。

（1）对原始多光谱遥感图像 MS 采用双三次非线性插值进行上采样，得到全色大小的多光谱图像 $\mathrm{MS_U}$；

（2）将全色图像与 $\mathrm{MS_U}$ 图像进行直方图匹配，接着使用多孔小波对直方图匹配后的全色图像执行分解，分解出高频和低频细节。将高频细节置零后，再执行小波逆变换

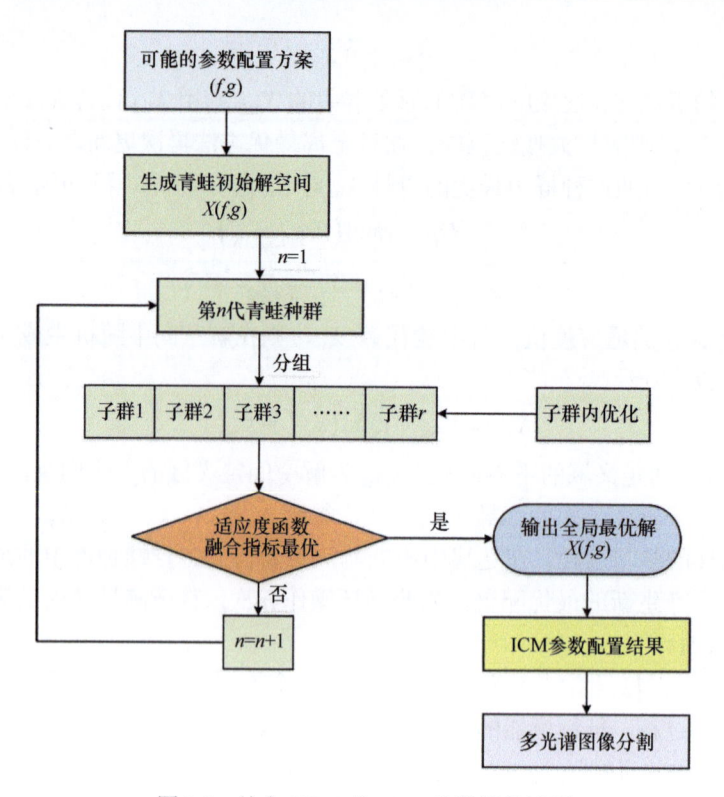

图 3.5 结合 SFLA 的 ICM 参数优化流程

得到低分辨率版本 P_L。直方图匹配后的全色图像与低分辨率全色图像相减得到全色图像细节 D_{PAN}，如式（3.31）所示：

$$D_{PAN} = PAN - P_L \qquad (3.31)$$

式中，PAN 为经直方图匹配的全色图像。

注入采用上述方法获得的空间细节相较于直接注入全色图像高频分量，能够更加全面地丰富多光谱图像的空间信息，避免某些应保留的信息没有被提取出来。

3. 非规则区域权重计算

ICM 的非线性调制、脉冲同步发放特点可以将多光谱图像按照灰度值分割为若干非规则区域。实现自适应 ICM，将归一化的像素值 Y_{ij} 作为外部输入，在每个非规则分割区域内，利用 ICM 点火结果、协方差和标准差来衡量插值后的多光谱图像和低分辨率全色图像之间的相关性。两幅图像在每个波段的相关性决定着注入系数的大小，相关性越大，注入系数越大；反之，注入系数越小。其具体方法为：对多光谱图像第 k 波段进行自适应参数 ICM 分割，得到二值子图像，计算图像的特征，并通过式（3.32）和式（3.33）计算增益权重 w_k：

$$CR_k(n) = \begin{cases} \dfrac{Cov(MS_{Uk}(i,j), P_L(i,j))}{Cov(P_L(i,j), P_L(i,j))} & Y_{ij}(n) = 1 \\ 0 & Y_{ij}(n) = 0 \end{cases} \qquad (3.32)$$

$$w_k(n) = \begin{cases} \dfrac{\text{Std}(\text{MS}_{\text{U}k}(n))}{\text{Std}(P_{\text{L}}(n))} & \text{CR}_k(n) > 0 \\ 0 & \text{CR}_k(n) \leq 0 \end{cases} \quad (3.33)$$

式中，n 为多光谱图像第 k 波段的分割次数；$\text{Cov}(a,b)$ 为 a 和 b 的协方差；$\text{Std}(p)$ 为 p 的标准差；MS_{U} 为插值后的多光谱图像；P_{L} 为全色图像中的低频信息。

4. 细节注入

根据多分辨率分析方法将全色图像空间细节注入多光谱图像中，算法具体步骤如下。

（1）对原始多光谱图像按照原始全色图像尺寸进行双三次插值，得到上采样后的多光谱图像 MS_{U}。

（2）将全色图像与 MS_{U} 进行直方图匹配，得到匹配后的图像 PAN。

（3）采用多孔小波分解 PAN，产生高频和低频细节，将高频细节置零后，再执行小波逆变换得到低频版本全色图像 P_{L}，利用 PAN 与 P_{L} 相减计算得到全色图像的空间细节信息 D_{PAN}。

（4）将归一化的多光谱图像进行参数自适应 ICM 分割，根据式（3.32）和式（3.33）计算每个波段每次迭代分割出的不规则区域的注入权重 w_k。

（5）注入权重与细节信息对应相乘得到多光谱图像的细节增益，将细节增益对应注入上采样后的多光谱图像中，得到全色锐化结果。这一过程的数学表达如式（3.34）所示：

$$I_{\text{FU}} = \text{MS}_{\text{U}} + w_k \cdot D_{\text{PAN}} \quad k = 1, \cdots, K \quad (3.34)$$

式中，I_{FU} 为具有全色分辨率的融合多光谱图像；k 为多光谱图像的各光谱通道；K 为光谱通道总数。

3.2.3 实验结果与分析

1. 实验数据

用于本章验证实验的四组图像数据来自 WorldView-2 遥感卫星、GF-2 遥感卫星和 GF-1 遥感卫星。多光谱图像均包含蓝、绿、红以及近红外四个波段，尺寸为 512 像素×512 像素，全色图像尺寸为 2048 像素×2048 像素。

表 3.1 展示了四组数据集的参数信息。第一组 WorldView-2 数据集为美国华盛顿地区遥感图像，包含房屋、道路、绿地等地物，多光谱图像分辨率为 1.8m，全色图像分辨率为 0.5m；第二组 GF-2 数据集为中国兰州市遥感图像，具有房屋、道路、车辆等地物，多光谱图像分辨率为 4m，全色图像分辨率为 1m；第三组 GF-2 数据集也为中国兰州市遥感图像，主要场景为山地和植被，多光谱图像分辨率为 4m，全色图像分辨率为 1m；第四组 GF-1 数据集为中国兰州市遥感图像，主要场景为山地，含有少量房屋，多光谱图像分辨率为 1.8m，全色图像分辨率为 0.5m。其中，前两组为城市区域图像，后两组

为山地区域图像。

表 3.1 实验数据集参数

数据集	场景	空间分辨率（MS/PAN）/m	地区	尺寸/像素
WorldView-2	城市	1.8/0.5	美国华盛顿	MS：512×512 PAN：2048×2048
GF-2	城市	4/1	中国兰州	
GF-2	山地	4/1	中国兰州	
GF-1	山地	1.8/0.5	中国兰州	

2. 结果评估与分析

为了验证本章算法锐化融合结果的有效性，将本章方法分别与自适应施密特（GSA）（Choi et al.，2011）、主成分分析（PCA）（Chavez et al.，1991）、Brovey（Gillespie et al.，1987）、亮度–色调–饱和度（IHS）（Tu et al.，2001）、基于形态学算子的融合（MOF）（Restaino et al.，2016）、多孔小波变换（ATWT）（Vivone et al.，2014）六种方法进行了对比。其中，GSA、PCA、Brovey、IHS 方法属于成分替代法，ATWT 方法属于多分辨率分析法，MOF 属于形态学方法。本章实验的质量评价标准以通用的遥感图像融合评价指标客观决定，选取了以下五项：Q4、ERGAS、SCC、QNR 和 SAM，所选取的指标能够从光谱和空间质量角度全面评价融合图像。

图 3.6 为 WorldView-2 城市数据集不同融合方法的对比结果，其中图 3.6（a）为原始多光谱图像，图 3.6（b）为采用本章方法的融合结果，图 3.6（c）～图 3.6（h）是不同对比方法的融合结果图像。表 3.2 为 WorldView-2 城市数据集定量对比评价结果。

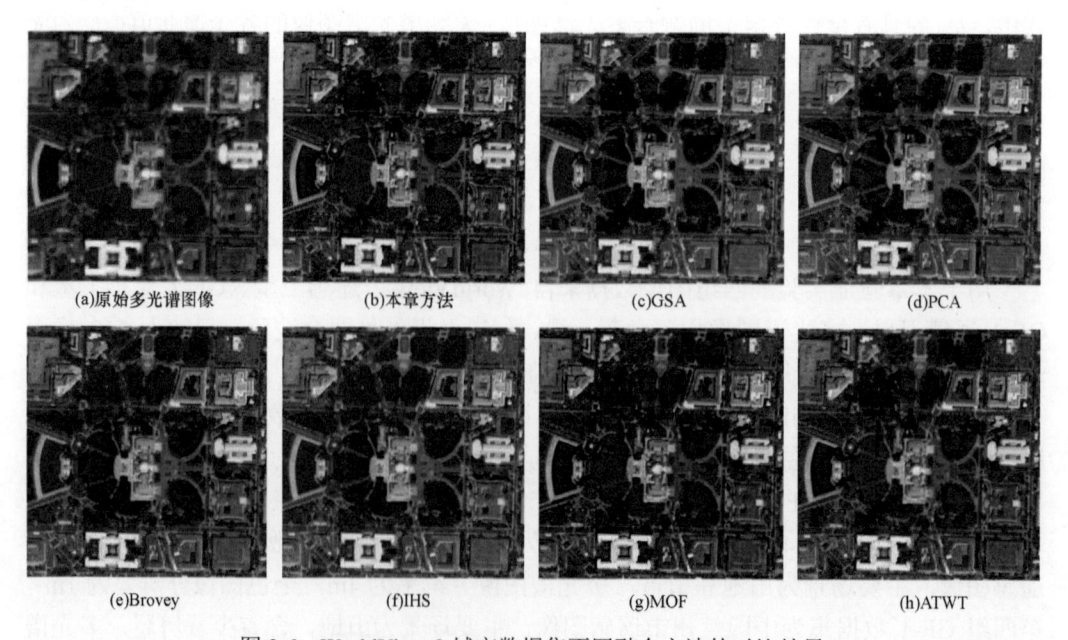

(a)原始多光谱图像　(b)本章方法　(c)GSA　(d)PCA
(e)Brovey　(f)IHS　(g)MOF　(h)ATWT

图 3.6　WorldView-2 城市数据集不同融合方法的对比结果

表 3.2 WorldView-2 城市数据集定量对比评价结果

评价指标	本章方法	GSA	PCA	Brovey	IHS	MOF	ATWT
Q4	0.8776	0.8212	0.8215	0.8177	0.8178	0.8670	0.8688
ERGAS	4.9428	5.7373	5.7268	5.8837	5.9094	5.2343	5.0097
SCC	0.7555	0.7549	0.7549	0.7475	0.7426	0.7495	0.7545
QNR	0.8710	0.8219	0.8219	0.8130	0.8139	0.8605	0.8625
SAM	5.9615	6.5101	6.5057	6.4115	6.7940	6.3267	6.1609

观察图 3.6 发现，所有方法的融合图像相较于原始多光谱图像都有效提升了空间分辨率。其中，基于 Brovey 方法和 IHS 方法的融合结果出现了一定的光谱畸变，光谱保持较差。本章方法、MOF 方法和 ATWT 方法在主观感受上做到了空间细节丰富度和光谱保持方面较好的平衡，光谱保持较好，且空间细节提升明显。从表 3.2 中可以看出，GSA、PCA、Brovey 和 IHS 四种基于成分替代方法的指标评估结果相对于 MOF、ATWT 和本章方法普遍较差，说明传统的基于成分替代的方法容易产生较大的误差。本章方法在各项评价指标均表现最优。

图 3.7 为 GF-2 城市数据集不同融合方法的对比结果，其中图 3.7（a）为原始多光谱图像，图 3.7（b）为采用本章方法的融合结果，图 3.7（c）～图 3.7（h）是不同对比方法的融合结果图像。表 3.3 为 GF-2 城市数据集定量对比评价结果。

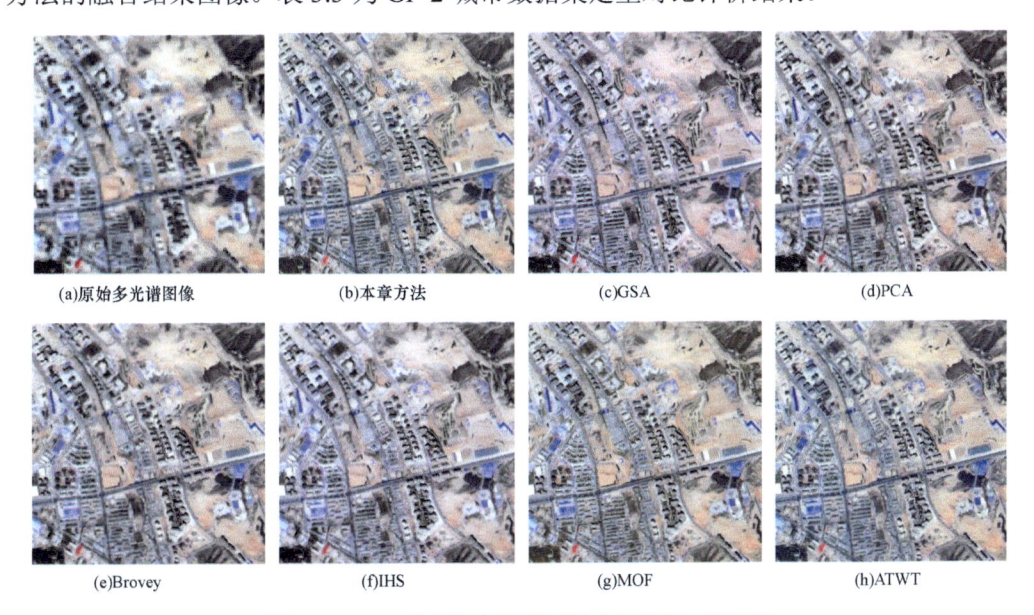

(a)原始多光谱图像　(b)本章方法　(c)GSA　(d)PCA

(e)Brovey　(f)IHS　(g)MOF　(h)ATWT

图 3.7 GF-2 城市数据集不同融合方法的对比结果

表 3.3 GF-2 城市数据集定量对比评价结果

评价指标	本章方法	GSA	PCA	Brovey	IHS	MOF	ATWT
Q4	0.9262	0.8572	0.8567	0.8506	0.8507	0.9255	0.9250
ERGAS	1.4522	1.8768	1.8922	0.8945	0.9061	1.4606	1.4626
SCC	0.9058	0.9040	0.9031	0.8932	0.9005	0.9021	0.9027
QNR	0.9229	0.8797	0.8796	0.8761	0.8749	0.9216	0.9219
SAM	1.6773	1.6789	1.6854	1.7216	1.6785	1.6780	1.6779

从图 3.7 中可以看出，GSA 方法和 IHS 方法的融合结果中存在严重的光谱失真现象，整体色调变化明显。传统的基于成分替代的方法之所以会导致光谱失真问题，是因为其在用全色图像替换多光谱图像变换分量的过程中，多光谱图像被替换掉的空间分量与全色图像的光谱不匹配。本章方法和 MOF 方法在主观感受上获得了较好结果，在空间细节提升方面目视效果最佳，光谱特征与原始多光谱图像最为接近。表 3.3 中的定量评价结果表明，本章方法在各项评价指标均表现较好。本章方法和 ATWT 方法都是利用多孔小波变换提取全色图像的细节信息，区别是传统 ATWT 方法的细节注入权重是通过整幅图像统一计算，本章方法结合 ICM 非规则分割区域自适应计算注入权重。通过图 3.7 中的定性对比结果可以看出，与传统 ATWT 方法相比，本章方法在视觉效果上空间细节提升更好。表 3.3 中的定量评价显示，本章方法的光谱保持也优于 ATWT 方法。因此，本章方法改善了传统 ATWT 容易造成细节注入不足的同时，光谱保持更好，证明了本章提出的结合 ICM 非规则分割区域自适应计算注入权重算法的有效性。

综合以上两组包含大量建筑物的城市地区数据集的融合结果，密集的地物信息和多样的地物类型使图像的光谱信息十分丰富，为全色锐化带来了更大的困难，算法的光谱保真能力对于这类数据集尤为重要。本章方法在主观感受和指标评价中均较好，验证了其在复杂地物的锐化融合中具有较好的光谱保持性能。

图 3.8 为 GF-2 山地数据集不同融合方法的对比结果，其中图 3.8（a）为原始多光谱图像，图 3.8（b）为采用本章方法的融合结果，图 3.8（c）～图 3.8（h）是不同对比方法的融合结果图像。表 3.4 为 GF-2 山地数据集定量对比评价结果。

从图 3.8 可以看出，所有方法都有效提升了山地的纹理细节，并且对于图像右上角的植被部分光谱保持均表现较好。然而，在左下角白色区域中，Brovey 方法和 IHS 方法的融合结果出现了一定的光谱畸变，色调发生变化。本章方法、MOF 方法和 ATWT

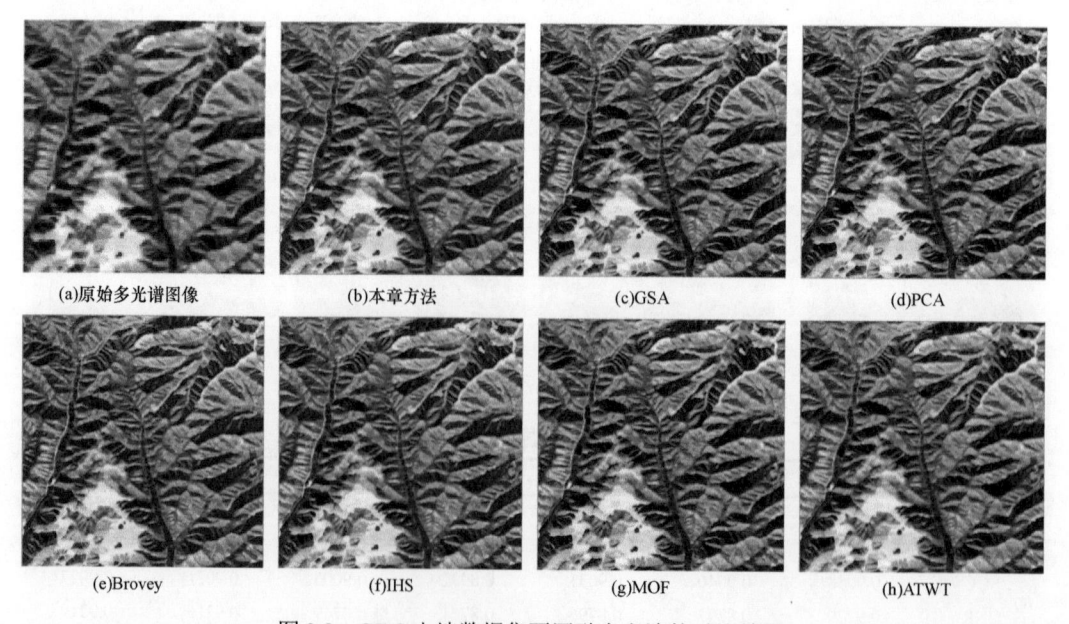

图 3.8　GF-2 山地数据集不同融合方法的对比结果

表 3.4　GF-2 山地数据集定量对比评价结果

评价指标	本章方法	GSA	PCA	Brovey	IHS	MOF	ATWT
Q4	0.9131	0.8405	0.8404	0.8325	0.8336	0.9035	0.9017
ERGAS	1.1845	1.6219	1.6229	1.5999	1.6332	1.3540	1.3033
SCC	0.8206	0.7578	0.7578	0.7561	0.7591	0.8015	0.7914
QNR	0.9134	0.8492	0.8493	0.8428	0.8432	0.9052	0.9019
SAM	0.5633	0.6802	0.6809	0.6259	0.6953	0.6110	0.5795

方法在目视效果和定量数值中优于其他对比方法，其中本章方法在表 3.4 的定量对比评价结果中最好。综合对比之下，本章方法在该数据集上表现最佳。

图 3.9 为 GF-1 山地数据集不同融合方法的对比结果，其中图 3.9（a）为原始多光谱图像，图 3.9（b）为采用本章方法的融合结果，图 3.9（c）~图 3.9（h）是不同对比方法的融合结果图像。表 3.5 为 GF-1 山地数据集定量对比评价结果。

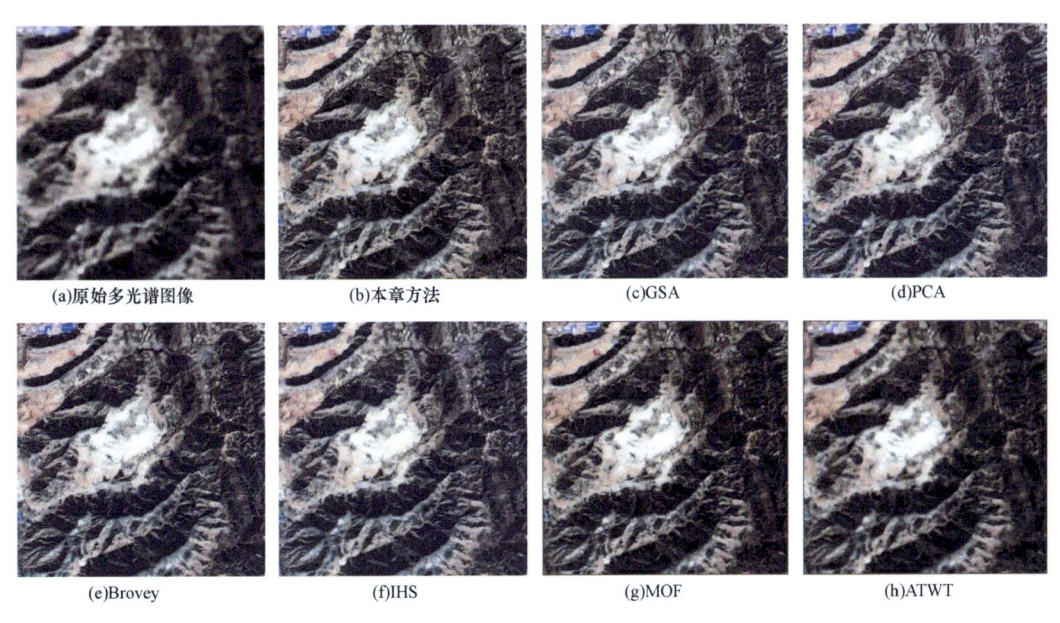

(a)原始多光谱图像　(b)本章方法　(c)GSA　(d)PCA

(e)Brovey　(f)IHS　(g)MOF　(h)ATWT

图 3.9　GF-1 山地数据集不同融合方法的对比结果

表 3.5　GF-1 山地数据集定量对比评价结果

评价指标	本章方法	GSA	PCA	Brovey	IHS	MOF	ATWT
Q4	0.9373	0.8629	0.8610	0.8425	0.8296	0.8797	0.8799
ERGAS	1.1100	1.7707	1.7883	1.7727	1.8123	1.5231	1.5427
SCC	0.9176	0.8825	0.8823	0.8781	0.8729	0.8897	0.8890
QNR	0.9405	0.8934	0.8920	0.8785	0.8702	0.8954	0.8967
SAM	1.3564	1.4578	1.6968	1.6421	1.6995	1.5423	1.5762

从图 3.9 可以看出，GSA、PCA、Brovey 和 IHS 方法在山坡和植被方面依旧存在不同程度的光谱失真，其中 IHS 方法和 PCA 方法较为严重。在空间细节提升方面，ATWT

方法效果不佳。本章方法在传统多孔小波的基础上，结合 ICM 分割的非规则区域自适应计算注入权重，改善了 ATWT 方法空间细节缺失的问题，同时保留其光谱质量保持较好的优点。从表 3.5 中的定量评价结果可以看出，本章方法在各项评价指标中均表现最优。

综合以上两组包含大量山地纹理和少量植被的数据集的融合结果，针对这类场景的数据集，空间纹理细节的准确提升对于全色锐化算法来说尤为重要。基于本章所提方法的锐化结果在多个空间和光谱评定指标中均优于其他算法，有效注入了全色图像丰富的空间信息，获得了空间细节提升明显的融合图像，且光谱保真性较好。

在四组多光谱数据集定性评价和定量评价的综合对比下，本章方法均表现最佳，验证了所提算法的有效性。本章提出的基于 ICM 模型的自适应多光谱图像全色锐化算法利用 ICM 分割生成的最优非规则区域对全色图像的细节信息进行自适应提取，并利用 SFLA 自适应优化 ICM 参数，以融合评价指标 SAM 和 Q4 构建适应度函数。本章方法充分利用了遥感图像的区域结构，获取更准确的细节信息。最后，利用全色和多光谱图像的统计特性对提取的最优细节信息进行加权锐化，获得高分辨率的遥感融合图像。本章方法改善了传统全色锐化方法没有考虑高分遥感图像中的区域像素差异，仅仅在固定的矩形窗口中注入分割信息，忽略像素间的相关性，造成融合图像出现严重的光谱和细节失真等问题。

3.3 基于 ICM 的多光谱与无人机图像自适应锐化融合算法

无人机航拍获取图像具有简便快捷、时效性好、分辨率高等优点。但大多小型旋翼等无人机受载重限制，光谱信息匮乏（李小军等，2019）。为此，本节尝试利用无人机图像的超高分辨率空间信息与卫星多光谱图像的光谱信息开展融合，增强多光谱图像的空间细节。本章提出一种基于 ICM 的多光谱与无人机图像自适应锐化融合算法。由于星载多光谱图像与无人机图像的空间分辨率尺度差异较大，因此该算法采用分步融合方法。首先，将多光谱图像与分辨率更接近的全色图像进行锐化融合，利用 SFLA 优化的 ICM 分割多光谱图像，自适应计算细节注入权重，得到与全色图像分辨率一致的中分辨率多光谱图像。其次，将无人机图像中提取的空间细节信息自适应注入中分辨率多光谱图像中，获得兼具空间分辨率和光谱分辨率的锐化图像。

3.3.1 多光谱与无人机图像自适应锐化融合算法框架

本章提出的基于 ICM 的多光谱与无人机图像自适应锐化融合算法流程如图 3.10 所示。由于多光谱图像与无人机图像的分辨率和尺寸大小差异较大，因此采用先将多光谱与全色图像融合作为过渡，得到中分辨率多光谱图像，再将无人机图像中丰富的空间信息自适应注入，逐级提升多光谱图像分辨率。该算法主要包括全色图像空间细节提取部分、无人机图像空间细节提取部分。其中，全色图像空间细节采用多孔小波分解方法获取，而通过将无人机图像进行 HSV 彩色变换先获得亮度分量 V，再针对 V 分量采用多孔小波分解获得无人机图像的空间细节分量。

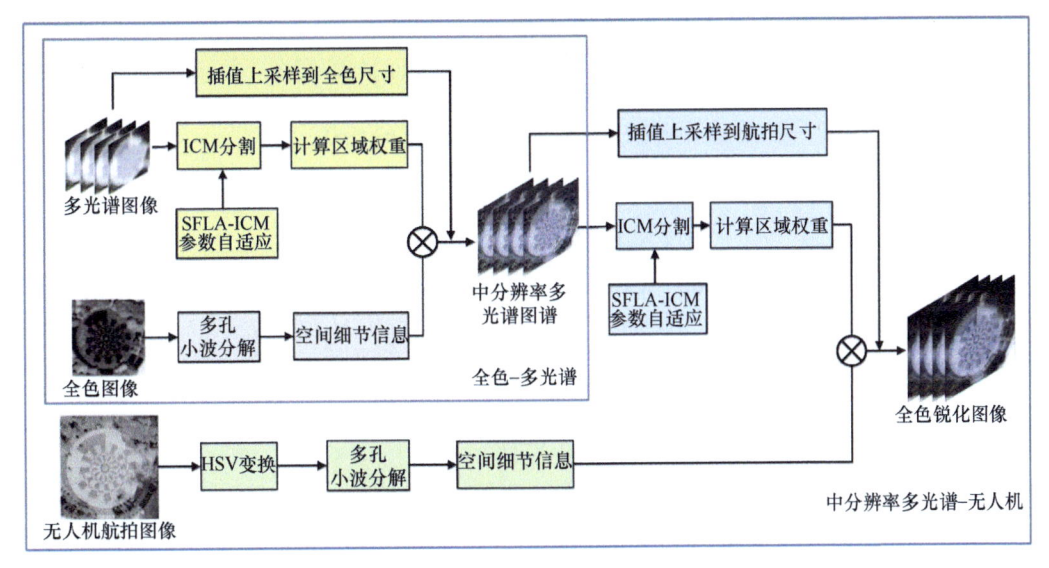

图 3.10 基于 ICM 的多光谱与无人机图像自适应锐化融合算法流程

3.3.2 锐化融合

多光谱与无人机图像自适应锐化融合算法具体执行步骤如下。

（1）对原始多光谱图像进行双三次非线性插值操作，得到与原始全色图像分辨率尺寸一致的上采样多光谱图像 $\mathrm{MS_U}$。

（2）对原始全色图像与 $\mathrm{MS_U}$ 图像采取直方图匹配，随后执行多孔小波分解，分解出高频和低频细节，将高频细节置零后，再执行小波逆变换得到图像 P_L。根据式（3.31）计算全色图像细节 D_PAN，PAN 为直方图匹配后的全色图像。

（3）使用 SFLA 对 ICM 参数中的 f 和 g 进行参数优化，适应度函数为融合评价指标 Q4 和 SAM 的平均值。

（4）对 $\mathrm{MS_U}$ 执行自适应 ICM 分割，得到每个波段的最优不规则分割区域，进行统计特征计算，并通过式（3.35）和式（3.36）计算细节注入权重 w_{1k}。

（5）将 D_PAN 按照权重 w_{1k} 注入 $\mathrm{MS_U}$ 中，得到全色分辨率的中分辨率多光谱图像 $\mathrm{MS}_{\mathrm{M}k}$，根据式（3.37）计算融合结果。

（6）对 $\mathrm{MS}_{\mathrm{M}k}$ 再次进行自适应 ICM 分割，得到最优不规则分割区域。利用式（3.38）和式（3.39）计算权重 w_{2k}，式中 $\mathrm{MS}_{\mathrm{MU}k}$ 为上采样处理的中分辨率多光谱图像；U_L 为小波逆变换的无人机图像。

（7）对原始无人机图像执行 HSV 变换，并对其中的 V 分量执行多孔小波分解，获得无人机图像空间细节 P_UAV。

（8）根据式（3.40）计算具有无人机图像亚米级分辨率的锐化多光谱图像 I_FU。

$$\mathrm{CR}_{1k}(n) = \begin{cases} \dfrac{\mathrm{Cov}\big(\mathrm{MS}_{\mathrm{U}k}(i,j), P_\mathrm{L}(i,j)\big)}{\mathrm{Cov}\big(P_\mathrm{L}(i,j), P_\mathrm{L}(i,j)\big)} & Y_{ij}(n) = 1 \\ 0 & Y_{ij}(n) = 0 \end{cases} \quad (3.35)$$

$$w_{1k}(n) = \begin{cases} \dfrac{\text{Std}(\text{MS}_{Uk}(n))}{\text{Std}(P_L(n))} & \text{CR}_{nk}(n) > 0 \\ 0 & \text{CR}_{nk}(n) \leq 0 \end{cases} \quad (3.36)$$

$$\text{MS}_{Mk} = \text{MS}_{Uk} + w_{1k} \cdot D_{\text{PAN}} \quad k = 1, \cdots, K \quad (3.37)$$

$$\text{CR}_{2k}(n) = \begin{cases} \dfrac{\text{Cov}(\text{MS}_{\text{MU}k}(i,j), U_L(i,j))}{\text{Cov}(U_L(i,j), U_L(i,j))} & Y_{ij}(n) = 1 \\ 0 & Y_{ij}(n) = 0 \end{cases} \quad (3.38)$$

$$w_{2k}(n) = \begin{cases} \dfrac{\text{Std}(\text{MS}_{\text{MU}k}(n))}{\text{Std}(U_L(n))} & \text{CR}_{nk}(n) > 0 \\ 0 & \text{CR}_{nk}(n) \leq 0 \end{cases} \quad (3.39)$$

$$I_{\text{FU}} = \text{MS}_{\text{MU}k} + w_{k2} \cdot P_{\text{UAV}} \quad k = 1, \cdots, K \quad (3.40)$$

3.3.3 实验结果与分析

1. 实验数据

用于本章实验的数据为兰州交通大学唐臣广场图像。其中，无人机航拍图像为2017年11月25日的采集成像结果，分辨率为0.2m，尺寸为360像素×360像素；多光谱和全色图像来自GF-2遥感卫星，为2017年8月4日的采集成像结果，其中多光谱图像分辨率为3.5m，具有蓝、绿、红和近红外四个波段，尺寸为20像素×20像素；全色图像分辨率为0.875m，尺寸为80像素×80像素。原始多光谱、无人机、全色图像如图3.11所示。

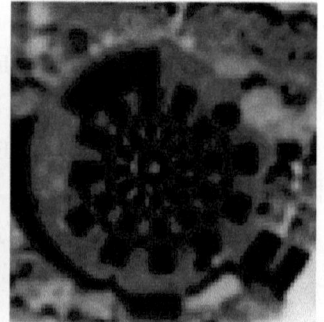

(a)原始多光谱图像　　(b)无人机图像　　(c)全色图像

图3.11　原始遥感图像

2. 结果评估与分析

本章实验的质量评价指标为 D_λ、D_S、QNR 和 SAM，能够从光谱和空间两个方面综合评价融合图像质量。唐臣广场数据集不同融合方法的全色锐化对比结果如图 3.12

所示，其中，图3.12（a）为原始高光谱图像，图3.12（b）是采用本章方法的融合结果，图3.12（c）～图3.12（h）是不同对比方法的融合结果图像。唐臣广场数据集定量对比评价结果如表3.6所示，每个指标中的最佳结果以粗体突出显示。

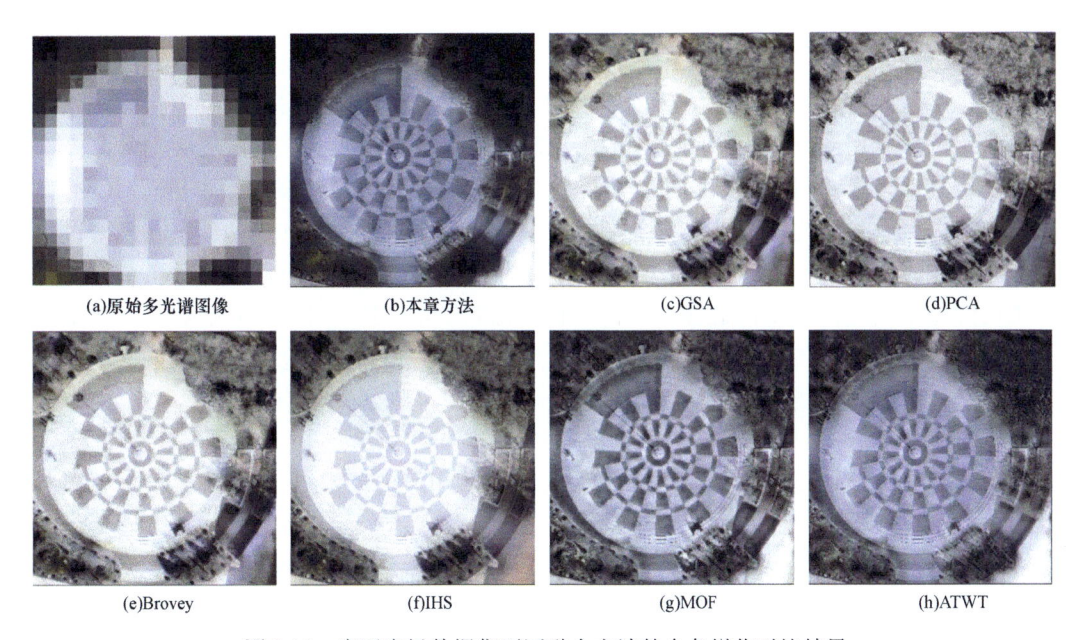

(a)原始多光谱图像　(b)本章方法　(c)GSA　(d)PCA

(e)Brovey　(f)IHS　(g)MOF　(h)ATWT

图3.12　唐臣广场数据集不同融合方法的全色锐化对比结果

表3.6　唐臣广场数据集定量对比评价结果

评价指标	本章方法	GSA	PCA	Brovey	IHS	MOF	ATWT
D_λ	**0.1560**	0.3571	0.4672	0.4847	0.4194	0.4502	0.4507
D_S	**0.1774**	0.3272	0.3767	0.2026	0.2253	0.1900	0.1938
QNR	**0.6943**	0.4325	0.3321	0.4109	0.4497	0.4453	0.4459
SAM	**0.4826**	6.4660	1.2186	0.5685	0.7502	0.4922	0.4912

从图3.12可以看出，GSA、PCA、Brovey和IHS方法在大理石和树木方面都存在不同程度的光谱失真，其中IHS和PCA方法光谱失真较为严重；在空间细节提升方面，ATWT方法效果不佳。本章方法通过结合ICM非规则分割区域自适应计算注入权重改善了传统ATWT方法空间细节缺失问题，从目视效果可以看出融合结果获得了较丰富的空间细节。

从表3.6中可以看出，GSA、PCA、Brovey和IHS四种基于成分替代方法的质量评估结果相对于MOF和ATWT两种方法普遍较差，说明传统的基于成分替代的方法在空间细节保真度和光谱信息保持方面的平衡较差。本章方法和ATWT方法都是利用多孔小波变换提取全色图像的细节信息，区别是传统ATWT方法的细节注入权重是通过整幅图像统一计算，本章方法结合ICM非规则分割区域自适应计算注入权重。

在定性分析和定量评价的综合对比下，本章方法均表现较佳，获得的全色锐化图像光谱失真较少且有效提升了空间细节信息，验证了本章方法对于多光谱与无人机图像锐化融合的有效性。

3.4 基于 ICM 的自适应高光谱图像全色锐化算法

为解决高光谱图像全色锐化中，空、谱分辨率的较大差异以及高光谱数据空间纹理细节信息不足的问题，本章提出一种基于 ICM 的自适应高光谱图像全色锐化算法。该算法采用以多光谱图像为媒介的分步融合策略，利用多光谱和全色图像逐级提升高光谱图像分辨率。首先，将高光谱与多光谱图像进行波段匹配分组，在每组中进行 ICM 自适应锐化融合，并将迭代结果依照原始高光谱特征重新组合，得到中分辨率高光谱锐化图像。其次，将其结果与高分辨率的全色图像融合，以获得具有全色空间分辨率的高光谱锐化图像。同时，在锐化融合中采用灰狼优化算法自适应优化 ICM 参数，生成最优非规则分割区域，为高光谱图像提供更精准全面的细节和光谱信息。实验表明，本章提出的算法在空间和光谱评价指标中均表现较优，验证了该算法的有效性。

3.4.1 高光谱图像全色锐化算法框架

由于高光谱图像与全色图像的空谱分辨率差异较大，且高光谱图像光谱波段众多，波段间存在大量的数据冗余，直接利用全色图像实现高光谱图像的全色锐化容易导致严重的空谱失真。然而，多光谱图像的空谱分辨率介于两者之间，因此在融合中，多光谱图像也可以为高光谱图像提供空间信息。考虑到图像各自的特点，本章提出采用分步融合方法，将高光谱图像先与多光谱图像进行锐化融合，得到中分辨率高光谱再与全色图像进行融合的思路，完成高光谱图像全色锐化。本章算法流程如图 3.13 所示，主要包括波段匹配、参数自适应 ICM 设计、高光谱与多光谱图像锐化融合和中分辨率高光谱与全色图像锐化融合几个部分。

1. 波段匹配

星载高光谱图像的空间分辨率过低，往往也需要与全色图像进行像素级融合才能满足应用。然而，明显的是，高光谱图像与全色图像的空谱分辨率、波段范围差异很大，直接将全色图像与高光谱图像进行融合难度较高，也容易产生较严重的失真。广泛使用的分步融合方法为高光谱图像的融合建立了一个缓坡，加入中分辨率的图像，逐步进行融合。本章引入四波段多光谱图像，先进行高光谱与多光谱图像的全色锐化融合，由于波段数量上属于"多对多"融合，因此波段的对应性是必须要考虑的关键问题（李树涛等，2021）。设计在融合之前对两种多谱带图像进行波段匹配，即确定多光谱的每个波段为哪些高光谱波段提高分辨率，将"多对多"的形式转变为熟悉的"一对多"形式。

高光谱与多光谱的匹配融合过程如图 3.14 所示，具体方法为令多光谱图像的四个波段各为一组，以高光谱波段与多光谱波段之间的相关性度量为准则，选择包含最相关信息的高光谱波段与当前多光谱波段为一组，使高光谱的 h 个波段按照每个多光谱波段实现匹配分组。建立分组关系后，每组由一个多光谱波段 MS_k 和一个包含 n（$0 \leqslant n \leqslant h$）

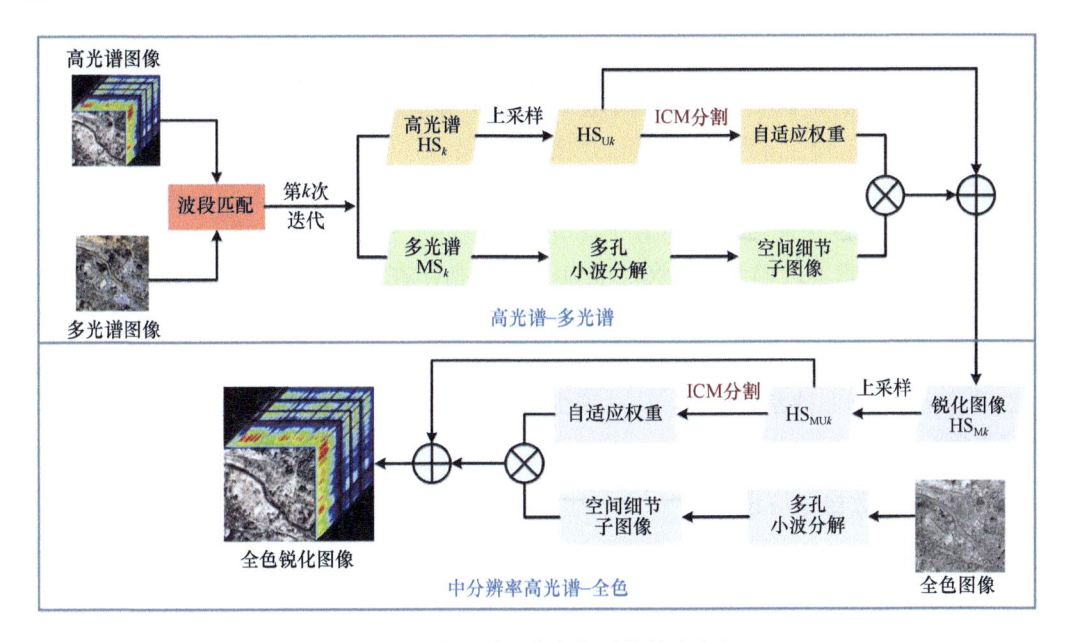

图 3.13　高光谱图像全色锐化算法流程

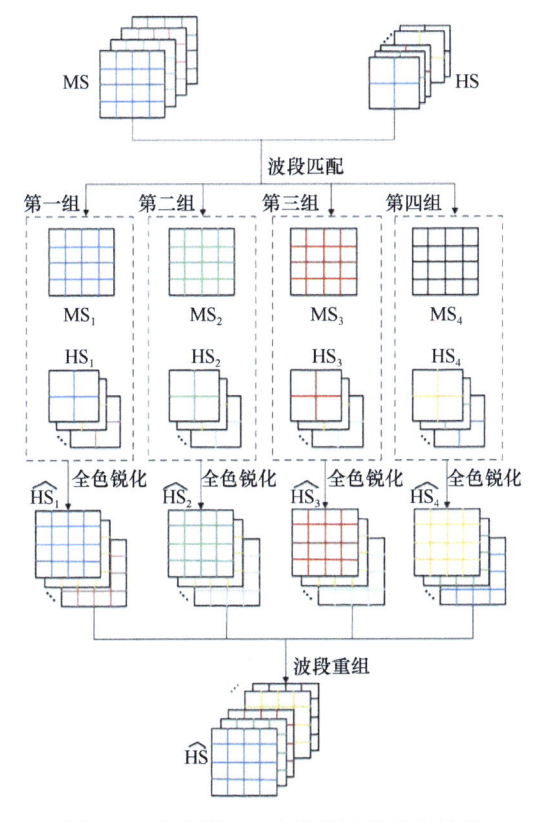

图 3.14　高光谱与多光谱的匹配融合过程

个高光谱波段的高光谱波段子集 HS_k 组成（$k=1，2，3，4$），此时每组的波段对就呈现多光谱图像全色锐化中的"一对多"形式。再对每组内的波段对执行全色锐化融合，得

到融合波段子集 $\widehat{HS}_k$（k=1，2，3，4）。最后按照原始高光谱图像波段原本的顺序，将全色锐化的波段重新排列，得到分辨率提升的高光谱图像。对于高光谱波段赋值的准则，不同度量指标的选择会导致不同匹配乃至融合结果。

本章以融合评价指标 SCC 值为准则，匹配高光谱和多光谱图像的波段，具体方法为：将多光谱的 m 个波段分别与 h 个高光谱波段进行 SCC 值的计算，得到 $m \times h$ 数据矩阵。每个高光谱波段的 m 个 SCC 值中，最大值所在波段即为该高光谱波段匹配的多光谱波段。同时，若匹配的每组波段对中 HS 波段数大于 5，则使用最优聚类框架（OCF）（苏红军，2022）进行 HS 波段选择，波段选择的数量设置为 5。若 HS 波段数小于或等于 5，则保持原有波段，从而减少 HS 图像信息冗余导致的细节注入增益权重计算误差。

2. ICM 参数自适应设计

本研究采用灰狼优化算法（GWO）优化 ICM 参数，实现参数的配置自适应，在迭代中获得参数 f 和 g 的组合最优解。

GWO 是一种群体智能优化方法，模拟灰狼群体的捕食过程，通过狼群跟踪、追捕、包围、进攻猎物等群体协作行为实现优化的目的（张新明等，2016）。首先，定义狼群中最佳的前三只领头狼依次为 α、β 和 δ，它们领导其他狼朝向搜索空间中有希望的区域。其余的灰狼定义为搜索狼 ω，它们环绕 α、β 或 δ 进行比较，等待位置更新。该算法具体实施步骤如下。

（1）初始化灰狼种群，随机产生 n 个狼的位置；初始化收敛因子 a、系数矩阵 A 和 C 的值；初始化领头狼 α、β、δ 的位置 X_α、X_β、X_δ 的值。

（2）计算每只狼的适应度值。

（3）比较第 i 只搜索狼的适应度值 f_i 和 X_α、X_β、X_δ 的适应度值，若 f_i 更优，则用 X_i 更新 X_α、X_β 或 X_δ。

（4）所有狼根据式（3.41）~式（3.47）活动，并按照式（3.48）~式（3.50）计算 a、A 和 C 的值，直至每只搜索狼的位置都得到更新。式中，t 为当前迭代，最大迭代次数为 T；$X(t)$ 为当前搜索狼的位置向量；$X(t+1)$ 为更新后的搜索狼的位置向量；r_1 和 r_2 为 [0，1] 的随机数。

（5）根据适应度条件，如果达到结束条件，则迭代结束；否则返回步骤（2）。

α、β、δ 狼与其他灰狼个体的距离：

$$D_\alpha = |C_1 \cdot X_\alpha - X(t)| \tag{3.41}$$

$$D_\beta = |C_2 \cdot X_\beta - X(t)| \tag{3.42}$$

$$D_\delta = |C_3 \cdot X_\delta - X(t)| \tag{3.43}$$

搜索狼向 α、β、δ 狼移动：

$$X_1(t+1) = X_\alpha - A_1 \cdot D_\alpha \tag{3.44}$$

$$X_2(t+1) = X_\beta - A_2 \cdot D_\beta \tag{3.45}$$

$$X_3(t+1) = X_\delta - A_3 \cdot D_\delta \quad (3.46)$$

搜索狼的最终位置：

$$X(t+1) = \frac{[X_1(t+1) + X_2(t+1) + X_3(t+1)]}{3} \quad (3.47)$$

系数计算：

$$a = 2 - \frac{2t}{T} \quad (3.48)$$

$$A = 2r_1 \cdot a - a \quad (3.49)$$

$$C = 2r_2 \quad (3.50)$$

本章方法中，设每只狼的位置 X 为参数 f 或 g 的一个值，搜索食物的过程，即为寻找 ICM 参数最优配置的过程。本章将融合指标 QNR 和 SCC 作为适应度函数，适应度函数的数学表达式如式（3.51）所示，QNR 和 SCC 的结合能够从空间和光谱质量两个方面综合评价图像，值越大表示融合质量越好，两个指标理想值均为 1。参数 f 和 g 的值在搜索狼位置的迭代更新中，不断提高自己的适应度，直到满足迭代终止条件即融合指标最佳。

$$\text{fitness} = (1 - \text{QNR}) + (1 - \text{SCC}) \quad (3.51)$$

将 GWO 与 ICM 相结合，优化了 ICM 参数需要人工设置的问题，实现了参数自适应。因此，利用 ICM 的生物视觉特性和 GWO 的空间随机搜索能力，求解 ICM 中两个参数的最优值，可以在自动完成参数设置的同时，输出图像的分割，结合 GWO 的 ICM 参数优化流程如图 3.15 所示。

3.4.2 锐化融合方法

1. 高光谱与多光谱图像锐化融合

高光谱与多光谱图像锐化融合步骤如下。

（1）将原始高光谱遥感图像 HS 的 h 个波段和原始多光谱图像 MS 的 m 个波段进行匹配，得到 m 组波段对。

（2）在已匹配的每组波段对中，对 HS 按照 MS 大小，利用双三次非线性插值进行上采样得到 HS_U。

（3）选择波段，使每组波段对中 HS 波段数小于或等于 5，得到波段选择后的图像 HSC。

（4）将 MS 与 HS_U 图像进行直方图匹配，对匹配后的 MS 图像执行多孔小波分解，分解出高频和低频细节，将高频细节置零后，再执行小波逆变换得到图像 MS_L。根据式（3.52）得到 MS 的空间细节 D_MS。

（5）实现自适应 ICM，将归一化的像素值 Y_{ij} 作为外部输入，对波段选择后的 HSC 图像第 k 波段进行自适应参数 ICM 分割。利用得到的非规则区域计算图像特征，并通过式（3.53）和式（3.54）计算增益权重 w_{1k}，直到所有像素都被激发。式中，$\text{Cov}(a,b)$ 为 a，b 的协方差；$\text{Std}(p)$ 为 p 的标准差。

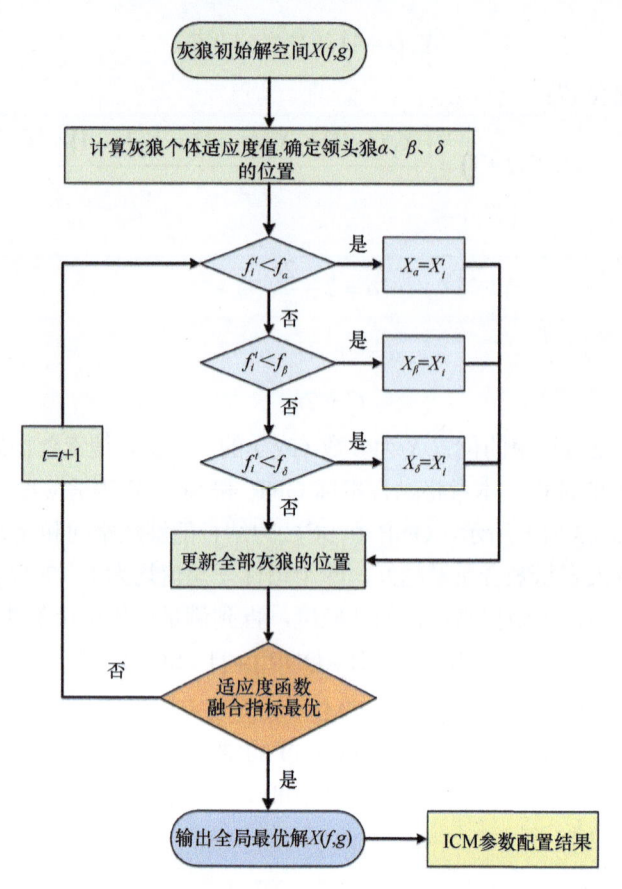

图 3.15　结合 GWO 的 ICM 参数优化流程

（6）将 MS 的空间细节按照增益权重注入 HS_U 中，得到中分辨率高光谱图像 HS_{Mk}，根据式（3.55）计算融合结果。

$$D_{MS} = MS - MS_L \tag{3.52}$$

$$CR_{1k}(n) = \begin{cases} \dfrac{Cov(HS_{Uk}(i,j), MS_L(i,j))}{Cov(MS_L(i,j), MS_L(i,j))} & Y_{ij}(n) = 1 \\ 0 & Y_{ij}(n) = 0 \end{cases} \tag{3.53}$$

$$w_{1k}(n) = \begin{cases} \dfrac{Std(HS_{Uk}(i,j))}{Std(MS_L(i,j))} & CR_{1k}(n) > 0 \\ 0 & CR_{1k}(n) \leqslant 0 \end{cases} \tag{3.54}$$

$$HS_{Mk} = HS_{Uk} + w_{1k} \cdot D_{MS} \quad k = 1, \cdots, h \tag{3.55}$$

2. 中分辨率高光谱与全色图像锐化融合

中分辨率高光谱与全色图像锐化融合步骤如下。

（1）对获得的中分辨率高光谱图像 HS_M 进行双三次非线性插值上采样，得到分辨率为原始全色图像 PAN 大小的高光谱图像 HS_{MU}。

(2）对 PAN 执行多孔小波分解，分解出高频和低频细节，将高频细节置零后，再执行小波逆变换得到图像 $\mathrm{PAN_L}$。根据式（3.56）计算出全色图像细节 D_{PAN}。

（3）实现自适应 ICM，将归一化的像素值 S_{ij} 作为外部输入，对 $\mathrm{HS_M}$ 第 k 波段进行自适应参数 ICM 分割。利用得到和非规则区域计算图像特征，并通过式（3.57）和式（3.58）计算增益权重 w_{2k}，直到所有像素都被激发。

（4）根据式（3.59）计算最后的融合图像 HSO_k。

$$D_{\mathrm{PAN}} = \mathrm{PAN} - \mathrm{PAN_L} \tag{3.56}$$

$$\mathrm{CR}_{2k}(n) = \begin{cases} \dfrac{\mathrm{Cov}(\mathrm{HS}_{\mathrm{MU}k}(i,j), \mathrm{PAN_L}(i,j))}{\mathrm{Cov}(\mathrm{PAN_L}(i,j), \mathrm{PAN_L}(i,j))} & Y_{ij}(n) = 1 \\ 0 & Y_{ij}(n) = 0 \end{cases} \tag{3.57}$$

$$w_{2k}(n) = \begin{cases} \dfrac{\mathrm{Std}(\mathrm{HS_{MU}}(i,j))}{\mathrm{Std}(\mathrm{PAN_L}(i,j))} & \mathrm{CR}_{2k}(n) > 0 \\ 0 & \mathrm{CR}_{2k}(n) \leqslant 0 \end{cases} \tag{3.58}$$

$$\mathrm{HSO}_k = \mathrm{HS}_{\mathrm{MU}k} + w_{2k} \cdot D_{\mathrm{PAN}} \quad k = 1, \cdots, h \tag{3.59}$$

3.4.3 实验结果与分析

1. 实验数据

为验证本章所提算法的有效性，采用刘家峡山地区域和兰州市城市区域共三组数据集进行了验证实验。其中，高光谱图像来自资源一号 02D 遥感卫星（ZY-1 02D），包含 166 个波段，分辨率为 36m，尺寸为 108 像素×108 像素。

多光谱图像和全色图像来自 GF-2 遥感卫星。多光谱图像包含蓝、绿、红、近红外 4 个波段，分辨率为 4m，尺寸为 972 像素×972 像素。全色图像分辨率为 1m，尺寸为 3888 像素×3888 像素。第一组和第二组实验数据集为 2022 年 3 月 7 日采集成像的刘家峡地区图像，第三组实验数据集为 2021 年 1 月 22 日采集成像的兰州城市区域图像。

现将本章所用的实验数据集的重要参数整理在表 3.7 中。由于源图像来自不同卫星，因此在融合前，已对所有图像进行配准预处理。

表 3.7 实验数据集的重要参数

数据集	场景	空间分辨率（HS/MS/PAN）/m	地区	尺寸/像素
高光谱：ZY-102D；多光谱、全色：GF-2	山地	36/4/1	刘家峡	HS：108×108，MS：972×972，PAN：3888×3888
	水体、山地		刘家峡	
	城市		兰州	

2. 结果评估与分析

为了验证本章算法锐化融合结果的有效性，将本章方法分别与 GSA、PCA、Brovey、IHS、BDSD-PC（Vivone et al.，2015）、ATWT、HPF（Vivone，2023）、SFIM（Vivone，

2023）八种方法进行了对比。其中，GSA、PCA、Brovey、IHS、BDSD-PC 方法属于成分替代法，ATWT、HPF、SFIM 方法属于多分辨率分析法。本节选择了 PSNR、RMSE、ERGAS、SSIM 和 DD 五个客观评价指标对本章锐化融合结果进行质量评定。

图 3.16 为刘家峡山地区域数据集不同方法的融合结果。其中，图 3.16（a）为原始高光谱图像，图 3.16（b）是采用本章方法的融合结果，图 3.16（c）～图 3.16（j）是不同对比方法的融合结果图像。表 3.8 为刘家峡山地区域数据集定量对比评价结果。

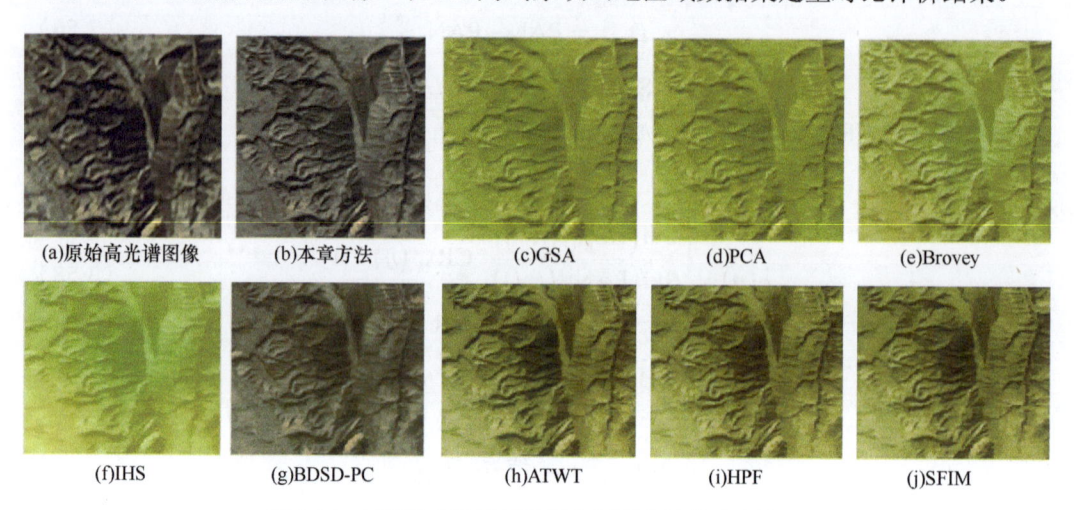

(a)原始高光谱图像 (b)本章方法 (c)GSA (d)PCA (e)Brovey

(f)IHS (g)BDSD-PC (h)ATWT (i)HPF (j)SFIM

图 3.16　刘家峡山地区域数据集不同方法的融合结果

表 3.8　刘家峡山地区域数据集定量对比评价结果

方法	PSNR	RMSE	ERGAS	SSIM	DD
本章方法	30.1776	20.0097	0.4514	0.6088	8.6023
GSA	21.5657	32.5711	0.8156	0.5771	26.1950
PCA	21.6508	32.2495	0.8100	0.5795	25.9127
Brovey	20.9702	34.8671	0.8544	0.5683	28.2631
IHS	18.9786	40.7923	1.0540	0.5164	33.8077
BDSD-PC	22.4005	29.6972	1.5024	0.4849	22.7258
ATWT	24.8038	22.1647	0.6264	0.5873	17.0333
HPF	24.3192	23.4793	0.6529	0.5697	18.1441
SFIM	24.7612	22.2849	0.6292	0.5728	17.0709

图 3.16 刘家峡山地区域数据集中，山地内植被丰富。从图中可以看出，IHS、PCA、Brovey、GSA 四种基于成分替代的方法相较于多分辨率分析方法明显出现了较大的光谱扭曲，整体色调发生变化。以 PCA 方法为例，该方法使用全色图像替换第一主成分分量，但由于变换后的第一主成分中也含有部分光谱信息，故可能存在着严重的光谱失真。本章方法以多分辨率分析方法为框架，自适应注入多光谱和全色图像中的空间细节，能够较好地保持原始图像的光谱信息，融合图像的光谱特征与原始高光谱图像的一致性最高。多分辨率分析中的 BDSD-PC 方法融合图像的光谱保真度也较好，但纹理细节提升效果不佳，对高光谱图像空间分辨能力提升有限。本章提出的利用光谱信息自适应计算

空间注入权重的方法能够使空间和光谱特征的渲染达到良好的平衡，纹理细节提升明显。表 3.8 中的定量评价结果表明本章方法在五个指标中均优于对比方法。

图 3.17 为刘家峡水体区域数据集不同方法的融合结果。其中，图 3.17（a）为原始高光谱图像，图 3.17（b）是采用本章方法的融合结果，图 3.17（c）～图 3.17（j）是不同对比方法的融合结果图像。表 3.9 为刘家峡水体区域数据集定量对比评价结果。

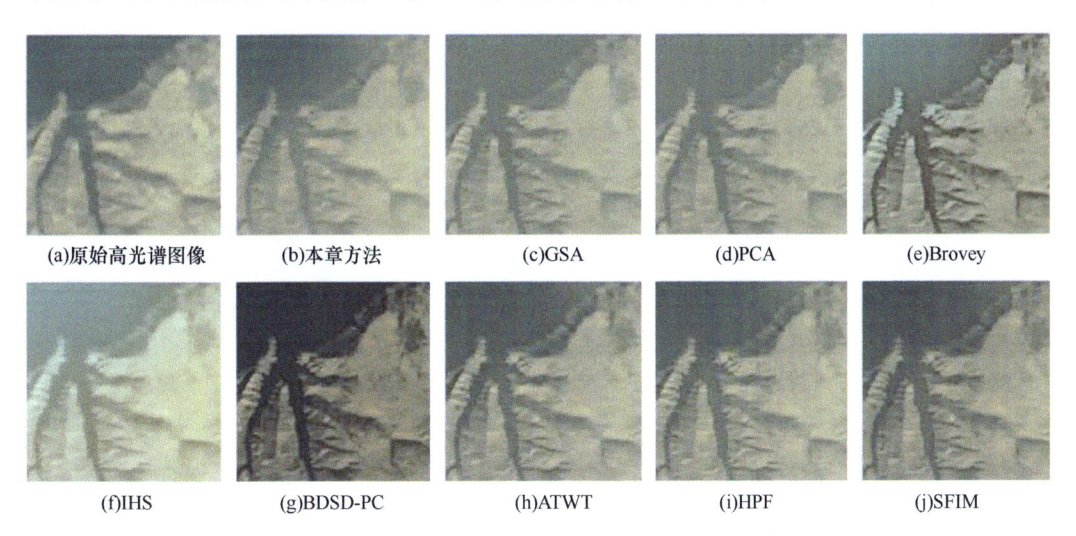

(a)原始高光谱图像　(b)本章方法　(c)GSA　(d)PCA　(e)Brovey

(f)IHS　(g)BDSD-PC　(h)ATWT　(i)HPF　(j)SFIM

图 3.17　刘家峡水体区域数据集不同方法的融合结果

表 3.9　刘家峡水体区域数据集定量对比评价结果

方法	PSNR	RMSE	ERGAS	SSIM	DD
本章方法	29.2331	13.3493	0.6079	0.7022	8.4041
GSA	28.4184	14.4844	0.6425	0.6783	10.0292
PCA	28.4214	14.4824	0.6414	0.6781	10.0225
Brovey	27.4883	15.4810	0.7003	0.6811	10.9269
IHS	22.8299	20.6420	1.3317	0.5450	16.4274
BDSD-PC	21.8152	30.4799	1.9427	0.5094	23.0316
ATWT	28.1871	14.5990	0.6919	0.6937	9.0751
HPF	28.4603	14.2586	0.6666	0.6800	8.7730
SFIM	27.4485	15.9215	0.7704	0.6851	10.2546

图 3.17 刘家峡水体区域数据集中，左上角部分为刘家峡水库区域图像。由于水体对短波有很强的吸收能力，且纹理细节较少，给全色锐化带来了很大的挑战。此时，对融合算法是否会导致锐化结果光谱退化的考察就尤为严格。从图中可以看出，IHS、Brovey和 BDSD-PC 三种基于成分替代的方法在锐化结果中出现了光谱扭曲，水体和植被区域的扭曲均较为明显。本章方法和 ATWT、HPF、SFIM 四种方法的目视效果较好。表 3.9 中的定量评价结果表明，对于测量光谱畸变的指标 DD，本章方法也优于其他对比方法，所得结果的光谱畸变最小，本章方法的其他指标也为最优。在综合评价下，本章方法对于水体数据的全色锐化性能较佳。

图 3.18 为兰州城市区域数据集不同方法的融合结果。其中，图 3.18（a）为原始高光谱图像，图 3.18（b）是采用本章方法的融合结果，图 3.18（c）～图 3.18（j）是不同对比方法的融合结果图像。表 3.10 为兰州城市区域数据集定量对比评价结果。

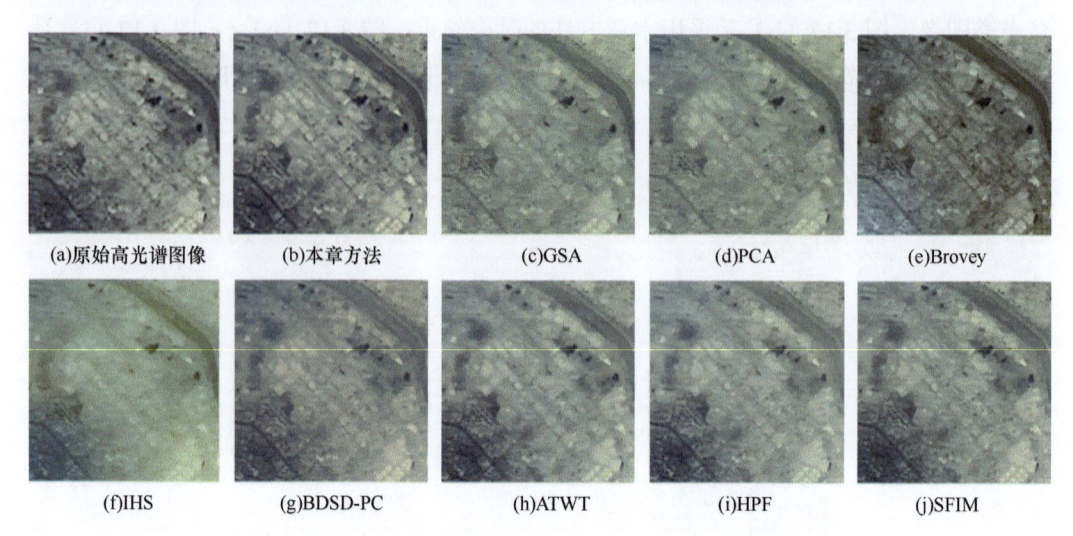

(a)原始高光谱图像　(b)本章方法　(c)GSA　(d)PCA　(e)Brovey

(f)IHS　(g)BDSD-PC　(h)ATWT　(i)HPF　(j)SFIM

图 3.18　兰州城市区域数据集不同方法的融合结果

表 3.10　兰州城市区域数据集定量对比评价结果

方法	PSNR	RMSE	ERGAS	SSIM	DD
本章方法	19.1911	49.0556	1.7170	0.5169	38.8431
GSA	16.7642	65.2130	1.8806	0.4599	52.0893
PCA	16.8454	64.6082	1.8750	0.4625	51.6005
Brovey	17.8951	57.4008	1.7998	0.4963	45.7180
IHS	15.3471	72.4385	2.0992	0.4266	57.9888
BDSD-PC	18.8216	50.2773	1.7653	0.4559	39.7182
ATWT	18.1008	55.7549	1.7938	0.4728	44.2637
HPF	17.9039	57.0587	1.8078	0.4659	45.3147
SFIM	18.0014	56.4178	1.8010	0.4683	44.7917

图 3.18 数据集为兰州城市地区，具有较多的建筑物，纹理细节复杂。从图中可以看出，GSA、PCA、IHS 方法依然出现了较大的光谱扭曲，其中 IHS 和 GSA 方法光谱失真程度最大。本章方法相较于其他方法目视效果更佳，纹理细节提升明显且有效保持了原始高光谱图像的光谱特征。从表 3.10 中的数值可见，本章方法在全部评价指标中均优于其他八种传统和改进的全色锐化方法。

对比方法中的前五种基于成分替代方法的质量评价结果相对于本章方法和 ATWT、HPF、SFIM 三种多分辨率分析方法较为不理想，说明传统的基于成分替代的方法在空间细节注入和光谱保持方面存在制约。同时，本章方法在传统 ATWT 方法的基础上，改善了通过整幅图像统一计算细节注入权重产生的误差，所提出的结合 ICM 非规则分割区域自适应计算注入权重获得了良好的效果。本章提出的基于 ICM 非规则分割区域自适应计算细节注入权重的方法相较于传统 ATWT 通过整幅图统一计算注入权重的方法目视效果更好。

在三组高光谱数据集的验证实验中，本章方法在定性评价和定量评价均表现最佳，证明了所提算法的有效性。首先，采用分步融合方法，引入多光谱图像。将高光谱与多光谱图像的波段进行匹配，且每组波段对中的高光谱波段数不超过五个，避免了高光谱冗余信息对融合结果的干扰，同时改善了大空谱分辨率差异下的高光谱与全色图像直接锐化融合，而造成融合结果严重的光谱失真和纹理细节缺失问题。其次，采用 ICM 分割，利用多分辨率分析方法进行四个多光谱–高光谱子集内的自适应对应融合，再按照原始高光谱波段排列，得到分辨率提升的高光谱图像。最后，将其中分辨率高光谱图像与全色图像自适应融合，解决了大部分传统全色锐化算法采用在固定的矩形窗口中注入分割信息的融合方式没有考虑高分遥感图像中区域像素差异、忽略像素间的相关性、造成融合图像严重的光谱和细节失真问题。同时，在锐化融合中利用 GWO 解决了 ICM 参数不易确定问题。采用该算法所得的融合图像光谱失真更少、空间纹理信息更加丰富。

3.5 本 章 小 结

随着航空航天对地观测技术的发展以及人们对地球资源和环境深化认识的需求，高分辨率的多源遥感图像为很多应用领域与生产产业提供着数据支撑，如农业生产、灾情获取、环境保护、城市规划等。遥感技术作为对地观测的核心技术，可以获取不同时间、空间和光谱分辨率的光学遥感图像。然而，受数据存储以及传感器信噪比等技术限制，同时满足高空间和高光谱分辨的图像不能通过单一传感器拍摄获取。因此，全色锐化等遥感图像融合技术应运而生，全色锐化作为遥感图像融合的传统方法之一，可以简单高效地获取高分辨率融合图像。现阶段，关于全色锐化的研究不断涌现，但仍旧存在需要改进之处，还有很长远的发展空间，目前仍然是国内外图像处理的研究热点。全色锐化现存问题主要体现在以下方面：①融合图像易出现空间信息损失和光谱畸变；②高光谱图像的海量数据导致高信息冗余，且与全色图像的分辨率差异较大，大大降低了全色锐化质量和效率。

本章围绕多光谱图像和高光谱图像全色锐化问题，尝试解决融合处理过程中可能出现的空间和光谱失真，以及高光谱和全色图像之间分辨率差异过大导致空、谱信息难以有效集成的问题，设计算法获得兼顾光谱分辨率和空间分辨率的锐化图像，提升了锐化融合算法的精度。

参 考 文 献

戴文战, 胡伟生. 2016. 改进交叉视觉皮质模型的医学图像融合方法[J]. 计算机应用研究, 33(9): 2852-2855, 2861.
李树涛, 李聪妤, 康旭东. 2021. 多源遥感图像融合发展现状与未来展望[J]. 遥感学报, 25(1): 148-166.
李小军, 闫浩文, 杨树文, 等. 2019. 一种多光谱遥感影像与航拍影像融合算法[J]. 遥感信息, 34(4): 11-15.
孟祥超, 孙伟伟, 任凯, 等. 2020. 基于多分辨率分析的 GF-5 和 GF-1 遥感影像空–谱融合[J]. 遥感学报,

24(4): 379-387.

苏红军. 2022. 高光谱遥感影像降维: 进展、挑战与展望[J]. 遥感学报, 26(8): 1504-1529.

王文胜, 黄民, 李天剑, 等. 2020. 四波段多光谱遥感图像的船舶目标显著性检测[J]. 光学学报, 40(17): 191-199.

杨青. 2013. 基于自适应 ICM 和 NSCT 的图像融合[D]. 昆明: 云南大学.

杨勇, 卢航远, 黄淑英, 等. 2019. 基于自适应注入模型的遥感图像融合方法[J]. 北京航空航天大学学报, 45(12): 2351-2363.

张继贤, 顾海燕, 杨懿, 等. 2021. 高分辨率遥感影像智能解译研究进展与趋势[J]. 遥感学报, 25(11): 2198-2210.

张立福, 赵晓阳, 孙雪剑, 等. 2022. 高分五号高光谱数据融合方法比较[J]. 遥感学报, 26(4): 632-645.

张新明, 程金凤, 康强, 等. 2018. 改进的混合蛙跳算法及其在多阈值图像分割中的应用[J]. 计算机科学, 45(8): 54-62.

张新明, 涂强, 康强, 等. 2016. 双模狩猎的灰狼优化算法在多阈值图像分割中应用[J]. 山西大学学报(自然科学版), 39(3): 378-385.

Chavez P, Sides S C, Anderson J A. 1991. Comparison of three different methods to merge multiresolution and multispectral data: Landsat TM and SPOT panchromatic[J]. Photogrammetric Engineering and Remote Sensing, 57(3): 295-303.

Choi J, Yu K, Kim Y. 2011. A new adaptive component-substitution-based satellite image fusion by using partial replacement[J]. IEEE Transactions on Geoscience and Remote Sensing, 49(1): 295-309.

Ekblad U, Kinser J M, Atmer J, et al. 2004. The intersecting cortical model in image processing[J]. Nuclear Instruments and Methods in Physics Research Section A: Accelerators, Spectrometers, Detectors and Associated Equipment, 525(1-2): 392-396.

Gillespie A R, Kahle A B, Walker R E. 1987. Color enhancement of highly correlated images. Ⅱ. Channel ratio and "chromaticity" transformation techniques[J]. Remote Sensing of Environment, 22(3): 343-365.

Huang C X, Tian G X, Lan Y S, et al. 2019. A new pulse coupled neural network (PCNN) for brain medical image fusion empowered by shuffled frog leaping algorithm[J]. Frontiers in Neuroscience, 13: 1-10.

Jin C, Deng L J, Huang T Z, et al. 2022. Laplacian pyramid networks: a new approach for multispectral pansharpening[J]. Information Fusion, 78: 158-170.

Kinser J. 1996. Simplified pulse-coupled neural network[C]. Orlando: Proceeding of SPIE, Applications and Science of Artificial Neural Networks: 563-567.

Li S T, Dian R W, Fang L Y, et al. 2018. Fusing hyperspectral and multispectral images via coupled sparse tensor factorization[J]. IEEE Transactions on Image Processing, 27(8): 4118-4130.

Li W, Chen C, Su H J, et al. 2015. Local binary patterns and extreme learning machine for hyperspectral imagery classification[J]. IEEE Transactions on Geoscience and Remote Sensing, 53(7): 3681-3693.

Li X J, Yan H W, Xie W Y, et al. 2020. An improved pulse-coupled neural network model for pansharpening[J]. Sensors, 20(10): 2764.

Lu H, Qiao D Y, Li Y X, et al. 2021. Fusion of China ZY-1 02D hyperspectral data and multispectral data: which methods should be used?[J]. Remote Sensing, 13(12): 2354.

Restaino R, Vivone G, Dalla M M, et al. 2016. Fusion of multispectral and panchromatic images based on morphological operators[J]. IEEE Transactions on Image Processing, 25(6): 2882-2895.

Shensa M J. 1992. The discrete wavelet transform: wedding the à trous and Mallat algorithms[J]. IEEE Transactions on Signal Processing, 40(10): 2464-2482.

Tu T M, Su S C, Shyu H C, et al. 2001. A new look at IHS-like image fusion methods[J]. Information Fusion, 2(3): 177-186.

Vivone G. 2023. Multispectral and hyperspectral image fusion in remote sensing: a survey[J]. Information Fusion, 89: 405-417.

Vivone G, Alparone L, Chanussot J, et al. 2015. A critical comparison among pansharpening algorithms[J]. IEEE Transactions on Geoscience and Remote Sensing, 53: 2565-2586.

Vivone G, Restaino R, Dalla Mura M, et al. 2014. Contrast and error-based fusion schemes for multispectral image pansharpening[J]. IEEE Geoscience and Remote Sensing Letters, 11(5): 930-934.

Wang B, Choi S, Byun Y, et al. 2015. Object-based change detection of very high resolution satellite imagery using the cross-sharpening of multitemporal data[J]. IEEE Geoscience and Remote Sensing Letters, 12(5): 1151-1155.

Wang Z, Bovik A C, Sheikh H R, et al. 2004. Image quality assessment: from error visibility to structural similarity[J]. IEEE Transactions on Image Processing, 13(4): 600-612.

Yokoya N, Grohnfeldt C, Chanussot J. 2017. Hyperspectral and multispectral data fusion: a comparative review of the recent literature[J]. IEEE Geoscience and Remote Sensing Magazine, 5(2): 29-56.

第4章　遥感影像变化检测技术

目前，遥感变化检测是快速、有效和经济地实现地表变化检测中非常有效的技术手段之一。变化检测可通过分析同一地区不同时相的同源/非同源数据（如遥感影像、矢量数据）发现地表变化信息（李德仁，2003；徐俊峰，2015；Tewkesbury et al.，2015），因此被广泛研究和应用。

现有的变化检测技术多基于遥感影像的差值图像或变化向量强度图，而在差值图像或变化向量强度图中，不同变化类型的动态变化范围往往不同。其原因是在多时相遥感影像中，有些区域两时相影像的光谱信息差异大，但是地物类型没有发生变化。而有些区域两时相影像的光谱信息差异较小，但是其区域发生了地物类型变化。

上述问题导致变化检测算法在处理遥感影像时，无法通过确定全局最优阈值，得到高精度的变化检测结果。为此，Chen 等（2011）结合分类后比较（post-classification comparison，PCC）法和变化向量分析（change vector analysis，CVA）法的优缺点，提出了后验概率空间变化向量分析法（change vector analysis in posterior probability space，CVAPS）。该方法不易受到累积分类误差的影响，对辐射校正精度的要求相对较低，且在 CVAPS 计算的变化强度图中，不同变化类型具有相同的动态变化范围。因此，基于 CVAPS 变化强度图的变化检测算法可以更容易找到最优全局阈值，从而获得高精度的遥感影像变化检测结果。

另外，随着模式识别、人工智能、数据融合等相关技术的不断发展，近年来的遥感影像变化检测技术取得了长足的发展，检测方法不断更新。然而，当前遥感变化检测领域所面临最大的挑战是遥感数据的不确定性。这种不确定性不仅使遥感影像记录的地表光谱信号出现混合像元现象，而且也对遥感数据尺度选择、遥感影像配准、检测算法选取、精度评价等方面产生了不利影响，从而降低最终变化检测结果的精度（Singh，1989；Yetgin，2012）。因此，仅利用光谱信息无法有效地处理影像中的不确定性等问题，从而无法精确地估计后验概率向量。文献分析表明，利用空间信息可以使遥感影像变化检测更有效地处理不确定性造成的一系列问题，从而获得更为准确的地表变化信息（郝明等，2017；谢福鼎等，2018；王艳艳，2019；张春森等，2020）。

目前，国内外基于 CVAPS 理论框架的变化检测算法的研究成果相对较少，其原因在于缺少精确估算后验概率向量的方法。这一问题往往对后继变化检测的精度产生不利影响。为此，在 CVAPS 理论框架下，通过相关模型和算法，解决混合像元问题，并引入空间信息，对精确估计后验概率向量、提高基于 CVAPS 的变化检测算法精度具有重要意义。

4.1 经典变化检测方法

将光谱与空间信息相结合的方法主要用于降低变换检测中不确定性因素的影响以提高检测精度。本类方法可分为三个亚类：①像素级；②对象级；③特征级。由于本章所研究的方法属于像素级方法，因此这里仅对相关的像素级方法进行回顾。目前，应用研究较多的像素级变化检测方法主要是分类后比较（PCC）法（范海生等，2001）和变化向量分析（CVA）法（张晓东等，2006）。

4.1.1 分类后比较法

分类后比较法是最简单的基于像元级的变化检测方法。周斌（2000）认为分类后比较法是一种较为简单明确的变化检测方法。它运用统一的分类体系对每一时相遥感数据单独分类，然后直接提取变化信息。然而，Lambin 和 Strahlers（1994）指出分类后比较法无法检测出地物的细微变化。蒋玉峰（2013）等基于混合模型和分类后比较法对 SAR 影像进行变化检测，实验发现单一的分类后比较法受分类器影响较大，单幅图像的分类误差会以倍数效应累积到分类结果中，造成较大的误差累积。针对林地的变化检测，庞博等（2018）等以伊春市为研究区域，利用稳定像元筛选来提高决策树分类的训练样本可靠性，以此提高决策树分类后比较法的变化检测精度。李亮等（2013）通过影像分割获取图斑后，提出一种利用最大似然法获取分类结果，然后根据类别转移矩阵和类别邻接矩阵对地物类别进行时间和空间关系定量描述的新方法，得到的实验结果优于分类后比较法。金兵兵等（2021）等基于分类后比较法进行违法建筑的快速变化检测，实验表明自动提取的违法建筑图斑精度高，能有效提高工作效率。龙亦凡等（2020）以 SPOT-5 卫星影像为数据源，利用分类后比较法提取变化信息，然后使用支持向量机作为分类算法进行分类，以达到对矿区土地覆盖变化信息的高精度提取。

4.1.2 变化向量分析法

变化向量分析法（Ertürk and Plaza，2015）是先比较、后分类的多类变化检测方法。陈晋等（2001）认为与分类后比较法相比，变化向量分析法虽然可以避免多次分类的误差累积以及出现不合理变化类型的缺陷，但是它也有一些不成熟的方面，如对原始图像和预处理要求较高、缺乏有效阈值确定方法等。黄维等（2016）提出一种基于主成分分析（PCA）的变化向量分析法，对不同年份的单时相遥感影像进行土地覆盖变化检测，能够自动确定变化阈值提取变化区域。为了解决基于像元的变化向量分析法在高分辨率遥感影像变化检测中精度低的问题，李亮等（2017）提出了一种面向对象的变化向量分析法，对两时相影像分割后提取特征向量，并采用直方图相交加权组合等方法进行变化检测。实验证明，与基于像元的变化向量分析法相比，该方法精度更高。李春干和梁文海（2017）以 ZY-3 和 GF-1 的高空间分辨率遥感影像为研究对象，利用面向对象的变化向量分析法,对森林进行变化检测。结果表明,用欧氏距离、马氏距离检测的森林变化精度远低于面向对象的变化向量分析法。李苓苓等(2010)以冬小麦作为研究对象,利用多时相遥感影像和基于支持向量机的后验概率空间变化向量分析法进行小麦种植面积测量试验,此方法解决了变化阈值选取的问题,且提高了测量精度。

4.1.3 后验概率空间变化向量分析法综述

PCC 法容易受到累积分类误差的不利影响,而 CVA 法对遥感数据辐射一致性有比较严格的要求。为了克服传统 PCC 法和 CVA 法的缺陷,Chen 等(2011)通过实验研究提出一种新的后验概率空间变化向量分析法(CVAPS),此方法将原始影像的光谱空间转换为后验概率空间,不仅不易受到分类后累积误差的影响,也有效地解决了像元光谱信息比较法需要良好辐射校正的问题。然而,复杂的自然环境、与遥感波谱相互作用的复杂性等都会导致大量的混合像元出现(郝明,2015;吴海平等,2021)。CVAPS 使用支持向量机(SVM)(杜慧,2019)估计后验概率,容易受到中高分辨率遥感影像中混合像元的影响,导致信息丢失和精度不足。

4.2 耦合模糊聚类算法和贝叶斯网络变化检测

最近,在遥感影像变化检测领域中,Chen 等(2011)通过研究 PCC 法和 CVA 法的优缺点,提出了 CVAPS 理论框架和相关变化检测算法。该方法有效地缓解了 PCC 法易受分类误差累积的影响,不需要良好的辐射校正,且检测不同类型地物变化时不需要使用不同的阈值。然而,原始的 CVAPS 算法使用 SVM 估计后验概率向量,并没有专门针对同物异谱和异物同谱及混合像素等遥感影像的常见现象建模,因而限制了其变化检测的精度。

针对混合像元问题,模糊聚类算法(王昶等,2020)能够有效实现混合像元的分解,将影像像元分解成不同的信号类。在本章中,信号类指的是遥感影像中具有典型光谱特征的像素聚类。由此,本章采用模糊 C 均值(fuzzy C-means,FCM)聚类对遥感影像的像素进行聚类。然而,由于遥感影像中常常存在同物异谱和异物同谱现象,信号类与影像中的地物经常出现多对多的关系。因此,本章通过训练后的简单贝叶斯网络(SBN)建立信号类与地物间多对多的随机连接。基于以上分析,本章将 FCM 与 SBN 耦合,以计算遥感影像中像素的后验概率向量,提出了一种新的后验概率空间变化向量分析法——FCM-SBN-CVAPS。实验证明,本章所提出的方法有效地缓解了混合像元、同物异谱与异物同谱对变化检测的不利影响。

4.2.1 模糊 C 均值聚类算法

由于遥感影像数据量极大,很难在实际应用中直接使用,因此需要对其进行压缩。非监督聚类算法则可以在无须知道相关遥感数据的统计分布的情况下,有效地实现数据的删减。另外，在遥感影像中，特别是中高分辨率遥感影像中，混合像元现象比较常见。为此，本章使用 FCM 分解混合像元，为后续变化检测提供良好的基础。

设影像 $I=\{p_{i,j}|1\leqslant i\leqslant N, 1\leqslant j\leqslant M\}$ 是由 N 行 M 列像素构成的遥感影像，现将其模糊划分为 n 个信号类，$u_k(i,j)$ $(1\leqslant k\leqslant n)$ 表示图像 I 中像素 $p_{i,j}$ 对于第 k 个信号类 ω_k 的隶属度。隶属度集合 $U=\{u_k(i,j)\}$ 满足如式（4.1）所示的约束条件：

$$\begin{aligned} & u_k(i,j)\in[0,1] \ \forall i,j,k \\ & \sum_{k=1}^{n} u_k(i,j)=1 \ \forall i,j \\ & 0<\sum_{\substack{1\leqslant i\leqslant N \\ 1\leqslant j\leqslant M}} u_k(i,j)<N\times M \ \forall k \end{aligned} \quad (4.1)$$

FCM 聚类算法采用各个像素与所在信号类中心的差值平方和最小准则，通过迭代更新隶属度集合 U 和信号类中心 Ψ，获得使目标函数 J 最小的最优聚类，目标函数 J 的定义如式（4.2）所示：

$$J(U,\Psi)=\sum_{\substack{1\leqslant i\leqslant N \\ 1\leqslant j\leqslant M}} \sum_{k=1}^{n} [u_k(i,j)]^q \|p_{i,j}-\Psi_k\|^2 \quad (4.2)$$

式中，$\Psi=\{\Psi_1,\cdots,\Psi_k,\cdots,\Psi_n\}$ 为信号类中心点集，且 Ψ_k 是信号类 ω_k 的中心；q 为控制聚类模糊程度的参数。从式（4.1）可以看出，SBN 中 $P(\omega_k|p_{i,j})$ 与 $u_k(i,j)$ 满足同样的约束条件，因此可以用 FCM 计算所得的 $u_k(i,j)$ 估计 $P(\omega_k|p_{i,j})$，实现 SBN 与 FCM 的结合。

4.2.2 简单贝叶斯网络

本章设计了一种 SBN 模型，将 FCM 从遥感影像中发现的信号类与遥感影像中存在的地物建立随机连接，实现了对遥感影像混合像元、同物异谱和异物同谱现象的建模。SBN 模型与 FCM 的结合体现在以下两方面：①使用 FCM 计算的模糊隶属度建立遥感影像中某像素 $p_{i,j}$ 与信号类 ω_k 间的随机连接，缓解了混合像元现象；②基于模糊隶属度和地物 L_v 的训练样本，建立信号类 ω_k 与地物 L_v 间的随机连接，缓解了同物异谱和异物同谱现象。本章使用的 SBN 模型如图 4.1 所示。

SBN 模型共三层：第一层为遥感影像的像素，其中 $p_{i,j}$ 代表位于该影像 i 行 j 列的像素；第二层为信号类，其中 ω_k 代表具有某种典型光谱或纹理特征的像素构成的聚类；第三层为遥感影像中的地物，其中 L_v 代表该影像中的某一类地物。根据该模型，我们最终能够计算出像素 $p_{i,j}$ 属于地物 L_v 的后验概率 $P(L_v|p_{i,j})$。根据贝叶斯网络的计算原则，$P(L_v|p_{i,j})$ 可以通过式（4.3）计算：

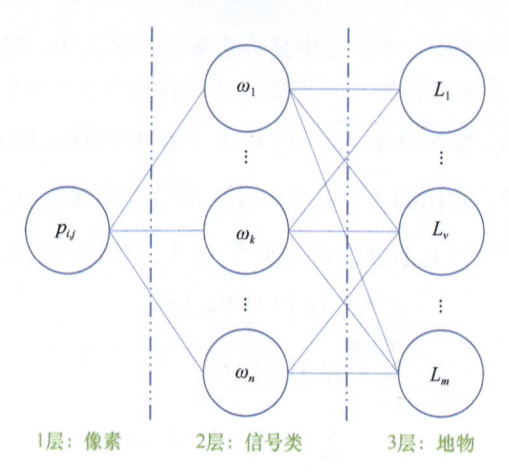

图 4.1 简单贝叶斯网络（SBN）模型

$$P(L_v|p_{i,j}) = \sum_{k=1}^{n} P(L_v|\omega_k) P(\omega_k|p_{i,j}) \quad (4.3)$$

根据贝叶斯公式，$P(L_v|\omega_k)$ 可表示为

$$P(L_v|\omega_k) = \frac{P(\omega_k|L_v) P(L_v)}{P(\omega_k)} \quad (4.4)$$

进一步，将式（4.4）代入式（4.3）可得

$$P(L_v|p_{i,j}) = P(L_v) \sum_{k=1}^{n} \frac{P(\omega_k|L_v) P(\omega_k|p_{i,j})}{P(\omega_k)} \quad (4.5)$$

式中，$P(\omega_k|p_{i,j})$ 为像素 $p_{i,j}$ 属于信号类 ω_k 的程度，可由 FCM 计算得到；$P(\omega_k|L_v)$ 为地物 L_v 中信号类 ω_k 发生的概率。另外，在式（4.5）中，$P(L_v)$ 为地物 L_v 的先验概率，而 $P(\omega_k)$ 为信号类 ω_k 的概率。综上所述，通过式（4.5），我们最终可以计算出像素 $p_{i,j}$ 属于遥感影像中各个地物 L_v（$v=1,\cdots,m$）的后验概率向量 $\rho = (\rho_1,\cdots,\rho_v,\cdots,\rho_m)$ [其中 $\rho_v = P(L_v|p_{i,j})$]，实现后验概率空间变化向量框架下的变化检测。

4.2.3 贝叶斯网络学习

为了计算像素 $p_{i,j}$ 属于地物 L_v 的后验概率 $P(L_v|p_{i,j})$，我们必须通过人工识别的属于地物 L_v 的训练像素集合 T_v 学习条件概率 $P(\omega_k|L_v)$。首先定义地物 L_v 中信号类 ω_k 的频率公式为

$$\mathrm{SF}_v(k) = \sum u_k(x,y) \quad \forall p_{x,y} \in T_v \quad (4.6)$$

由于不同于普通聚类算法如 K 均值聚类算法，训练像素 $p_{x,y}$ 关于信号类 ω_k 的隶属度不是取值 0 或 1，而是一个属于 0~1 的模糊隶属度 $u_k(x,y)$，因此我们需要将所有训

练集里的像素对信号类 ω_k 的隶属度求和来计算地物 L_v 中信号类 ω_k 的频率。

在计算出训练集 T_v 中所有信号类 $\omega_l(l=1,\cdots,n)$ 的频率 $\mathrm{SF}_v(l)$ 后，条件概率 $P(\omega_k|L_v)$ 被近似为

$$P(\omega_k|L_v,T_v)=\frac{\mathrm{SF}_v(k)}{\sum_l \mathrm{SF}_v(l)} \tag{4.7}$$

另外，在式（4.5）中，先验概率 $P(\omega_k)$ 是计算后验概率 $P(L_v|p_{i,j})$ 的归一化因子。本章使用全概率公式计算 $P(\omega_k)$：

$$P(\omega_k)=\sum_\tau P(\omega_k|L_\tau)P(L_\tau) \tag{4.8}$$

式中，$P(\omega_k|L_\tau)$ 可以通过式（4.6）和式（4.7）进行估计。

4.2.4 后验概率空间变化向量分析法原理

后验概率空间变化向量分析法（CVAPS）的模型框架如下：假设像素 $p_{i,j}$ 在 t_1 时相属于地物 L_v 的后验概率为 ρ_k^1，将其在 t_1 时相遥感影像中的后验概率向量记为 $\rho^1=(\rho_1^1,\cdots,\rho_k^1,\cdots,\rho_m^1)$，$m$ 为参与变化检测影像的地物数量；同样，该像素在 t_2 时相的后验概率向量记为 $\rho^2=(\rho_1^2,\cdots,\rho_k^2,\cdots,\rho_m^2)$。进一步，将像素 $p_{i,j}$ 的后验概率空间变化向量 $\Delta\rho$ 记为

$$\Delta\rho=\rho^1-\rho^2 \tag{4.9}$$

其中，像素 $p_{i,j}$ 在后验概率向量空间的变化幅度为

$$\|\Delta\rho\|=\sqrt{\sum_{v=1}^m(\rho_v^1-\rho_v^2)^2} \tag{4.10}$$

最后，基于式（4.10）生成的变化幅度图，使用自动阈值算法计算变化阈值，得到变化二值图。

从以上 CVAPS 模型中可以发现，当像素的后验概率向量 ρ^1 和 ρ^2 仅有轻微变化时，尽管 $\|\Delta\rho\|$ 很小，基于最大后验概率原则的 PCC 法可能会将该像素判断为变化像元，而 CVAPS 则不会做出误判。

4.2.5 FCM-SBN-CVAPS 变换检测算法流程

综上所述，构建的 FCM-SBN-CVAPS 变化检测算法的主要流程如图 4.2 所示。

4.2.6 实验结果与分析

本节实验区为某地 2016 年和 2017 年 Landsat 8 的 7 波段影像，影像的大小为

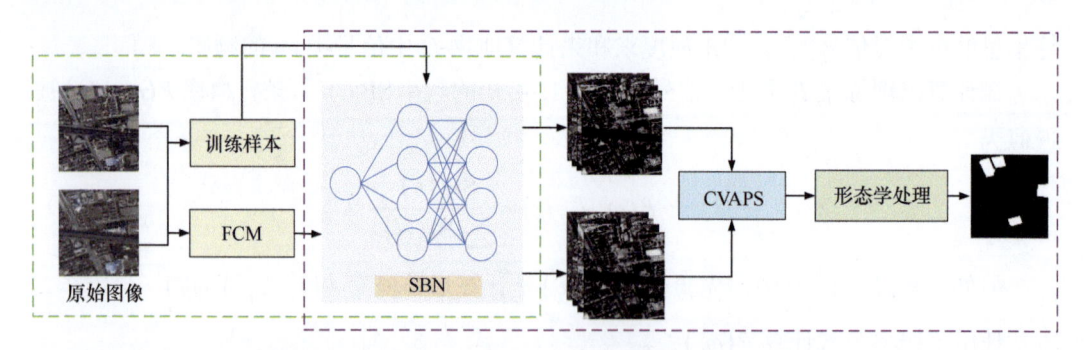

图 4.2 FCM-SBN-CVAPS 变化检测算法的主要流程

650 像素×650 像素，影像分辨率为 30m。为了提高变化检测精度，对实验影像进行了辐射定标、大气校正及图像拉伸等预处理。变化检测算法由 MATLAB 实现，运行硬件环境为 Intel Core i7-10700 CPU@2.90GHz 8 核处理器。为了进一步提高变化检测精度，对初步生成的变化二值图进行了去噪处理（去除细小相斑）和形态学闭运算（填充空洞）。

1. 变化检测示例

为验证所提出算法的有效性，本章将基于 SVM 的 CVAPS 算法（SVM-CVAPS）与 FCM-SBN-CVAPS 的实验结果进行比较分析。从图 4.3 中可直观地观察到两种算法的性能差异。其中，图 4.3（c）～图 4.3（e）中红线划分的区域分别为人工、FCM-SBN-CVAPS 和 SVM-CVAPS 检测到的变化区域。图 4.3（d）和图 4.3（e）中蓝色框内为算法错检

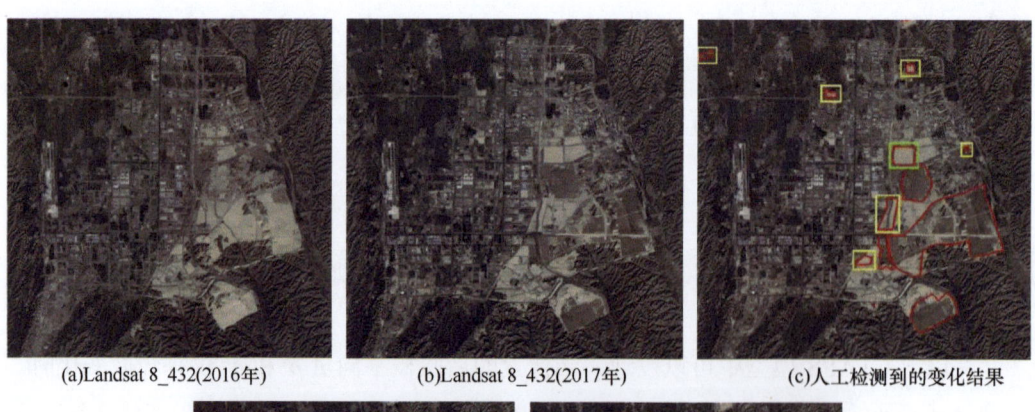

(a)Landsat 8_432(2016年)   (b)Landsat 8_432(2017年)   (c)人工检测到的变化结果

(d)FCM-SBN-CVAPS 检测结果   (e)SVM-CVAPS 检测结果

图 4.3 变化检测算法研究区比较示例图片

区域。从图中可以看出，与 FCM-SBN-CVAPS 算法相比，SVM-CVAPS 算法的错检区域面积更大。图 4.3（c）中黄框内为 FCM-SBN-CVAPS 和 SVM-CVAPS 共同漏检的区域，而绿框内为 SVM-CVAPS 算法漏检区域。可以看出，FCM-SBN-CVAPS 算法比 SVM-CVAPS 算法漏检的区域要少一些，这与表 4.1～表 4.3 中的实验结果一致。

2. FCM-SBN-CVAPS 算法参数敏感性试验

本节使用 FCM 对 7 波段 Landsat 影像进行聚类处理。首先，FCM 的聚类数被分别设定为 10、30 及 50，并将模糊度参数 q 分别设定为 1.0、1.5、2.0、2.5、3.0、3.5、4.0，以测试 FCM-SBN-CVAPS 算法性能对参数的敏感性。其中，当 $q=1.0$ 时，FCM 完全没有模糊因子，退化为普通的 C 均值聚类算法。另外，针对原始影像中的五类地物，本实验选取了相应数量的训练像素：建筑物（29326 像素），农田（19926 像素），森林（80120 像素），荒地（32224 像素），山地（144312 像素）。训练像素总数为 305908，约占实验图像总像素数的 36.20%。实验结果如图 4.4 所示。

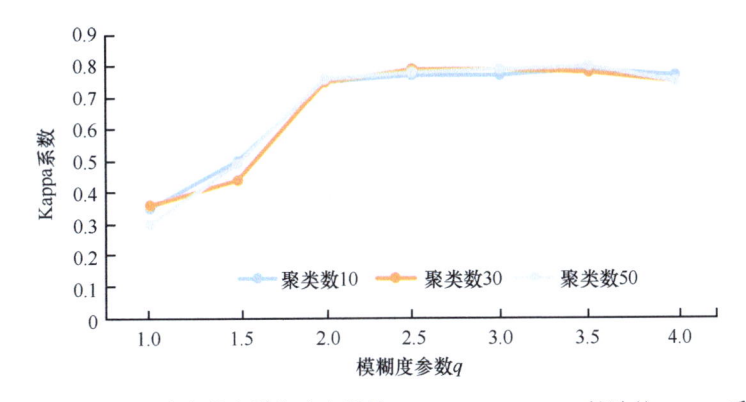

图 4.4 基于不同聚类数和模糊度参数的 FCM-SBN-CVAPS 算法的 Kappa 系数

由实验结果可发现，在模糊度较低的情况下（$q=1.0$ 及 1.5），FCM 无法有效地将混合像元分解成信号类，导致检测结果的 Kappa 系数值较低（在所有聚类数下均≤0.50）。特别是 $q=1.0$ 时，Kappa 系数均≤0.40。当模糊度参数 q≥2.0 时，变化检测 Kappa 系数均≥0.75，但随着 q 的继续增大，Kappa 系数有微小变化。从以上实验结果可以发现，混合像元的有效分解对变化检测精度影响极大。

3. 变化检测算法耗时分析

FCM 是 FCM-SBN-CVAPS 算法中耗时最长的步骤，而对 SBN 的训练和变化检测耗时较少，且与训练像素的数量无明显相关性。与之相比，SVM-CVAPS 算法的训练和分类步骤较为耗时，且随着训练样本的增加，其耗时也随之增长。而 SVM-CVAPS 变化检测则耗时较少，且与训练样本数量相关性不大。总体上，FCM-SBN-CVAPS 算法比 SVM-CVAPS 算法耗时少：FCM-SBN-CVAPS 算法的耗时在 62～314s；而 SVM-CVAPS 算法耗时在 60～535s。当耗时最少时，FCM-SBN-CVAPS 算法的 Kappa 系数为 0.78，大大高于 SVM-CVAPS 算法（Kappa 系数为 0.61）；当耗时最多时，FCM-SBN-CVAPS

算法的 Kappa 系数为 0.80，也大大高于 SVM-CVAPS 算法（Kappa 系数为 0.67）。

4. 训练样本数量对 Kappa 系数的影响

本节实验针对每类地物随机选取了 1000 个、2000 个、3000 个、4000 个和 5000 个训练像素，以测试不同训练样本数量对 FCM-SBN-CVAPS 算法性能的影响。从图 4.5 中可以看出，本章算法在训练样本数量较少时与训练样本数量较多时，其 Kappa 系数仅有微小差异，说明少量训练样本可以取得和大量训练样本近似的 Kappa 系数。因此，FCM-SBN-CVAPS 算法在训练样本较少时就可以取得不错的变化检测精度。另外，在训练样本增加时，FCM-SBN-CVAPS 的 Kappa 系数下降不明显，证明该算法不易受到过度训练问题的影响。

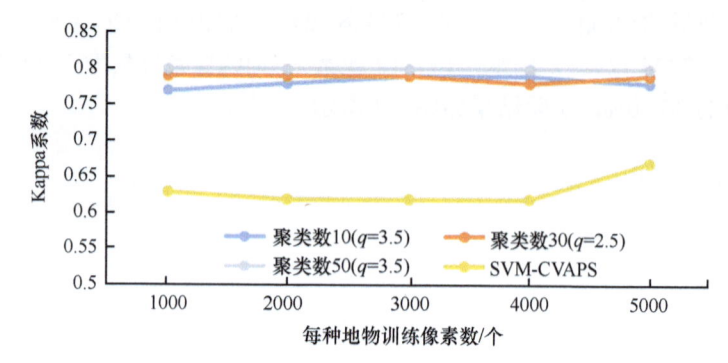

图 4.5 不同数量训练像素对 FCM-SBN-CVAPS 及 SVM-CVAPS 算法的 Kappa 系数的影响
每种聚类数的模糊度参数 q 选用表 4.1 至表 4.4 中具有最佳 Kappa 系数的模糊度参数值

为了进一步验证 FCM-SBN-CVAPS 算法的有效性，实验测试了训练样本数量与 SVM-CVAPS 算法性能的关系，结果如图 4.5 所示。结果表明，训练样本数量对 SVM-CVAPS 算法的 Kappa 系数的影响也较小，有时随着训练样本的增加，其 Kappa 系数甚至会下降。但从总体来看，与 FCM-SBN-CVAPS 算法相比，SVM-CVAPS 算法对训练样本数量变化的敏感性更高（Fang et al., 2022）。造成这一结果的原因可能在于：①样本的选择对 SVM 后验概率向量的准确估计有较大的影响；②相比其他分类器，在小样本条件下，SVM 具有更好的性能，并且增加样本数量不一定会导致其后验概率向量的估计更加准确。

5. 变化检测算法性能综合比较

本章基于"变化/非变化"混淆矩阵，综合比较了 FCM-SBN-CVAPS 算法、FCM-SBN-PCC 算法、SVM-CVAPS 算法和 SVM-PCC 算法的性能。通过表 4.1~表 4.4 可以看出，本章所提出的 FCM-SBN-CVAPS 取得了最高的总体精度（OA）和 Kappa 系数。与 SVM-CVAPS 算法相比，FCM-SBN-CVAPS 算法的总体精度与 Kappa 系数要分别高 2.33%和 0.1341。造成这一结果的原因可能是 FCM-SBN-CVAPS 模型更好地反映了同物异谱、异物同谱及混合像元现象，因而估计的后验概率向量要比 SVM-CVAPS 更准确。

另外，从表 4.1 和表 4.3 可以看出，在过度估计变化像元方面，FCM-SBN-CVAPS 算法的表现优于 SVM-CVAPS 算法（错检率低 18.59%）。

第 4 章 遥感影像变化检测技术

表 4.1 基于 FCM-SBN-CVAPS "变化/非变化" 混淆矩阵

		实际变化像元个数	实际非变化像元个数	总数	错检率
检测结果数据	检测变化像元个数	24489 个	6268 个	30757 个	20.38%
	检测非变化像元个数	4871 个	386872 个	391743 个	1.24%
	总数	29360 个	393140 个		
	漏检率	16.59%	1.59%		
总体精度 97.40%			Kappa 系数 0.8010		

注：聚类数=50，q=3.5，训练样本 1000 个。

表 4.2 基于 FCM-SBN-PCC "变化/非变化" 混淆矩阵

		实际变化像元个数	实际非变化像元个数	总数	错检率
检测结果数据	检测变化像元个数	24764 个	29136 个	53900 个	54.06%
	检测非变化像元个数	4596 个	364004 个	368600 个	1.25%
	总数	29360 个	393140 个		
	漏检率	15.65%	7.41%		
总体精度 92.02%			Kappa 系数 0.5548		

注：聚类数=50，q=3.5，训练样本 1000 个。

表 4.3 基于 SVM-CVAPS "变化/非变化" 混淆矩阵

		实际变化像元个数	实际非变化像元个数	总数	错检率
检测结果数据	检测变化像元个数	23549 个	15034 个	38583 个	38.97%
	检测非变化像元个数	5811 个	378106 个	383917 个	1.51%
	总数	29360 个	393140 个		
	漏检率	19.79%	3.82%		
总体精度 95.07%			Kappa 系数 0.6669		

注：正则化参数 cp=13，核函数参数 gamma=3，训练样本 5000 个。

表 4.4 基于 SVM-PCC "变化/非变化" 混淆矩阵

		实际变化像元个数	实际非变化像元个数	总数	错检率
检测结果数据	检测变化像元个数	26251 个	72009 个	98260 个	73.28%
	检测非变化像元个数	3109 个	321131 个	324240 个	0.96%
	总数	29360 个	393140 个		
	漏检率	10.59%	18.32%		
总体精度 82.22%			Kappa 系数 0.3409		

注：cp=13，gamma=3，训练样本 5000 个。

从表 4.1 和表 4.2 可以发现，FCM-SBN-CVAPS 算法的性能要远远优于 FCM-SBN-PCC 算法。特别值得注意的是，FCM-SBN-CVAPS 算法的总体精度和 Kappa 系数比 FCM-SBN-PCC 算法分别高出 5.38% 和 0.2462。此外，FCM-SBN-CVAPS 算法比 FCM-SBN-PCC 算法的错检率低 33.68%。上述实验结果证明，与 PCC 模型相比，CVAPS 模型不易于受累积分类误差的影响。最后，从表 4.3 和表 4.4 中可以发现，SVM-CVAPS 算法的整体性能大大优于 SVM-PCC 算法，进一步证明了 CVAPS 变化检测模型要优于 PCC 变化检测模型。

综上所述，本章提出的 FCM-SBN-CVAPS 算法针对中高分辨率遥感影像的混合像元、同物易谱和异物同谱现象进行建模，基于所估计的后验概率向量进行变化检测。与 SVM-CVAPS 算法相比，本章所提出的算法具有四个方面的优势。

（1）该算法更好地反映了遥感影像中的同物异谱、异物同谱及混合像元现象，FCM-SBN-CVAPS 算法估计的后验概率向量比 SVM-CVAPS 算法更准确，因此取得了更高的总体精度和 Kappa 系数。

（2）与 SVM-CVAPS 算法相比，不同数量的训练样本对 FCM-SBN-CVAPS 性能的影响较小，且 FCM-SBN-CVAPS 算法对过度训练问题有更好的鲁棒性。另外，FCM-SBN-CVAPS 算法在小训练样本条件下仍然具有较好的变化检测性能。

（3）FCM-SBN-CVAPS 算法的参数设置较为简单，且当模糊度参数≥ 2.0时，不同的聚类数对算法的 Kappa 系数影响较小。与之相比，SVM-CVAPS 算法的性能受参数影响较大，且需要使用合适的搜索算法花费较长时间以获得最优参数。

（4）FCM-SBN-CVAPS 算法总体要比 SVM-CVAPS 算法耗时少。但类似于许多变化检测算法，FCM-SBN-CVAPS 算法在变化检测过程中未考虑空间信息。本章将在 FCM-SBN-CVAPS 模型的基础上引入空间信息以提高变化检测精度。

4.3 后验概率空间混合条件随机场变化检测

传统的条件随机场作为一种像素级变化检测方法，可以灵活地引入空间上下文信息。其中，混合条件随机场（HCRF）在引入邻域的空间信息的同时，还考虑到对象级空间信息对像素的影响。但是大多数条件随机场的观察场和标签场都是基于 CVA 变化强度图建立的，而 CVA 变化强度图难以解决高分辨率遥感影像的"同谱异物""同物异谱"和高光谱差异性问题，其不同变化类型的变化强度往往不一致。而 FCM-SBN-CVAPS 算法作为一种基于 CVAPS 的变化检测算法，可以根据影像的光谱信息，针对"同谱异物"和"同物异谱"现象建模，精确地估算多时相影像的后验概率向量，并通过 CVAPS 框架，保证了不同类型的变化强度在同一范围内，缓解了高光谱差异性造成的变化强度不一致问题，提高了变化检测精度。然而，FCM-SBN-CVAPS 算法作为一种像素级变化检测方法，没有考虑到影像的空间信息，使其在面对高分影像的高地物复杂性和高光谱差异性时，无法保证变化检测精度。

因此，本节提出了 FCM-SBN-CVAPS-HCRF 算法，将 FCM-SBN-CVAPS 和 HCRF 结合，利用 HCRF 引入像素级和对象级空间信息，减少高地物复杂性和高光谱差异性的不利影响，提高高分影像变化检测精度。具体而言，该算法将基于 FCM-SBN-CVAPS 产生的后验概率空间变化强度图代替 CVA 变化强度图作为观察场和标签场先验知识，完成 HCRF 的高阶势能函数中一元势能函数、二元势能函数和对象势能函数的计算，根据势能函数确定变化像素和非变化像素。

4.3.1 随机场原理

由于变化检测通常被看作一个二元分类问题，其类别分别为变化像素和非变化像素。而遥感影像信息基于各个像素服从同一分布的假设，可以被作为一个随机场。因此，在马尔可夫随机场（MRF）(Fang et al., 2022) 和条件随机场（CRF）下，初始的 CVA 变化强度图像 X 可以作为观察场，标签影像 L 可以作为标签场，其中标签 L 的类别为变化和非变化。最终对影像的后验概率 $P(X/L)$ 进行建模，获取最优的变化检测效果。

1. 马尔可夫随机场

MRF 方法基于马尔可夫模型的不确定性描述，结合先验知识，在初始变化检测结果的基础上，通过求解最优问题，结合光谱和空间信息，实现对初始检测结果的精化。因此，MRF 作为一个无向图概率模型，可以从单一像素邻近的像素引入空间上下文信息。在 MRF 框架下，$X=\{x_1, x_2, \cdots, x_N\}$ 为差值影像，作为观察场。$L=\{L_1, L_2, \cdots, L_k\}$ 为类标签，k 为变化类别的数量。通过最大后验概率确定最终像素的变化类别，如式(4.11)所示：

$$L = \arg\max\{-P(L)P(X|L)\} \quad (4.11)$$

式中，$P(L)$ 为类标签的先验概率分布，引入了邻域内像素的空间上下文信息，并服从吉布斯分布；$P(X|L)$ 为各个像素的联合概率分布，引入了像素自身的光谱信息，服从高斯分布。然后选取最大的后验概率，相当于选取能量公式[式(4.12)]的最小能量值。

$$U_{\text{MRF}}(X_i) = U_{\text{spectral}}(X_i) + U_{\text{spatial}}(X_i) \quad \forall i \in N \quad (4.12)$$

式中，$U_{\text{spectral}}(X_i)$ 为像素 X_i 的光谱能量值；$U_{\text{spatial}}(X_i)$ 为像素 X_i 受邻域内像素影响的空间能量值，其假设中心像素只受邻域内像素影响。

2. 条件随机场

与 MRF 不同，CRF 作为一个概率判别模型，既不需要条件独立假设，也不需要预先假定遥感影像概率分布模型。并且 CRF 直接建立在后验概率模型的基础上，比 MRF 模型更加合理。特别是，CRF 直接通过以观察场为条件的标签场计算后验概率，可以更加灵活地应用到各种遥感应用中。$X=\{x_1, x_2, \cdots, x_N\}$ 和 $Y=\{y_1, y_2, \cdots, y_N\}$ 分别为观察场和标签场，其中 N 为影像像素的总数。后验概率表示为

$$P(y|x) = \frac{1}{Z(x)} \exp\left\{-\sum_{c \in C} \phi_c(x, y_c)\right\} \quad (4.13)$$

式中，$Z(x) = \sum_y \exp\left\{-\sum_{c \in C} \phi_c(x, y_c)\right\}$ 为归一化因子，又称为配分函数；C 为由像素 x 邻域内的所有像素所组成的团；$\phi_c(x, y_c)$ 为基于单一像素和邻域像素 c 建模的势能函数。在变化检测中，最常用的 CRF 为成对 CRF。其后验概率 $P(y|x)$ 表示为

$$P(y|x) = \frac{1}{Z(x)} \exp\left\{\sum_{i \in N} \varphi_i(x, y_i) + \sum_{i \in N} \sum_{j \in \eta_u} \phi_{i,j}(x, y_i, y_j)\right\} \quad (4.14)$$

式中，$\varphi(x, y_i)$ 为一元势能函数，表示基于像素 x 的光谱信息判断像素为变化标签与未

变化标签的势能；$\phi(x,y_i,y_j)$ 为二元势能函数，表示基于像素 x 邻域内像素与像素 x 的相互作用判断像素为变化标签与未变化标签的势能。

3. 混合条件随机场

HCRF 作为一种高阶 CRF，在二元势 CRF 的基础上，考虑到遥感影像中对象的变化信息对像素 x 的影响，使变化检测精度得到有效提高。HCRF 的势能函数分别由一元势能函数、二元势能函数和对象势能函数构成，具体公式如式（4.15）所示：

$$P(y|x) = \frac{1}{Z(x)}\exp\left\{\sum_{i\in N}\varphi_i(x,y_i) + \lambda\sum_{i\in N}\sum_{j\in\eta_u}\phi_{ij}(x,y_i,y_j) + \beta\sum_{s\in S}\psi_s(x,y_s)\right\} \quad (4.15)$$

式中，$Z(x)$ 为归一化因子；$\varphi_i(x,y_i)$ 为遥感影像上第 i 个像素的一元势能函数；$\phi_{ij}(x,y_i,y_j)$ 为遥感影像上第 i 个像素与团 η_u 中第 j 个像素之间的二元势能函数；$\psi_s(x,y_s)$ 为遥感影像上第 s 个对象内像素的对象势能函数；λ 为二元势能函数的权重参数；β 为对象势能函数的权重参数。由于一元势能函数的权重可以通过 λ 和 β 间接控制，因此一元势能函数的权重参数默认设置为 1。

4.3.2 FCM-SBN-CVAPS-HCRF 的势能函数

1. 一元势能函数

一元势能函数根据高分辨率遥感影像中像素本身光谱信息，判断其为变化像素和非变化像素的势能。一元势能函数的公式为

$$\varphi_i(x,y_i) = \ln U(y_i,l) \quad (4.16)$$

式中，l 为类标签，其取值为 0（非变化）和 1（变化）；$U(y_i,l)$ 为基于软聚类得到的对应类别标签 l 的隶属度矩阵。而软聚类的方法主要有期望最大化（expectation maximization，EM）和 FCM 算法，其中对遥感影像具有概率分布假设的 EM 算法并不适用于高分辨率遥感影像。因此，本章选择 FCM 算法计算隶属度，从而得到一元势能。

2. 二元势能函数

二元势能函数根据邻域像素对中心像素的影响，判断中心像素为变化像素和非变化像素的势能。其通过假设邻域像素更可能为同一类别引入空间上下文信息，从而降低椒盐噪声对变化检测的影响。同时，为了避免过平滑现象，HCRF 使用了具有边界约束的上下文敏感势能函数作为二元势能函数，其公式为

$$\phi_{ij}(x,y_i,y_j) = \begin{cases} 1+\exp\left\{-\dfrac{\|x_i-x_j\|^2}{2\sigma^2}\right\} & y_i = y_j \\ 0 & y_i \neq y_j \end{cases} \quad (4.17)$$

式中，像素 i 的邻域像素 j 组成一个团 C；σ^2 为 $\|x_i - x_j\|^2$ 的平均值。当像素 i 和 j 的光谱信息差异很大时，$\phi_{ij}(x, y_i, y_j)$ 会对两像素赋予相同类标签的情况给予惩罚。

3. 对象势能函数

对象势能函数根据影像中对象级地物块对单一像素的影响，判断像素为变化像素和非变化像素的势能。本章对后验概率空间变化强度图进行超像素分割（Achanta et al., 2012）。首先，超像素分割规定超像素分割数（聚类数），将初始聚类中心分别在间隔为 S 个像素的规则网格上进行采样，然后将聚类中心移动到邻域像素中梯度最低的像素位置上。其次，在聚类过程中，聚类中心仅计算与附近邻域窗口内像素的距离，其窗口的大小通常为间隔 S 的两倍。当每个像素与最近的聚类中心相关联后，将聚类中心位置更新为属于该聚类所有像素的平均值。经过重复迭代，直到新聚类中心位置与以前聚类中心位置之间的残差收敛。最后，将不相交的像素重新分配给附近的超像素，产生一个对象级变化强度的分割图。

超像素分割能够将像素分组为原子区域，这些原子区域可用于取代像素网格。它们捕获图像冗余，提供了一个方便的基元，从而计算图像特征，大大降低了后续图像分割的复杂性。超像素分割表示为 $x_O^s = \{x_1^s, x_2^s, \cdots, x_O^s\}$，其中 O 为分割对象的数量，其对象势能函数的计算公式为

$$\psi_{is}(x^s, y_s) = 1 + \exp\left\{-\frac{(n_c^s - n_{nc}^s)^2}{\sigma_s^2}\right\} \tag{4.18}$$

式中，n_c^s 为第 s 个分割对象中变化像素的数量；n_{nc}^s 为第 s 个分割对象中非变化像素的数量；σ_s 为第 s 个分割对象中的像素总数。基于像素的标签，对象势能函数的公式为

$$\psi_s(x^s, y_s) = \begin{cases} 0 & y_s = 0 \\ \psi_{is}(x^s, y_s) & y_s = 1 \end{cases}, \text{ if } n_c^s > n_{nc}^s \tag{4.19}$$

$$\psi_s(x^s, y_s) = \begin{cases} \psi_{is}(x^s, y_s) & y_s = 0 \\ 0 & y_s = 1 \end{cases}, \text{ if } n_c^s \leq n_{nc}^s \tag{4.20}$$

当 $n_c^s > n_{nc}^s$ 时，鼓励对象内像素被判断为变化像素；反之，当 $n_c^s \leq n_{nc}^s$ 时，鼓励对象内像素被判断为非变化像素。其中，$\psi_{is}(x^s, y_s)$ 会随 $|n_c^s - n_{nc}^s|$ 的增大而减少，因为在 $|n_c^s - n_{nc}^s|$ 较小时，可以增加对象内像素被判断为相同标签的概率，在 $|n_c^s - n_{nc}^s|$ 较大时，可以抑制过平滑现象。

4.3.3 实验结果与分析

本节实验采用了三个不同地区、不同时间的数据集来验证本章提出的 FCM-SBN-CVAPS-HCRF 的变化检测性能。实验数据来源于 2020 年商汤科技比赛数据集，共选择

三个空间分辨率为 3m 的多光谱影像，影像空间尺寸为 512 像素×512 像素。实验分别利用 CVA-MRF、CVA-HCRF、FCM-SBN-CVAPS-MRF 和 FCM-SBN-CVAPS-HCRF 算法进行变化检测，并做出比较。CVA-MRF 和 FCM-SBN-CVAPS-MRF 的 β 值均为 5.0。三组实验的 CVA-HCRF 和 FCM-SBN-CVAPS-HCRF 的 λ 和 β 值分别为 0.5/6.0/0.04 和 9.0/6.0/1.0，其窗口大小和对后验概率空间变化强度图进行超像素分割的对象块数量分别为 13×13 和 30/50/80。

为了更好地分析 FCM-SBN-CVAPS-HCRF 和对比方法的变化检测性能，本节实验使用了四种精度评价指标：①错检率（L_{cn}）：错误分类为变化像素的像元百分比；②漏检率（L_{na}）：错误分类为非变化像素的像元百分比；③总体精度（OA）：正确分类像素数与总像素数的比值；④Kappa 系数。同时，第 4 章和第 5 章的实验均采用上述指标进行精度评价。

其中，CVA-MRF、CVA-HCRF、FCM-SBN-CVAPS-MRF 和 FCM-SBN-CVAPS-HCRF 在 CPU 为 i7-12700、内存为 16G 的计算机上通过 MATLAB R2019a 实现。

1. 变化影像图对比分析

第一组实验影像如图 4.6 所示。其中，影像包含五种地物类型，分别为林地、农地、建筑物、道路和河流。在这个实验数据中，主要的变化区域为部分半荒废农地转变成建筑物区域，基于目视解译得到的变化参考图如图 4.7（e）所示。

(a)第一时相遥感影像　　(b)第二时相遥感影像

图 4.6　第一组实验影像

基于 CVA-MRF、CVA-HCRF、FCM-SBN-CVAPS-MRF 和 FCM-SBN-CVAPS-HCRF 的变化检测结果如图 4.7（a）～图 4.7（d）所示。在图 4.7（a）和图 4.7（b）中，CVA-MRF 和 CVA-HCRF 在影像下方检测出明显的错检和漏检区域，特别遗漏了影像下方的房屋区域变化信息。这是由于基于 CVA 计算的影像变化强度图提供了错误的变化信息，进而影响了后续变化检测的结果。与之相比，在图 4.7（c）和图 4.7（d）中，FCM-SBN-CVAPS-MRF 和 FCM-SBN-CVAPS-HCRF 没有出现明显的错检区域和漏检区域。在图 4.7（c）中，由于使用 MRF 模型，FCM-SBN-CVAPS-MRF 过分保留变化区域边界细节，因此出现了部分的错检区域和漏检区域。与之相比，在图 4.7（d）中，由于使用综合考虑像素级和对象级空间信息的 HCRF 模型，FCM-SBN-CVAPS-HCRF 检测的变化区域边界较为平滑，错检区域更小，同时较好地保留了边界信息。因此，FCM-SBN-CVAPS-HCRF 能较好地维持变化区域边界细节和过平滑之间的平衡，取得了最好的变化检测效果。

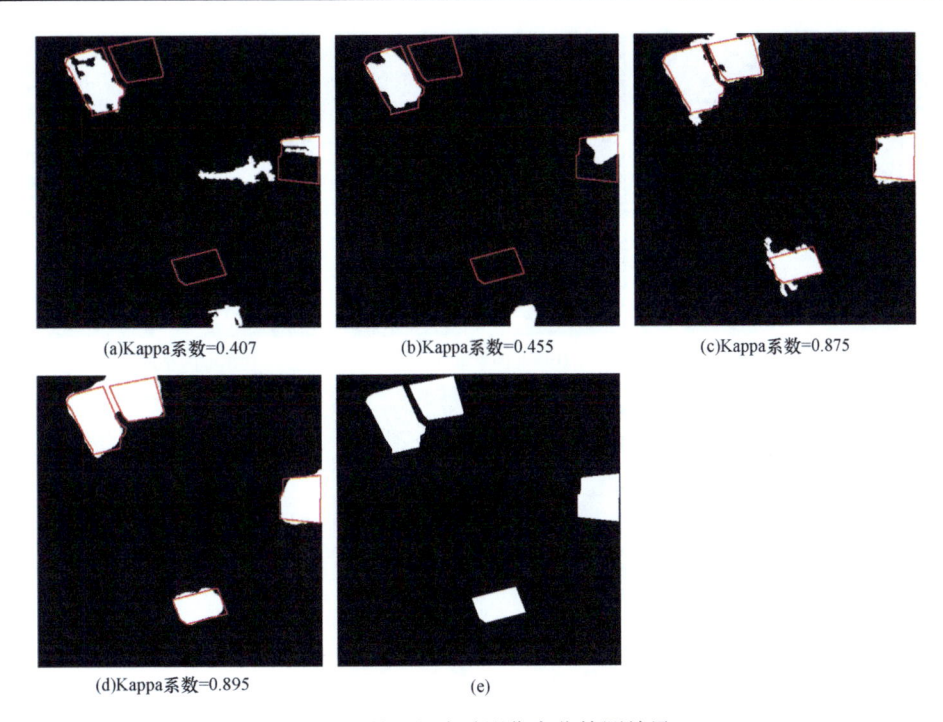

(a)Kappa系数=0.407　　(b)Kappa系数=0.455　　(c)Kappa系数=0.875

(d)Kappa系数=0.895　　(e)

图 4.7　第一组实验影像变化检测结果

(a) CVA-MRF；(b) CVA-HCRF；(c) FCM-SBN-CVAPS-MRF；(d) FCM-SBN-CVAPS-HCRF；(e) 参考影像图

第二组实验影像如图 4.8 所示，共包含四种地物，分别为房屋、河流、林地和荒地。其中，主要变化区域为部分荒地转变成房屋和小部分荒地转变成林地，人工标注的变化参考图如图 4.9（e）所示。

基于 CVA-MRF、CVA-HCRF、FCM-SBN-CVAPS-MRF 和 FCM-SBN-CVAPS-HCRF 的变化检测结果如图 4.9（a）～图 4.9（d）所示。在图 4.9（a）中，CVA-MRF 获得了较好的变化检测效果，但是其左侧红框区域存在一些漏检区域和错检区域。在图 4.9（b）中，CVA-HCRF 的检测结果中包含较大漏检区域，并且出现了过平滑现象，丢失了大量变化区域的边界细节。在图 4.9（c）中，由于 MRF 模型只考虑标签场空间信息，FCM-SBN-CVAPS-MRF 出现了较多的错检区域。在图 4.9（d）中，虽然 FCM-SBN-CVAPS-HCRF 的右侧红框区域出现漏检，但是在左侧红框区域中，其检测效果优于 CVA-MRF、CVA-HCRF 和 FCM-SBN-CVAPS-MRF 算法。

(a)第一时相遥感影像　　(b)第二时相遥感影像

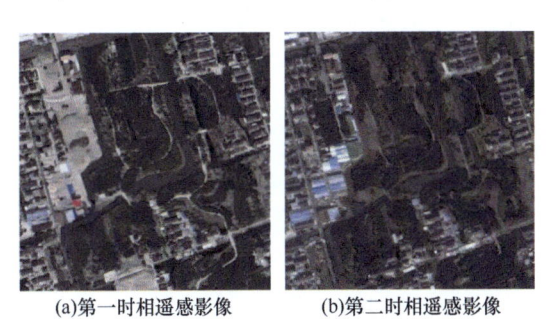

图 4.8　第二组实验影像

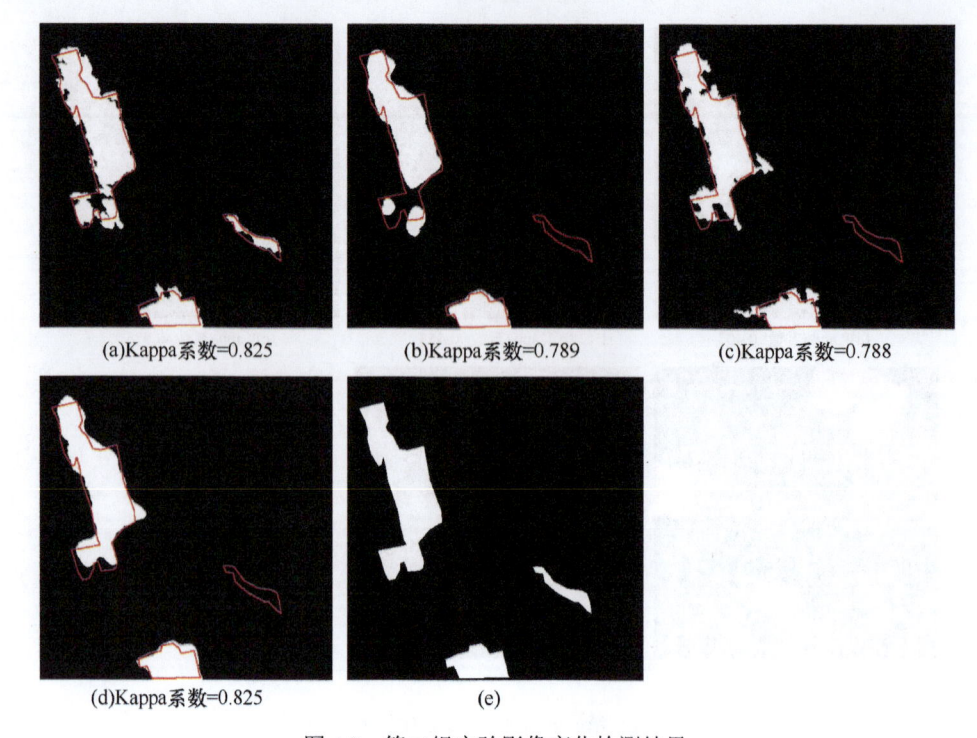

图 4.9　第二组实验影像变化检测结果
(a) CVA-MRF；(b) CVA-HCRF；(c) FCM-SBN-CVAPS-MRF；(d) FCM-SBN-CVAPS-HCRF；(e) 参考影像图

第三组实验影像如图 4.10 所示，共包含四种地物，分别为房屋、公路、林地和荒地。其中，主要变化区域为部分荒地转变成房屋和一些荒地的整改，人工标注的变化参考图如图 4.11（e）所示。

基于 CVA-MRF、CVA-HCRF、FCM-SBN-CVAPS-MRF 和 FCM-SBN-CVAPS-HCRF 的变化检测结果如图 4.11（a）～图 4.11（d）所示。在图 4.11（a）和图 4.11（b）中，CVA-MRF 和 CVA-HCRF 无法完整识别变化区域，特别是左侧的变化区域，同时在其左上方区域识别出一部分错检区域。与之相比，FCM-SBN-CVAPS-MRF 和 FCM-SBN-CVAPS-HCRF 的检测结果更加完整。同时，FCM-SBN-CVAPS-HCRF 检测的变化区域边界比 FCM-SBN-CVAPS-MRF 更平滑，变化检测效果更好。

(a) 第一时相遥感影像　(b) 第二时相遥感影像
图 4.10　第三组实验影像

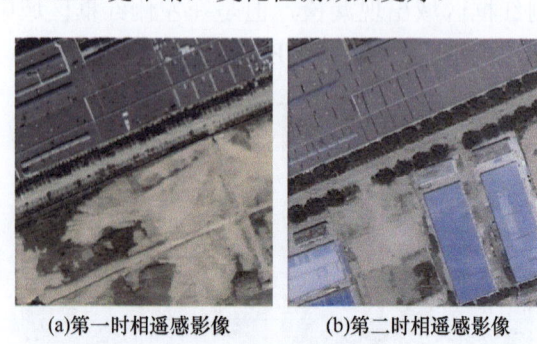

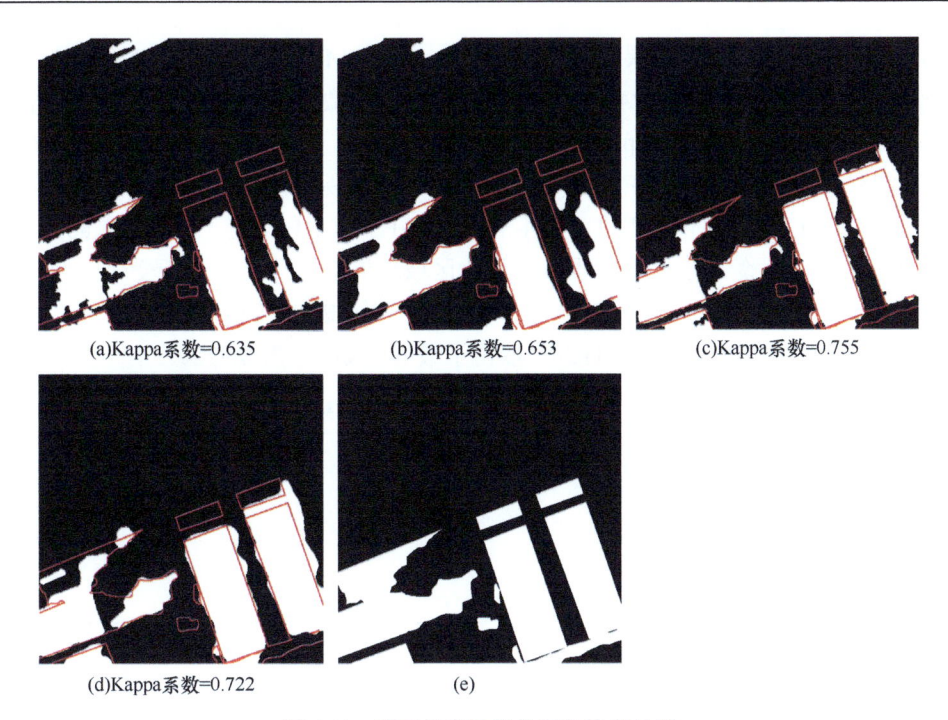

图 4.11 第三组实验影像变化检测结果

(a) CVA-MRF；(b) CVA-HCRF；(c) FCM-SBN-CVAPS-MRF；(d) FCM-SBN-CVAPS-HCRF；(e) 参考影像图

2. 定量结果分析

为了更好地定量比较所提到变化检测方法的性能，三组实验影像详细的检测结果如表 4.5～表 4.7 所示。

第一组实验影像检测结果如表 4.5 所示。CVA-MRF 的 Kappa 系数和 OA 最低，分别为 0.407 和 0.926。原因是一些未发生变化的区域光谱变化幅度大，而一些变化区域的光谱变化幅度小，导致基于 CVA 的变化强度图中变化幅度不一致，从而出现最高的 L_{cn} 和 L_{na} 与最低的 Kappa 系数和 OA。与之相比，CVA-HCRF 检测的变化区域边界更平滑，同时更好地保留了边界细节信息，因而其 L_{cn} 和 L_{na} 比 CVA-MRF 更低，Kappa 系数和 OA 比 CVA-MRF 更高。与 CVA-MRF 和 CVA-HCRF 算法相比，FCM-SBN-CVAPS-MRF 的变化检测精度大幅度提高，原因是后验概率空间变化强度图的变化幅度一致，导致其获得较低的 L_{cn} 和 L_{na} 与较高的 Kappa 系数和 OA。最后，由于 HCRF 模型充分考虑像素级和对象级空间信息，FCM-SBN-CVAPS-HCRF 取得了最优的变化检测结果，其 Kappa 系数和 OA 分别为 0.895 和 0.982。

表 4.5 第一组实验影像检测结果

方法	Kappa 系数	L_{cn}	L_{na}	OA
CVA-MRF	0.407	0.385	0.654	0.926
CVA-HCRF	0.455	0.192	0.566	0.937
FCM-SBN-CVAPS-MRF	0.875	0.180	0.034	0.979
FCM-SBN-CVAPS-HCRF	0.895	0.150	0.033	0.982

第二组实验影像检测结果如表 4.6 所示。CVA-MRF、CVA-HCRF、FCM-SBN-CVAPS-MRF 和 FCM-SBN-CVAPS-HCRF 的 Kappa 系数整体表现较好。其中，相较于 CVA-MRF，CVA-HCRF 的 Kappa 系数较低，为 0.789。另外，CVA-HCRF 的漏检率最高，为 0.252，表明 CVA-HCRF 有时会出现不能较好地保留变化区域边界细节的问题。而与 FCM-SBN-CVAPS-MRF 相比，FCM-SBN-CVAPS-HCRF 得到了较好的 Kappa 系数，为 0.825，较好地平衡了边界平滑程度和变化区域边界细节信息。由于变化区域光谱特点比较简单，CVA-MRF 和 FCM-SBN-CVAPS-HCRF 都得到了较好的 Kappa 系数，均为 0.825。另外，FCM-SBN-CVAPS-HCRF 取得了最好的 OA，为 0.972。

表 4.6　第二组实验影像检测结果

方法	Kappa 系数	L_{cn}	L_{na}	OA
CVA-MRF	0.825	0.175	0.142	0.971
CVA-HCRF	0.789	0.126	0.252	0.968
FCM-SBN-CVAPS-MRF	0.788	0.195	0.191	0.965
FCM-SBN-CVAPS-HCRF	0.825	0.142	0.175	0.972

第三组实验影像检测结果如表 4.7 所示。FCM-SBN-CVAPS-MRF 和 FCM-SBN-CVAPS-HCRF 的错检率和漏检率分别比 CVA-HCRF 低 0.034 和 0.139。此外，FCM-SBN-CVAPS-MRF 和 FCM-SBN-CVAPS-HCRF 比 CVA-MRF 和 CVA-HCRF 的 Kappa 系数和 OA 更高。最后，与其他算法相比，FCM-SBN-CVAPS-HCRF 的 Kappa 系数和 OA 最高，分别为 0.771 和 0.912。

表 4.7　第三组实验影像检测结果

方法	Kappa 系数	L_{cn}	L_{na}	OA
CVA-MRF	0.635	0.170	0.362	0.866
CVA-HCRF	0.653	0.160	0.346	0.872
FCM-SBN-CVAPS-MRF	0.755	0.140	0.221	0.906
FCM-SBN-CVAPS-HCRF	0.771	0.126	0.207	0.912

以上三组实验数据证明了 FCM-SBN-CVAPS-HCRF 具有更好的变化检测性能。

3. CVA 变化强度图与后验概率空间变化强度图对比分析

上述实验验证了 FCM-SBN-CVAPS-HCRF 具有最好的变化检测性能。但是在第二组实验影像中，CVA-MRF 和 FCM-SBN-CVAPS-HCRF 都取得了较好的变化检测效果，两者的 Kappa 系数相同，CVA-HCRF 和 FCM-SBN-CVAPS-HCRF 的 OA 差低于 0.007。为了解释上述现象，本章对三组实验区影像的 CVA 变化强度图和后验概率空间变化强度图进行了对比分析。如图 4.12～图 4.14 所示，像元亮度越高，其变化强度越大，像元亮度越低，则其变化强度越小。

如图 4.12（a）所示，第一组实验影像的 CVA 变化强度图中同一变化区域的变化幅度差异较大，并且其中有些细小的峰值区域位于未变化区域，从而导致其为 HCRF 提供错误的观察场信息。与之相比，后验概率空间变化强度图的变化幅度一致性较高，从而为 CRF 提供了高质量的观察场信息 [图 4.12（b）]。

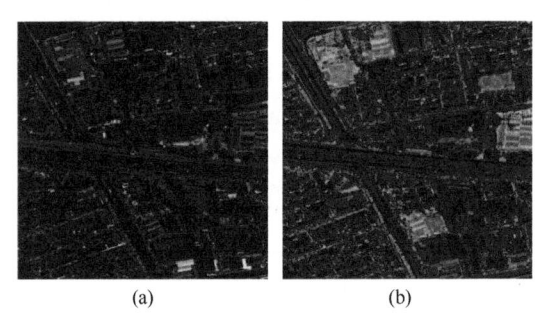

图 4.12　第一组实验影像的变化幅度图
（a）CVA 变化强度图；（b）后验概率空间变化强度图

如图 4.13 所示，第二组实验影像的 CVA 变化强度图中同一变化区域的变化幅度差异较小，同时后验概率空间变化强度图的变化幅度基本一致，CVA 变化强度图和后验概率空间变化强度图的峰值区域都位于真实变化区域。所以，CVA-MRF 和 FCM-SBN-CVAPS-HCRF 取得了相近的 OA 和 Kappa 系数。

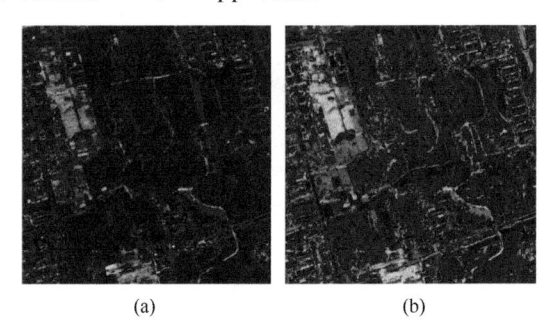

图 4.13　第二组实验影像的变化幅度图
（a）CVA 变化强度图；（b）后验概率空间变化强度图

如图 4.14 所示，第三组实验影像的 CVA 变化强度图中左下方变化区域与其他变化区的变化幅度差异较大，而后验概率空间变化强度图中变化区域的变化幅度基本一致，为 HCRF 提供了高质量的观察场信息，使得 FCM-SBN-CVAPS-HCRF 具有最优变化检测性能。

图 4.14　第三组实验影像的变化幅度图
（a）CVA 变化强度图；（b）后验概率空间变化强度图

4. 自适应性分析

为了证明 FCM-SBN-CVAPS-HCRF 算法的自适应性，在商汤科技比赛数据集中选取五幅影像进行基于 CVA-MRF、CVA-HCRF、FCM-SBN-CVAPS-MRF 和 FCM-SBN-CVAPS-HCRF 的变化检测，并标明其 Kappa 系数。

实验影像、人工参考图以及基于 CVA-MRF、CVA-HCRF、FCM-SBN-CVAPS-MRF 和 FCM-SBN-CVAPS-HCRF 的变化检测结果如图 4.15 所示。在影像 3 和影像 5 中，

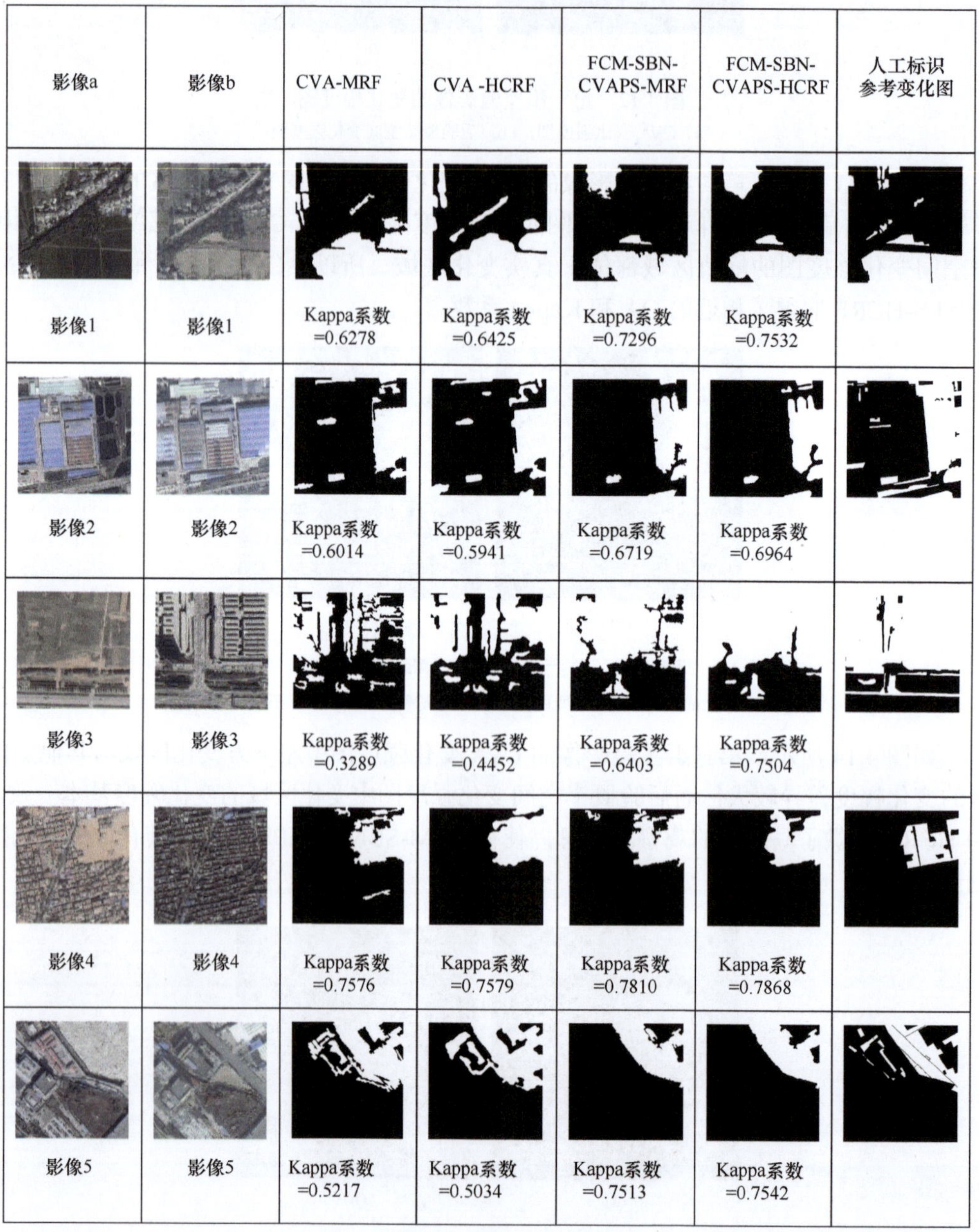

影像a	影像b	CVA-MRF	CVA-HCRF	FCM-SBN-CVAPS-MRF	FCM-SBN-CVAPS-HCRF	人工标识参考变化图
影像1	影像1	Kappa系数=0.6278	Kappa系数=0.6425	Kappa系数=0.7296	Kappa系数=0.7532	
影像2	影像2	Kappa系数=0.6014	Kappa系数=0.5941	Kappa系数=0.6719	Kappa系数=0.6964	
影像3	影像3	Kappa系数=0.3289	Kappa系数=0.4452	Kappa系数=0.6403	Kappa系数=0.7504	
影像4	影像4	Kappa系数=0.7576	Kappa系数=0.7579	Kappa系数=0.7810	Kappa系数=0.7868	
影像5	影像5	Kappa系数=0.5217	Kappa系数=0.5034	Kappa系数=0.7513	Kappa系数=0.7542	

图 4.15 变化检测结果

FCM-SBN-CVAPS-MRF 和 FCM-SBN-CVAPS-HCRF 的 Kappa 系数明显高于 CVA-MRF 和 CVA-HCRF。尤其在影像 3 中，FCM-SBN-CVAPS-MRF 和 FCM-SBN-CVAPS-HCRF 的 Kappa 系数比 CVA-MRF 和 CVA-HCRF 分别高 0.3114 和 0.3052。在影像 4 中，FCM-SBN-CVAPS-MRF 和 FCM-SBN-CVAPS-HCRF 与 CVA-MRF 和 CVA-HCRF 的 Kappa 系数相差较小，仅提高了 0.0234 和 0.0289。这是由于影像 4 的光谱差异性较低，其 CVA 变化强度图和后验概率空间变化强度图相近，所以其变化检测结果没有明显差异。在所有影像中，FCM-SBN-CVAPS-MRF 和 FCM-SBN-CVAPS-HCRF 均比 CVA-MRF 和 CVA-HCRF 变化检测结果更好。特别是，FCM-SBN-CVAPS-HCRF 的 Kappa 系数最高，变化检测结果最好。

5. 权重参数 λ 和 β 敏感度分析

在所有实验中，λ 和 β 参数对 FCM-SBN-CVAPS-HCRF 的精度有较大影响。λ 是 FCM-SBN-CVAPS-HCRF 的势能函数中二元势能函数的权重参数。其控制了周边相邻像素对中心像素的影响，数值过大，会造成过平滑现象。β 是 FCM-SBN-CVAPS-HCRF 的势能函数中对象势能函数的权重参数。其控制了对象级地物对像素的影响，数值过大，会导致位于同一对象级地物中的像素出现同质化现象。由于 FCM-SBN-CVAPS-HCRF 的势能函数中一元势能函数的权重参数默认设置为 1，所以 λ 和 β 还间接影响 FCM-SBN-CVAPS-HCRF 的势能函数中一元势能函数的权重参数。

为了更好地确定 FCM-SBN-CVAPS-HCRF 的势能函数的权重参数 λ 和 β，本实验进行对 λ 和 β 的敏感度实验。

第一组实验影像 λ 和 β 敏感度分析如图 4.16 所示。λ 选取范围为 0.2~2.0，间隔为 0.2。β 选取范围为 5.0~9.0，间隔为 1.0。当 λ=0.4 和 β=9.0 时，Kappa 系数达到最高，大于 0.895。当 λ 值大于 0.4 时，其 Kappa 系数持续降低。因为 λ 值过大，会导致图中一些真实的变化区域边界细节信息消失，而当 β 值越大，中心像元受对象级地物的影响越大，可以保留部分变化区域边界细节。在 λ 值小于 0.4 时，越大的 β 值导致越低的 Kappa 系数。因为过低的 λ 值，意味着 FCM-SBN-CVAPS-HCRF 势能函数中一元势能函数的权重较大，会引入过多边界细节信息，易受噪声影响，从而导致 Kappa 系数下降。

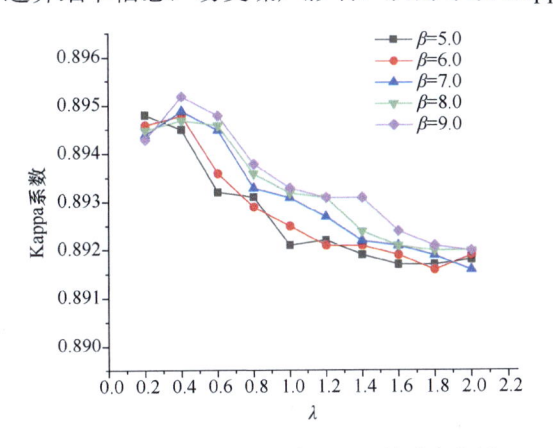

图 4.16 第一组实验影像 λ 和 β 敏感度分析

第二组实验影像 λ 和 β 敏感度分析如图 4.17 所示。经过测试，λ 选取范围为 0.4～2.2，间隔为 0.2。β 选取范围为 5.0～9.0，间隔为 1.0。当 $\lambda=1.6$ 和 $\beta=6.0$ 时，Kappa 系数达到最高，为 0.823。当 $\beta=8.0$ 时，随着 λ 的增加，Kappa 系数逐渐增大。而当 $\lambda=0.4$ 和 $\lambda=2.2$ 时，Kappa 系数较低。研究发现，当 $\lambda=0.4$ 时，正确检测的变化区域在迭代中与其附近的小块未变化区域连接，提高了错检率，降低了 Kappa 系数。当 $\lambda=2.2$ 时，正确检测的变化区域内部出现一些小的孔洞，提高了漏检率，最终导致 Kappa 系数降低。

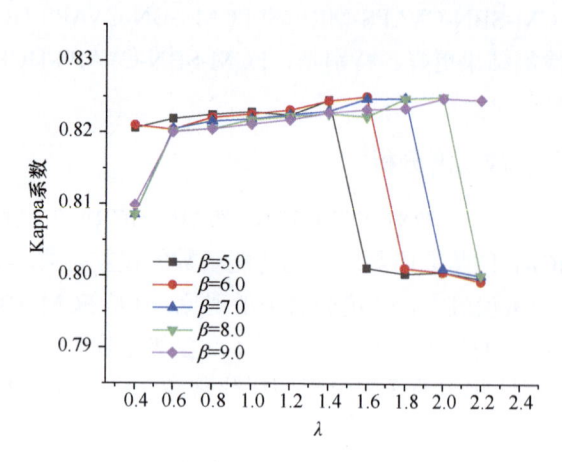

图 4.17　第二组实验影像 λ 和 β 敏感度分析

第三组实验影像 λ 和 β 敏感度分析如图 4.18 所示。经过测试，λ 选取范围为 0.02～0.20，间隔为 0.02。β 选取范围为 0.5～2.5，间隔为 0.5。当 $\lambda=0.04$ 和 $\beta=1.0$ 时，Kappa 系数达到最高，为 0.7722。第三组实验影像中 λ 的最优值较低，仅为 0.04，但是 λ、β 和 Kappa 系数的整体变化规律并没有不同。由此可见，所提出的 FCM-SBN-CVAPS-HCRF 依然需要通过实验确定最佳权重参数 λ 和 β。

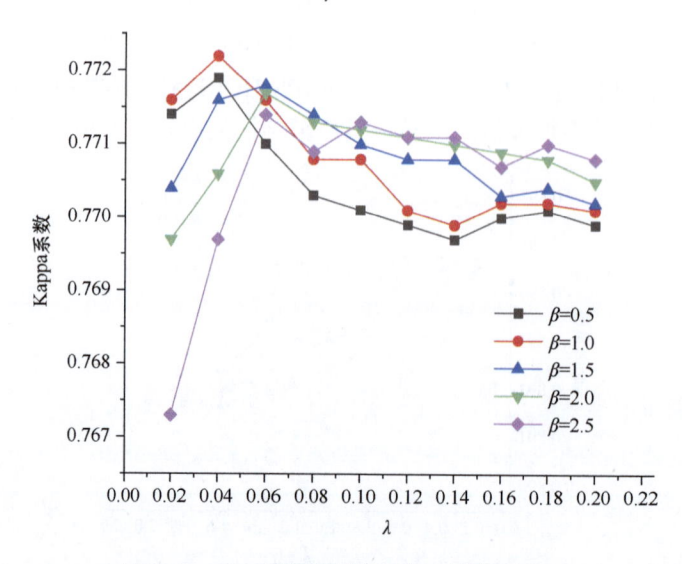

图 4.18　第三组实验影像 λ 和 β 敏感度分析

综上所述，本节详细地介绍了HCRF的势能函数组成及计算方法，并通过实验，对比了CVA-MRF、CVA-HCRF、FCM-SBN-CVAPS-MRF与FCM-SBN-CVAPS-HCRF的性能差异，并进行了定量分析。实验证明了FCM-SBN-CVAPS-HCRF具有最佳的变化检测性能，并具有一定的自适应性。最后，通过实验，分析了权重参数λ和β对FCM-SBN-CVAPS-HCRF性能的影响。

4.4 遥感影像抗噪声变化检测

由于基于空间邻域信息的模糊C均值聚类（FCM_S1、FCM_S2、KFCM_S1、KFCM_S2和FLICM)算法能够有效分解噪声污染的中低分辨率遥感影像中的混合像元，因此本节通过基于邻域空间信息的模糊C均值聚类与简单贝叶斯网络，在CVAPS框架下，扩充完成了抗高斯、椒盐和混合噪声的遥感变化检测实验，并进行了相关分析。

4.4.1 空间FCM-SBN-CVAPS原理

由于FCM-SBN-CVAPS算法中的FCM算法在聚类过程中忽略了空间信息，因而在噪声影响下其估计的模糊隶属度矩阵不够准确，从而影响后续变化检测的精度。对于这个问题，本节采用五种不同的基于空间邻域信息的FCM以提高CVAPS模型的抗噪能力。如图4.19的算法流程图所示，本章涉及的基于空间邻域信息的FCM算法包括：FCM_S1-SBN-CVAPS、FCM_S2-SBN-CVAPS、KFCM_S1-SBN-CVAPS、KFCM_S2-SBN-CVAPS和FLICM-SBN-CVAPS。

1. 简化邻域项的模糊聚类算法

FCM_S算法通过计算邻域像素和中心像素光谱特征的欧氏距离来修正中心像素的模糊隶属度，从而引入了空间领域信息，增强了FCM的抗噪性。但其计算量过大，因此本章采用简化后的FCM_S1算法和FCM_S2算法。FCM_S1算法和FCM_S2算法首先对影像进行均值和中值滤波，然后基于滤波结果与邻域像素光谱特征的欧氏距离迭代

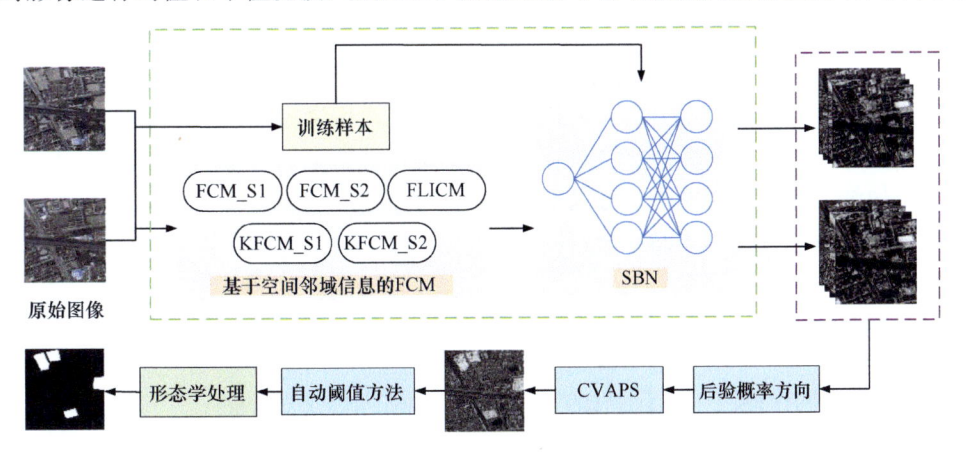

图4.19 空间FCM-SBN-CVAPS算法流程图

计算中心像素的隶属度矩阵。因为使用了均值和中值滤波，FCM_S1 和 FCM_S2 算法分别对高斯噪声和椒盐噪声有较高的鲁棒性。FCM_S1 和 FCM_S2 的对象函数分别为

$$J_1 = \sum_{\substack{1 \leqslant i \leqslant N \\ 1 \leqslant j \leqslant M}} \sum_{k=1}^{c} [u_k(i,j)]^q \|x_{i,j} - v_k\|^2 + \alpha \sum_{\substack{1 \leqslant i \leqslant N \\ 1 \leqslant j \leqslant M}} \sum_{k=1}^{c} [u_k(i,j)]^q \|\overline{x_{i,j}} - v_k\|^2 \quad (4.21)$$

$$J_2 = \sum_{\substack{1 \leqslant i \leqslant N \\ 1 \leqslant j \leqslant M}} \sum_{k=1}^{c} [u_k(i,j)]^q \|x_{i,j} - v_k\|^2 + \alpha \sum_{\substack{1 \leqslant i \leqslant N \\ 1 \leqslant j \leqslant M}} \sum_{k=1}^{c} [u_k(i,j)]^q \|\widehat{x_{i,j}} - v_k\|^2 \quad (4.22)$$

式中，v_k 为信号类中心；α 为邻域模糊控制参数；q 为控制 FCM 聚类模糊度的参数；$\overline{x_{i,j}}$ 为邻域像素的均值；$\widehat{x_{i,j}}$ 为邻域像素的中值。

2. 基于核距离的空间约束模糊聚类算法

KFCM 算法运用了高斯核函数的距离测度来替换 FCM 中的欧氏距离，可以将低维空间中的非线性变量转换为高维空间的简单线性变量，减少邻域空间上噪声和异常值对计算隶属度矩阵的影响，使其计算隶属度矩阵时更加稳健。KFCM_S1 和 KFCM_S2 算法在 KFCM 算法的基础上，基于影像中值和均值滤波结果，进行迭代计算。影像滤波增强了 KFCM_S1 算法和 KFCM_S2 算法对椒盐噪声和高斯噪声的抗噪性，也减少了算法的运行时间。KFCM_S1 和 KFCM_S2 的对象函数如式（4.23）和式（4.24）所示：

$$J_3 = \sum_{\substack{1 \leqslant i \leqslant N \\ 1 \leqslant j \leqslant M}} \sum_{k=1}^{c} [u_k(i,j)]^q \|1 - K(x_{i,j}, v_k)\|^2 + \alpha \sum_{\substack{1 \leqslant i \leqslant N \\ 1 \leqslant j \leqslant M}} \sum_{k=1}^{c} [u_k(i,j)]^q \|1 - K(\overline{x_{i,j}}, v_k)\|^2 \quad (4.23)$$

$$J_4 = \sum_{\substack{1 \leqslant i \leqslant N \\ 1 \leqslant j \leqslant M}} \sum_{k=1}^{c} [u_k(i,j)]^q \|1 - K(x_{i,j}, v_k)\|^2 + \alpha \sum_{\substack{1 \leqslant i \leqslant N \\ 1 \leqslant j \leqslant M}} \sum_{k=1}^{c} [u_k(i,j)]^q \|1 - K(\widehat{x_{i,j}}, v_k)\|^2 \quad (4.24)$$

本章中，核距离 $K(\bullet,\bullet)$[①] 为高斯径向基函数（Gaussian radial basis function，GRBF）。

3. 基于模糊局部信息 C 均值聚类算法

FLICM 算法使用了一种模糊局部空间信息和光谱信息相似性的距离测度，保证了算法的抗噪性能，而且保留了影像细节。由于该算法通过局部空间的模糊约束因子自动约束了影像细节和噪声的平衡，可以不需要噪声的先验知识，能自适应处理不同噪声。FLICM 的对象函数如式（4.25）所示：

$$J_5 = \sum_{\substack{1 \leqslant i \leqslant N \\ 1 \leqslant j \leqslant M}} \sum_{k=1}^{c} [(u_k(i,j))^q \|x_{i,j} - v_k\|^2 + G_{ijk}] \quad (4.25)$$

式中，G_{ijk} 为空间模糊因子，计算如式（4.26）所示：

---

① $K(\bullet,\bullet)$ 是一个核距离函数，其有两个参数，用两个圆点表示。

$$G_{ijk} = \sum_{c \in C_{ij}} \frac{1}{d_{ijc}+1}(1-u_{ck})^m \|x_c - v_k\|^2 \tag{4.26}$$

式中，C_{ij} 为以像素 $x_{i,j}$ 的所有邻域像素组成的团，如以像素 $x_{i,j}$ 为中心的 3×3 窗口；d_{ijc} 为像素 $x_{i,j}$ 和像素 x_c 的欧氏距离；u_{ck} 为像素 x_c 属于第 k 个信号类的隶属度；m 为模糊隶属度的权重指数。FLICM 算法通过引入 G_{ijk}，避免人工调整参数因子，提高了算法对不同噪声的自适应性。

4.4.2 实验结果与分析

本章实验影像为 2017 年和 2019 年的两幅 600 像素×600 像素 7 波段 Landsat 8 影像，均进行了辐射定标和大气校正等预处理。影像主要包含 4 种地物类型，分别为建筑物、山地、农地和荒地，如图 4.20（a）和图 4.20（b）所示。图 4.20（c）为基于人工标识的变化区域影像二值图。

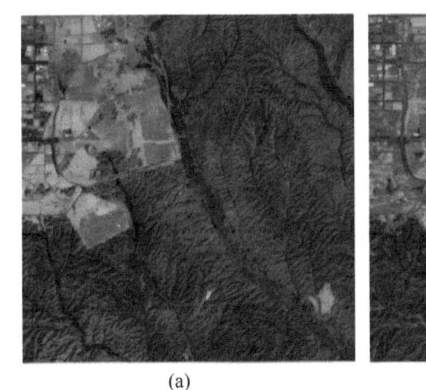

图 4.20　实验影像及人工检测的变化结果
（a）2017 年影像；（b）2019 年影像；（c）人工检测的变化结果

1. 综合性能比较

为了验证算法的抗噪性能，本节设计了 3 类噪声实验：①5%椒盐噪声；②零均值，方差 0.01 的高斯噪声；③混合噪声（0.5%椒盐噪声+零均值，方差 0.001 的高斯噪声）。其中，信号类数（聚类数）为 10，模糊度参数 q 为 3.5，训练样本为 1000 个，自动阈值算法为大津法。

图 4.21 为添加 5%椒盐噪声的研究区影像及 SVM-CVAPS、FCM-SBN-CVAPS、FCM_S2-SBN-CVAPS 和 KFCM_S2-SBN-CVAPS 算法的变化二值图，检测精度见表 4.8。如图 4.21 和表 4.8 所示，在 5%椒盐噪声影响下，SVM-CVAPS 和 FCM-SBN-CVAPS 算法存在大量的误检区域，其变化检测 Kappa 系数分别为 0.406 和 0.647。而 FCM_S2-SBN-CVAPS 和 KFCM_S2-SBN-CVAPS 算法的误检区域大大减少，其变化检测 Kappa 系数分别为 0.844 和 0.751。其中，KFCM_S2-SBN-CVAPS 算法出现了部分的误检区域，导致其变化检测精度低于 FCM_S2-SBN-CVAPS 算法。

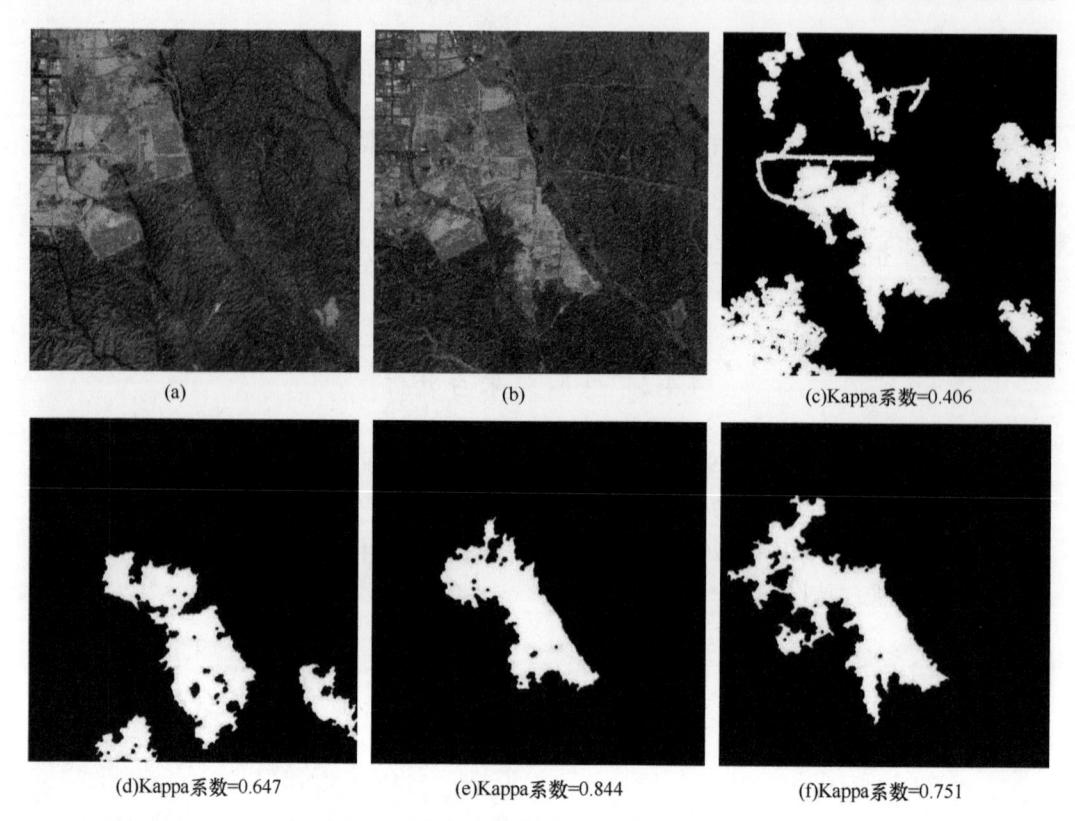

图 4.21　变化检测效果图（5%椒盐噪声）
（a）Landsat 8_2017 影像；（b）Landsat 8_2019 影像；（c）SVM-CVAPS；（d）FCM-SBN-CVAPS；（e）FCM_S2-SBN-CVAPS；（f）KFCM_S2-SBN-CVAPS

表 4.8　变化检测模型性能比较（5%椒盐噪声）

指标	FCM-SBN-CVAPS	SVM-CVAPS	FCM_S2-SBN-CVAPS	KFCM_S2-SBN-CVAPS
错检率	0.341	0.684	0.209	0.325
漏检率	0.202	0.070	0.076	0.095
总体精度	0.953	0.841	0.975	0.959
Kappa 系数	0.647	0.406	0.844	0.751

从表 4.8 中可以发现，当添加 5%椒盐噪声时，FCM_S2-SBN-CVAPS 性能最优。其中，FCM_S2-SBN-CVAPS 算法的错检率和漏检率比 FCM-SBN-CVAPS 算法低 0.132 和 0.126，总体精度和 Kappa 系数比 FCM-SBN-CVAPS 算法高 0.022 和 0.197，证明 FCM_S2-SBN-CVAPS 算法较为适合处理椒盐噪声。

图 4.22 为添加零均值，方差 0.01 高斯噪声的研究区影像及采用 SVM-CVAPS、FCM_SBN-CVAPS、FCM_S1-SBN-CVAPS 和 KFCM_S1-SBN-CVAPS 算法的变化二值图，检测精度见表 4.9。其中，SVM-CVAPS 和 FCM-SBN-CVAPS 算法存在很多漏检和误检区域，其变化检测 Kappa 系数分别为 0.466 和 0.497。与此相比，FCM_S1-SBN-CVAPS 和 KFCM_S1-SBN-CVAPS 算法精度更高，Kappa 系数分别为 0.798 和 0.830。从表 4.9 中可以发现，当添加零均值，方差 0.01 的高斯噪声时，FCM_S1-SBN-CVAPS 和

KFCM_S1-SBN-CVAPS 均取得较好的检测结果，但 KFCM_S1-SBN-CVAPS 的性能略高于 FCM_S1-SBN-CVAPS。另外，KFCM_S1-SBN-CVAPS 算法的错检率和漏检率比 FCM-SBN-CVAPS 算法低 0.431 和 0.284，总体精度和 Kappa 系数比 FCM-SBN-CVAPS 算法高 0.054 和 0.333，证明由于使用 GRBF 为核距离，KFCM_S1-SBN-CVAPS 算法较为适合处理较弱的高斯噪声。

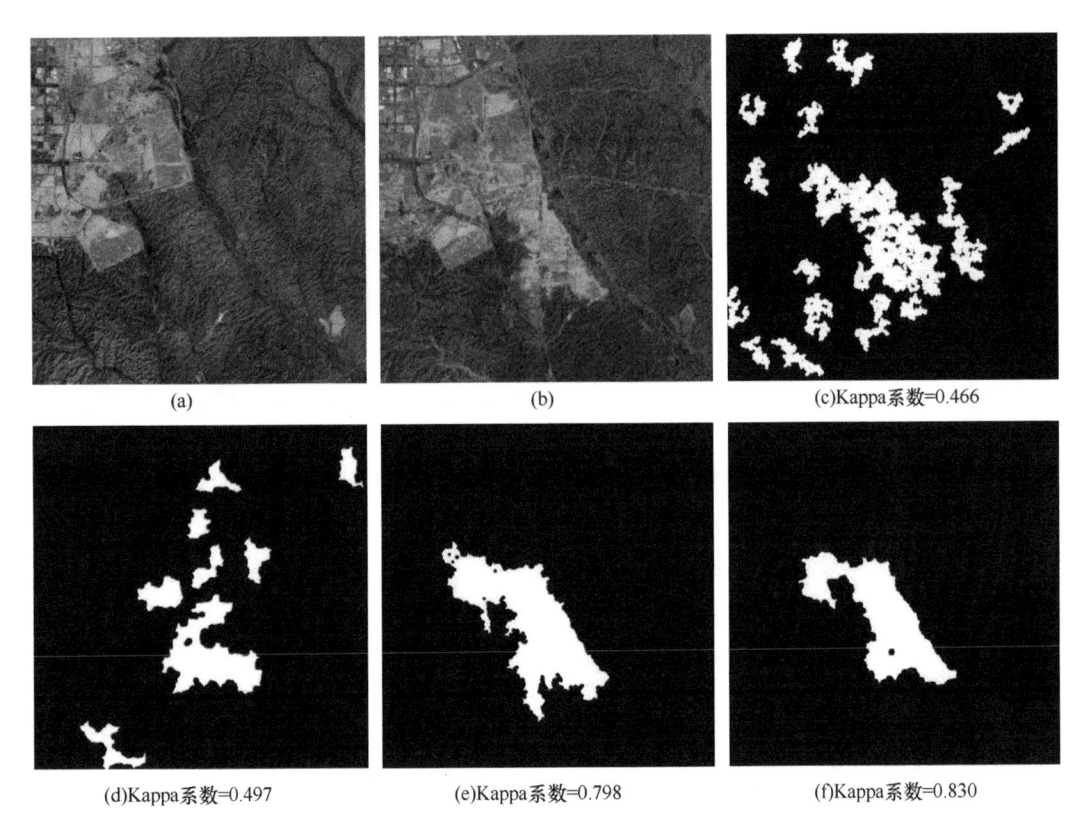

图 4.22 变化检测效果图（零均值，方差 0.01 的高斯噪声）
（a）Landsat 8_2017 影像；（b）Landsat 8_2019 影像；（c）SVM-CVAPS；（d）FCM-SBN-CVAPS；（e）FCM_S1-SBN-CVAPS；（f）KFCM_S1-SBN-CVAPS

表 4.9 变化检测模型性能比较（零均值，方差 0.01 高斯噪声）

指标	FCM-SBN-CVAPS	SVM-CVAPS	FCM_S1-SBN-CVAPS	KFCM_S1-SBN-CVAPS
错检率	0.501	0.594	0.199	0.070
漏检率	0.525	0.291	0.131	0.241
总体精度	0.923	0.898	0.973	0.977
Kappa 系数	0.497	0.466	0.798	0.830

图 4.23 为添加混合噪声（0.5%椒盐噪声+零均值，方差 0.001 高斯噪声）的影像和使用 SVM-CVAPS、FCM-SBN-CVAPS 和 FLICM-SBN-CVAPS 算法的变化二值图，如图 4.23（c）～图 4.23（e）所示，检测精度见表 4.10。从图中可以看出，SVM-CVAPS 和 FCM-SBN-CVAPS 算法受混合噪声影响，过度估计变化像元，其误检现象较为严重。另

外，SVM-CVAPS 检测到的变化区有很多漏检孔洞，检测精度最低。FLICM-SBN-CVAPS 算法没有明显误检区域，总体检测效果最好。从表 4.10 中可以发现，当同时添加 0.5% 椒盐噪声和零均值，方差 0.001 高斯噪声时，由于 FLICM- SBN-CVAPS 算法可以自适应地处理混合噪声，因而取得了最高的检测精度：其 Kappa 系数为 0.851，比 SVM-CVAPS 和 FCM-SBN-CVAPS 分别高 0.302 和 0.100；其总体精度为 0.979，比 SVM-CVAPS 和 FCM-SBN-CVAPS 分别高 0.081 和 0.022。

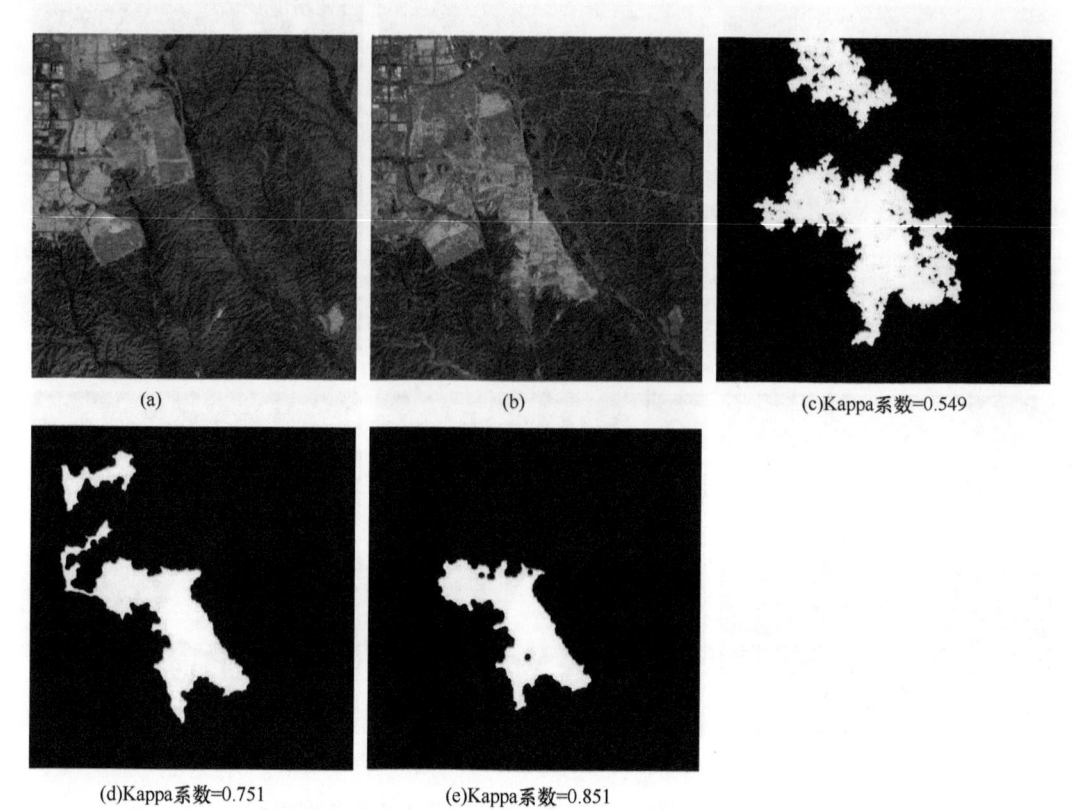

图 4.23 变化检测效果图（0.5%椒盐噪声+零均值，方差 0.001 的高斯噪声）
(a) Landsat 8_2017 影像；(b) Landsat 8_2019 影像；(c) SVM-CVAPS；(d) FCM-SBN-CVAPS；(e) FLICM-SBN-CVAPS

表 4.10 变化检测模型性能比较（**0.5%椒盐噪声+零均值，方差 0.001 的高斯噪声**）

指标	FCM-SBN-CVAPS	SVM-CVAPS	FLICM-SBN-CVAPS
错检率	0.347	0.594	0.071
漏检率	0.006	0.291	0.187
总体精度	0.957	0.898	0.979
Kappa 系数	0.751	0.549	0.851

2. 噪声鲁棒性

为分析上述算法的抗噪性能，本节对 SVM-CVAPS、FCM-SBN-CVAPS 和 FCM_S1-SBN-CVAPS、FCM_S2-SBN-CVAPS、KFCM_S1-SBN-CVAPS 和 KFCM_S2-SBN-CVAPS

这4种改进算法进行噪声敏感度分析。实验对研究区影像添加不同强度的高斯噪声和椒盐噪声。4种改进算法分别对受椒盐噪声（5.0%、6.0%、7.0%和8.0%）和高斯噪声（零均值，方差分别为0.005、0.010、0.015和0.020）污染的影像进行噪声敏感度分析。其中，本章通过实验确定最佳的滤波窗口大小为3×3，滤波权重系数为0.5，模糊度参数q统一设置为3.5。

图4.24和图4.25中展示了4种改进算法处理受不同程度椒盐噪声和高斯噪声污染影像的Kappa系数。如图4.24所示，FCM_S2-SBN-CVAPS对受椒盐噪声污染影像进行变化检测的Kappa系数最高，证明其对椒盐噪声的鲁棒性较好。从图4.25中可以发现，FCM_S1-SBN-CVAPS和KFCM_S1-SBN-CVAPS在处理受高斯噪声污染影像时，其Kappa系数较高，证明这两种算法对高斯噪声的鲁棒性较好。值得注意的是，KFCM_S1-SBN-CVAPS算法在高斯噪声较大时无法取得满意的变化检测精度。

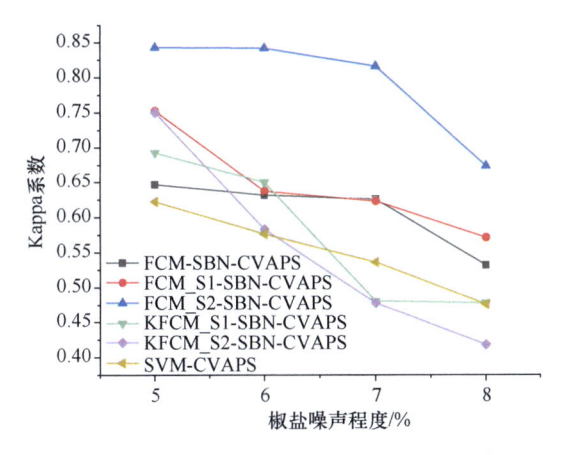

图4.24　SVM-CVAPS、FCM-SBN-CVAPS算法和4种改进算法的椒盐噪声敏感度

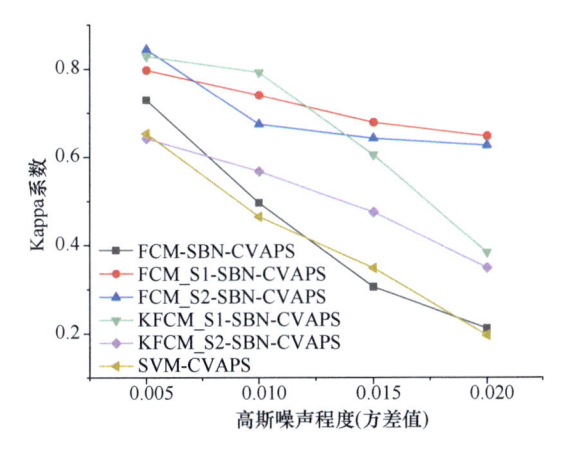

图4.25　SVM-CVAPS、FCM-SBN-CVAPS算法和4种改进算法的高斯噪声敏感度

另外，与FCM_S1-SBN-CVAPS和FCM_S2-SBN-CVAPS算法相比，KFCM_S1-CVAPS和KFCM_S2-SBN-CVAPS算法的Kappa系数较低，其将一些错检区域和正确区域连在一起。特别是，当在高斯噪声的零均值，方差为0.020时，KFCM_S1-SBN-CVAPS

算法的 Kappa 系数仅为 0.385,其检测到的变化区域因高斯噪声影响变成散布全影像的细小像斑。由此看出,KFCM_S1-SBN-CVAPS 无法有效抵抗较强高斯噪声的影响。

由于 FLICM 算法需要人工设定的参数较少,且可以自适应不同类型的噪声,因此本实验针对 FLICM-SBN-CVAPS 算法,分别对添加了单一噪声(椒盐噪声 0.4%、椒盐噪声 0.6%和方差为 0.001 的高斯噪声)和混合噪声(零均值,方差为 0.001 的高斯噪声+椒盐噪声 0.2%/0.4%/0.6%)的遥感影像进行变化检测和抗噪性能分析。从表 4.11 可知,当噪声信号较弱时,FLICM-SBN-CVAPS 算法比 FCM-SBN-CVAPS 算法抗噪性更强,其可以较好地处理受单一噪声和混合噪声污染的影像,取得了较高的 Kappa 系数。在零均值,方差为 0.001 的高斯噪声影响下,FLICM-SBN-CVAPS 算法比 FCM-SBN-CVAPS 和 SVM-CVAPS 算法的 Kappa 系数分别高 0.352 和 0.257,在混合噪声(零均值,方差为 0.001 的高斯噪声+椒盐噪声 0.2%)的影响下,FLICM-SBN-CVAPS 算法比 FCM-SBN-CVAPS 和 SVM-CVAPS 算法的 Kappa 系数分别高 0.094 和 0.186。然而,当噪声污染严重时,FLICM-SBN-CVAPS 的检测精度较低。

表 4.11 FLICM-SBN-CVAPS 的噪声敏感度表(Kappa 系数)

算法	椒盐噪声 0.4%	椒盐噪声 0.6%	零均值,方差为 0.001 的高斯噪声	零均值,方差为 0.001 的高斯噪声+椒盐噪声 0.2%	零均值,方差为 0.001 的高斯噪声+椒盐噪声 0.4%	零均值,方差为 0.001 的高斯噪声+椒盐噪声 0.6%
FLICM-SBN-CVAPS	0.868	0.720	0.853	0.861	0.778	0.754
FCM-SBN-CVAPS	0.821	0.700	0.501	0.767	0.742	0.728
FCM_S1-SBN-CVAPS	0.885	0.882	0.873	0.864	0.876	0.861
FCM_S2-SBN-CVAPS	0.882	0.881	0.881	0.881	0.883	0.880
SVM-CVAPS	0.693	0.668	0.596	0.675	0.638	0.538

在表 4.11 中,FCM_S1-SBN-CVAPS 算法和 FCM_S2-SBN-CVAPS 算法的 Kappa 系数均为 0.86 以上,如在零均值,方差 0.001 的高斯噪声+椒盐噪声 0.2%的影响下,FCM_S1-SBN-CVAPS 算法和 FCM_S2-SBN-CVAPS 算法的 Kappa 系数分别为 0.864 和 0.881。由此证明,FCM_S1-SBN-CVAPS 和 FCM_S2-SBN-CVAPS 算法可以克服较小程度的混合噪声污染。

3. 模糊度和训练样本数量敏感度

本节实验比较了不同的模糊度和训练样本数量对 FCM_S1-SBN-CVAPS、FCM_S2-SBN-CVAPS、KFCM_S1-SBN-CVAPS 和 KFCM_S2-SBN-CVAPS 变化检测算法抗噪性能的影响。变化检测过程中,分别设定不同的模糊度参数 q(1.0、1.5、2.0、2.5、3.0、3.5、4.0 和 4.5)和不同的训练样本数量(1000 个、2000 个、3000 个、4000 个和 5000 个),分别如图 4.26 和图 4.27 所示。其中,FCM_S1-SBN-CVAPS 和 KFCM_S1-SBN-CVAPS 处理添加零均值,方差为 0.01 的高斯噪声的影像,FCM_S2-SBN-CVAPS 和 KFCM_S2-SBN-CVAPS 处理添加 5%椒盐噪声的影像。

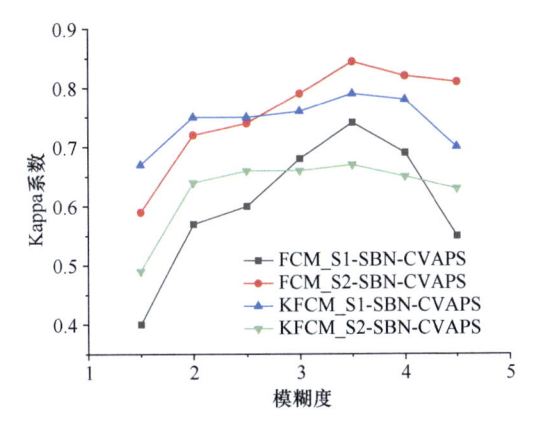

图 4.26 模糊度参数（q）敏感度

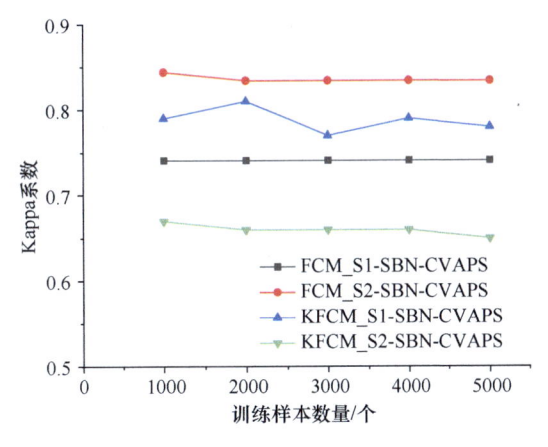

图 4.27 训练样本数量敏感度

由图 4.26 可以观察到，当模糊度参数 q 为 1.5 时，4 种算法的 Kappa 系数均偏低。这是由于模糊度过低的 FCM 改进算法无法有效分解影像中的混合像元，故其变化检测效果较差。当模糊度系数 q 为 3.5 时，4 种变化检测算法均取得最高 Kappa 系数。由此看出，当模糊度选为 3.5 时，算法精度较为理想。

如图 4.27 所示，在训练样本数量分别为 1000 个、2000 个、3000 个、4000 个和 5000 个时，所有算法的 Kappa 系数变化幅度均较小，最大差异仅为 0.04（KFCM_S1-SBN-CVAPS 算法），从而证明训练样本数量的变化对这 4 种算法变化检测的影响较小。并且当训练样本数量较少时，这 4 种算法依然可以得到较好的变化检测结果。

4. 算法运算时间分析

本节测试了所涉及算法的运行时间。实验发现，所涉及算法模型中模糊聚类部分运算耗时最长。当处理 5%椒盐噪声的遥感影像时，FCM_S1、FCM_S2 与 FCM 的算法运行时间分别为 48 s、44 s 和 43 s，差值不大于 5 s。而 KFCM_S1、KFCM_S2 和 FLICM 的算法运行时间较长，运行时间分别为 67 s、65 s 和 61 s。由于 KFCM_S1 和 KFCM_S2 的核距离运算量较大，从而延长了其总运行时间。

综上所述，本章介绍了空间 FCM-SBN-CVAPS 的原理及算法框架和五种空间 FCM 的原理（FCM_S1、FCM_S2、KFCM_S1、KFCM_S2 和 FLICM）。为了分析空间 FCM-SBN-CVAPS 对于中低分辨率遥感影像的抗噪声能力，实验将 5 种变化检测模型（FCM_S1-SBN-CVAPS、FCM_S2-SBN-CVAPS、KFCM_S1-SBN-CVAPS、KFCM_S2-SBN-CVAPS 和 FLICM-SBN-CVAPS）和 SVM-CVAPS、FCM-SBN-CVAPS 算法进行了对比。实验首先开始变化检测抗噪性能综合分析，包括对椒盐噪声、高斯噪声和混合噪声（椒盐噪声+高斯噪声）的抗噪性能对比以及噪声敏感度分析。然后分别对空间 FCM-SBN-CVAPS 的模糊度、训练样本数量和算法运算时间进行敏感度实验。实验结果如下。

（1）对于受椒盐噪声污染的中低分辨率遥感影像，FCM_S2-SBN-CVAPS 和 KFCM_S2-SBN-CVAPS 的 OA 和 Kappa 系数为最高。

（2）对于受高斯噪声污染的中低分辨率遥感影像，FCM_S1-SBN-CVAPS 和 KFCM_S1-SBN-CVAPS 的 OA 和 Kappa 系数为最高。

（3）对于较小程度的混合噪声（椒盐噪声和高斯噪声）污染的中低分辨率遥感影像，FLICM-SBN-CVAPS 的 OA 和 Kappa 系数为最高。当混合噪声程度加大，FLICM-SBN-CVAPS 不能较好地消除噪声对变化检测的影响。

（4）空间 FCM-SBN-CVAPS 中的训练样本数量并不影响整体算法的变化检测精度。当模糊度参数 q 为 3.5 时，空间 FCM-SBN-CVAPS 的变化检测效果达到最好。

4.5 本章小结

本章为了实现针对中高分辨率遥感影像变化检测的研究目标，通过模糊 C 均值聚类算法实现了遥感影像混合像元的分解，并耦合贝叶斯网络实现了遥感影像中同物异谱、异物同谱的建模，并在此基础上实现了 CVAPS 框架下的变化检测算法，进行了实验比较分析，证明了算法的有效性和实用性。此外，目前大多数基于 CRF 的高分辨率遥感影像变化检测方法主要使用 CVA 生成的变化强度图作为观察场。但是，由于高分影像的同物异谱、异物同谱和高光谱差异性，CVA 变化强度图中不同变化类型光谱特征的变化幅度不同，对基于 CRF 的变化检测精度造成了不利的影响。与 CVA 相比，在 CVAPS 法生成的变化强度图中，不同变化类型光谱特征的变化幅度范围一致，更适合作为 CRF 的观察场。因此本章将 FCM-SBN-CVAPS 与 HCRF 相结合，提出并实现了 FCM-SBN-CVAPS-HCRF 算法。由于 FCM-SBN-CVAPS 可以解决同物异谱、异物同谱和高光谱差异性问题，而 HCRF 模型通过引入像素级和对象级空间信息，缓解了高分影像高地物复杂性和高光谱差异性的问题。相关实验证明，FCM-SBN-CVAPS-HCRF 算法有效提高了高分影像变化检测精度。但是，当 FCM-SBN-CVAPS-HCRF 模型在影像中椒盐噪声强度较大时，无法保证变化检测精度。并且 HCRF 模型无法有效抵抗高斯噪声及混合噪声（椒盐噪声+高斯噪声）。因此，本研究将能够抵抗椒盐噪声、高斯噪声及混合噪声的五种空间 FCM 与 FCM-SBN-CVAPS 算法相结合，实现了具有抗噪能力的遥感图像变化检测，通过相关实验验证了此类算法的有效性。然而，由于遥感影像光谱特征的复杂性，本章研究内容还有不足之处需要改进。

（1）FCM-SBN-CVAPS-HCRF 变化检测结果无法进一步较好地保留细节更加丰富的变化区域边界信息，因此容易出现过平滑现象。因此，有必要改进高阶 CRF 的高阶势能函数，进一步改善过平滑现象，从而提升其变化检测性能。

（2）本章在 HCRF 模型中，针对 FCM-SBN-CVAPS 建立的后验概率空间变化强度图进行超像素分割，从而引入对象势能函数。因此，FCM-SBN-CVAPS-HCRF 的性能受后验概率空间变化强度图和超像素分割的极大影响。因此，有必要改进超像素分割算法和后验概率估计模型，进一步提高高分辨率遥感影像变化检测精度。

（3）对于受较严重噪声污染的遥感影像，空间 FCM-SBN-CVAPS 无法较好地消除噪声对影像的干扰，保证变化检测精度，表明空间 FCM-SBN-CVAPS 还存在进一步的改进空间。因此，有必要深入研究高斯噪声、椒盐噪声和混合噪声的统计特征，提出更有效的抗噪声算法，进一步提高变化检测算法的抗噪声能力。

参 考 文 献

陈晋, 何春阳, 史培军, 等. 2001. 基于变化向量分析的土地利用/覆盖变化动态监测（Ⅰ）: 变化阈值的确定方法[J]. 遥感学报, 5(4): 259-266.

杜慧. 2019. 基于 SVM 的多特征自适应融合变化检测[J]. 测绘与空间地理信息, 42(6): 149-152.

范海生, 马蔼乃, 李京. 2001. 采用图像差值法提取土地利用变化信息方法: 以攀枝花仁和区为例[J]. 遥感学报, 5(1): 75-80.

郝明. 2015. 基于空间信息准确性增强的遥感影像变化检测方法研究[D]. 徐州: 中国矿业大学.

郝明, 史文中, 邓喀中. 2017. 空间信息准确性增强遥感变化检测[M]. 北京: 测绘出版社.

黄维, 黄进良, 王立辉, 等. 2016. 基于 PCA 的变化向量分析法遥感影像变化检测[J]. 国土资源遥感, 28(1): 22-27.

蒋玉峰. 2013. 基于混合模型和分类后比较法的 SAR 图像变化检测[D]. 西安: 西安电子科技大学.

金兵兵, 金婷, 刘洋, 等. 2021. 直升机倾斜摄影测量在违法建设巡查中的应用[J]. 地理空间信息, 19(12): 73-76.

李春干, 梁文海. 2017. 基于面向对象变化向量分析法的遥感影像森林变化检测[J]. 国土资源遥感, 29(3): 77-84.

李德仁. 2003. 利用遥感影像进行变化检测[J]. 武汉大学学报(信息科学版), 28(S1): 7-12.

李亮, 舒宁, 龚龑. 2013. 考虑时空关系的遥感影像变化检测和变化类型识别[J]. 武汉大学学报(信息科学版), 38(5): 533-537.

李亮, 王蕾, 孙晓鹏, 等. 2017. 面向对象变化向量分析的遥感影像变化检测[J]. 遥感信息, 32(6): 71-77.

李苓苓, 潘耀忠, 张锦水, 等. 2010. 支持向量机与分类后验概率空间变化向量分析法相结合的冬小麦种植面积测量方法[J]. 农业工程学报, 26(9): 210-217.

龙亦凡, 乔雯钰, 孙静. 2020. 基于 SVM 的大屯矿区遥感影像变化检测[J]. 测绘与空间地理信息, 43(12): 107-110.

庞博, 王浩, 宁晓刚. 2018. 基于稳定像元的决策树分类后比较法在林地变化检测中的应用[J]. 生态学杂志, 37(9): 2849-2855.

秦永, 孔维华, 曹俊茹, 等. 2010. 基于SVM的遥感影像土地利用变化检测方法[J]. 济南大学学报(自然科学版), 24(1): 88-90.

王昶, 张永生, 王旭, 等. 2020. 基于深度学习的遥感影像变化检测方法[J]. 浙江大学学报(工学版), 54(11): 2138-2148.

王艳艳. 2019. 基于空间邻域信息的遥感影像变化检测[D]. 西安: 西安电子科技大学.

吴海平, 温礼, 邓凯, 等. 2021. 基于深度学习的高分辨率遥感影像自动变化检测[J]. 测绘与空间地理信息, 44(7): 102-106.

谢福鼎, 于珊珊, 杨俊. 2018. 一种新的融合空间信息的半监督变化监测方法[J]. 测绘通报, (1): 50-54.

徐俊峰. 2015. 多特征融合的遥感影像变化检测技术研究[D]. 郑州: 解放军信息工程大学.

张春森, 吴蓉蓉, 李国君, 等. 2020. 面向对象的高空间分辨率遥感影像箱线图变化检测方法[J]. 国土资源遥感, 32(2): 19-25.

张晓东, 李德仁, 龚健雅, 等. 2006. 遥感影像与GIS分析相结合的变化检测方法[J]. 武汉大学学报(信息科学版), 31(3): 266-269.

周斌. 2000. 针对土地覆盖变化的多时相遥感探测方法[J]. 矿物学报, 20(2): 165-171.

周启鸣. 2011. 多时相遥感影像变化检测综述[J]. 地理信息世界, (2): 28-33.

Achanta R, Shaji A, Smith K, et al. 2012. SLIC superpixels compared to state-of-the-art superpixel methods[J]. IEEE Transactions on Pattern Analysis and Machine Intelligence, 34(11): 2274-2282.

Chen J, Chen X H, Cui X H, et al. 2011. Change vector analysis in posterior probability space: a new method for land cover change detection[J]. IEEE Geoscience and Remote Sensing Letters, 8(2): 317-321.

Ertürk A, Plaza A. 2015. Informative change detection by unmixing for hyperspectral images[J]. IEEE Geoscience and Remote Sensing Letters, 12(6): 1252-1256.

Fang H, Du P J, Wang X, et al. 2022. Unsupervised change detection based on weighted change vector analysis and improved Markov random field for high spatial resolution imagery[J]. IEEE Geoscience and Remote Sensing Letters, 19: 1-5.

Lambin E F, Strahlers A H. 1994. Change-vector analysis in multitemporal space: a tool to detect and categorize land-cover change processes using high temporal-resolution satellite data[J]. Remote Sensing of Environment, 48(2): 231-244.

Singh A. 1989. Review article digital change detection techniques using remotely-sensed data[J]. International Journal of Remote Sensing, 10(6): 989-1003.

Tewkesbury A P, Comber A J, Tate N J, et al. 2015. A critical synthesis of remotely sensed optical image change detection techniques[J]. Remote Sensing of Environment, 160: 1-14.

Yetgin Z. 2012. Unsupervised change detection of satellite images using local gradual descent[J]. IEEE Transactions on Geoscience and Remote Sensing, 50(5): 1919-1929.

第5章 遥感信息智能识别技术

遥感信息智能识别是一种利用计算机技术和人工智能算法对遥感图像进行分析和解释的过程。它通过将遥感数据与地理信息系统（GIS）相结合，实现对地球表面特征的自动识别、分类和提取。利用人工智能算法，如深度学习、支持向量机或决策树等，对预处理（噪声去除、辐射校正和几何校正等）后的遥感图像进行训练和学习。这些算法可以通过大量的标记样本来学习地物的纹理、形状和空间分布特征，从而能够自动识别和分出不同的地物类型，如水体、森林、城市等。

5.1 基于深度学习的语义分割技术

5.1.1 卷积神经网络概念及特点

卷积神经网络（CNN）发源于人类视觉，LeCun等（1998）在纽约大学提出LeNet-5，并应用于手写数字识别。LeNet-5作为CNN的基础，交替使用卷积和降采样，并且后接全连接及高斯连接操作，用于图像分类。CNN是一种包含卷积运算且具有深度结构的前馈神经网络（feedforward neural networks，FNN）（Fırat et al.，2022），具备表征学习能力，可按阶层结构对输入信息进行平移不变分类，并通过反向传播训练模型。CNN是仿照人类视觉原理所构建的，不但能够进行监督分类，而且可以进行非监督分类，具有较好的并行学习和特征提取能力。此外，CNN善于构建影像的局部及全局特征，无须对数据集进行繁杂的预处理。将影像输入CNN模型，在输出端即可得到分类结果，泛化性较好。

CNN隐藏层内卷积核的权值共享和稀疏连接，使其能够以较小的计算量提取格点化特征，权值共享和稀疏连接是CNN最典型的特征（Fırat et al.，2022）。权值共享可理解为参数共享，主要是指卷积核共享参数，即使用相同卷积核对图像的不同位置进行局部连接，可大大减少网络参数。各卷积层中均包含一定数量的卷积核集合，对输入图像进行卷积运算后可得到一个特征图，通过参数共享将特征图进行堆叠即可输出卷积结果，因卷积核中输入图像大小远大于卷积核大小，所以可通过很小的卷积核筛选出图像的有效特征。卷积核的权值不因位置不同而发生改变，这样大大减少了了参数数量。稀疏连接可理解为局部连接，指后一层的某一元素与前一层局部相关，即后一层中各像素只能感知其周围部分，并非图像所有区域（Fırat et al.，2022）。可类比地理学第一定律，同一幅图像中，任何两个像素点之间均存在相关性，像素点间距离越近，相关性越强，反之，相关性越弱。CNN先局部连接获取局部特征，继而通过高层连接局部特征获取全局特征。

CNN 中感知局部区域的大小被称为感受野（Yan et al.，2022），感受野表示 CNN 每一次输出特征图上像元点在输入图像上所映射区域的大小，尺寸为当前卷积核的宽和高。感受野越大，即卷积核可接触到的原始图像范围越大，能够提取图像的高层次特征且该特征更具有全局性；感受野越小，能够提取图像的细节特征且该特征具有局部性，感受野的最佳阈值需根据具体需求特征的尺度确定。保证输入图像大小相同的条件下，使用 7×7 卷积核进行 1 次卷积运算的感受野与使用 3×3 卷积核进行 3 次卷积运算的感受野大小相同。

5.1.2 卷积神经网络基本结构

CNN 由数据输入层、卷积层、激活层、池化层和全连接层构成，如图 5.1 所示。输入层是对网络模型进行数据输入，可处理多维数据（Fırat et al.，2022；Yan et al.，2022；Zheng et al.，2022）。在解决图像问题时，CNN 输入层代表图像的像素矩阵，图像的大小及色彩通道用三维矩阵的长度、宽度和深度表示，如灰度图像深度为 1，RGB 图像深度为 3。从输入层开始，CNN 将上一层的三维矩阵依次转到下层，直至全连接层。

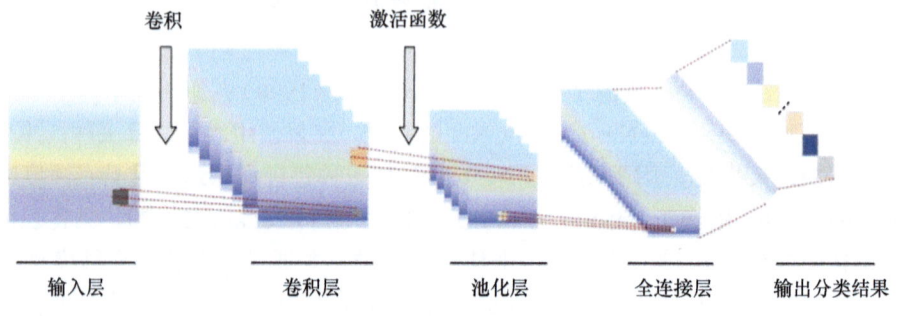

图 5.1 卷积神经网络示例

卷积层由卷积核和卷积参数组成，目的是对影像进行特征提取。卷积核过滤输入特征图谱的局部特征，继而得到各个区域的特征值，卷积运算过程如图 5.2 所示。卷积参数包含卷积核大小、步长和填充。其中，卷积核大小通常设置为奇数，如 3×3 或 5×5；步长决定了相邻两次特征提取间像素的距离；填充是为了增大图像尺寸以满足具体的处理需求。卷积核的个数决定了输出特征的层数，同层级的特征层数与卷积核是一一对应的，都等于上一层的输出通道数（Zheng et al.，2022；Hssayni et al.，2022）。常见的卷积类型有标准卷积、空洞卷积和转置卷积。

上层网络的输出与下层网络的输入通常存在一个函数关系，该函数被称为激活函数。在 CNN 中，通常面临的是复杂分类问题，为了更贴近分类线或空间真实分类面，引入了非线性激活函数构建上下层网络间的非线性映射。激活函数可以使网络模型应用于非线性问题，直接影响网络的运算效率和输出的准确性。常见的非线性激活函数有 Sigmoid、TANH 和 ReLU，如图 5.3 与图 5.4 所示。当激活函数过大或过小时，Sigmoid 函数和 TANH 函数对应的梯度很小，容易产生梯度消失现象。ReLU 函数的特点是当输入为正数时，导数保持不变，始终为 1；当输入为负数时，导数为 0，输入为负数的情况很少发生，因此 ReLU 函数较好地解决了梯度消失和梯度饱和的问题（Hssayni et al.，2022）。

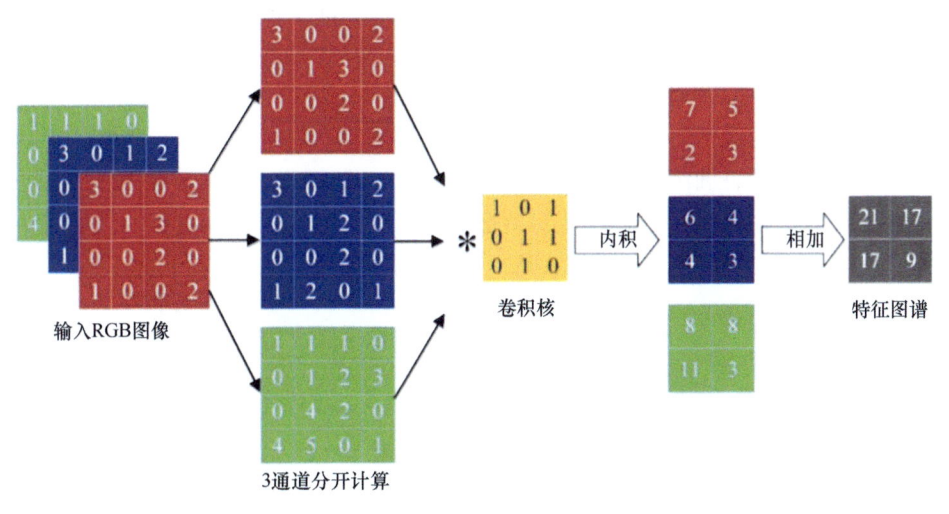

图 5.2 卷积运算过程示例

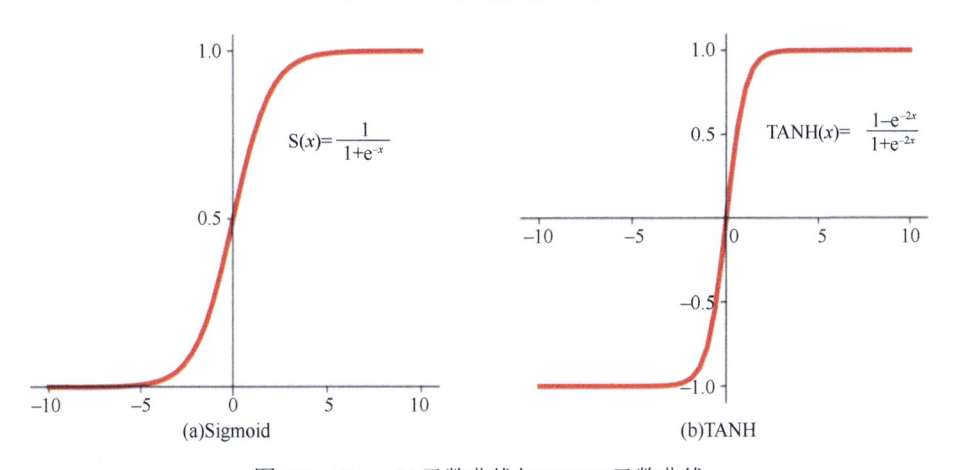

图 5.3 Sigmoid 函数曲线与 TANH 函数曲线

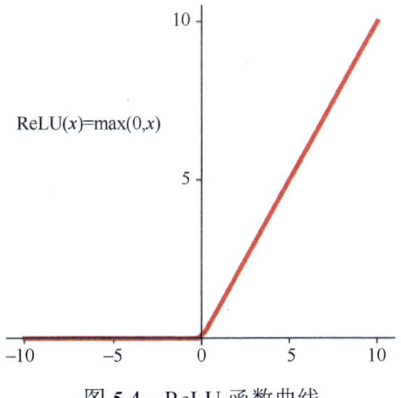

图 5.4 ReLU 函数曲线

池化层的目的是减小特征图层的尺寸,简化网络计算复杂度,同时进行特征压缩以提取主要特征。其本质是将一个位置的局部输出作为该位置的输出,从而减少神经网络的计算量和参数。池化层的计算结果仅与输入相关,它直接计算窗口内像素的最大值或平均值,其对应的方法分别为最大池化和平均池化,具体过程如图 5.5 所示。最大池化能够提取上层特征中的明显特征,尤其是纹理结构信息,可缓解卷积层对位置的敏感性;平均池化能够更好地保留影像整体数据特征,尤其是背景信息,易于从高级特征中学习全局信息。池化层没有训练参数,只有一组超参数,且窗口大小通常为 2×2。池化层的输入与输出通道数始终保持一致,使得特征更加聚集,增大了后续卷积的感受野。

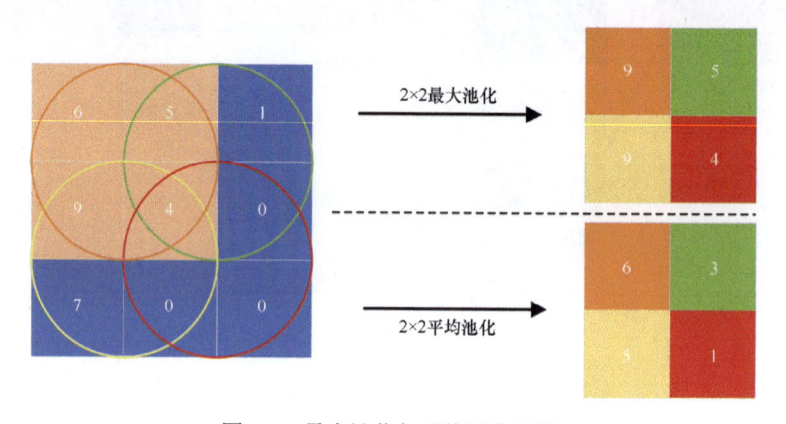

图 5.5 最大池化与平均池化示例

全连接层的每一个节点都与上一层的所有节点相连,不仅融合了前层网络提取到的特征,还将二维特征拉伸为一维特征。其在 CNN 中起到分类的作用,将提取到的高级抽象特征转换为所属类别概率,概率最大的一类即为输入图像类别。

5.1.3 语义分割网络

1. 图像语义分割任务

图像分割是将图像分成若干个具体感兴趣区域的技术,且各区域间具有自己特定的属性。传统图像分割算法有阈值分割法(曹宇和徐传鹏,2021)、边缘分割法(邱钊等,2004)和基于机器学习的图像分割方法(李博,2017)等。阈值分割法将前景与背景灰度值方差加权和的最小值作为最优阈值,该方法操作简单,效率较高。边缘分割法利用图像在边缘处灰度值变化明显的特点,将图像的形状、纹理及深度等特征进行综合分析寻找边缘。基于机器学习的图像分割方法,首先通过手工提取图像特征,然后将特征制作成具体的分割标签,最后再利用机器学习分类器完成分割任务,这些分类器包括 SVM、RF、CRF 及 MRF 等。随着数据量的急剧增加,对图像分割精度和速度的要求也越来越高,传统图像分割方法越来越难满足当下生产生活需求,基于深度学习的图像语义分割技术应运而生。

基于深度学习的图像语义分割作为 CV 的主要方法,可将图像上各像素赋予特定标签，且标注具体的类别，利用 CNN 反向传播优化语义分割模型，通过端到端的训练方式，对未知像素类别进行预测，以精确地理解图像场景与内容，即实现像素级的分类。图像语义分割具体过程可概括为以下五步。

（1）以 CNN 为编码器，将图像编码为紧凑特征。

（2）使用解码器生成与输入图像相同分辨率的结果图像。

（3）对训练图像和标签进行训练，并通过反向传播优化训练参数，以构建最优训练模型。

（4）将验证数据输入具有最优训练参数的模型中，可得出预测结果。

（5）对比测试标签和预测结果，通过具体的评价因子判别网络分割性能的优劣。

按照图像的分割程度可分为语义分割、实例分割和全景分割。其中，实例分割是将图像中的各像素划分到不同个体，其作用相当于目标检测和语义分割的结合。全景分割是在所有目标均检测出来的基础上，对同类别中不同实例加以区分，其作用相当于语义分割和实例分割的结合。

2. 遥感影像语义分割

遥感影像的语义分割是一种对影像进行像素级分类的方法，能够对每个像素标定具体类别，可全面地描述地物种类、位置及所占比例（Feng et al.，2022）。其分割性能主要取决于以下四个因素：空间信息的获取、建立远距离依赖的全局关系、地物边缘的分割及模型计算量的控制。影像的空间信息是指地物的光谱、纹理及形状等。建立远距离依赖的全局关系是指对影像中的地物分割时，需考虑当前地物与整幅影像中各地物的关系，即增强地物的全局认知能力。CNN 结构及其变体增强远距离依赖的方式主要有两种：①修改卷积运算，如使用更大的卷积核（Weng and Zhu，2021）、扩张空洞卷积（Chen et al.，2018）及特征金字塔（Zhang et al.，2022）等增加感受野。②添加注意力机制（Vaswani et al.，2017），但其仅是依照先验知识添加在 CNN 的某个环节，具有较强的主观性，并对特征的关注没有贯穿始末。

地物边缘的分割主要是针对地物边缘模糊的情况，高分辨率遥感影像中细节信息丰富，极易出现错误分类，如何在 CNN 或 Transformer 架构中对边缘进行优化依然是目前研究的难点。网络模型计算量的控制是特定计算机硬件条件下必须要考虑的因素之一，直接影响着语义分割的速度和效率。

5.1.4 典型语义分割网络

1. U-Net 网络

U-Net 网络属于 FCN，使用端到端的训练方法，包含压缩路径的编码器和扩展路径的解码器。编码部分降低图片分辨率，减小计算量，用以提取特征；解码部分逐步扩大感受野来学习更多的语义特征，并提取位置信息（Ronneberger et al.，2015）。FCN 在增强网络分割性能上主要有两种途径。

（1）通过使用大卷积核或空洞扩张卷积增加感受野。

（2）使用编码器–解码器结构，通过编码器获得多级特征映射，利用解码器将特征映射合并到最终的预测中。

U-Net 网络结构见图 5.6，左边为编码部分，即下采样过程，共有 5 个尺度，各尺度间由池化层连接。网络特征提取部分共 4 个子模块，每模块包含 2 个卷积层，子模块间通过最大池化实现下采样，各子模块卷积层之间通过 ReLu 激活函数连接，下采样逐渐展现环境场信息（Yue et al.，2019）。右边为解码部分，即上采样过程，不断提高分辨率，对图像特征信息进行重建。每上采样一次，与编码部分对应通道数相同的尺度融合，这里的融合是指拼接，解码过程结合下采样的特征提取信息与上采样的输入信息，逐步还原图像细节并提升分割精度（Ronneberger et al.，2015）。

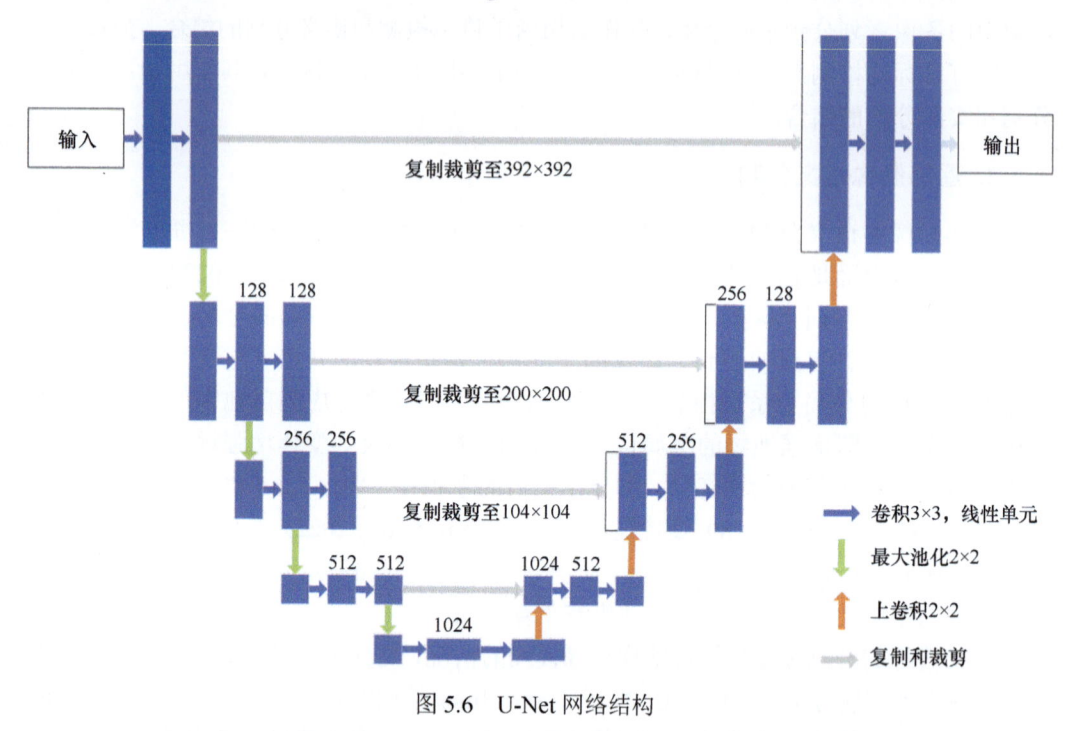

图 5.6 U-Net 网络结构

2. Swin Transformer 网络

Transformer 是一种基于自注意力机制的深度学习模型（Han K et al.，2021），整体结构如图 5.7 所示，可分为四个模块：输入模块、编码器模块、解码器模块和输出模块。输入模块由源文本嵌入层及其位置编码器和目标文件嵌入层及其位置编码器组成。编码器模块由 N 个编码器层堆叠而成，编码器层由两个子层连接结构组成，第一个子层包括一个多头注意力层、归一化层和残差连接；第二个子层包括一个前馈全连接层、归一化层和残差连接。解码器模块和编码器模块的组成相似，由三个子层连接结构组成，第一个子层中包含一个多头自注意力层。输出模块中包含一个线性层和 Softmax 层。Transformer 相较于 RNN，更适用于并行计算，相比 CNN，计算两个位置之间的关联关系所需的操作次数不随距离增长，并且自注意力可以产生更具可解释性的模型（Han K et al.，2021）。

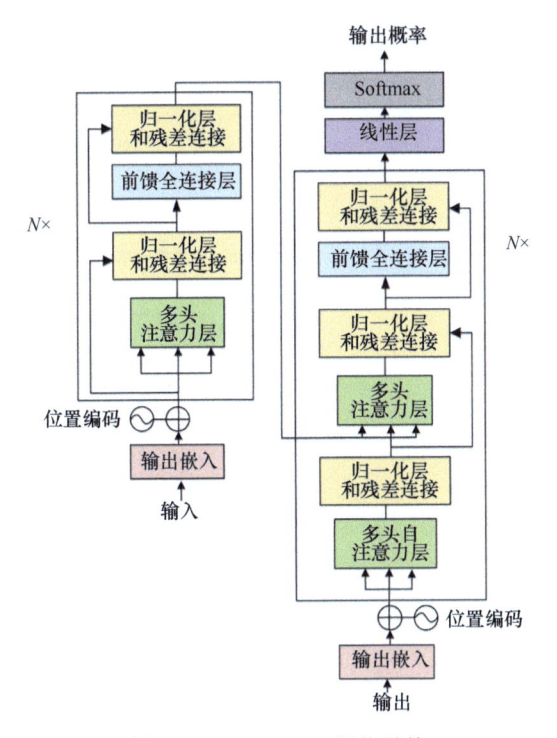

图 5.7 Transformer 网络结构

N 表示编码器模块或解码器的数量，左侧的 N× 表示存在 N 个编码器模块；同理，右侧的 N× 表示存在 N 个解码器模块

  Transformer 主要有两点不足：首先，视觉主体变化大，在不同场景下视觉 Transformer 的性能不好；其次，面对高分辨率遥感影像，地物类型复杂，像素点多，Transformer 基于全局自注意力的计算模式导致计算量较大。针对上述不足，一种具有滑窗操作和层级设计的 Swin Transformer（Liu et al.，2021）被提了出来，网络架构如图 5.8 所示。滑窗操作包括不重叠的滑动窗口和重叠的十字窗口，滑窗操作既能增强影像中当前像素与周围像素的感知能力，又能将注意力计算限制在一个固定窗口中，节省计算量。层级设计是指随着网络层数的加深，窗体大小不变，节点的感受野在不断扩大，细节信息体现越明显，这种层级设计使得 Swin Transformer 可以实现分割及检测等任务。

  Swin Transformer 主要由一个基于图像块的分区（patch partition）层和四个阶段（Stage1～Stage4）组成。阶段一（Stage1）中包含一个线性嵌入（linear embedding）层和两个 Swin Transformer 块，Swin Transformer 块结构如图 5.8（b）所示，左边为编码部分，右边为解码部分（Liu et al.，2021）。剩余阶段包含一个图像块合并（patch merging）层，各阶段中 Swin Transformer 块的数量都是偶数（如×2、×6 等），因为各块每训练一次，都需要进行一次编码和一次解码过程。每两个块由一个固定窗口下的多头自注意（window-mutil self attention，W-MSA）层和一个滑动窗口下的多头自注意（shift window-multi self attention，SW-MSA）层组成，用来计算全局注意力。

  在图 5.8（b）中，首先将经过线性嵌入层的数据输入归一化层（layer normalization，LN），使训练模型更加稳定；然后经过 W-MSA，用以计算窗口内像素间的相似关系；其次将输入与输出特征进行相加，即残差运算；最后将运算结果输入 LN，并经过多层

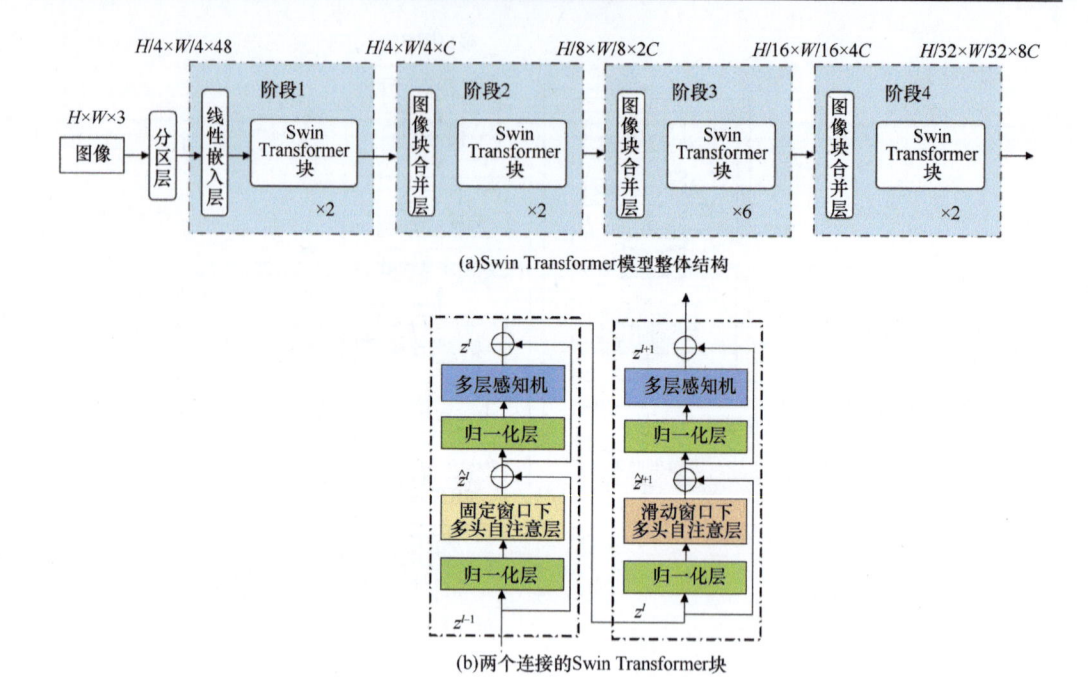

图 5.8 Swin Transformer 网络结构

H、W 和 C 分别表示原始输入图像的高、宽和通道数；z^l 表示图像块，$\hat{z}^l$ 表示经过处理后的过渡层图像块

感知机（multi-layer perception，MLP），MLP 层主要记录学习参数，且将矩阵运算所得参数转化为概率输出。右半部分与左边类似，区别在于 SW-MSA，其具体步骤如图 5.9 所示，主要可分为以下四点。

（1）以图 5.8（a）所示遥感影像为例，对影像进行等格网窗口划分，如图 5.9（b）所示；

（2）在窗口的 1/2 或不足 1/2 处对影像上侧和左侧进行切割，切割部分标记为红色与绿色，如图 5.9（c）所示；

（3）对切割部分进行旋转操作，旋转后被切割部分分别在下侧及右侧；

（4）对旋转后的影像重新划分窗口，每个新窗口（红色网格窗口）与旋转之前图 5.9（b）的四个窗口相交互，如图 5.9（d）所示。

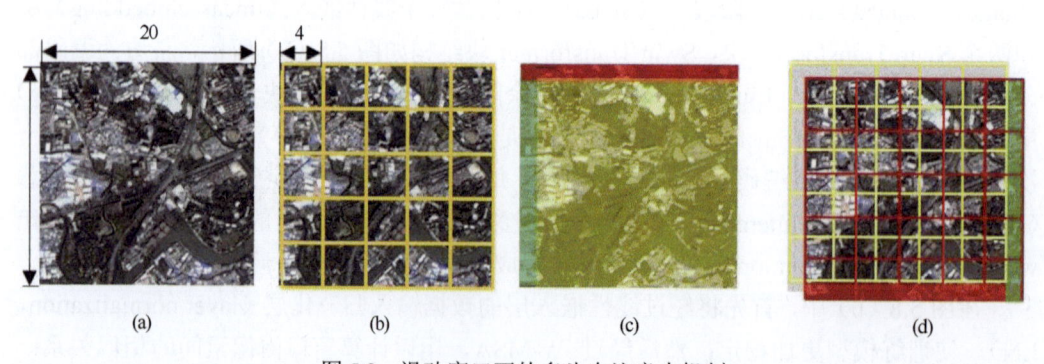

图 5.9 滑动窗口下的多头自注意力机制

根据超参数的不同选择，Swin Transformer 总共有四种类型，分别是微小型（Swin-T）、小型（Swin-S）、基础型（Swin-B）、大型（Swin-L），由各阶段的尺寸 C 和 Swin Transformer 块数决定（Huang et al.，2022）。

Swin-T：当 C=96 时，块数分别为 2、2、6、2。
Swin-S：当 C=96 时，块数分别为 2、2、18、2。
Swin-B：当 C=128 时，块数分别为 2、2、18、2。
Swin-L：当 C=192 时，块数分别为 2、2、18、2。

本章 Swin-S-GF 模型选择 Swin-S 为主干网络，窗口大小为 7×7 的图像块。

5.2 Swin Transformer 融合 Gabor 滤波的遥感影像语义分割

面对多级别、大范围、高精度的分类分割任务时，多尺度信息的精细表达主要体现在四个方面：空间信息的获取、全局关系的建立、计算复杂度的控制和分割边缘的确定。Swin Transformer 网络对影像进行语义分割的优势如下。

（1）在空间信息的获取方面，网络具有较好的特征学习能力，是完整获取地物空间信息的关键，但在传统的 CNN 架构及其变体中，采用卷积和池化操作降低影像分辨率，继而提取地物特征，势必会对影像空间信息造成损失。Swin Transformer 模块运用序列化的方式处理影像，使用位置嵌入的方式描述位置关系，未使用卷积和池化操作，对空间信息的获取更具完整性。

（2）在全局关系的建立方面，Swin Transformer 架构的底层是多头注意力机制，因此，它对增强远距离依赖的全局关系具有更强的优势。

（3）在模型计算复杂度方面，Transformer 结构中的一个注意力模块计算复杂度可表示为

$$\Omega = 4hwC^2 + 2(hw)^2 C \tag{5.1}$$

式中，C 为维度，一般从几十到数百，计算复杂度为输入图像大小的二次方，而 Swin Transformer 将一个 $h×w$ 大小的图像划分为 $M×M$ 块，最终计算复杂度为

$$\Omega = 4hwC^2 + 2M^2 hwC \tag{5.2}$$

将计算量限制在固定窗口和滑动窗口中，二次计算复杂度变成线性复杂度（Liu et al.，2021）。

（4）使用 FC-CRF 对分割后出现的细碎斑块及边界模糊问题进行优化。

5.2.1 Gabor 滤波

Gabor 滤波在影像特征学习阶段与 CNN 架构不同，不需要大量的数据集，它更关注影像本身的物理性质。Gabor 滤波（Dagher and Abujamra，2019）是一种有效的空间局部纹理特征提取工具，其实质是一种窗口函数为高斯函数的短时傅里叶变换。二维的 Gabor 滤波器在空域中为一个正弦平面波，可对二维信息进行频率分析，从而实现纹理信息提取，具有多方向和多尺度变换的特性（Zhang et al.，2019）。二维 Gabor 滤波器核

函数复数定义形式如式（5.3）～式（5.6）所示：

$$G(x,y) = g_{\sigma,y}(x,y) \exp\left[i\left(2\pi\frac{x'}{\lambda} + \psi\right)\right] \tag{5.3}$$

$$g_{\sigma,y}(x,y) = \exp\left[-\frac{1}{2}\left(\frac{x'^2 + \gamma^2 y'^2}{\sigma^2}\right)\right] \tag{5.4}$$

$$x' = x\cos\theta + y\sin\theta \tag{5.5}$$

$$y' = -x\sin\theta + y\cos\theta \tag{5.6}$$

式（5.3）～（5.6）中，x、y 为空域中的像素坐标；λ 为正弦函数的波长；θ 为 x 轴与正弦函数方向的夹角；ψ 为正弦函数的相位偏移；σ 为高斯函数的标准差；γ 为 Gabor 核函数的椭圆度，γ 越接近 1，Gabor 核函数图形越接近圆形（Ramos et al., 2020）。

为了将影像特征信息更为直观的表达，将式（5.3）～式（5.6）修改为如式（5.7）所示的形式（Bhatti et al., 2022）：

$$\psi_{u,v}(z) = \frac{\|k_{u,v}\|^2}{X^2}\exp\left[-\frac{(k_{u,v}\times z)^2}{2X^2}\right]\times\left\{\exp[i(k_{u,v}\times z)] - \exp(-X^2/2)\right\} \tag{5.7}$$

式中，$\psi_{u,v}$ 为核函数；u 和 v 分别为方向和尺度因子；z 为给定位置的图像坐标 (x, y)；$k_{u,v}$ 为滤波器的中心频率，主要控制振荡的波长与方向；X 为滤波器的频率带宽。其数学表达式分别如式（5.8）～式（5.10）所示：

$$k_{u,v} = k_u(\cos\theta_u \sin\theta_u)^{\mathrm{T}} \tag{5.8}$$

$$k_v = k_{\max}/f_v \tag{5.9}$$

$$X = \sqrt{2\ln 2}\left(\frac{2^\phi + 1}{2^\phi - 1}\right) \tag{5.10}$$

式中，θ_u 为相位角；$k_{\max}$ 为最大中心频率；f_v 为空间因子；ϕ 为倍频程表示的半峰带宽。

经查阅文献（Zhang et al., 2019；Nur-A-Alam et al., 2021）可知，实验对 Gabor 滤波参数选择如下：$X\approx 2\pi$，$k_{\max} = \pi/2$；共选取 5 个尺度和 8 个方向的滤波器组，采样间隔为 $\pi/8$，即 θ 取值为 $\pi/8$、$\pi/4$、$3\pi/8$、$\pi/2$、$5\pi/8$、$3\pi/4$、$7\pi/8$、π；且 $u=0$、1、…、7，$v=0$、1、…、4。通过对图像进行归一化和二维 Gabor 变换，可得到不同尺度及方向上的特征图谱。

5.2.2 特 征 融 合

1. 特征聚合模块

特征聚合模块（FAM）可将 Swin-S 与 Gabor 滤波模块提取的特征进行融合，有效地集成了两条路径的优势。整体结构如图 5.10（a）所示，将 Swin-S 输出后经过注意力嵌入模块（AEM）融合的特征 D，与 Gabor 滤波后的特征 G 经上采样进行连接，得到双路径聚合后的特征。并引入线性注意力模块（linear attention module, LAM），可将模型底层与高层的多尺度特征有效融合，减少拟合残差，增强影像地物特征间的远程依赖关系，提高模型泛化能力（Dong et al.，2018）。其中，"抑制拟合残差"是指在特征融合过程中，减小融合特征与地物真实值的差异，使融合后的特征更接近地物真实值。LAM 结构如图 5.10（b）所示。FAM 数学表达式如（5.11）~式（5.12）所示（Hu et al.，2022；Han L et al.，2021）。

$$\text{FAM}(AF) = AF \cdot \text{LAM}(AF) + AF \tag{5.11}$$

$$AF(D,G) = C[U(D,G)] \tag{5.12}$$

式中，C 为连接函数；U 为尺度因子等于 2 的上采样操作；AF 为聚合特征。

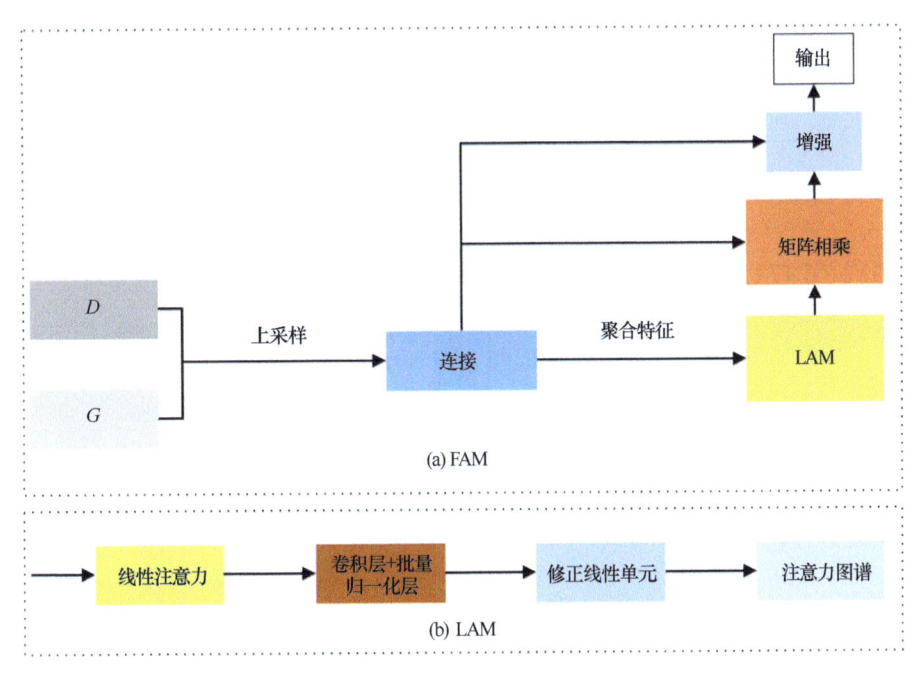

图 5.10 特征聚合模块（FAM）和线性注意力模块（LAM）的结构

LAM 的数学表达式如式（5.13）和式（5.14）所示（Pan et al.，2020）：

$$D(Q,K,V) = \rho(QK^{\text{T}})V \tag{5.13}$$

$$\rho(QK^{\text{T}}) = \text{softmax}_{\text{row}}(QK^{\text{T}}) \tag{5.14}$$

式中，查询矩阵 Q、键矩阵 K 和值矩阵 V 是由步长为 1 的 1×1 卷积生成；$\text{softmax}_{\text{row}}$ 为对矩阵 QK^{T} 各行使用 softmax 函数；$\rho(QK^{\text{T}})$ 通过对特征间全局关系的计算，描述了各输入像素间的相似性。$Q \in \mathbb{R}^{N \times D_k}$，且 $K^{\text{T}} \in R^{D_k \times N}$，$Q$ 与 K^{T} 的乘积属于 $\mathbb{R}^{N \times N}$，导致计算过于复杂，当输入特征较大且丰富时，对计算机显存的要求较高。因此，在归一化函数 softmax 条件下，根据式（5.13）第 i 行生成的矩阵结果，点积注意力模块（dot-product attention module，DPAM）可改写成式（5.15）（Pan et al.，2020；Wang S et al.，2021）：

$$D(Q,K,V)_i = \frac{\sum_{j=1}^{N} e^{q_i^T k_j} v_j}{\sum_{j=1}^{N} e^{q_i^T k_j}} \tag{5.15}$$

LAM 是基于泰勒方程按照一阶导数展开设计的，表达式如式（5.16）所示：

$$e^{q_i^T k_j} \approx 1 + \left(\frac{q_i}{\|q_i\|_2}\right)^T \left(\frac{k_j}{\|k_j\|_2}\right) \tag{5.16}$$

使用 L_2 的范数限制 $q_i^T k_j \geqslant -1$，则式（5.15）可改写为

$$D(Q,K,V)_i = \frac{\sum_{j=1}^{N}\left[1 + \left(\frac{q_i}{\|q_i\|_2}\right)^T \left(\frac{k_j}{\|k_j\|_2}\right)\right] v_j}{\sum_{j=1}^{N}\left[1 + \left(\frac{q_i}{\|q_i\|_2}\right)^T \left(\frac{k_j}{\|k_j\|_2}\right)\right]} \tag{5.17}$$

可将式（5.17）简化为

$$D(Q,K,V)_i = \frac{\sum_{j=1}^{N} v_j + \left(\frac{q_i}{\|q_i\|_2}\right)^T \sum_{j=1}^{N} \left(\frac{k_j}{\|k_j\|_2}\right) v_j^T}{N + \left(\frac{q_i}{\|q_i\|_2}\right)^T \sum_{j=1}^{N} \left(\frac{k_j}{\|k_j\|_2}\right)} \tag{5.18}$$

将上述方程转化为向量形式，可表示为

$$D(Q,K,V)_i = \frac{\sum_j V_{i,j} + \left(\frac{Q}{Q_2}\right)\left[\left(\frac{K}{K_2}\right)^T V\right]}{N + \left(\frac{Q}{Q_2}\right)\sum_j \left(\frac{K}{K_2}\right)^T_{i,j}} \tag{5.19}$$

由于 $\sum_{j=1}^{N}\left(\frac{k_j}{\|k_j\|_2}\right) v_j^T$ 和 $\sum_{j=1}^{N}\left(\frac{k_j}{\|k_j\|_2}\right)$ 在每次查询中均被计算和重用，因此，可根据式（5.19）提出 LAM 的时间和内存复杂度 $O(N)$，LAM 结构如图 5.11 所示。

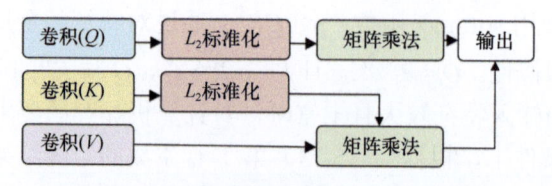

图 5.11 线性注意力模块（LAM）结构

LAM 在 FAM 中的流程如图 5.10（b）所示，其数学表达式如式（5.20）所示：

$$\text{LAM}(X) = \text{Conv}\big(\text{BN}\{\text{ReLU}[\text{LA}(X)]\}\big) \qquad (5.20)$$

式中，Conv 为一个步长为 1 的标准卷积；X 为聚合特征；BN 表示批量归一化（batch normalization）；LA 表示线性注意力机制（linear attention）。

从图 5.10（b）和图 5.11 可知，通过使用 LAM 对聚合特征（AF）进行空间关系强化处理，以抑制拟合残差，从而增强网络的泛化能力。然后，构造一个"Conv+BN+ReLU"的卷积层，获取注意力图谱（attention map）。对聚合特征和注意力图谱做矩阵乘法运算，得到具有注意力的聚合特征。

2. 注意力嵌入模块

随着 Swin-S 各阶段递进，网络深度逐步增加，可通过图像块（patch）合并各层减少的单词标记，使之产生四个不同尺寸的分级特性，从底层到高层可逐步表示为 A_1、A_2、A_3、A_4。各层级具有不同的特征分辨率，不同分辨率对不同类别地物的敏感程度不同，如 1/4 的分辨率易于提取纹理特征，1/32 的分辨率对场景类别的理解非常重要等（Xu et al., 2021）。在影像语义分割任务中，纹理信息、场景类别及形状特征都同样重要，因此，需要融合不同阶段特征以便获得更好的分割性能，注意力嵌入模块（AEM）具有优异的特征融合能力。

AEM 的结构如图 5.12 所示，使用 AEM 将各层级特征图谱两两融合，即 A_1 与 A_2 融合为 B_{21}，A_3 与 A_4 融合为 B_{43}，再使用 AEM 将 B_{21} 与 B_{43} 融合为特征图 C，将高层特征 A_2 输入至 LAM，并经过上采样后与底层特征 A_1 进行矩阵相乘，最后将融合后的特征图与 A_2 相加。AEM 的结构流程用数学表达式描述如式（5.21）所示：

$$\text{AEM}(A_1, A_2) = A_1 + A_1 \times U[\text{LAM}(A_2)] \qquad (5.21)$$

式中，U 为尺度因子为 2 的上采样。

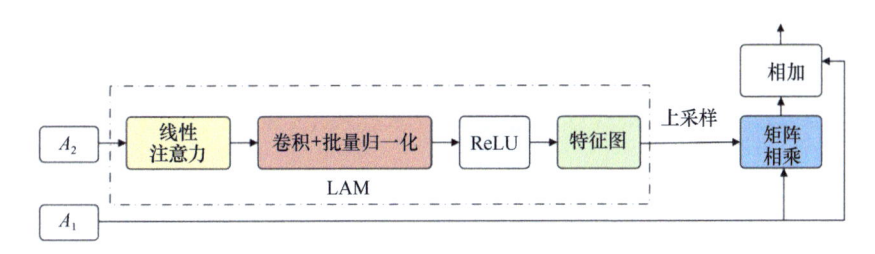

图 5.12 注意力嵌入模块（AEM）

3. 金字塔池化模块和层级加法架构

金字塔池化模块（PPM）和层级加法架构（CAA）的结构流程如图 5.13 所示，将特征图谱 C 使用不同的池化尺度（1、2、3、6）做全局池化，获取不同尺度的感受野，建立起局部特征和全局特征间的关系，增强模型区分多尺度类别的能力，使其具有更好的分割性能（Yu et al., 2018）。CAA 使用加法操作逐步对各阶段输出的特征进行融合，将输入的 A_3（1/16）加入 P_4（1/32）中，得到融合特征 P_3（1/16）；同理，可得到 P_2（1/8）和 P_1（1/4）。使用融合块将 P_1、P_2、P_3、P_4 进行融合，可得包含所有特征的融合图 D。

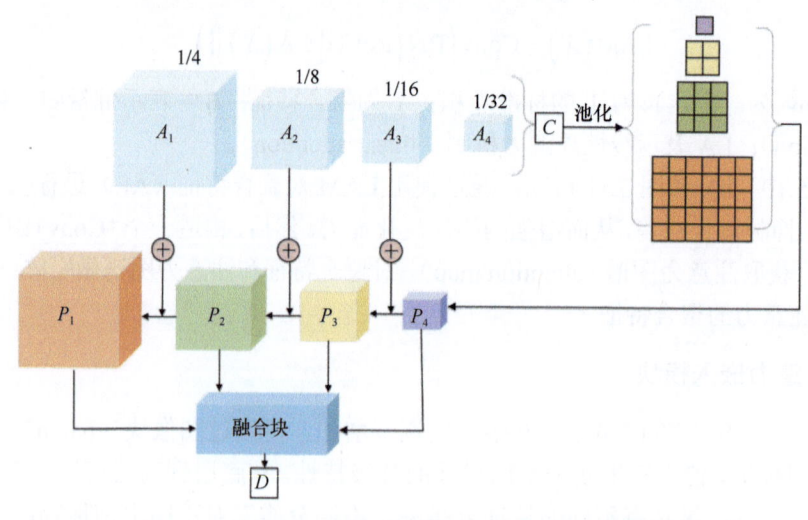

图 5.13 金字塔池化模块和层级加法架构的结构流程

4. 全连接条件随机场

大范围的高精度遥感影像在语义分割过程中常出现细碎斑块及分割边界模糊问题，在定量遥感分析中，会出现较大偏差。因此，实验采用全连接条件随机场（FC-CRF）对分割后的结果进行进一步优化。

CRF（Jha et al., 2021）基于隐马尔可夫和最大熵模型所建立，是统计学中经典的无向概率图模型，常用于图像分割领域。标准 CRF 的二元势函数以相邻节点为基准，较难描述远距离空间关系的像素，而 FC-CRF 的二元势函数是建立在节点基础上的，可同时兼顾长程和短程的低层次信息，是一种高斯核函数的线性组合，能够更好地恢复空间局部结构（Jha et al., 2021；Orlando et al., 2017；Sun et al., 2017）。FC-CRF 的计算过程如下。

模型能量函数：

$$E(x) = \sum_i \psi_\mathrm{u}(x_i) + \beta \sum_{i<j} \psi_\mathrm{p}(x_i, x_j) \tag{5.22}$$

式中，x 为各像素分配的标签，i, $j \in [1, N]$；$\psi_\mathrm{u}(x_i)$ 可根据节点特征计算该节点附在某个标记的权重，属于预先训练好的分类器；$\psi_\mathrm{p}(x_i, x_j)$ 为高斯函数的加权和，表达式如式（5.23）和式 5.24 所示：

$$\psi_\mathrm{p}(x_i, x_j) = \delta(x_i, x_j) k(f_i, f_j) \tag{5.23}$$

$$k(f_i, f_j) = \sum_{m=1}^{k} w_m k_m(f_i, f_j) \tag{5.24}$$

式中，δ 为二阶 Potts 函数；k 为核函数的数目；向量 f_i 和 f_j 为像素节点在特征空间的特征向量；w_m 为相应高斯核函数的权值；k_m 为第 m 个高斯核函数。高斯核函数需考虑双边位置和颜色关系两个方面，表达式如式（5.25）所示：

$$k_m\left(f_i, f_j\right) = w_1 \exp\left(-\frac{p_i - p_j^2}{2\sigma_\alpha^2} - \frac{l_i - l_j^2}{2\sigma_\beta^2}\right) + w_2 \exp\left(-\frac{p_i - p_j^2}{2\sigma_\gamma^2}\right) \tag{5.25}$$

式中，p 为第一个核基于两像素的位置；l 为颜色强度，被统称为外观核，可使中心像素周围具有相似光谱特征的像素易于被归为同类；第二个核只考虑像素位置，被称为平滑核，可平滑孤立区域；σ_α、σ_β、σ_γ 为超参数，可控制高斯核的尺度（Zhong et al.，2020；Keerthi and Lin，2013；Sun et al.，2017）。

FC-CRF 是连接在分割头之后，用于进行后处理的操作，经多次实验尝试，最终确定式（5.25）中外观核 w_1=80、σ_α=0.65、σ_β=200，并且二元势平滑核中 w_2=3、σ_γ=1 时优化效果最佳。

5.2.3　Swin-S-GF 模型设计

Swin-S-GF 模型的总体架构如图 5.14 所示，具体过程可概括为四点。

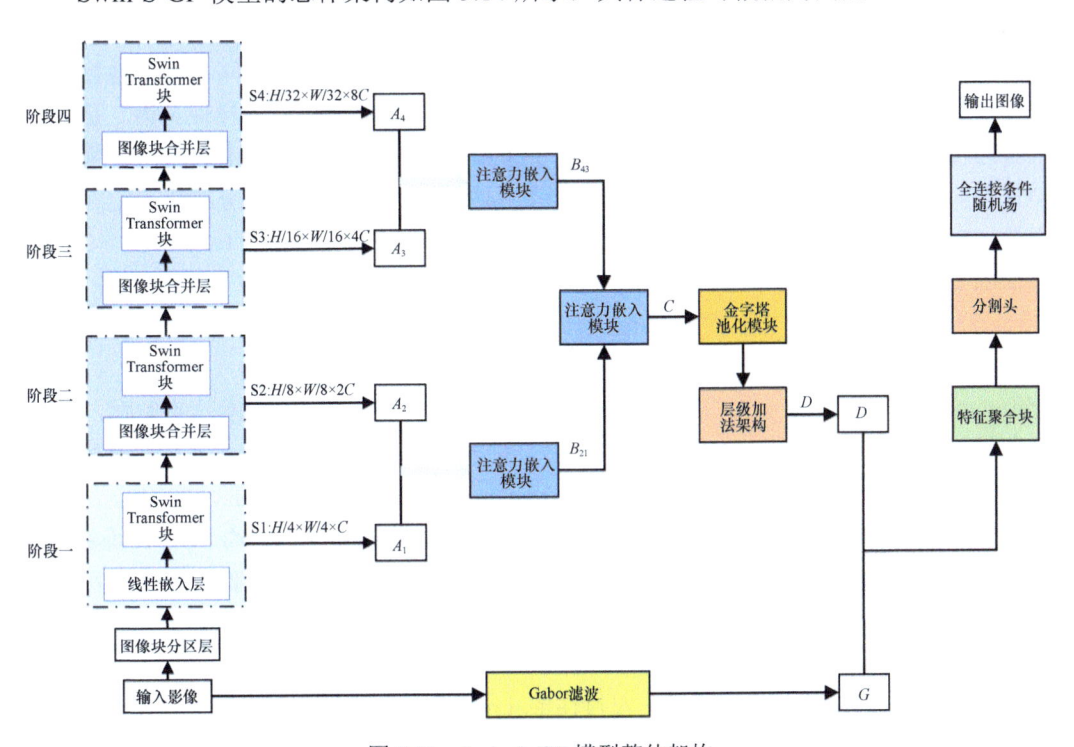

图 5.14　Swin-S-GF 模型整体架构

（1）输入影像首先经过基于图像块的分区层，被分割成互不重叠的标签，将各标签特征设置为原始像素的 RGB 形式，并以串联形式排列。其次，进行多阶段特征变换。在阶段一，使用 LAM 将特征投影到任意维度 C 上，该阶段类似 CNN 架构下的卷积和池化操作来确定位置信息。然后，使用 Swin Transformer 块提取语义特征，并且保持标签尺寸（$H/4 \times W/4$）。最后，随着网络深度加深，在剩余阶段中，通过图像块合并（patch merging）层逐步减少标签数量，从而产生分层效果，即 S_1、S_2、S_3、S_4。

（2）由于不同分辨率的特征对不同地物类别的敏感程度存在差异，将 Swin-S 四个阶段产生的不同分级特性通过 AEM 两两融合，得到特征图 C。并将 C 输入 PPM 和 CAA，以增强全局关系的建立和模型类别区分的能力，最后得到包含融合所有特征的图谱 D。

（3）将输入影像经过 Gabor 滤波，得到滤波后特征 G。将 D 和 G 经上采样进行连接，得到双路径聚合后的特征，并且添加分割头（segmentation head）使融合特征转化为分割图。

（4）将分割后的特征图谱经 FC-CRF 进行优化，最后输出优化后的分割结果。

5.2.4 实验结果与分析

1. 数据集

高分影像数据集（Gaofen image datase，GID）（https://paperswithcode.com/dataset/gid）由武汉大学于 2018 年发布，已被广泛应用在土地利用和土地覆盖分类中。它包含来自中国 60 多个不同城市的 150 幅高质量 GF-2 影像，涵盖的地域范围超过 5km^2。GID 数据集有两种典型特征：第一是较高的类内多样性，由于影像采集的时间不同且地物范围分布广泛，使得同类地物在光谱和纹理上差异较大，表现出丰富的多样性。第二是较低的类间可分离性，由于自然因素的影响，不同的地物类别在遥感影像上表现出较强的相似性，如低矮的灌木丛与较高的草丛等。该数据集覆盖范围大、位置分布广、空间分辨率高，已被广泛应用于高精度、多尺度、大范围的分类分割任务中（Tong et al.，2020；Shao et al.，2020）。GID 主要包括以下两部分。

（1）大规模地物分类集（the large-scale classification set），约 55G，共 150 张 GF-2 影像，尺寸为 6800 像素×7200 像素，可分为 5 类，分别是建筑物（built-up）、农田（farmland）、森林（forest）、草地（meadow）、水体（waters）。按照不同的类别，颜色依次标记为红色、绿色、青色、黄色、蓝色。对于不属于上述 5 类或无法人工识别的地物，标记为填充（clutter），用黑色表示（Yuan et al.，2023；Rong et al.，2024）。

（2）精细土地覆盖分类集（the fine land-cover classification set），约 5G，训练集共 5 张 GF-2 影像，尺寸为 6800 像素×7200 像素，将其分割成 56 像素×56 像素、112 像素×112 像素、224 像素×224 像素三种尺度，共 30000 块；验证集为 10 张 6800 像素×7200 像素的 GF-2 影像。精细土地覆盖分类集共分为 15 类，分别是工业用地（industrial land，IL）、城市住宅（urban residential，UR）、农村住宅（rural residential，RR）、交通用地（traffic land，TL）、水田（paddy field，PF）、灌溉地（irrigated land，IRL）、旱地（dry cropland，DC）、园林用地（garden land，GL）、乔木林地（arbor woodlands，AW）、灌木林地（shrub land，SL）、天然草甸（natural meadow，NM）、人工草甸（artificial meadow，AM）、河流（river）、湖泊（lake）、池塘（pond）。

GF-2 是由中国国家航天局（CNSA）推出的第二颗高清晰度对地观测系统（high-definition earth observation system，HDEOS）卫星，其上搭载了空间分辨率为 1m 的全色传感器和 4m 的多光谱传感器，组合条带为 45km。多光谱图像的光谱范围为蓝色（0.45～0.52μm）、绿色（0.52～0.59μm）、红色（0.63～0.69μm）和近红外（0.77～0.89μm）。GF-2 卫星可在 69 天内实现全球观测，5 天内可实现重复观测，观测周期仅为陆地卫星（16 天）的 1/3（Han et al.，2020）。

昇腾人工智能+遥感影像（AI+RS）数据集的影像格式为 tif，包括 R、G、B 三个波段，训练集原始尺寸为 256 像素×256 像素。依照地理国情监测及第三次全国国土调查的既有地物分类标准，将数据集的地物要素分类体系设计如下：一级大类 8 种，二级子类 17 种。其标签格式为单通道的 png，每个像素的标签值由一个三位数表示，使用 uint16 数据类型存储，该三位数包含一级和二级两个类别信息，百位上的一个数字表示一级类别，十位和个位上的两个数字表示二级类别。一级类别共分为 9 类，包括水体（waters）、交通运输（transportation，Tran）、道路（roads）、建筑物（buildings, build）、草地（grass）、林地（woodlands, WL）、裸土（bare soil, BS）、不透水地表（impermeable surfaces, IS）和其他（others），其对应标签百位上的数字分别是 1、2、3、4、5、6、7、8。二级类别共分为 17 类，包括水体、道路、建筑物、机场、火车站、光伏、停车场、操场、普通耕地、农业大棚、自然草地、绿化绿地、自然林、人工林、自然裸土、人为裸土、其他，其对应标签十位及个位上的数字分别是 01、02、03、04、05、06、07、08、09、10、11、12、13、14、15、16、17。

2. 实验设置

本章实验均在 Windows10 操作系统下进行，使用 Intel Core i9-9900K CPU@3.60 GHz，NVIDIA GTX 2080Ti GPU 和 12GB 内存。为了更加客观评估模型的性能，使用三组不同分割尺度的公开数据集进行实验，分别是 GID 中的大规模土地分类集和精细土地覆盖分类集，以及 AI+RS 数据集。将 Swin-S-GF 方法与目前表现较好的语义分割模型在上述三种数据集中进行对比，模型性能优劣的判断主要以 mIoU 为基准，实验过程中将 GID 数据集的两部分分开训练。为防止每个数据集中的同一幅图像经过多次旋转处理后落在训练图像和验证图像上，导致实验结果精度虚高，在进行数据旋转处理之前，将数据集随机分为训练图像和验证图像，然后进行旋转处理。

由于 Swin Transformer 训练时收敛较慢，选择 AdamW 为优化器，它在训练过程中可以降低计算损耗，加快收敛速度，学习率设置为 0.0006，批量大小为 6，采用交叉熵函数作为损失函数，最大迭代周期为 100 个轮次。选取 Swin-S 为模型主干网络，窗口大小为 7×7 的像素块，选择 ImageNet 22k 预训练权重，训练尺寸为 512 像素×512 像素。分割头对主要特征的利用具有决定性作用，主干网络对特征提取后，分割头对影像的输入和输出保持一致，并对其进行像素级的分类，本章选择 SegHead 为分割头。在对比实验部分，CNN 模型均使用 ImageNet 1k 预训练权值初始化模型，CNN 模型主干网络为 ResNet-101，因为其参数量与 Swin-S 相当。

在大规模土地分类集中，将训练数据及标签裁剪成 720 像素×720 像素，训练图像共 13000 张，验证图像 2000 张。在精细土地覆盖分类集中，将 10 张 7200 像素×6800 像素的影像及标签裁剪成 1690 张 553 像素×553 像素的影像，经旋转、平移扩充至 10168 张，其中训练图像 9000 张，验证图像 1168 张。在 AI+RS 数据集上，首先将原始 256

像素×256 像素的训练数据和标签数据分别合并成 1500 张尺寸为 512 像素×512 像素的影像；然后将影像分别旋转 30°、60°、90°、180°、270°；最后将旋转后的数据进行随机混合，新数据集被扩充至 9000 张，其中训练影像 8000 张，验证影像 1000 张。

3. GID 数据集上实验结果与分析

将 Swin-S-GF 与其他语义分割模型结果进行详细对比，其中包括 PSPNet（Zhao et al., 2017）、FANet（Hu et al., 2021）、DeepLabV3（Wang Z, et al., 2021）、EaNet（Zheng et al., 2020）、DaNet（Fu et al., 2019）、BiseNetV2（Yu et al., 2021）、SwiftNet（Wang H et al., 2021）、ShelfNet（Zhuang et al., 2019）和 Swin Transformer（Liu et al., 2021）。由表 5.1 和表 5.2 可知，在大规模土地分类集和精细土地覆盖分类集中，Swin-S-GF 的 mIoU 值均有所提升，且在第二类尺度更复杂的数据集上提升效果更显著。表 5.1 和表 5.2 所示的评估结果均来自各数据集的验证图像。

大规模土地分类集：Swin-S-GF 在该数据集上的精度为 88.84%，相较于次优网络 DaNet，增加了 0.87%；在召回率得分上，DeepLabV3 最高，为 86.27%，Swin-S-GF 的召回率得分为 86.21%，与 DeepLabV3 仅差 0.06%；Swin-S-GF 的 F_1 得分为 87.51%，比次优方法 DaNet 高 0.57%；在 OA 得分上，Swin-S-GF 为 89.15%，相较于次优的 DeepLabV3，提升了 0.71%；在 mIoU 得分上，Swin-S-GF 为 80.14%，相较于次优方法 DeepLabV3 提升了 0.67%。总体而言，与其他语义分割模型相比，Swin-S-GF 的精度、OA、F_1 及 mIoU 得分最高，召回率得分为次高。

精细土地覆盖分类集：随着地物类别的细化，地物复杂性提升，类间差异性减小，模型的分割性能有所下降，但 Swin-S-GF 与其他语义分割模型相比，仍具有显著优势。在该数据集上，Swin-S-GF 的精度为 77.59%，比 PSPNet 低 1.89%；召回率得分为 77.41%，较次优模型 BiseNetV2，提升了 1.78%；F_1 得分为 77.50%，比次优方法 PSPNet 高 0.11%；OA 得分为 74.87%，较次优方法 DeepLabV3，提升了 1.39%；mIoU 得分为 66.50%，较次优方法 DeepLabV3，提升了 3.43%。与其他语义分割模型相比，Swin-S-GF 的召回率、F_1、OA 及 mIoU 得分最高，精度得分为次高。

结合表 5.1 和表 5.2，Swin-S-GF 和 Swin Transformer 方法均使用 Swin-S 作为骨干网络，对两者的分割性能进行比较。Swin-S-GF 方法在 GID 的两个数据集上都优于 Swin Transformer 方法。其中，在大规模土地分类集上，Swin-S-GF 在精度、召回率、F_1、OA 和 mIoU 五个评价指标上分别提高了 2.48%、1.29%、1.88%、0.85%和 2.61%。对于精细土地覆盖分类集，Swin-S-GF 的精度、召回率、F_1、OA 和 mIoU 分别提高了 1.74%、4.20%、2.99%、4.11%和 5.28%。

从表 5.3 可知，在大规模土地分类集上，Swin-S-GF 和其他语义分割模型相比，Swin-S-GF 对建筑物、森林和水体的分割效果最佳，分别为 91.59%、88.13%和 95.08%，与次优方法相比，分别提升了 0.13%、0.16%和 0.1%；Swin-S-GF 在农田的分割上比最优方法 SwiftNet 低 0.58%，在草地的分割上比最优方法 PSPNet 低 0.62%。由图 5.15 可知，Swin-S-GF 模型对建筑物轮廓信息分割更为完整，最大限度地保留了建筑物的外部形状。对于水体的分割，所有模型都取得了较好的效果，分割精度均达到了 90%以上；

PSPNet、DeepLabV3、EaNet 在水面较窄处容易出现分割不连续的情况。在以上五类地物的分割中，农田和草地的分割效果较差，二者在影像的光谱和纹理信息上有较强的相似性，但 Swin-S-GF 模型在两类地物的分割中均取得了较好的效果。

表 5.1 大规模土地分类集实验结果 （单位：%）

方法	结构框架	精度	召回率	F_1	OA	mIoU
PSPNet	ResNet-101	86.41	85.29	85.85	87.30	75.51
FANet	ResNet-101	85.92	84.92	85.42	88.17	76.89
DeepLabV3	ResNet-101	86.55	86.27	86.41	88.44	79.47
EaNet	ResNet-101	86.32	85.39	85.85	87.99	77.38
DaNet	ResNet-101	87.97	85.94	86.94	88.02	79.40
BiseNetV2	ResNet-101	82.20	79.04	80.59	84.07	72.61
SwiftNet	ResNet-101	86.40	86.15	86.27	87.74	78.58
ShelfNet	ResNet-101	86.21	85.16	85.68	86.24	75.04
Swin Transformer	Swin-S	86.36	84.92	85.63	88.30	77.53
Swin-S-GF	Swin-S	88.84	86.21	87.51	89.15	80.14

表 5.2 精细土地覆盖分类集实验结果 （单位：%）

方法	结构框架	精度	召回率	F_1	OA	mIoU
PSPNet	ResNet-101	79.48	75.41	77.39	73.20	62.24
FANet	ResNet-101	70.20	69.34	69.77	65.15	56.35
DeepLabV3	ResNet-101	77.17	75.48	76.32	73.48	63.07
EaNet	ResNet-101	73.44	71.20	72.30	67.47	55.41
DaNet	ResNet-101	76.30	70.85	73.47	68.84	59.98
BiseNetV2	ResNet-101	76.54	75.63	76.08	72.63	62.01
SwiftNet	ResNet-101	75.12	66.24	70.40	66.71	52.30
ShelfNet	ResNet-101	74.27	65.19	69.43	65.03	50.42
Swin Transformer	Swin -S	75.85	73.21	74.51	70.76	61.22
Swin-S-GF	Swin-S	77.59	77.41	77.50	74.87	66.50

表 5.3 大规模土地分类集中 5 类地物的分割精度 （单位：%）

方法	建筑物	农田	森林	草地	水体
PSPNet	91.17	81.89	87.97	84.82	94.10
FANet	89.68	79.30	87.46	82.93	94.02
DeepLabV3	91.46	81.64	87.51	84.19	94.41
EaNet	90.39	82.08	86.40	82.31	94.17
DaNet	90.54	81.25	86.87	82.76	94.98
BiseNetV2	87.20	79.47	85.43	82.02	93.88
SwiftNet	90.74	82.40	87.31	84.43	94.27
ShelfNet	90.13	81.75	87.24	83.25	94.11
Swin Transformer	88.45	80.07	85.27	82.17	93.10
Swin-S-GF	91.59	81.82	88.13	84.20	95.08

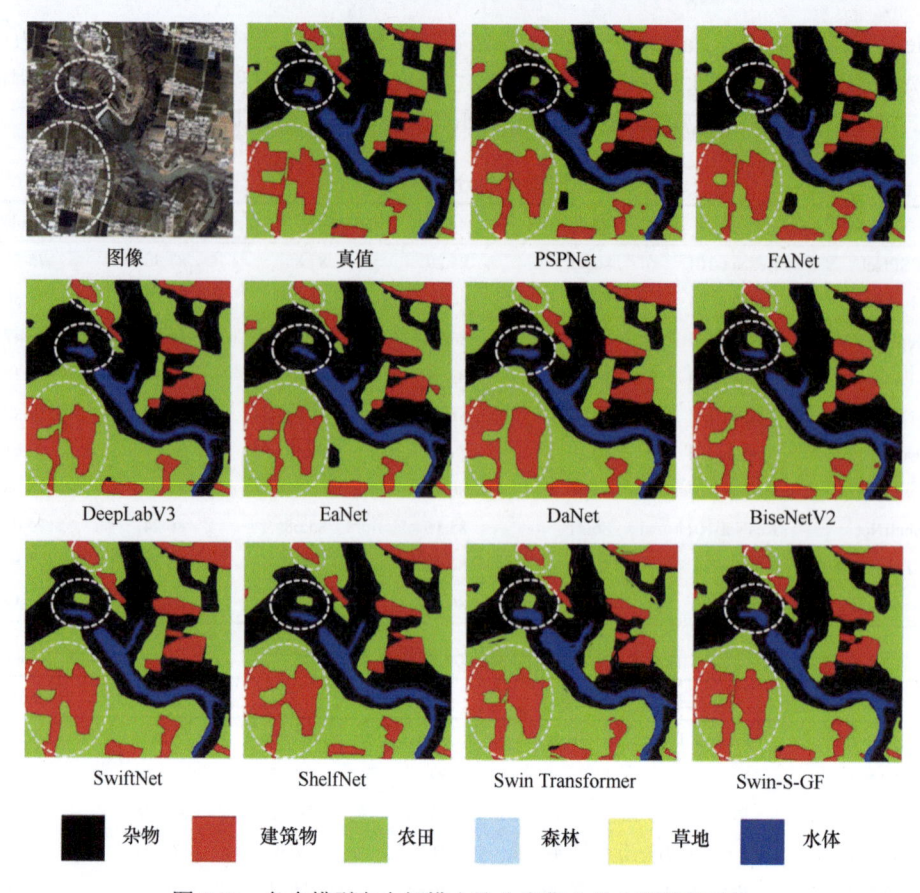

图 5.15 各个模型在大规模土地分类集上的分割结果对比

从表 5.4 可知，在精细土地覆盖分类集上，Swin-S-GF 和其他语义分割模型相比，Swin-S-GF 在工业用地、城市住宅、农村住宅、交通用地、旱地、乔木林地、灌木林地、河流、湖泊上分割效果最好，分别为 66.79%、87.05%、80.21%、84.74%、73.28%、82.33%、68.49%、79.41%、60.14%，与次优方法相比较，分别提升了 0.56%、0.31%、0.8%、1.97%、1.98%、2.09%、0.17%、1.59%、1.19%；在水田、灌溉地、园林用地、天然草甸、人工草甸、池塘的分割上，Swin-S-GF 比最优方法低 1.93%、0.62%、2.4%、0.69%、1.51%、4.98%。由图 5.16 可知，Swin-S-GF 对于农村住宅的轮廓信息反映更为真实，交通用地的宽度相较于其他模型更加均匀，地物间的边界较为明晰。PSPNet 与 FANet 在分割过程中，出现了较多噪声点，使得农村住宅的表达较为零碎。

结合表 5.3 与表 5.4 可知，随着地物种类细化，分割类别从 5 类增加到 15 类，分割效果出现了较大差异。例如，大规模土地分类集中的建筑物，其实质是涵盖了精细土地覆盖分类集中的工业用地、城市住宅和农村住宅。其中，建筑物的分割准确度在 91.59%，而精细土地覆盖分类集中相关的三类地物分割准确度分别为 66.79%、87.05%和 80.21%；二者之间最低相差 4.54%，最高相差 24.8%，平均相差 13.57%。第一类样本中的农田涵盖了第二类样本中的水田、灌溉地和旱地。其中，农田的分割准确度为 81.82%，而精细土地覆盖分类集中相关的三类地物的分割准确度分别为 65.51%、61.77%、73.28%、

表 5.4　精细土地覆盖分类集中 15 类地物的分割精度　　（单位：%）

地物	PSPNet	FANet	DeepLabV3	EaNet	DaNet	BiseNetV2	SwiftNet	ShelfNet	Swin-S-GF
工业用地	63.49	61.47	66.23	62.31	64.08	64.35	63.88	62.94	66.79
城市住宅	85.7	80.41	86.74	78.49	79.24	84.83	77.39	75.68	87.05
农村住宅	70.22	69.8	79.41	75.48	76.39	78.87	74.43	73.18	80.21
交通用地	82.15	81.04	82.77	79.34	78.89	82.61	78.56	78.15	84.74
水田	62.37	59.17	67.44	58.01	58.74	66.01	59.89	52.24	65.51
灌溉地	62.39	57.27	61.13	54.84	56.21	60.11	53.88	49.42	61.77
旱地	66.93	60.09	65.57	64.14	62.5	71.3	65.72	65.64	73.28
园林用地	55.26	54.14	58.23	53.51	56.79	59.34	51.72	50.4	56.94
乔木林地	76.43	79.25	80.24	78.81	78.32	76.41	74.83	74.09	82.33
灌木林地	68.32	64.11	68.21	63.25	63.97	65.18	60.37	58.82	68.49
天然草甸	70.28	67.13	71.41	66.44	66.82	70.93	65.94	65.27	70.72
人工草甸	58.85	56.36	58.92	53.21	51.47	53.01	49.25	47.81	57.41
河流	72.36	70.84	75.95	74.13	71.36	77.82	71.49	71.35	79.41
湖泊	58.95	56.11	58.01	54.13	55.98	58.77	52.12	50.04	60.14
池塘	63.21	62.39	65.35	61.19	62.08	64.61	61.47	60.92	60.37

二者之间平均相差 14.97%。第一类样本中的森林涵盖了第二类样本的乔木林地和灌木林地。其中，森林的分割准确度为 88.13%，与其相关的两类地物的分割准确度分别为 82.33%、68.49%，二者之间平均相差 12.72%。第一类样本中的草地涵盖了第二类样本中的天然草甸和人工草甸，草地的分割准确度为 84.20%，与其相关的两类地物的分割准确度分别为 70.72%、57.41%，二者之间平均相差 20.13%。第一类样本中的水体涵盖了第二类样本中的河流、湖泊、池塘，二类样本之间的分割准确度平均相差 28.44%。从上述分析对比可知，水体在分割过程中，细分后分割效果最差，因为它平均分割准确度的差值最大。其次为草地，森林与建筑物细分后影响较小。

4. AI+RS 数据集上实验结果与分析

为了验证 Swin-S-GF 模型在不同尺度数据上的分割性能，选用有 9 类地物的 AI+RS 数据集进行实验，结果如图 5.17 和表 5.5 所示。

由表 5.5 可知，与其他语义分割模型相比，在 AI+RS 数据集上，Swin-S-GF 对水体、道路、草地和林地的分割效果最好，分别为 82.25%、83.85%、68.83%和 84.41%，分别高于次优方法 1.94%、2.18%、1.58%和 2.01%。Swin-S-GF 在交通运输、建筑物、裸土、不透水地表和其他方面的分割参数上的得分分别比最优方法低 1.29%、0.64%、6.64%、0.59%和 9.04%。Swin-S-GF 的 F_1 得分为 77.53%，比次优网络 PSPNet 得分高 1.32%。Swin-S-GF 的 OA 得分为 78.15%，较次优 DeepLabV3 提高 4.02%。Swin-S-GF 的 mIoU 得分为 70.61%，比次优方法 DeepLabV3 得分高 3.8%。总的来说，Swin-S-GF 在 F_1、OA

和 mIoU 得分最高。由图 5.17 可知，Swin-S-GF 的分割结果与真实地物参考较为接近，主要存在的问题是：草地和林地中存在少量噪声点，且在林地的周围较为明显；少部分交通用地和建筑物的边界不规则。

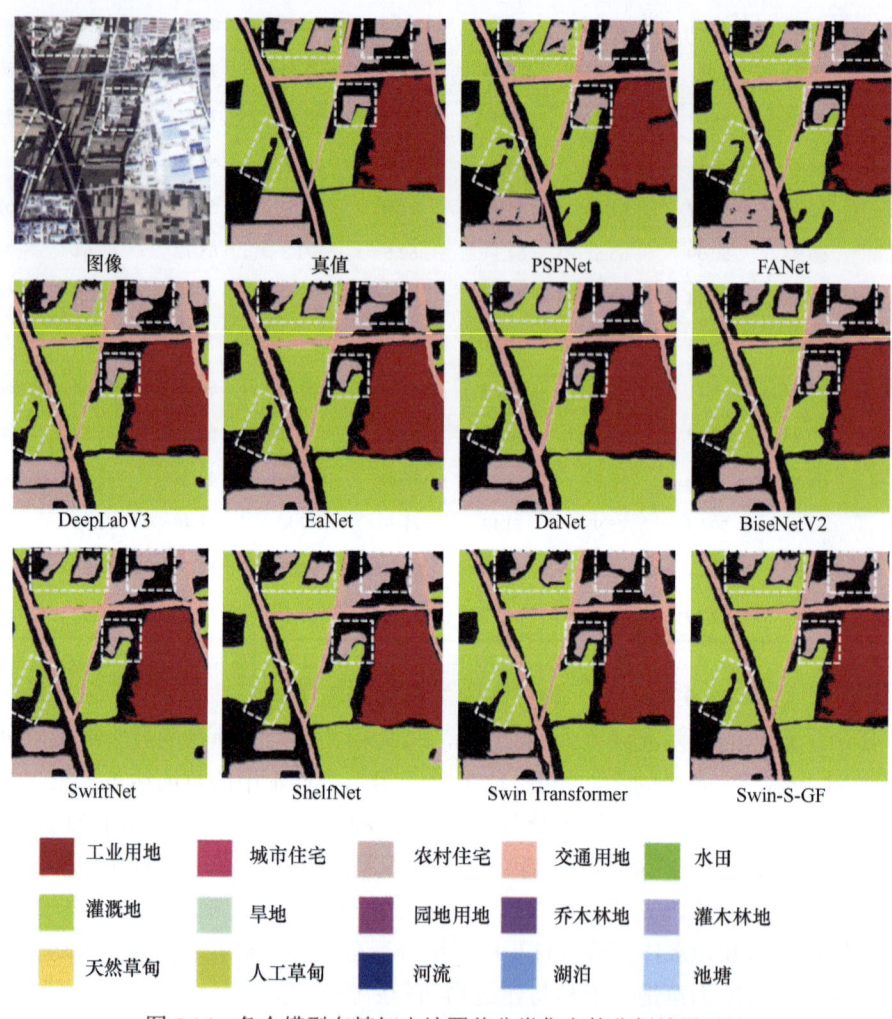

图 5.16 各个模型在精细土地覆盖分类集上的分割结果对比

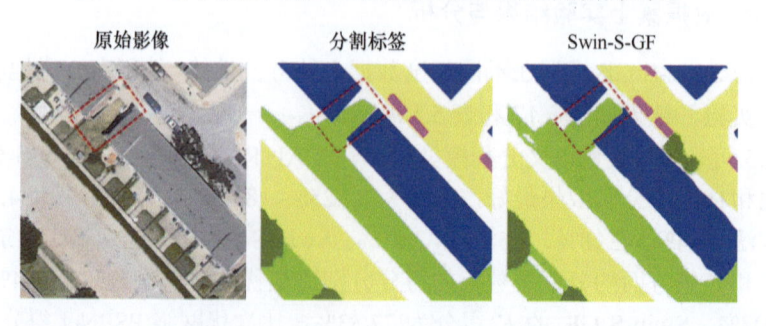

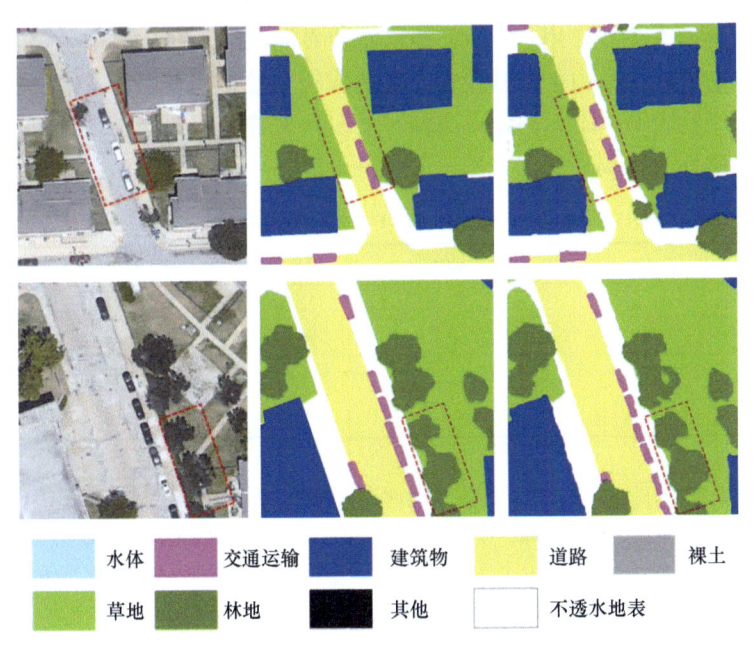

图 5.17 AI+RS 数据集上的分割结果

表 5.5 AI+RS 数据集上的分割结果 （单位：%）

方法	水体	交通运输	建筑物	道路	裸土	草地	林地	不透水地表	其他	F_1	OA	mIoU
PSPNet	78.42	64.34	80.19	80.62	60.03	65.39	79.80	62.32	39.71	76.21	72.40	65.35
FANet	76.74	55.35	74.24	73.51	56.32	62.42	80.36	52.38	28.54	72.49	69.01	62.96
DeepLabV3	79.59	61.70	79.47	81.67	65.24	67.25	82.40	62.21	29.20	75.35	74.13	66.81
EaNet	78.60	59.14	75.80	77.44	49.58	62.13	79.28	59.46	32.96	71.57	67.58	61.01
DaNet	74.42	53.90	75.35	74.98	51.07	60.40	74.02	59.37	25.05	70.48	69.17	61.73
BiseNetV2	80.31	62.13	82.25	81.16	53.74	64.08	79.93	60.12	24.80	73.20	72.74	64.20
SwiftNet	73.05	56.30	72.82	75.41	47.22	61.38	73.51	57.40	31.77	68.51	66.82	57.41
ShelfNet	67.64	47.14	60.57	71.08	40.16	53.51	69.10	50.03	21.31	58.03	54.51	50.97
Swin-S-GF	82.25	63.05	81.61	83.85	58.60	68.83	84.41	61.73	30.67	77.53	78.15	70.61

5.2.5 消融实验

本节消融实验均是在"AI+RS"上进行，数据集尺寸为 512 像素×512 像素。以 Swin-S 为主干网络，窗口大小为 7×7 的图像块。选择 AdamW 为优化器，分割头为 SegHead。学习率设置为 0.0006，批量大小为 6，采用交叉熵函数作为损失函数，最大迭代周期为 100 个轮次。使用 ImageNet 22k 预训练权重，mIoU 为主要评价指标。为了验证本章所提方法的有效性，消融实验主要包括去掉 Gabor 滤波及 FC-CRF 的情况。

对 Gabor 滤波的消融实验：如表 5.6 所示，通过与 Swin-S-GF 对比可知，当不添加 Gabor 滤波时，F_1、OA、mIoU 值分别降低了 5.35%、5.41%、7.09%。Gabor 滤波对地

物边缘纹理信息具有重要作用,可抑制地物间边界混乱,在图 5.18 中主要表现在林地间隙的分割上,高大的树木由于枝叶茂密,易造成较多遮挡区及阴影,给分割准确性带来较大的挑战。实验表明,添加 Gabor 滤波可使复杂地物边缘更精准地分割,对地物分割的完整性与准确性有重要作用。

表 5.6 Gabor 滤波和 FC-CRF 的消融实验结果　　　　　　　　　(单位:%)

方法	Gabor 滤波	FC-CRF	F_1	OA	mIoU
Swin-S-GF	×	√	72.18	72.74	63.52
	√	×	77.03	77.62	69.55
	×	×	71.61	72.12	62.28
	√	√	77.53	78.15	70.61

对 FC-CRF 的消融实验:通过与 Swin-S-GF 进行对比,当不添加 FC-CRF 时,F_1、OA、mIoU 值分别降低了 0.50%、0.53%、1.06%。从图 5.19 中可以发现,FC-CRF 可解决分割过程中出现的细碎斑块及噪声点问题,并且可以细化分割边缘,在保证地物完整性的同时进一步提升分割精度。

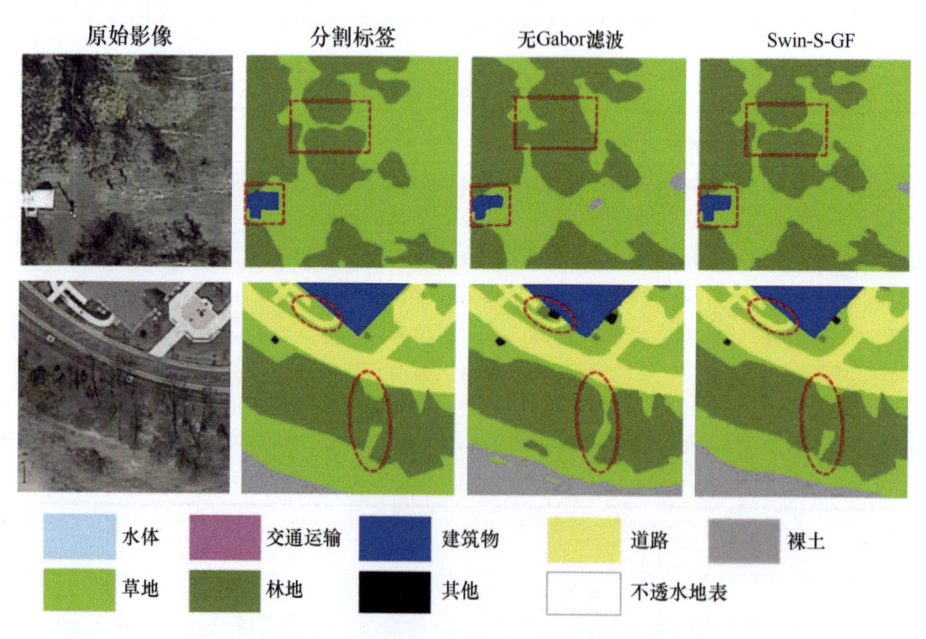

图 5.18 对 Gabor 滤波的消融实验结果

对 Gabor 滤波和 FC-CRF 的消融实验:与 Swin-S-GF 相比,当模型对 Gabor 滤波和 FC-CRF 两者均不添加时,F_1、OA、mIoU 值分别降低了 5.92%、6.03%、8.33%。从图 5.20 中可以发现,当 Gabor 滤波及 FC-CRF 均不添加时,分割结果较差,主要出现的问题有:错误分割、边缘模糊、分割过程中因噪声点较多而出现细碎斑块等。

图 5.19　对 FC-CRF 的消融实验结果

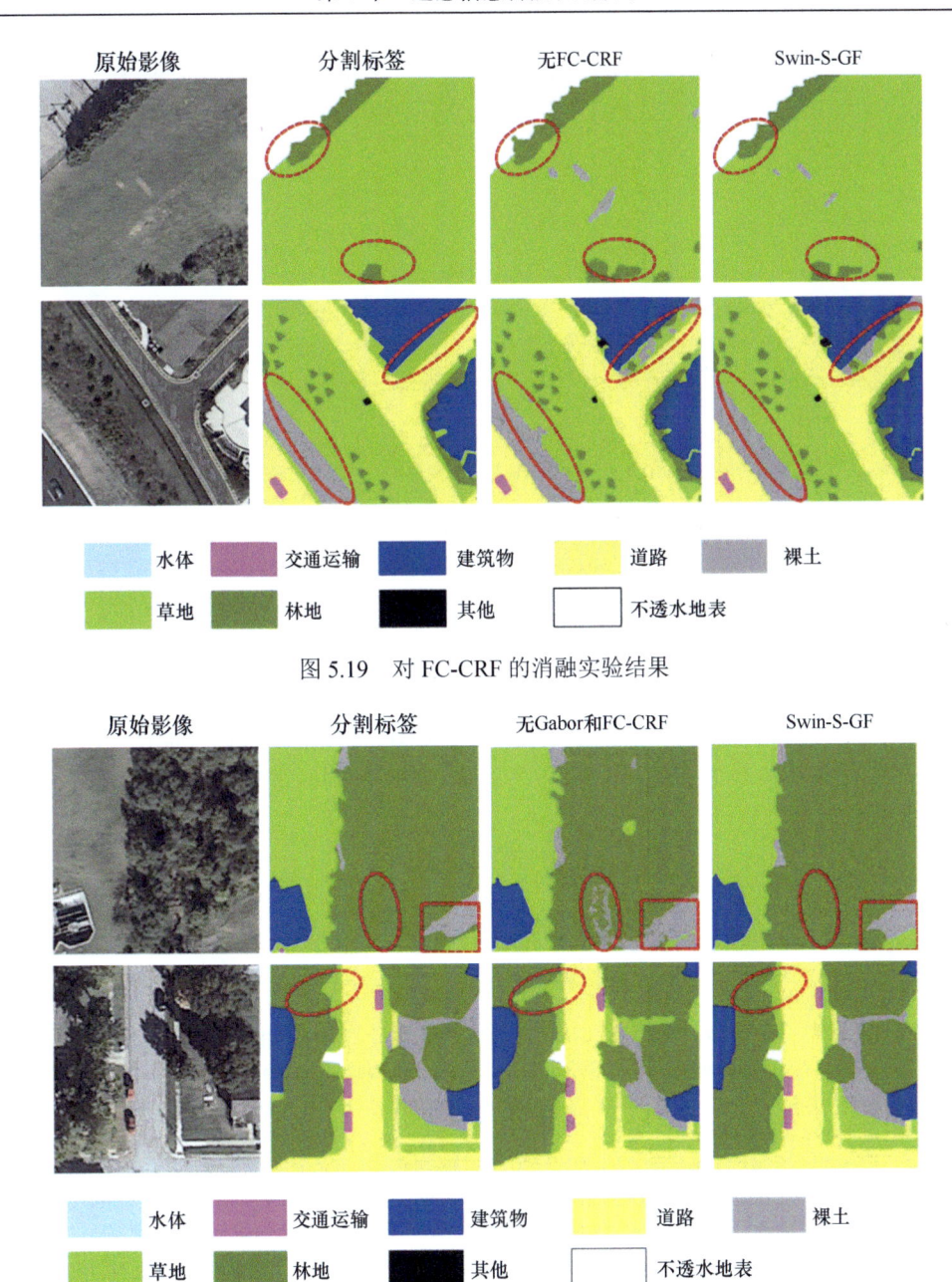

图 5.20　对 Gabor 滤波和 FC-CRF 的消融实验结果

5.3　本章小结

高分辨率遥感影像的精细分割是当前研究的重点及难点。Swin Transformer 网络突破了卷积和池化的局限，具有较大的改进潜力。本章将 Swin-S-GF 模型与其他语义分割模型做了对比，选择 mIoU 为评价指标，在 3 类不同尺度数据集上的实验结果如图 5.21 所示。

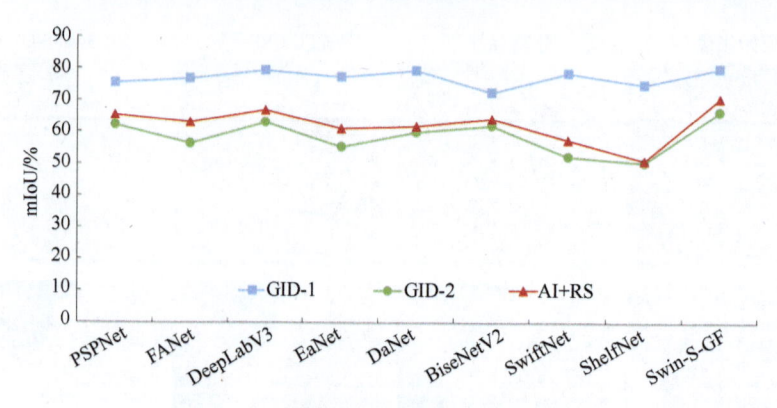

图 5.21　各个模型在三种数据集上的 mIoU 值

GID-1 表示大规模土地分类集；GID-2 表示精细土地覆盖分类集；AI+RS 表示昇腾人工智能+遥感影像数据集

本章提出了一种 Swin Transformer 融合 Gabor 滤波的遥感影像语义分割方法。借鉴多路径融合网络的思路，首先以 Swin-S 为骨干网络，对各阶段输出特征进行融合，以适应高分辨率遥感影像多尺度表达下的远距离依赖关系。然后利用 Gabor 滤波对地物纹理及边缘特征进行提取，可对语义分割中纹理特征进行强化并锐化地物边界。为了充分利用两条途径的优势，使用 FAM 进行融合，该模块引入了 LAM，可减少融合特征的拟合残差，从而增强网络泛化能力。最后使用 FC-CRF 对分割结果进行优化，FC-CRF 可剔除错分现象并对边缘进行细化，在提升分割完整性的同时进一步提高精度。

参 考 文 献

曹宇, 徐传鹏. 2021. 一种改进阈值分割算法在镜片缺陷检测中的应用[J]. 激光与光电子学进展, 58(16): 219-224.

李博. 2017. 机器学习实践应用[M]. 北京: 人民邮电出版社.

邱钊, 朱庆生, 卢霞, 等. 2004. 基于边缘信息的工业 CT 图像分割法[J]. 计算机工程, (8): 159-161.

Bhatti U A, Yu Z Y, Chanussot J, et al. 2022. Local similarity-based spatial-spectral fusion hyperspectral image classification with deep CNN and Gabor filtering[J]. IEEE Transactions on Geoscience and Remote Sensing, 60: 1-15.

Chen L C, Papandreou G, Kokkinos I, et al. 2018. Deeplab: semantic image segmentation with deep convolutional nets, atrous convolution, and fully connected crfs[J]. IEEE Transactions on Pattern Analysis and Machine Intelligence, 40(4): 834-848.

Dagher I, Abujamra S. 2019. Combined wavelet and Gabor convolution neural networks[J]. International Journal of Wavelets, Multiresolution and Information Processing, 17(6): 19-50.

Dong L H, Xu S, Xu B. 2018. Speech-transformer: a no-recurrence sequence-to-sequence model for speech recognition[C]. Calgary: 2018 IEEE International Conference on Acoustics, Speech and Signal Processing (ICASSP): 5884-5888.

Feng D D, Zhang Z H, Yan K. 2022. A semantic segmentation method for remote sensing images based on the swin transformer fusion Gabor filter[J]. IEEE Access, 10: 77432-77451.

Fırat H, Asker M E, Hanbay D. 2022. Classification of hyperspectral remote sensing images using different dimension reduction methods with 3D/2D CNN[J]. Remote Sensing Applications: Society and Environment, 25: 100694.

Fu J, Liu J, Tian H J, et al. 2019. Dual attention network for scene segmentation[C]. Long Beach: Proceedings of the IEEE/CVF Conference on Computer Vision and Pattern Recognition: 3146-3154.

Han K, Xiao A, Wu E, et al. 2021. Transformer in transformer[J]. Advances in Neural Information Processing Systems, 34: 15908-15919.

Han L, Wang P C, Yin Z Z, et al. 2021. Class-aware feature aggregation network for video object detection[J]. IEEE Transactions on Circuits and Systems for Video Technology, 32(12): 8165-8178.

Han Z M, Dian Y Y, Xia H, et al. 2020. Comparing fully deep convolutional neural networks for land cover classification with high-spatial-resolution Gaofen-2 images[J]. ISPRS International Journal of Geo-Information, 9(8): 478-496.

Hssayni E H, Joudar N E, Ettaouil M. 2022. KRR-CNN: kernels redundancy reduction in convolutional neural networks[J]. Neural Computing and Applications, 34(3): 2443-2454.

Hu K, Li M, Xia M, et al. 2022. Multi-scale feature aggregation network for water area segmentation[J]. Remote Sensing, 14(1): 206-229.

Hu P, Perazzi F, Heilbron F C, et al. 2021. Real-time semantic segmentation with fast attention[J]. IEEE Robotics and Automation Letters, 6(1): 263-270.

Huang J, Fang Y, Wu Y, et al. 2022. Swin transformer for fast MRI[J]. Neurocomputing, 493: 281-304.

Jha D, Smedsrud P H, Johansen D, et al. 2021. A comprehensive study on colorectal polyp segmentation with ResUNet++, conditional random field and test-time augmentation[J]. IEEE Journal of Biomedical and Health Informatics, 25(6): 2029-2040.

Keerthi S S, Lin C J. 2003. Asymptotic behaviors of support vector machines with Gaussian kernel[J]. Neural Computation, 15(7): 1667-1689.

LeCun Y, Bottou L, Bengio Y, et al. 1998. Gradient-based learning applied to document recognition[J]. Proceedings of the IEEE, 86(11): 2278-2324.

Liu Z, Lin Y T, Cao Y, et al. 2021. Swin transformer: hierarchical vision transformer using shifted windows[C]. Montreal: IEEE/CVF International Conference on Computer Vision: 10012-10022.

Nur-A-Alam, Ahsan M, Based M A, et al. 2021. An intelligent system for automatic fingerprint identification using feature fusion by Gabor filter and deep learning[J]. Computers and Electrical Engineering, 95: 107387.

Orlando J I, Prokofyeva E, Blaschko M B. 2017. A discriminatively trained fully connected conditional random field model for blood vessel segmentation in fundus images[J]. IEEE Transactions on Bio-Medical Engineering, 64(1): 16-27.

Pan Y W, Yao T, Li Y H, et al. 2020. X-linear attention networks for image captioning[C]. Seattle: Proceedings of the IEEE/CVF Conference on Computer Vision and Pattern Recognition: 10971-10980.

Ramos A L A, Dadiz B G, Santos A B G. 2020. Classifying Emotion Based on Facial Expression Analysis Using Gabor Filter: A Basis for Adaptive Effective Teaching Strategy[M]//Lecture Notes in Electrical Engineering. Singapore: Springer Singapore: 469-479.

Rong X, Zhang Z H, Yuan H, et al. 2024. GODANet: an object detection model for remote sensing images fusing contextual information and dynamic convolution[J]. Journal of Applied Remote Sensing, 18(1): 016507.

Ronneberger O, Fischer P, Brox T. 2015. U-Net: convolutional networks for biomedical image segmentation[C]//Medical Image Computing and Computer-Assisted Intervention-MICCAI 2015: 18th International Conference. Munich: Springer International Publishing: 234-241.

Shao H, Li Y, Ding Y, et al. 2020. Land use classification using high-resolution remote sensing images based on structural topic model[J]. IEEE Access, 8: 215943-215955.

Sun X F, Lin X G, Shen S H, et al. 2017. High-resolution remote sensing data classification over urban areas using random forest ensemble and fully connected conditional random field[J]. ISPRS International Journal of Geo-Information, 6(8): 245.

Tong X Y, Xia G S, Lu Q K, et al. 2020. Land-cover classification with high-resolution remote sensing images using transferable deep models[J]. Remote Sensing of Environment, 237: 111322-111341.

Vaswani A, Shazeer N, Parmar N, et al. 2017. Attention is all you need[J]. Advances in Neural Information Processing Systems, 30(1): 1-37.

Wang H C, Jiang X L, Ren H B, et al. 2021. Swiftnet: real-time video object segmentation[C]. Nashville:

Proceedings of the IEEE/CVF Conference on Computer Vision and Pattern Recognition: 1296-1305.

Wang S H, Zhou Q H, Yang M, et al. 2021. ADVIAN: Alzheimer's disease VGG-inspired attention network based on convolutional block attention module and multiple way data augmentation[J]. Frontiers in Aging Neuroscience, 13: 3-13.

Wang Z H, Zhong Y F, Yao M D, et al. 2021. Automated segmentation of macular edema for the diagnosis of ocular disease using deep learning method[J]. Scientific Reports, 11(1): 13392.

Weng W H, Zhu X. 2021. INet: convolutional networks for biomedical image segmentation[J]. IEEE Access, 9: 16591-16603.

Xu Z Y, Zhang W C, Zhang T X, et al. 2021. Efficient transformer for remote sensing image segmentation[J]. Remote Sensing, 13(18): 3585.

Yan G, Tang Y, Li Y T, et al. 2022. Reaction product-driven restructuring and assisted stabilization of a highly dispersed Rh-on-ceria catalyst[J]. Nature Catalysis, 5(2): 119-127.

Yu B, Yang L, Chen F. 2018. Semantic segmentation for high spatial resolution remote sensing images based on convolution neural network and pyramid pooling module[J]. IEEE Journal of Selected Topics in Applied Earth Observations and Remote Sensing, 11(9): 3252-3261.

Yu C Q, Gao C X, Wang J B, et al. 2021. BiSeNet V2: bilateral network with guided aggregation for real-time semantic segmentation[J]. International Journal of Computer Vision, 129: 3051-3068.

Yuan H, Zhang Z H, Rong X, et al. 2023. MPFFNet: LULC classification model for high-resolution remote sensing images with multi-path feature fusion[J]. International Journal of Remote Sensing, 44(19): 6089-6116.

Yue K, Yang L, Li R R, et al. 2019. TreeUNet: adaptive tree convolutional neural networks for subdecimeter aerial image segmentation[J]. ISPRS Journal of Photogrammetry and Remote Sensing, 156: 1-13.

Zhang R, Chen J, Feng L, et al. 2022. A refined pyramid scene parsing network for polarimetric SAR image semantic segmentation in agricultural areas[J]. IEEE Geoscience and Remote Sensing Letters, 19: 1-5.

Zhang Y K, Li W J, Zhang L P, et al. 2019. Adaptive learning Gabor filter for finger-vein recognition[J]. IEEE Access, 7: 159821-159830.

Zhao H S, Shi J P, Qi X J, et al. 2017. Pyramid scene parsing network[C]. Honolulu: Proceedings of the IEEE Conference on Computer Vision and Pattern Recognition: 2881-2890.

Zheng M H, Zhi K Y, Zeng J W, et al. 2022. A hybrid CNN for image denoising[J]. Journal of Artificial Intelligence and Technology, 2(3): 93-99.

Zheng X W, Huan L X, Xia G S, et al. 2020. Parsing very high resolution urban scene images by learning deep ConvNets with edge-aware loss[J]. ISPRS Journal of Photogrammetry and Remote Sensing, 170: 15-28.

Zhong Z L, Li J, Clausi D A, et al. 2020. Generative adversarial networks and conditional random fields for hyperspectral image classification[J]. IEEE Transactions on Cybernetics, 50(7): 3318-3329.

Zhuang J T, Yang J L, Gu L, et al. 2019. ShelfNet for fast semantic segmentation[C]. Seoul: Proceedings of the IEEE/CVF International Conference on Computer Vision Workshops: 847-856.

第6章 遥感数据同化技术

数据同化（DA）技术已经被研究了半个多世纪，而且在方法和应用领域上不断发展（Li et al.，2021，2008，2010，2013；黄春林等，2023）。数据同化的主要目标是最佳地融合模型和观测数据，以获得最好的输出结果，这样有助于提高模型的预测能力。最初的研究领域是数值天气预报（20世纪60年代），随后这些技术被修改并应用于其他学科，如地球科学、地质力学、水文学甚至农业。每个领域的目标可能不同，但这种技术的共同目的是改善性能。例如，在气象/海洋学中可以获得更好的预测结果；在农业中，可以更好地估计作物产量。数据同化的主要方法包括顺序数据同化和非顺序数据同化。每个类别可用的技术中，可以根据问题的最终目标选择一种技术。本章将介绍遥感数据同化的可用技术，并讨论它们在地球物理科学研究中的应用及其限制。当前的研究将为研究人员提供指导，指导他们选择使用哪种方法以及可用的软件和数据资源。

本章在介绍遥感数据同化的基础理论和基本方法的基础上，分析了遥感数据的特性及同化过程中存在的关键问题，并对基于集合卡尔曼滤波（EnKF）算法的遥感土壤水分、积雪、微波亮温和地表温度等多源遥感数据同化技术进行举例说明，以更好地满足不断变化的新需求，为研究较高鲁棒性和普适性的数据同化算法提供理论和技术支撑。

6.1 遥感数据同化基本原理

6.1.1 遥感数据同化原理

数据同化的过程涉及三个关键角色：模型、数据和同化算法。模型，需要了解模型构建的过程；数据，从观测中获得的信息；同化算法，拟合数据的过程，其中涉及将模型和数据结合的方法。数据同化中的拟合类似于数值分析中的确定性曲线拟合/插值或统计回归分析，理论方法包括矩阵的基本概念、多元微积分和有限维向量空间以及其中的优化。在这个过程中，对称矩阵的正定性概念经常被要求，可以处理的问题范围从确定性到随机性、从静态到动态、从线性到非线性。

数据同化是一种将不同信息源结合起来估计系统在时间上演变时可能的状态的科学（李新等，2020）。通常一次只估计一种状态，如最可能的状态或平均状态。我们将这个状态称为分析。一般地，数据同化可以确定一个不断变化的概率密度函数，它指定了可能状态的范围以及它们代表现实的概率。

使用的信息来自观测和数值模型。数据同化可以应用于任何经典系统，但我们的重点是地球大气、海洋和陆面过程等地球物理系统。数据同化有许多名称，根据应用领域的不同（如状态估计、历史匹配、滤波、平滑），通常与所谓的反演方法结合使用，以从观测中提取最多信息。

为什么不简单地使用观测来估计系统的状态？在大多数情况下，观测是稀疏的，而且不是在网格上进行的。所有观测都是现实的不完美版本，因此都存在误差。此外，一些观测只提供间接的信息，如它们可能在所需分析不同时刻进行测量，并且可能测量不同的变量（如光子计数而不是地球物理变量）。

为什么不简单地使用模型？一个自由运行的模型（没有新观测的影响）会与现实偏离，这是由于不确定的建模过程和初始条件。这些误差对于某些应用来说可能不是一个问题（如在许多气候研究中，如果模型有一个良好的平均状态），但对于天气预报等应用来说，它们是不准确性的来源。对于这样的问题，单独的模型无法通过预测无限期地进行实际状态估计，尽管它们仍然非常有用。

数据同化以一种同时考虑到每个部分的不确定性并尊重特定约束的方式将观测和模型结合起来。这些约束通过描述系统运动规律的模型方程实现，以及观测如何在物理上与系统变量相关联。在天气预报中，最近的天气观测与今天的模型预测结合起来，以获得当前大气的完整图像，从而为未来几天的新预测打下基础。数据同化通常被认为是通过不断用新观测纠正模型来使其保持"在轨道上"的方法。

数据同化的原理可概括如下。

观测数据与模型数据比较：首先将观测数据与模型数据进行比较。观测数据通常来自实际观测或者传感器的测量结果，而模型数据是通过数学或物理模型计算得到的预测值。

确定观测变量和模型变量：观测数据和模型数据通常包含多个变量。数据同化过程中，需要根据变量的特性和数据的可用性，选择合适的观测变量和模型变量。

构建观测模型：观测模型是根据模型变量与观测变量之间的关系进行建模。观测模型可以是简单的线性关系，也可以是复杂的非线性关系。观测模型可以用于将模型变量转换为观测变量。

估计观测误差和模型误差：观测数据和模型数据都会存在一定的误差。数据同化过程中，需要对观测误差和模型误差进行估计和调整，以提高数据同化的准确性。

更新模型状态：通过观测数据和模型数据的比较，以及观测模型和误差估计的使用，可以得到更准确的模型状态。通过将这些信息与原始模型状态进行结合，可以更新模型状态，从而改进模型的预测能力。

优化模型参数：数据同化过程中，还可以对模型参数进行优化。根据观测数据调整模型参数，进一步提高模型的预测准确性。

6.1.2 遥感数据同化方法

数据同化是一种分析数据的方法，其中观测结果被输入模型状态中，考虑到一致性约束以及物理和动力学特性。数据同化有两种基本方法：顺序和非顺序。顺序数据同化适用于过去观测和最新观测的范围内，实时同化系统是常见的例子，而非顺序数据同化甚至考虑到未来观测，如再分析。在时间方面，这两种方法都可以是间歇的或连续的。

对于间歇的方法，观测结果以小的时间批次进行处理，这在技术上比较方便。对于连续的方法，时间批次较大，并且对分析状态的逼近在时间上是平滑的，与实际状态非常接近。因此，总共有四种方法来研究数据同化，如图 6.1 所示。

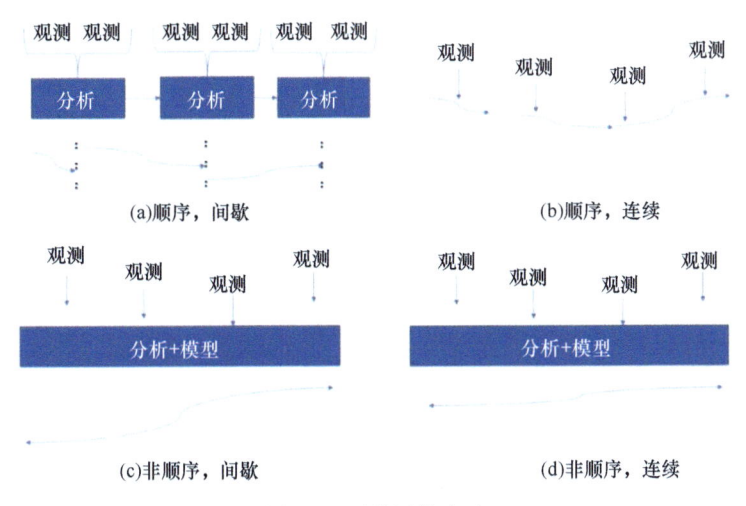

图 6.1　四种同化实验

这里列出的方法采用了概率框架，并通过按时间顺序向前传递信息来生成整个系统的状态估计，使得顺序方法更容易应用于几乎所有模型，因为不需要推导逆模型或伴随模型。

任何模型的基本目标不仅仅局限于拟合实际数据，还包括启动系统以提供最佳的预测。因此，任何数据同化方案的目的是在空间中提供一系列满足它们之间的动力学关系，以及系统基本控制方程的物理定律的相关参数场。数据同化概念最早由大气科学家 Charney 等（1969）提出。他们建议将当前和过去的数据结合到一个显式动力学模型中，使模型的分析方程满足连续性约束，并展现出各个场之间的动力学耦合，这个概念被称为"四维数据同化"。我们需要进行客观分析来执行多个功能，如从数据中去除噪声、插值、平滑，以建立一个具有良好内部一致性的系统。客观分析将数据统一组织成一个网格格式，从不规则分布的观测数据（在空间和/或时间上）中获取。这些网格化数据显示等高线数据，用于包括导数估计在内的分析计算，以及为数值预报模型建立初始条件。

许多数据同化技术最初应用于气象和海洋领域，其在数值成本、最优性和实时数据同化的适用性方面存在变化。这里我们讨论一下各种数据同化技术的演变。

1. 克雷斯曼分析

克雷斯曼分析（Cressman analysis）是由 Cressman（1959）引入的。该方法试图通过线性地组合预测值和观测值之间的残差，从而减少预测中包含的误差。残差仅取决于网格点和观测之间的距离。在每个网格点上，模型状态受以下式（6.1）~式（6.4）的影响：

$$x_a(j) = \frac{x_b(j) + \sum_{i=1}^{n} \omega(i,j)[y(i) - x_b(i)]}{\sum_{i=1}^{n} \omega(i,j)} \quad (6.1)$$

$$\omega(i,j) = \max\left(0, \frac{R^2 - d_{i,j}^2}{R^2 + d_{i,j}^2}\right) \quad (6.2)$$

式中，$\omega(i,j)$ 为观测点 i 到网格点 j 的残差权重；$y(i)$ 为观测状态；$x_a(j)$ 为网格点 j 的背景状态；R 为影响半径；$d_{i,j}^2$ 为观测点 i 和网格点 j 的距离；$x_b(i)$ 为背景状态插值到观测点 i。

$$\omega(i,j) = 1 \quad d_{i,j}^2 \leqslant R \quad (6.3)$$

$$\omega(i,j) = 0 \quad d_{i,j}^2 > R \quad (6.4)$$

式中，R 为影响半径，超出半径的观测没有权重。

尽管这种方法简单快捷，但对于多样化的观察来说并不合适，因为这里没有考虑误差和观察分布。因此，有必要采取统计方法。

2. 优化插值

优化插值（OI）被认为是四维数据同化的最后一种传统技术，最初由 Eliassen 在 1954 年提出，后来由 Gandin（1963）进一步发展和普及。OI 及其变体至今仍在主要预测中心使用。在这种方法中，权重的选择旨在最小化均方误差。OI 所涉及的基本假设如下。

（1）一次只分析一个变量。
（2）观测是在不同位置独立进行的。
（3）背景误差在空间上是均匀的。

接下来我们实施 OI，它建议最佳分析值是观测值和预测值的线性组合，权重与各自误差方差的倒数呈比例。

我们首先给出线性分析基本方程的一般代数形式，即最小二乘估计或最佳线性无偏估计（BLUE）。

首先引入一些符号和假设，进一步考虑以下假设。

（1）观测算子是线性的：对于任何接近 y_b 的 y，$K(y)-K(y_b)=K(y-y_b)$，其中 K 为线性的。
（2）误差是非平凡的：矩阵 C 和 S 是正定的。
（3）误差是无偏的：观测和背景误差的平均值为零。
（4）误差是不相关的：观测和背景误差没有相关性。
（5）线性分析：背景状态可通过背景观测进行线性校正。
（6）最优分析：获得最接近真实状态的分析状态。

在上述符号和假设的基础上，BLUE 分析可以定义为

$$y_a = y_b + M[z - K(y_b)] \quad (6.5)$$

$$M = CK^{\mathrm{T}}(KCK^{\mathrm{T}} + S)^{-1} \tag{6.6}$$

式中，y_a 为分析状态，也称预测状态；y_b 为背景状态；z 为观测；K 为观测算子；C 为观测误差协方差矩阵；S 为背景误差协方差矩阵；M 为线性算子，称为分析的增益或权重矩阵。

任何 M 的分析误差协方差矩阵为

$$B = (I - MK)C(I - MK)^{\mathrm{T}} + MSM^{\mathrm{T}} \tag{6.7}$$

式中，B 为背景场误差协方差矩阵，描述了背景场与真实场之间的误差特征；I 为单位矩阵，表示在同一空间中的恒等映射。

如果 M 是最优最小二乘增益，表达式的形式为

$$B = (I - MK) \tag{6.8}$$

与其他数据同化方法一样，OI 可以通过观测另一个变量来近似得出一个变量，从而控制观测的质量。权重与模型的性能历史一致，这是 OI 独有的特点。此外，分析误差是根据数据的分布和准确性估计的函数，使得 OI 在计算上非常昂贵，并且在极端事件期间无法达到最佳性能。

3. 三维变分和四维变分

Lorenc（1986）表明，最小化总分析方差的最优权重 M（在 OI 中获得）等于一个特定的变分同化问题：寻找最小化代价函数的最优状态 x^a 场，该代价函数定义如式（6.9）所示：

$$J(y) = \frac{1}{2}(y - y_b)^{\mathrm{T}} C^{-1}(y - y_b) + \frac{1}{2}[z_o - K(y)]^{\mathrm{T}} S^{-1}[z_o - K(y)] \tag{6.9}$$

式中，y 为变量；y_b 为其背景状态；z_o 为观测值；$K(y)$ 为观测算子将变量映射到观测空间。

值得注意的是，三维变分（3D-Var）优于 OI，因为它利用全局最小化技术来最小化相关的代价函数 J。即使对于 3D-Var 的背景误差协方差矩阵似乎更通用，也不受 OI 中使用的局部近似的限制。当 3D-Var 中的观测结果在时间上分布时，该技术被推广为四维变分（4D-Var）。所有方程式都是相同的，并且观测算子的定义方式可以将预报模型纳入其中，以便在适当的时间比较模型状态和观测结果（Arango et al.，2023）。

4. 卡尔曼滤波

卡尔曼滤波（KF）是数据同化最常用的方法之一（Wang B et al.，2023）。它基于状态空间模型，将系统的状态分为观测部分和模型部分，并通过观测数据来更新模型的状态估计。KF 的基本原理可以简单概括为两个步骤：预测和更新。

预测步骤中，利用模型方程推断出系统的状态在下一个时刻的估计值（预测值），同时也估计出系统状态的不确定度。预测值通常是根据数值模型的计算结果得到的，而不确定度则是通过模型的协方差矩阵来表示。

更新步骤中，根据观测数据与预测值之间的差别，利用观测模型来调整预测值，并计算出更新后的系统状态估计值和对应的不确定度。观测模型通常是根据观测数据与系统状态之间的关系建立的，可以是简单的线性关系或者复杂的非线性关系。

KF 通过迭代进行预测和更新的步骤,逐渐优化系统状态的估计值和不确定度。其中,预测步骤主要利用模型数据进行状态估计,而更新步骤则通过观测数据对状态进行校正。

KF 有两个主要步骤:预测和观测,每个步骤有三个子步骤。

(1) KF 步骤 1a。状态预测:

$$x_k = M(x_{k-1}) \tag{6.10}$$

(2) KF 步骤 1b。误差协方差更新:

$$P_k = MP_{k-1}M^{\mathrm{T}} \tag{6.11}$$

(3) KF 步骤 1c。估计系统输出:

$$\widehat{y_k} = Hx_{k-1} \tag{6.12}$$

(4) KF 步骤 2a。估计增益矩阵:

$$L_k = P_k H^{\mathrm{T}} \left(HP_k H^{\mathrm{T}} + R_k \right)^{-1} \tag{6.13}$$

(5) KF 步骤 2b。状态估计观测更新:

$$\widehat{x_k} = x_{k-1} + L_k \left(y_k - \widehat{y_k} \right) \tag{6.14}$$

(6) KF 步骤 2c。误差协方差观测更新:

$$\widehat{P_k} = (I - KH) P_{k-1} \tag{6.15}$$

式中,x_k 为 k 时刻状态变量,x_{k-1} 为 $k-1$ 时刻的状态变量,M 为状态转移矩阵,描述了从时刻 $k-1$ 到 k 的状态变化,P_k 为时刻 k 的误差协方差矩阵的预测,表示对当前状态预测的不确定性,H 表示观测矩阵,将状态空间映射到观测空间,$\widehat{y_k}$ 为状态变量在观测空间的映射,L_k 是卡尔曼增益,决定了观测数据在最终估计中的权重,R_k 为观测误差协方差矩阵,描述了观测数据的不确定性,$\widehat{x_k}$ 为观测更新后的状态估计值,y_k 为观测变量,P_k 为观测更新后的时刻 k 的误差协方差矩阵。

从理论的角度上说,KF 是一套基于线性假设所得到的理论,而我们所处的地球物理系统很大一部分是由非线性偏微分方程所控制的;从工程实践的角度上说,KF 的计算量过大,这是由地球科学,或者说海洋/大气数值模型自身的特点所决定的。与 KF 其他的应用场景不同,海洋/大气数值模型计算量十分庞大,这里可以做一个估算,一个分辨率为 1°的全球海洋模型(相对于当下高分辨率数值模式而言,是相当粗糙的分辨率),全球网格格点数 180×360=64800,由于有卫星观测,去掉 30%的陆地,仅仅是同化海表面温度,观测网格也有 19440 个格点,这样在计算卡尔曼增益 K 时,K 的规模可达 19000×19000,数量级相当大。如果在本身计算量就十分大的数值模型中,再考虑如此大规模矩阵的相乘、求逆以及储存,是计算机内存所无法负担的。

5. 集合卡尔曼滤波

既然如此大规模的矩阵储存是困难的,那么不如就用对系统进行采样代替计算。我们将 KF 中所需要计算的随机变量的一阶矩(均值)和二阶矩(方差)看作气体的宏观特征（如温度），将数值模式在每一个时刻运行的值看作气体分子的脉动特征，那么就可以通过对数值模式进行采样来对 KF 中更新步的均值和方差进行表达，而不用储存协方差矩阵。这里采用集合（ensemble）方式的采样，我们需要 N 个数值模式，它们满足相同的动力学约束，但是在初始条件或者是一些参数设置上稍有不同。就如同第 1 章所讲的那样，既然系统对于微小的扰动是敏感的，加上系统完全状态本身就是有不确定性的，我们可以利用一系列微小扰动产生的"集合"来代替对系统本身状态的估计。N 个数值模式同时向前积分，然后在有新数据时进行更新。从更加抽象的意义上来说，这是一种降维，我们将无穷维的系统特征转化为用 N 个集合来采样表示，从而在计算上变得可能。

集合卡尔曼滤波（EnKF）可以看成 KF 的近似，状态分布利用集合的形式表示。这个集合随着时间递进并在有观测进入时更新。集合表示是一种维度的减少，可以使高维系统的计算更方便。EnKF 也包含预测和更新两步，与 KF 的区别在于卡尔曼增益矩阵 L_k 由集合预报的 E_k 代替。EnKF 的卡尔曼增益矩阵 E_k 的计算公式为

$$E_k = C_t H^T (H C_t H^T + R)^{-1} \quad (6.16)$$

式中，C_t 为状态预测协方差矩阵的估计；H 为观测算子；R 为观测误差矩阵。

6. 粒子滤波

粒子滤波是另外一种常用的数据同化方法，它基于粒子群的概念，在状态空间中对系统状态进行采样和重采样。粒子滤波的基本原理可以概括为四个步骤：初始化、预测、重采样和更新。

$$X_k = F(X_{k-1}) + w_{k-1} \quad (6.17)$$

$$Z_k = H(X_k) + v_k \quad (6.18)$$

式中，v 和 w 分别为传感器的测量噪声向量和状态向量的过程噪声；X_k 为系统状态向量；Z_k 为对应的观测向量；F 为状态转移函数，描述了如何从前一时刻的状态预测当前时刻的状态；H 为观测算子，描述了如何从当前时刻的状态生成观测。过程误差的协方差矩阵用 Q 表示，测量噪声的协方差矩阵用 R 表示，它们的定义如式（6.19）和式（6.20）所示：

$$E\{w_k w_j^T\} \& = Q \delta_{kj} = \text{diag}[Q] \quad (6.19)$$

$$E\{v_k v_j^T\} \& = R \delta_{kj} = \text{diag}[R] \quad (6.20)$$

X_k 和 Z_k 条件平均的计算如式（6.21）所示：

$$\hat{f}(X_0^k) = E[f(X_0^k)/Z_0^k] = \int f(X_0^k) p(X_0^k/Z_0^k) \mathrm{d} X_0^k \quad (6.21)$$

式中，X_0^k 表示 $p(X_0^k/Z_0^k)$ 的条件概率，根据贝叶斯理论可表示为式（6.22）：

$$p(X_0^k/Z_0^k) = \frac{p(X_0^k) p(Z_0^k/X_0^k)}{p(Z_0^k)} \quad (6.22)$$

在初始化步骤中，根据系统的先验知识和观测数据的信息，生成一组初始粒子，并

为每个粒子赋予一个初始权重。初始粒子的状态可以通过观测数据进行初始化，或者通过模型方程进行随机生成。

在预测步骤中，利用模型方程对每个粒子的状态进行预测，并根据系统的状态转移概率分布对粒子的权重进行更新。预测步骤主要利用模型数据进行状态的预测和权重的更新，但不直接利用观测数据。

在重采样步骤中，根据粒子的权重，按照一定的概率对粒子进行重采样。权重大的粒子有更大的概率被选中，而权重小的粒子则有更小的概率被选中。通过重采样，可以使权重大的粒子增多，权重小的粒子减少，从而提高对系统状态的估计准确度。

在更新步骤中，利用观测数据对状态进行校正，并计算出更新后的粒子的权重。观测数据通常是通过观测模型将系统状态转换为观测变量得到的，通过比较观测数据与模型预测值之间的差别，校正粒子的权重。

通过迭代进行预测、重采样和更新的步骤，逐渐改进粒子的状态估计和权重，从而得到更准确的系统状态估计。

7. 其他数据同化方法

除了上述常见的数据同化方法，数据同化还可以使用其他方法来融合观测数据和模型数据，如最小二乘法、机器学习方法（Howard et al.，2024；Kalnay et al.，2023；Cheng et al.，2023）等。每种方法都有其适用的场景和优势，选择合适的方法依赖于问题的特性和可利用的数据类型（Wang B et al.，2023）。

8. 小结

数据同化是通过结合观测数据和模型数据来优化模型预测的技术。卡尔曼滤波和粒子滤波是常用的数据同化方法，它们分别基于状态空间模型和粒子群的概念，通过迭代的方式对系统状态进行预测、更新和校正。其他数据同化方法也可以根据具体的问题和数据类型选择合适的方法。数据同化的目标是通过融合不同来源的信息来提高模型的预测能力和准确度，从而为科学研究和决策提供更可靠的数据支持。

6.1.3　遥感数据同化评价标准

遥感数据同化评价标准的原理在于比较同化后的模型输出与观测数据之间的一致性和准确性，以评估同化过程中模型的表现和改进效果。通过量化评价指标，可以帮助研究人员了解同化的效果如何，确定模型的可靠性和准确性，以及指导进一步的模型调整和优化。遥感数据同化评价标准通常包括以下几个方面。

观测与模拟对比：对比同化后模型输出与实际观测数据，评估它们之间的一致性和准确性。

均方根误差（RMSE）：用来衡量模型输出与观测数据之间的误差大小，RMSE越小表示模型预测越准确。

相关系数（correlation coefficient）：评估模型输出与观测数据之间的相关性，相关系数越接近 1，表示模型输出与观测数据越一致。

偏差（bias）：衡量模型输出的平均误差，偏差为 0 表示模型的平均预测值与观测值一致。

均方误差（MSE）：衡量模型输出与观测数据之间的平方误差，MSE 越小表示模型预测越准确。

分析增益（analysis increment）：衡量同化后模型对观测数据的调整程度，评估同化对模型的改进效果。

观测不确定性：考虑观测数据的不确定性对同化结果的影响，评估同化后模型输出的可靠性和稳定性。

这些评价标准可以帮助评估遥感数据同化的效果，指导模型优化和改进。根据具体的研究目的和数据特点，选择合适的评价标准进行评估和分析（Krause et al.，2022）。同时，还需要考虑数据的可用性、数据源的可靠性等因素。

6.1.4 多源遥感数据的特性和同化的关键问题分析

多源遥感数据指的是来自不同传感器、平台或数据源的遥感数据（Chen et al.，2021；Pujol et al.，2022；Abebe et al.，2022；Yu et al.，2014）。这些数据可能具有不同的空间分辨率、光谱分辨率、时间分辨率、波段信息等特征。多源遥感数据可以包括在卫星、飞机、地面观测站等不同平台获取的数据，也可以涵盖在不同类型的传感器获取的数据，如光学传感器、雷达传感器、高光谱传感器等。

通过整合和利用多源遥感数据，可以获得更全面、多角度、多尺度的地表信息，从而支持地表特征的监测、分析和应用。多源遥感数据的综合利用可以提高数据的可靠性和准确性，促进跨尺度和跨时间的研究与分析，支持多领域的遥感应用和决策制定。因此，多源遥感数据在遥感领域具有重要的意义和应用前景。多源遥感数据具有以下几点特性。

（1）多样性：多源遥感数据包括不同类型、不同分辨率、不同波段的数据，可以提供丰富的信息。例如，高级微波扫描辐射计 2 号（AMSR2）卫星可以提供遥感土壤水分数据、雪水当量数据等。遥感土壤水分数据可以从土壤湿度和海洋盐度（SMOS）卫星、土壤湿度主被动探测（SMAP）卫星、AMSR2 卫星等获取。

（2）多时相性：多源遥感数据可以提供不同时间点的观测结果，用于监测和分析地表变化。例如，AMSR2 卫星升轨于每天地方时下午 1:30 过境，降轨于每天地方时上午 1:30 过境，SMOS 卫星的过境时间是 10:00～15:00。

（3）多尺度性：多源遥感数据可以提供不同空间尺度的观测结果，用于分析地表特征的空间分布。例如，葵花卫星和风云 4 号卫星的可见光和热红外数据，提供了太平洋及周边国家的高分辨率气象数据。

（4）高时空分辨率：多源遥感数据具有较高的时空分辨率，可以提供更详细的地表信息。例如，SMOS 卫星的时空分辨率是每日全球 30～50km；SMAP 卫星的时空分辨率是每日全球 36km。

多源遥感数据已广泛应用于大气（Ma et al.，2024）、海洋（Arango et al.，2023）和水文（Botto et al.，2018；Yu et al.，2014）等领域，其同化的关键问题主要有以下几点。

（1）数据融合方法：多源遥感数据的同化需要选择合适的数据融合方法，如加权平均、卡尔曼滤波等，以确保融合结果准确可靠。

（2）数据不一致性处理：不同源的遥感数据可能存在不一致性，如观测误差、分辨率差异等，需要进行数据校正和匹配，以确保数据的一致性和可比性。

（3）数据缺失处理：由于各种原因，多源遥感数据可能存在缺失情况，需要进行插值或填充处理，以获得完整的数据集。

（4）数据质量评估：同化过程中需要对数据的质量进行评估，以判断数据的可信度和适用性，避免错误信息的引入。

（5）模型选择和参数优化：同化过程中需要选择合适的模型和参数，以确保同化结果与实际情况相符合，提高数据的利用价值。

（6）不确定性估计：同化过程中需要对结果的不确定性进行估计和分析，以提供合理的结果解释和决策支持。

6.2 基于 EnKF 的遥感积雪数据同化技术

积雪数据同化是指利用观测数据和模型数据相结合的方法来估计积雪的空间分布和时间变化（You et al.，2023a，2023b；Wang et al.，2014；Metref et al.，2023；Alonso-González et al.，2023）。积雪数据同化对气象、水文等领域的研究和应用具有重要意义（Hou et al.，2021）。下面将详细介绍积雪数据同化的原理和方法。

积雪模型是描述积雪在空间和时间上的变化规律的数学模型。其基于能量平衡原理，考虑能量的输入、输出和储存过程，以及积雪的物理特性，如密度、导热性等。常用的积雪模型包括单层积雪模型和多层积雪模型。单层积雪模型假设积雪只有一个层次，将积雪的能量平衡表述为一个方程，可以用来描述积雪的垂直分布和积雪消融过程。多层积雪模型则考虑积雪在空间上的分层结构，通过多个方程来描述各层积雪的能量平衡，更准确地模拟积雪的变化过程。观测数据是指通过实地观测或遥感手段获得的相关积雪信息。常用的积雪观测数据包括积雪深度、积雪覆盖率、积雪湿度等。观测数据通常有不同的空间分辨率和时间频率，需要进行预处理和插值处理，以适应积雪模型的要求。数据同化方法是将观测数据与模型数据融合的技术。对于积雪数据同化，常用的方法包括卡尔曼滤波、粒子滤波、最小二乘法、4D-Var 等。

6.2.1 遥感积雪数据同化流程

1. 中分辨率成像光谱仪积雪覆盖率（MODIS SCF）同化框架

本研究的遥感积雪数据同化框架包括通用陆面模型（CoLM）、数据同化算法（如 EnKF）和积雪观测算子。CoLM 是一个综合性的陆面过程模型（LSM），包括 Bonan 的 LSM、生物圈–大气传输方案（BATS）以及中国科学院大气物理研究所于 1994 年编制的 LSM3（Dai et al.，2003）。CoLM 包括植被、土壤、冰雪覆盖、冻土、湿地和湖泊的参数化，这些参数化可靠地描述土壤、植被、雪和大气之间发生的能量和水分传递过程。通过全面考虑物理雪过程（如雪的积累、雪的消融以及从雪到融雪的过渡），CoLM 可以模拟多达五层的积雪，取决于积雪的厚度。以往的研究表明，CoLM 可以成功模拟关键的陆面过程变量[如土壤湿度和雪水当量（SWE）]及其在不同气候和土地覆盖条件下以及各种空间尺度下的季节变化特征（Li et al.，2017）。本章旨在通过将 MODIS SCF 观测数据同化到 CoLM 中，提高雪深（snow depth，SD）和 SCF 估计的准确性，其中 SD 是 CoLM 的状态变量，SCF 是诊断变量。

数据同化算法选择 EnKF 方法。为了研究数据同化算法在不同条件下（如地形起伏、不同土地覆盖类型和不同的积雪期与融雪期）的影响，我们利用了两种不同的同化方法，直接插入（DI）法和 EnKF 法，将 MODIS SCF 观测数据整合到 CoLM 中，DI 法被当作基准。

2. 实验设计

对于基于 DI 的 SCF 同化，我们需要定义一条规则，在 SCF 观测值与 CoLM 模拟的 SD/SWE 之间存在差异的情况下，添加/删除一定数量的积雪覆盖。在本研究中，我们采用了 Rodell 和 Houser（2004）提出的方法，具体方法如下：如果 MODIS SCF 观测值表示有积雪覆盖（即 SCF 值大于 50%），则在 CoLM 的给定格网单元内向 SWE 中添加一定数量（5mm）的积雪覆盖；如果 MODIS SCF 观测值表示非积雪像素（即 SCF 值小于 15%），而模型模拟表明该格网单元中存在积雪覆盖，则从该格网单元中删除一定数量（5mm）的积雪覆盖。如果模拟的 SWE 小于 5mm，则完全删除该积雪层。SCF 的阈值分别为 50% 和 15%，用于表示积雪覆盖和无积雪，因为如果一个像素超过一半的面积被积雪覆盖，则被认为是一个积雪像素，而 15% 的积雪覆盖比例是 MODIS 观测有用的最小可见度（Painter et al.，2009）。选择 5mm 的 SWE 作为添加/删除的积雪量，是为了尽量减少同化 SCF 对水平衡的贡献，同时仍然影响反照率（Rodell and Houser，2004）。此外，根据我们多年来对现场积雪观测和积雪分布调查的经验，我们认为 5mm 是一个相对合理的阈值，即这是研究区典型降雪事件的积雪量，而 CoLM 中的遗漏错误（MODIS 显示有积雪而 CoLM 没有）可能是由于遗漏了一个降雪事件。其他与积雪相关的状态，包括 SD 和 SCF，根据更新后的 SWE 值进行调整。基于 EnKF 的 MODIS SCF 积雪覆盖数据同化框架的流程如图 6.2 所示。

对于基于 EnKF 的 MODIS SCF 同化，当 CoLM 在前向传播过程中存在 MODIS SCF 观测时，状态变量（即 SD）会通过 EnKF 算法进行更新。在这种情况下，我们需要定义观测算子，将 CoLM 模拟的 SD 映射到 MODIS SCF 观测空间。我们使用了通过多元非线性回归和四种主流机器学习算法开发的五个新积雪消融曲线（snow depletion curves，SDC）作为 CoLM 的新 SCF 参数化方案，同时也作为观测算子。

在综合考虑与积雪覆盖的时空异质性相关的各种辅助因素（如地形信息、土地覆盖类型和气象条件）的前提下，我们使用传统的多元非线性回归（Reg）和四种主流机器学习算法（即 MARS、ANN、SVM 和 DBN）来开发 SDC，即 SCF 与 SD 以及 12 个辅

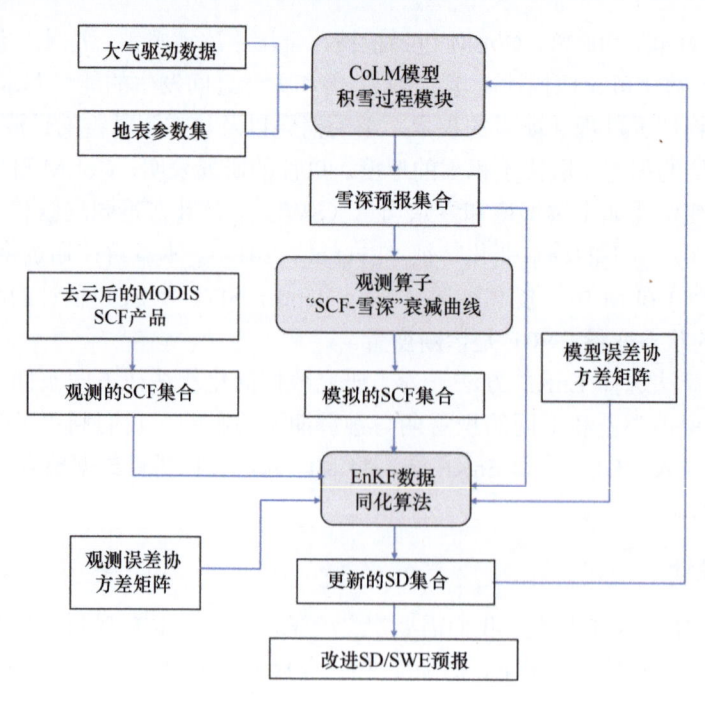

图 6.2 基于 EnKF 的 MODIS SCF 积雪覆盖数据同化框架的流程

助因素（包括 LST、海拔、坡度、坡向、海拔标准差、经度、纬度、长波辐射、短波辐射、降水、风速和土地覆盖类型）之间的关系。

本书从与气象站相符的格网单元（Painter et al.，2009）中提取了 SD、SCF 和辅助数据点，时间跨度为 2010~2015 年的五个积雪季节（即 2010 年 10 月 1 日至 2011 年 4 月 30 日，2011 年 10 月 1 日至 2012 年 4 月 30 日，2012 年 10 月 1 日至 2013 年 4 月 30 日，2013 年 10 月 1 日至 2014 年 4 月 30 日，2014 年 10 月 1 日至 2015 年 4 月 30 日）。考虑到研究区域积雪覆盖的不均匀分布，建立统一的 SDC 在整个研究区域是不可靠的。我们将研究区域划分为四个高程范围的区域：≤500 m、500~1000 m、1000~1500 m 和＞1500 m；这四个区域分别有 11 个、24 个、7 个和 4 个气象站。对于每个高程区域，使用 SCF 作为响应变量，站点观测的 SD 和 12 个辅助因素作为预测因素。前三个积雪季节的数据用作构建 SCF 的前向模拟方案的训练集，最后两个积雪季节的数据用作独立测试集，以验证开发的 SDC 的性能。分别构建了基于 Reg 和四种主流机器学习算法的五个新 SDC。Reg 和四种主流机器学习算法的具体结构列在表 6.1 中。使用神经网络工具箱（Demuth and Beale, 2013）、ARESLab-1.13（Jekabsons, 2015）、Libsvm-3.24（Chang and Lin, 2011）和 DeepLearnToolbox（Palm, 2014）开发了 ANN、MARS、SVR 和 DBM 程序。此外，我们还进行了 n 折交叉验证实验（n 是每个高程区域的站点数），以调查新 SDC 的泛化能力，即每次使用 $n-1$ 个站点的数据进行训练，剩余站点的数据用于测试开发的模型是否能够将知识推广到所有的空间和时间，并依次循环直到测试完所有的站点。

表 6.1　Reg 和四种主流机器学习算法的具体结构

模型	结构
Reg	SD、LST 和其他因素的基础函数分别是有理分数曲线、反余切曲线和线性函数
MARS	使用分段三次 MARS，最大基础函数数量为 20，交互级别为 2，进行广义 5 折交叉验证
ANN	使用三层反向传播 ANN，隐藏节点数量为 2n+3（n 为输入因素数量），使用列文伯格–马夸尔特（Levenberg-Marquardt）训练方法
SVR	使用具有高斯径向基函数的最小二乘支持向量回归（LS-SVR），进行 10 折交叉验证
DBN	使用五层 DBN，每层节点数量为 13 个、8 个、5 个、3 个和 1 个

此外，我们将模拟的 SCF 值与每个气象站的 MODIS SCF 观测之间的相对误差定义为 MODIS SCF 同化过程中的观测误差，该观测误差包括 MODIS SCF 观测本身的误差、观测算子误差以及由缩放效应和地表异质性引起的代表性误差（如当一个具有 0.05°空间分辨率的模型格点被单个气象站所代表时产生的误差）。正如预期的那样，观测误差在不同站点之间有所变化。

CoLM 的运行时间是从 2010 年 10 月 1 日至 2015 年 4 月 30 日，其中 2010 年 10 月 1 日至 2013 年 9 月 30 日的时期被用作自旋期。规定长时间的自旋期的目的是获得一个稳定和合理的初始 SD 状态分布。我们在 2013 年 10 月 1 日至 2015 年 4 月 30 日进行模拟和同化实验，CoLM 开环（OL）模拟的 SD（无同化）被用作测试不同同化方案性能的基准。在同化时间步长为 24h 的情况下，我们假设 MODIS SCF 观测每天在凌晨 0 点可用。

根据两种同化方法（DI 或 EnKF）、两组观测（原始或填补的 MODIS SCF 产品）和五个新的 SDCs，我们设计了 12 种不同的 MODIS SCF 数据同化方案（表 6.2）。特别说明的是，为了比较，DI 法的方案采用了与基于 EnKF 的 MODIS SCF 数据同化方案相同的扰动气象强迫数据和 CoLM 初始化过程。

表 6.2　MODIS SCF 数据同化实验情景

序号	同化策略	同化方法	观测数据	观测算子/SCF 参数化方案
1	DI-MOD	DI	MOD	CoLM default SDC
2	DI-NSTF	DI	NSTF	CoLM default SDC
3	EnKF-MOD（Reg）			Reg-based SDC
4	EnKF-MOD（MARS）			MARS-based SDC
5	EnKF-MOD（ANN）	EnKF	MOD	ANN-based SDC
6	EnKF-MOD（SVR）			SVR-based SDC
7	EnKF-MOD（DBN）			DBN-based SDC
8	EnKF-NSTF（Reg）			Reg-based SDC
9	EnKF-NSTF（MARS）			MARS-based SDC
10	EnKF-NSTF（ANN）	EnKF	NSTF	ANN-based SDC
11	EnKF-NSTF（SVR）			SVR-based SDC
12	EnKF-NSTF（DBN）			DBN-based SDC

注：MOD 和 NSTF 分别代表原始 MODIS/Terra 和填补缺失的 MODIS SCF 产品；ANN 表示人工神经网络；DI 表示直接插入；EnKF 表示集合卡尔曼滤波；MARS 表示多元自适应回归样条；NSTF 表示非局部时空滤波；SDC 表示积雪消融曲线。下同。

6.2.2 实验结果与分析

1. 实验数据

中国区域地面气象要素驱动数据集（1979～2018 年）（He et al.，2020）由时空三极环境大数据平台（http://poles.tpdc.ac.cn）提供，用于驱动 CoLM。该数据集具有 3h 的时间分辨率和 0.1°的空间分辨率，包括 7 个近地表气象要素：2m 高度的气温、地表压力、比湿、10m 高度的风速、向下短波辐射、向下长波辐射和降水率。高分辨率陆地建模的气象分布系统（MicroMet）是由 Liston 和 Elder（2006）提出的一种统计气候降尺度模型，用于将这些气象数据降尺度到 0.05°的空间分辨率和 1h 的时间分辨率。

国家气象科学数据中心（http://data.cma.cn/data/index/）提供了新疆北部 50 个气象观测站的每日 SD 值记录。考虑到 SD 站点测量结果与 CoLM 和聚合的 MODIS SCF 检索结果（即 0.05°空间分辨率）之间的尺度不匹配，我们分析了 50 个观测站的代表性，并选择了 46 个在 0.05°尺度上具有良好代表性的观测站。这 46 个站点通常位于低地地区，只有三个站点位于海拔 2000m 以上；其代表了各种土地覆盖类型，包括耕地（43.5%）、城市和建筑用地（26.1%）、草地和灌木地（15.2%）、森林（10.9%）和裸地（4.3%）。

2010～2015 年收集的每日 MODIS SCF 产品（即 MOD10A1 和 MYD10A1）来自美国国家冰雪数据中心（National Snow and Ice Data Center，NSIDC）（https://nsidc.org/）。这里，SCF 值是通过使用 MOD10A1（第 006 版数据集）中给出的归一化差异雪指数（NDSI）值和 MOD10A1（第 005 版数据集）中使用的线性统计回归方法计算的，因为新的第 006 版数据集在雪盖算法方面包含了一系列改进，但没有直接提供 SCF 值。经过镶嵌、投影和重采样算法的预处理后，我们使用非局部时空滤波（NSTF）方法重构了 MODIS SCF 产品中的云缺口，之前的研究表明，在晴空条件下，填补缺口的 SCF 产品与 MODIS SCF 原始产品具有可比性，在新疆北部的总体精度超过 93%（Hou et al.，2019）。

本研究使用的其他辅助数据包括 MODIS 每日地表温度（LST）（即 MOD11A1）、土地覆盖类型和数字高程模型（DEM）数据。MODIS LST 数据来自国家航空航天局（NASA）的 EARTHDATA 网站（https://earthdata.nasa.gov/），土地覆盖类型数据由国家青藏高原科学数据中心提供（http://data.tpdc.ac.cn/home），DEM 数据由 NASA 的航天雷达地形测绘任务（SRTM3，90m）在地理数据云（http://www.gscloud.cn/）下载。这些辅助数据需经过预处理，以确保数据投影和分辨率与 MODIS SCF 数据一致。海拔、坡向和坡度数据从预处理的 DEM 地图中提取。

2. 结果分析

1）DI-MOD 方案

图 6.3 展示了 46 个观测站点的 CoLM 开环（OL）方案和 DI-MOD 方案对 SD/SCF 估计的三个性能指标。显然，OL 和 DI-MOD 方案的性能存在一定的差异。正误差都会发生。然而，两种方案在大多数站点严重低估了雪变量。总体而言，DI-MOD 通常能够略微改善 SD/SCF 估计。在数据同化后，SD（SCF）估计的均方根误差（RMSE）、平均

偏差误差（MBE）和归一化误差减少（NER）分别为 1.25~20.83cm（17.17%~66.12%）、–16~8.7cm（–49.42%~12.2%）和–13.58%~14.38%（–7.18%~7.48%）。DI-MOD SD（SCF）估计的平均 RMSE 和 MBE 分别为 8.80cm（32.85%）和–2.74cm（–17.7%），比 OL 模拟分别低 0.03cm（0.76%）和 0.38cm（1.43%）。DI-MOD SD（SCF）估计的平均 NER 改进为 1.02%（2.1%）。空间平均 NER 统计大多数为正值，其中有 33 个站点的 SD 估计改进，有 46 个站点的 SCF 估计改进。

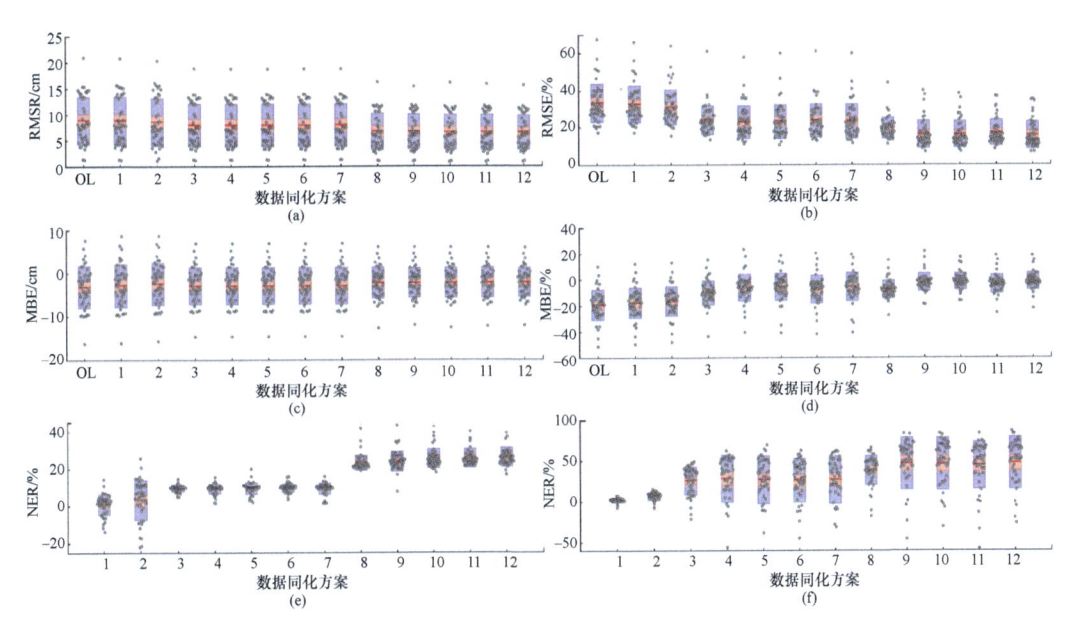

图 6.3 46 个观测站点的开环模拟和 12 个 MODIS 分数积雪覆盖率（SCF）同化方案的三个性能指标

左侧 [(a)、(c)、(e)] 和右侧 [(b)、(d)、(f)] 分别表示 SD 和 SCF 的 RMSE、MBE 和 NER。1~12 分别表示 12 个数据同化方案

为了深入了解数据同化技术对结果的影响，本研究分析了每个高程区域中四个样本站点在两个雪季中 SD/SCF 估计的时间序列变化（图 6.4，表 6.3）。总体而言，这四个站点的 DI-MOD SD/SCF 估计非常接近 OL 预测的值。然而，DI-MOD 结果在这些站点上与观测值更接近。与 SD/SCF 观测相比，OL 和 DI-MOD 都能在一定程度上模拟 SD/SCF 的时间行为，包括积雪开始/结束时间、峰值和峰值到达时间。SD/SCF 观测值与 OL 和 DI-MOD SD/SCF 估计之间存在相当大的不匹配，这种不匹配在中高海拔地区更为明显。对于 SD 而言，不同站点在两个雪季中一致地低估（精河站和木垒站）、高估（阿勒泰站）或产生不一致的结果（昭苏站），在四个站点上，SCF 被大大低估。CoLM OL 方案无法模拟木垒站的 SCF 积累和消融趋势，而在阿勒泰站和昭苏站存在积累/消融期提前和/或滞后的问题。

在低海拔的精河站，OL 和 DI-MOD SD 估计的 RMSE 和 MBE 相对较小，在中海拔的阿勒泰站和木垒站，估计的 RMSE 和 MBE 适中，在高海拔的昭苏站，估计的 RMSE 和 MBE 相对较大。需要注意的是，在昭苏站，SD 的连续过高和过低估计相互抵消，导致该站的 MBE 较低；然而，昭苏站的绝对 MBE 值是四个站点中最大的。OL 和 DI-MOD

SCF 估计的 RMSE 超过 20%，MBE 值也较高。在数据同化后，精河站和木垒站的 SD 估计分别提高了 6.86%和 0.69%，而阿勒泰站和昭苏站的估计分别下降了 9.54%和 2.6%。此外，四个站点的 SCF 估计略有改善，改善幅度为 1.6%~2.91%。

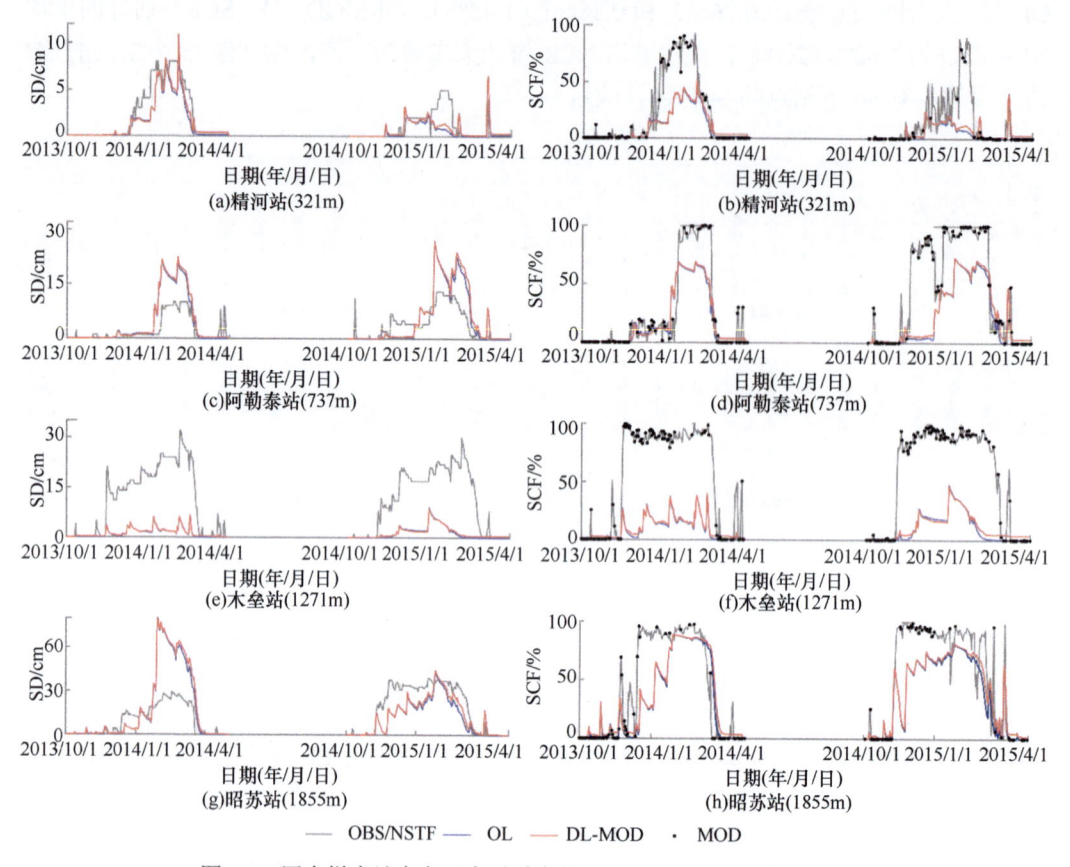

图 6.4 四个样本站点在两个雪季中的 SD/ SCF 时间序列结果对比

其中包括观测数据、开环（OL）模拟和 DI-MOD 同化。OBS 和 NSTF 分别表示观测的 SD 和填补的 MODIS SCF 观测值，下同。左侧表示 SD，右侧表示 SCF。每个站点的海拔显示在括号中

总体而言，OL 和 DI-MOD 方案之间没有显著差异；同化原始的 MODIS SCF 观测并没有显著改善 SD/SCF 估计。这种改善不足可能是存在大量云缺口，导致 MOD 中缺失了大量地面信息。根据我们的分析，两个雪季 46 个观测站的平均云覆盖率为 58.96%~81.37%，平均值为 67.45%。先前的研究已经指出，MOD 中缺乏地面信息，直接限制了 SCF 数据同化的性能改进（Sun et al.，2004）。此外，应用 DI 方法可能违反了 CoLM 的水平衡，并增加了系统偏差。此外，由强迫数据的固有不确定性，如降水数据的负偏差以及雪被物理过程的简化，CoLM 往往低估了雪反照率和 SCF，导致太阳辐射吸收和雪融化的过高估计，以及随后的 SD 低估（Che et al.，2014）。大量已发表的研究表明，应用 DI 方法可以去除模型中多余的雪，但对于雪变量的低估是无能为力的（Arsenault et al.，2013）。

表 6.3 OL 模拟和不同的 DA 方案下四个样本站点的 SD/SCF 估计的 RMSE

DA 方案	SD/cm 精河站	阿勒泰站	木垒站	昭苏站	SCF/% 精河站	阿勒泰站	木垒站	昭苏站
OL	1.40	4.58	13.15	14.75	23.10	29.77	57.24	26.99
DI-MOD	1.31	5.03	13.06	15.13	22.34	28.93	56.23	26.50
DI-NSTF	1.11	5.58	12.35	14.90	20.09	28.01	52.97	25.80
EnKF-MOD（Reg）	1.32	4.06	21.43	15.05	15.97	26.95	36.34	19.5
EnKF-MOD（MARS）	1.29	4.01	12.76	13.32	16.86	26.35	35.52	19.48
EnKF-MOD（ANN）	1.27	3.98	12.55	14.15	15.22	29.67	44.23	19.65
EnKF-MOD（SVR）	1.28	3.99	12.64	14.13	17.44	28.86	41.95	19.33
EnKF-MOD（DBN）	1.27	3.98	12.45	14.06	18.07	29.01	42.83	19.37
EnKF-NSTF（Reg）	1.12	3.67	8.88	12.71	14.39	18.46	18.87	17.5
EnKF-NSTF（MARS）	0.89	3.49	7.92	12.58	11.7	18.08	12.99	15.26
EnKF-NSTF（ANN）	0.79	3.32	7.99	12.05	12.08	24.05	14.17	14.01
EnKF-NSTF（SVR）	0.8	3.39	8.38	11.91	12.97	19.39	14.53	15.59
EnKF-NSTF（DBN）	0.75	3.15	7.58	11.33	11.41	22.64	11.03	13.6

2）DI-NSTF 方案

图 6.4 还表明，DI-NSTF 方案的 SD/SCF 估计比 DI-MOD 方案的估计稍微准确。

表 6.4 OL 模拟和不同的 DA 方案下在四个样本站点上进行的 SD/SCF 估计的 NER

DA 方案	SD/cm 精河站	阿勒泰站	木垒站	昭苏站	SCF/% 精河站	阿勒泰站	木垒站	昭苏站
OL	−0.5	1.65	−9.85	0.18	−10.77	−15.27	−44.87	−13.04
DI-MOD	−0.36	2.04	−9.67	1.32	−9.6	−13.73	−43.40	−10.72
DI-NSTF	−0.04	2.54	−9.22	1.60	−7.82	−12.1	−41.28	−10.21
EnKF-MOD（Reg）	−0.49	1.42	−8.98	0.20	−4.24	−10.83	−25.5	−7.35
EnKF-MOD（MARS）	−0.48	1.40	−8.94	0.19	−5.39	−8.37	−24.33	−5.66
EnKF-MOD（ANN）	−0.47	1.39	−8.88	0.17	−6.25	−5.54	−31.78	−4.22

续表

DA 方案	SD/cm				SCF/%			
	精河站	阿勒泰站	木垒站	昭苏站	精河站	阿勒泰站	木垒站	昭苏站
EnKF-MOD（SVR）	-0.46	1.41	-8.99	0.18	-6.18	-5.41	-29.62	-5.19
EnKF-MOD（DBN）	-0.46	1.40	-8.87	0.19	-5.87	-5.68	-29.36	-4.06
EnKF-NSTF（Reg）	-0.43	1.54	-5.5	0.29	-1.75	-6.81	-14.89	-6.92
EnKF-NSTF（MARS）	-0.33	1.49	-5.71	0.28	-3.22	-0.72	-8.85	-3.83
EnKF-NSTF（ANN）	-0.27	1.23	-5.44	0.24	-4.65	-1.34	-7.57	-2.15
EnKF-NSTF（SVR）	-0.28	1.31	-5.72	0.28	-5.11	-1.230	-10.21	-3.68
EnKF-NSTF（DBN）	-0.25	1.16	-5.1	0.24	-4.07	-2.84	-4.62	-2.01

DI-NSTF SD（SCF）估计的 RMSE 和 MBE 为 1.11~20.34cm（15.6%~64.17%）和-15.62~8.78cm（-47.78%~13%），平均值分别为 8.53cm（31.18%）和-2.38cm（-16.32%）。46 个观测站点的 DI-NSTF SD（SCF）估计的平均 RMSE 和 MBE 分别比 OL 结果低 0.3cm（2.43%）和 0.74cm（2.71%）。DI-NSTF SD（SCF）估计的 NER 为-21.88%~25.64%（-8.11%~15.33%），平均改善了 3.51%（7.02%）。空间平均 NER 统计大多为正数，其中有 34 个站点显示出改善的 SD 值，42 个站点显示出改善的 SCF 值。

图 6.5 显示了四个样本站点在两个雪季中的观测数据、OL 模拟和 DI-NSTF 方案的 SD/SCF 时间序列估计结果与 DI-MOD 类似。表 6.4 中的结果表明，精河站和木垒站的 DI-NSTF SD 估计分别提高了 20.76%和 5.99%。但是，阿勒泰站（NER = -20.81%）和昭苏站（NER = -1.05%）的 SD 估计质量下降。四个站点的 DI-NSTF SCF 估计都提高了 4.35%~13.02%。除阿勒泰站外，这些 SD/SCF 结果优于 DI-MOD 方案生成的结果。通过我们的分析可以看出，更多高质量的 MODIS SCF 观测数据可以增强 SCF 数据同化过程的结果。然而，由于 DI 方法的固有缺陷，DI-NSTF 方案仍然没有显著提高 SD/SCF 估计的准确性，并且在大多数站点上发现了相当大的 SD/SCF 低估。

3）EnKF-MOD 方案

与两个基于 DI 的方案（即 DI-MOD 和 DI-NSTF）相比，EnKF-MOD 方案的 SD 估计的 RMSE 和 MBE 值稍低（图 6.6）。有趣的是，尽管五个基于 EnKF 的方案具有不同的观测算子，但它们的表现非常相似。对于基于 EnKF 的 SCF 数据同化，这五个新的 SDC 不仅用作观测算子，还用作 CoLM 的新 SCF 参数化，证明了这五个新的 SDC 显著提高了 SCF 的模拟精度，这一事实使得 EnKF-MOD SCF 估计的准确性大大提高。此外，这五个新的 SDC 之间的相当大的性能差异不可避免地导致 EnKF-MOD 方案的 SCF 估计准确性有不同程度的改善。具体而言，SD 估计的平均 RMSE 值和 MBE 值为 7.89cm

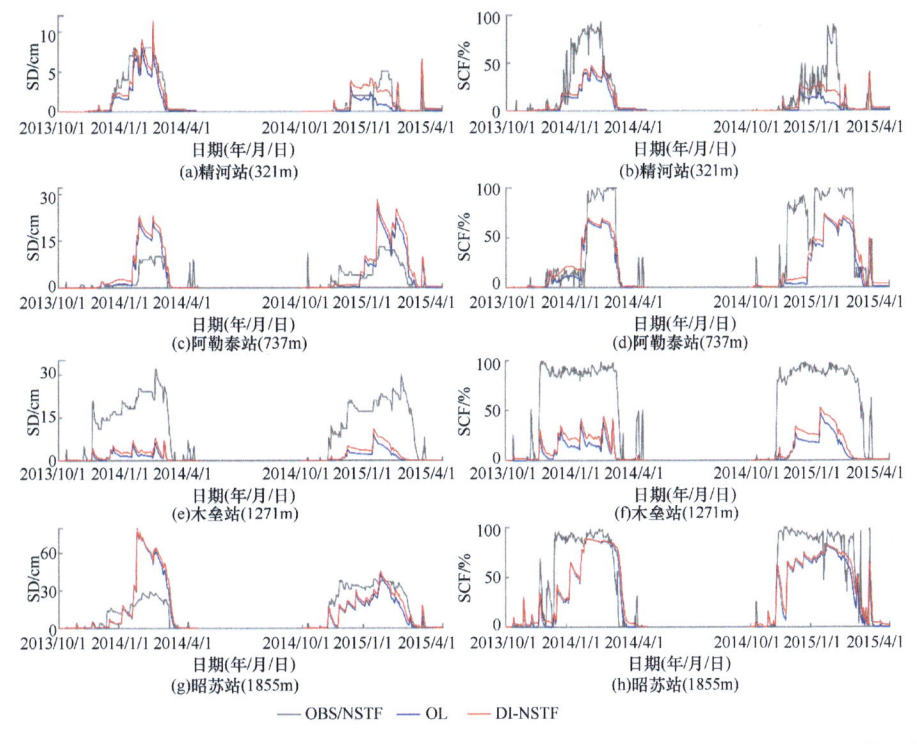

图 6.5　四个样本站点的观测数据、OL 模拟和 DI-NSTF 方案的 SD/SCF 时间序列结果的比较

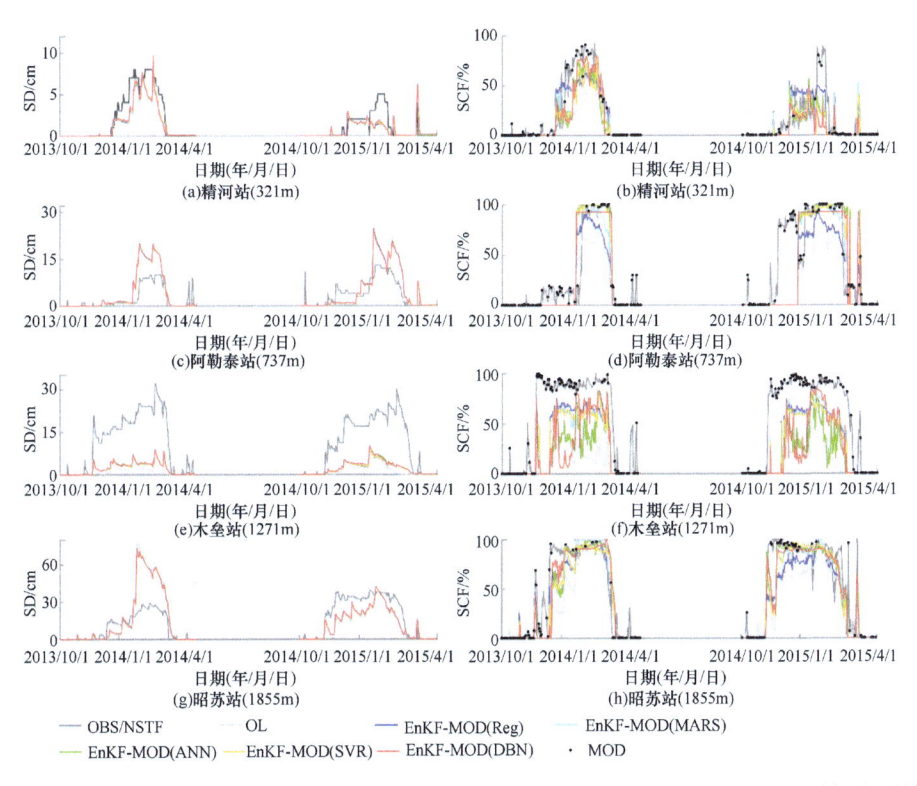

图 6.6　四个样本站点的观测数据、OL 模拟和五个 EnKF-MOD 同化方案的 SD/SCF 时间序列结果的比较

[EnKF-MOD（SVR）]～7.95cm[EnKF-MOD（Reg）]、-2.85cm[EnKF-MOD（SVR）]～2.83cm[EnKF-MOD（Reg）]。46个站点显示出改善的SD估计，NER值为9.41%[EnKF-MOD（MARS）]～9.93%[EnKF-MOD（SVR）]。EnKF-MOD SCF估计的平均RMSE、MBE和NER值22.94%[EnKF-MOD（MARS）]～24.4%[EnKF-MOD（Reg）]、-9.67%[EnKF-MOD（Reg）]～-5.50%[EnKF-MOD（ANN）]和26.01%[EnKF-MOD（Reg）]～30.03%[EnKF-MOD（SVR）]。44个站点显示出改善的SCF值。

  图6.6显示了四个样本站点在两个雪季中的观测数据、OL模拟和五个EnKF-MOD方案的SD/SCF时间序列估计结果。对于SD，两个基于DI的方案（即DI-MOD和DI-NSTF）可以得出相同的结论。然而，从五个EnKF-MOD方案中可以看到更令人满意的SCF估计结果，观测到的MODIS SD / SCF与EnKF-MOD SD / SCF估计之间的不匹配明显减弱。定量性能评估结果进一步证明，五个EnKF-MOD方案显著提高了SD/SCF估计的准确性（表6.4），特别是对于SCF。基于这些结果，我们得出结论，EnKF方法优于DI方法，因为它允许MODIS SCF数据同化中的观测误差和模型误差的动态演化。然而，基于EnKF的SCF数据同化方案仍然低估相对较高海拔区域的SD/SCF。总体而言，具有最佳性能的EnKF-MOD方案是具有基于DBN的观测算子的方案。

  从图6.7中可以看出，与相应的EnKF-MOD方案相比，SD/SCF观测与EnKF-NSTF数据同化结果之间的差异得到了很大改善。这些SD/SCF估计更准确地描绘了积雪覆盖的时间变化，对积雪峰值的瞬时响应以及由新降雪或融雪引起的根本变化更准确，积雪季节的积累和/或融化期的提前或滞后问题几乎不再发生。具体而言，46个站点SD的平均RMSE和MBE值为5.84cm[EnKF-NSTF（DBN）]～6.68cm[EnKF-NSTF（Reg）]和-2.1cm[EnKF-NSTF（Reg）]～-1.92cm[EnKF-NSTF（DBN）]，最终平均SD改进为24.16%[EnKF-NSTF（Reg）]～32.4%[EnKF-NSTF（DBN）]。EnKF-NSTF SCF平均RMSE、MBE和NER值为16.06%[EnKF-NSTF（DBN）]～19.94%[EnKF-NSTF（Reg）]、-7.29%[EnKF-NSTF（Reg）]～-1.22%[EnKF-NSTF（DBN）]和39.24%[EnKF-NSTF（Reg）]～48.16%[EnKF-NSTF（DBN）]。46个站点都显示出明显改善的SD/SCF估计结果，DBN SCF参数化方案在所有站点上产生了最佳的同化结果。

  图6.7显示了两个积雪季节中四个样本站点的观测数据、OL模拟和五个EnKF-NSTF方案的SD/SCF时间序列估计结果。EnKF-NSTF SD/SCF估计的准确性超过了DI-MOD、DI-NSTF和EnKF-MOD方案。此外，SD数据同化结果因所应用的五个不同观测算子而异。如表6.4所示，在四个样本站点EnKF-NSTF SD（SCF）估计的平均改进率为29.85%（48.9%）。简而言之，EnKF-NSTF方案允许将更有效的积雪覆盖信息整合到CoLM中，提高了SD/SCF估计的准确性，即使在几乎没有降水或降雨的情况下。然而，EnKF-NSTF方案仍然不能完全解决SD/SCF的低估问题，模拟结果与观测结果之间仍然存在相当大的不匹配。这些不一致的持续存在可能是由于SDCs的饱和，即当SD超过一定的临界阈值时，相应的SCF几乎总是保持接近100%，使得很难将新的积雪信息引入MODIS SCF数据同化中。此外，强制数据中固有的不确定性，如降水数据错误（因为在两个积雪季节中大多数站点几乎没有降水，这与实际情况明显不一致）和SD/SCF观测数据错误，都会影响SCF数据同化的性能。

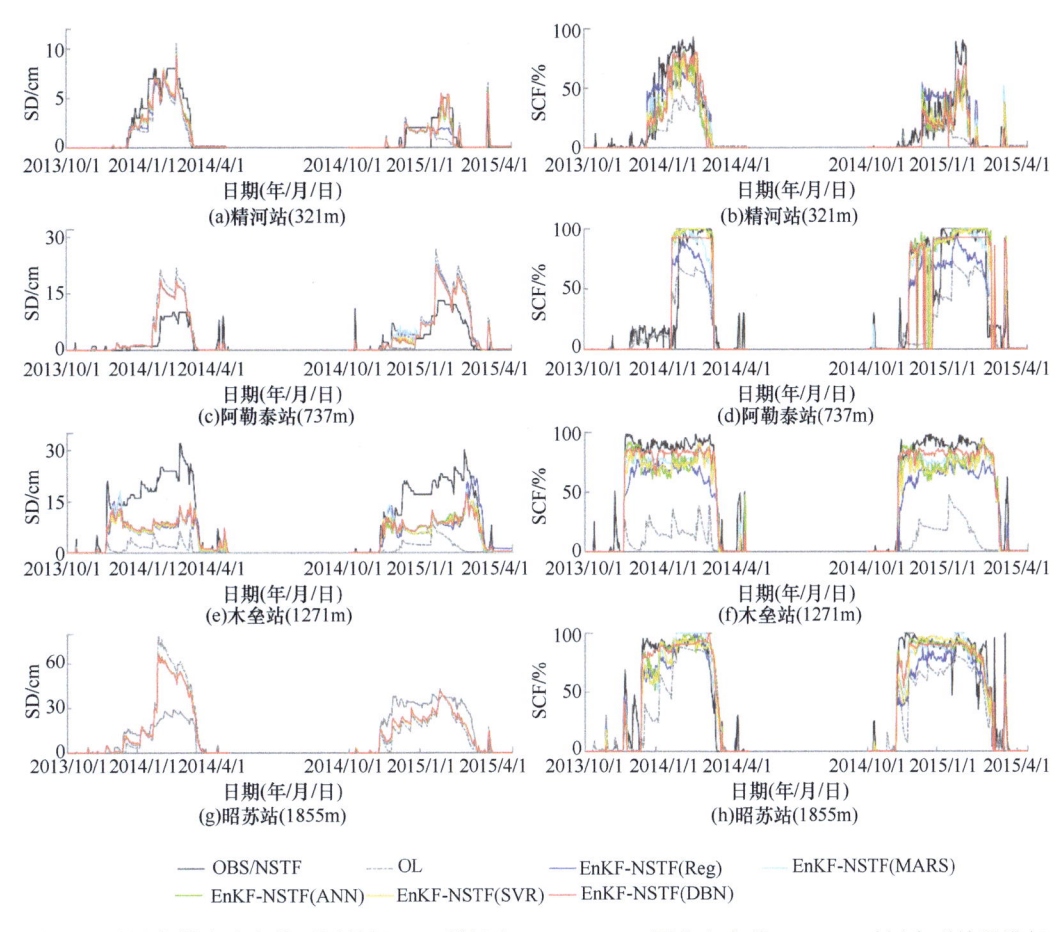

图 6.7 对四个样本站点的观测数据、OL 模拟和 EnKF-NSTF 同化方案的 SD/SCF 时间序列结果进行比较

4）12 种 MODIS SCF 数据同化方案的比较

A. 不同海拔的数据同化表现

总体而言，OL 模拟和 12 种数据同化方案在不同海拔区域表现出类似的趋势，如图 6.8 所示，SD/SCF RMSE 和 MBE 值随海拔升高而增加。这种趋势与积雪覆盖的稳定性呈正相关，因此与海拔也呈正相关，并且与气象观测站的数量有关。高海拔区域缺乏气象观测站，而这些区域有较大的积雪沉积可能性，会增加这些区域积雪覆盖的高估或低估风险，因为用于开发 SDCs 的样本相对较少，将导致开发的 SDCs 本身的不确定性较大。当这些 SDCs 用于 SCF 数据同化时，大的不确定性也会传递到同化的 SD/SCF 估计结果中。因此，海拔大于 1500 m 区域的积雪覆盖误差较大可能是由缺乏气象观测站以及该区域的复杂地形、气象条件和土地覆盖类型引起的。而海拔在 500~1000 m 的区域覆盖了最大的空间面积（约占研究区的 1/3），并且有最多的观测站（即 46 个站点中的 24 个），五个新开发的 SDCs 在这个海拔区域表现最好，这也使得数据同化方案产生了最佳和最一致的 SD/SCF 估计结果，并且 SCF 估计的改进在这个区域最显著。此外，在海拔大于 1500 m 的区域，OL 模拟具有最大的 SD/SCF 误差，实施 12 种数据同化方

案在海拔＞1500 m 的区域中导致了最显著的 SD 估计改进。

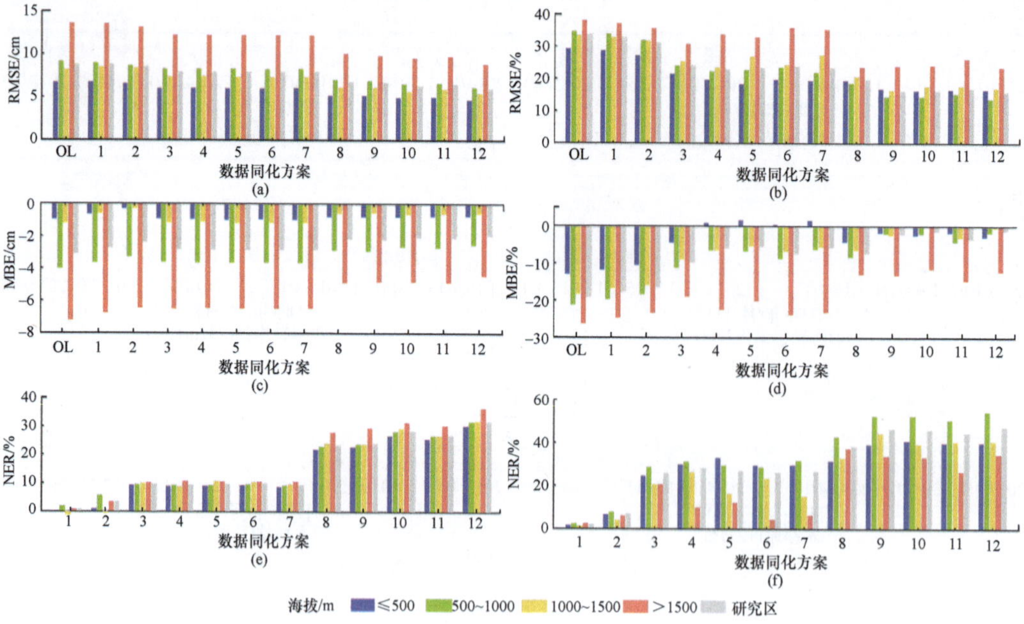

图 6.8　不同海拔区域中 OL 模拟和 12 种数据同化方案的性能指标
左侧和右侧面板从上到下分别表示 SD 和 SCF 的 RMSE、MBE 和 NER。1~12 分别代表 12 种数据同化方案

B. 不同土地覆盖类型中的数据同化性能

我们发现，在不同的土地覆盖类型中，OL 模拟和 12 种数据同化方案的表现相对一致（图 6.9）。12 种数据同化方案的 SD RMSE 和 SD MBE 值在农田、城市与建筑用地较低，在森林、草地和未利用土地中较高。需要注意的是，未利用土地的 MBE 值相对较小，因为正负 MBE 偏差几乎互相抵消。12 种数据同化方案的 SCF RMSE 和 SCF MBE 值在农田、城市与建筑用地和森林地区较低，在草地和未利用土地中较高。使用 12 种数据同化方案，SD 估计在未利用土地地区改进最大，而 SCF 估计在草地中改进最大。然而，在未利用土地地区，SCF 估计几乎没有改进（甚至退化）。这些差异可能与每种土地覆盖类型中的观测站数量有关。例如，农田、城市与建筑用地的数据同化性能较好，可以归因于这些区域拥有更多的观测站［即 46 个站点中的 20 个（43.48%）和 12 个（26.09%）］。

C. 不同积雪覆盖期间的数据同化性能

在不同的积雪覆盖期间，OL 模拟和 12 种数据同化方案的性能相对一致，如图 6.10 所示。积雪积累期具有最小的 SD/SCF RMSE 和 MBE 值，而积雪稳定期具有最大的 SD/SCF RMSE 和 MBE 值。应用 12 种数据同化方案后，我们观察到积累期中最显著的 SD 改进，而在积雪消融期中改进最小。关于 SCF 估计，我们观察到积雪稳定期中最显著的 SCF 改进，而在积累期中改进最小（甚至退化）。尽管 SCF 数据同化是将积雪信息纳入 CoLM 并捕捉积雪覆盖变化趋势的有效方法，但我们仍然观察到不同积雪覆盖期间的性能差异。这些差异可能是由积雪在积累和融化期间的快速变化引起的，而每个 SDC

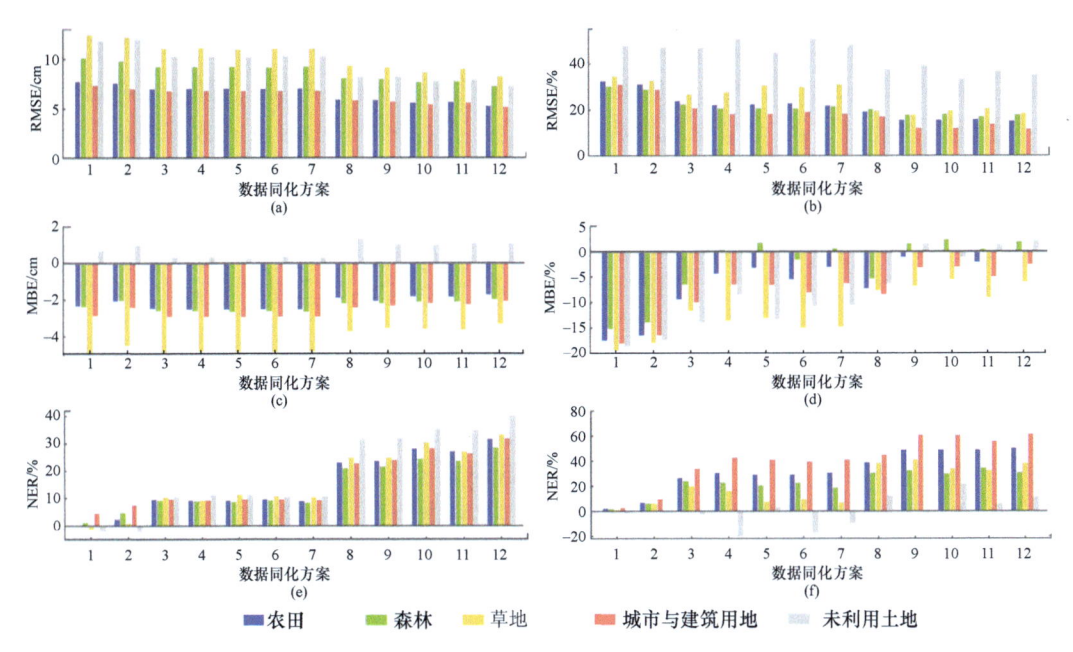

图 6.9 在不同土地覆盖类型下的 OL 模拟和 12 种数据同化方案的性能指标

在稳定期中往往最低估计 SCF。图 6.10 显示了不同积雪覆盖期间 OL 模拟和 12 种数据同化方案的性能指标。

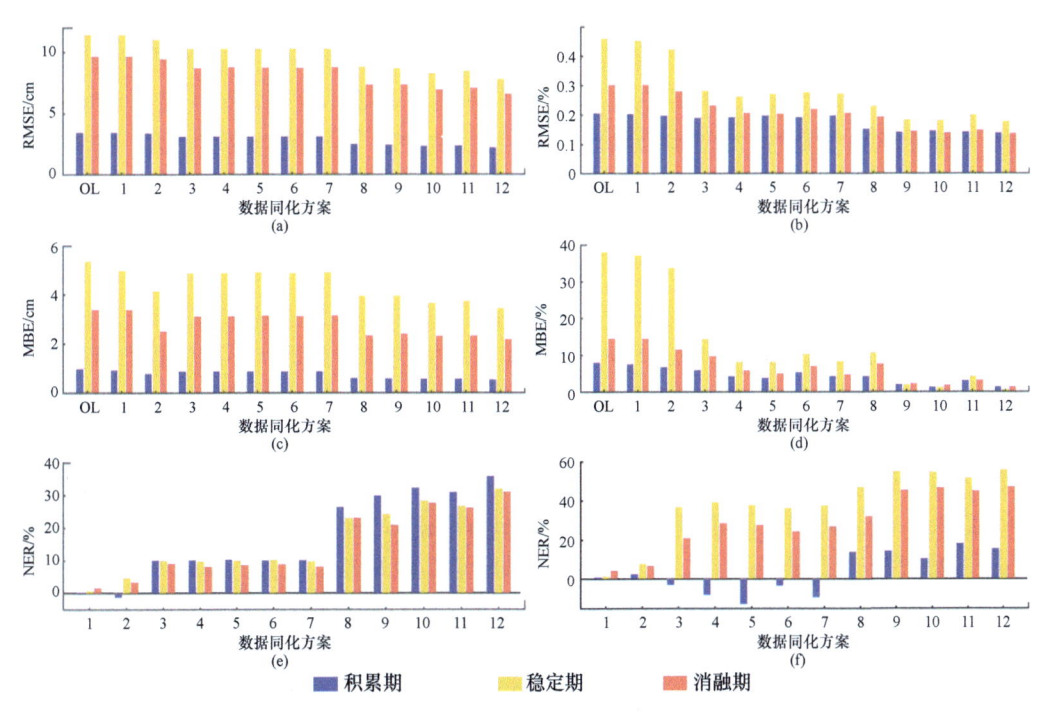

图 6.10 不同积雪覆盖期间 OL 模拟和 12 种数据同化方案的性能指标

1～12 分别代表 12 种数据同化方案

将 SCF 观测融入物理积雪模型已经成为提高积雪估计准确性（如 SD 和 SWE）的

常见方法。在本研究中,我们开发了一个原型框架,使用先进的机器学习技术和物理积雪模型将 MODIS SCF 观测整合到 CoLM 中,旨在改进 SD/SCF 估计。随后,将这个框架应用到新疆北部的 46 个气象观测站。我们设计了 12 种 MODIS SCF 数据同化方案,这些方案在数据同化方法(即 DI 和 EnKF)、观测数据(即原始 MODIS/Terra 和填补缺失的 SCF 产品)和观测算子(即基于 Reg、MARS、ANN、SVM 和 DBN 的五个新 SDC)上有所不同。本章的最终目标是探索机器学习的新能力如何改变 SCF 数据同化框架的核心发展。

通过在两个积雪季节(2013~2015 年)进行 OL 模拟和 MODIS SCF 数据同化,我们确定 OL 和 SCF 数据同化通常能够合理地模拟季节性 SD/SCF 变化,包括积雪开始/结束时间、积雪峰值的大小和峰值到达时间以及积雪覆盖的剧烈变化。然而,OL 模拟往往严重低估 SD/SCF。由于 MODIS 数据中存在相当多的云缺失和 DI 算法的固有缺陷,DI-MOD 方案并没有改善积雪估计。DI-NSTF 方案略微改善了 DI-MOD 方案。融合 EnKF 算法、填补缺失的 SCF 观测和五个新设计的 SDC 作为观测算子和 SCF 参数化方案(即 EnKF-NSTF 方案)的数据同化策略,可以有效减小 CoLM 结构的不确定性,提高 SD/SCF 估计的准确性。每种同化方案的性能因不同的海拔带、土地覆盖类型和积雪期而异。由于观测误差大小直接影响数据同化性能,确定适当的观测误差值非常重要。此外,SCA 数据同化通常会对地表土壤湿度和土壤温度的变化做出合理的响应。因此,当与机器学习技术结合使用时,SCF 数据同化框架是改进积雪估计的有效方法。我们已经证明,可以使用机器学习算法而不是简单的传统经验统计方法(如 CoLM 中的简单 SDC)构建 SDC,这些 SDC 用作观测算子和新的 SCF 参数化方案,用于 SCF 数据同化框架中的陆面过程模型。由于 CoLM 中使用的基准 SDC 相对简单且无法捕捉复杂环境中 SDC 的异质性,基于机器学习的 SDC 作为观测算子,是改进 SD 估计的主要驱动力,作为改进 CoLM 结构的新的 SCF 参数化方案,为改进 SCF 估计贡献了 50%以上。

简而言之,改进了 SCF 观测、CoLM 结构和观测算子(通过使用基于机器学习的更准确的 SDC,如基于 DBN 的 SDC)以及 EnKF 算法的 MODIS SCF 数据同化方案有助于减小积雪估计的不确定性。所有的 SCF 数据同化方案都未能完全解决 SD/SCF 低估的问题。这种持续的低估可能是由 SDC 的饱和问题引起的。要进一步改进我们所提出的框架的 SCF 数据同化性能,仍然面临一些挑战。其中,一些挑战包括如何量化驱动数据的不确定性、更准确地计算 SD/SCF 的误差统计数据、解决模型和观测空间的尺度差异问题、考虑模型误差相关性和观测误差相关性以及机器学习方法的可控性。此外,还需要考虑到其他影响 SDC 的因素,如可以用来反映 SDC 季节变化的积雪密度(Niu and Yang, 2007),当数据充足时,这种方法可以用于其他地点。此外,本研究中的代表性观测站仅通过使用站点所在网格的地表异质性水平进行简单选择,这种方法可能无法有效选择代表性观测站,这也是本研究的一个潜在缺点。虽然 ML-based SDCs 可以改进本研究中的简单 SDCs,但在未来面对更复杂的 SDCs(如概率 SDCs)、更稳健的数据同化技术(如粒子滤波、窗口粒子滤波、集合平滑,甚至马尔可夫链蒙特卡罗)和更具代表性的验证数据时进行全面而详细的分析。

6.3 基于 EnKF 的遥感微波亮温与地表温度数据同化技术

微波亮温观测由于其自身较粗空间分辨率的限制,在应用于土壤水分估计时往往无法提供具有精细空间尺度的土壤水分信息。由于多变量观测联合同化能够促进土壤水分的估计,而不同来源的遥感数据具有不同的空间分辨率,存在互补的可能性。鉴于此,本研究通过融合 CoLM 模型与辐射传输模型(RTM),开展了 AMSRE 亮温数据和 MODIS 地表温度产品的多源遥感数据联合同化实验。通过同化 MODIS 数据获取细尺度上的湿度信息,同时减少辐射传输模型中由土壤湿度的不精确估计带来的误差,实现同化粗尺度 AMSRE 数据提高土壤水分在细尺度上的估计精度。考虑到参数不确定性产生的状态变量系统偏差对同化效果的消极影响,本研究采用双重集合卡尔曼平滑滤波算法进行状态–参数同步估计,并且通过加入背景场膨胀系数和参数松弛系数对同化算法进行改进。利用地面站点观测数据在多种网格尺度上进行结果验证,细尺度上采用算术平均,同时引入土壤水分升尺度方法进行粗尺度网格上的结果比较,解决站点与卫星像元不匹配带来的空间代表性问题。

6.3.1 遥感微波亮温与地表温度数据同化流程

1. 实验数据

青藏高原有"第三极"之称,其平均海拔高于 4000m,覆盖面积大约为 250 万 km^2。本研究的实验区位于青藏高原的中部地区,以那曲镇为中心向四周延伸开去,形成一个大约 100km×100km 的正方形区域,经纬度范围分别为 91°30′E～93°30′E、31°N～32°N。实验区的平均海拔为 4650m,地表覆盖类型主要为高寒草甸,在实验区的西部零星分布着小片水域。实验区为典型的半干旱季风气候,年降水量约为 500mm,降水主要集中在 5～10 月。永冻层是青藏高原自然生态系统的重要组成部分,而一般的冻融过程则大约出现在每年的 11 月和 5 月。青藏高原的高海拔及高大气透明度共同决定了该区域温度低、太阳辐射强的大气环境,不可避免地导致该区域地表生物量低、大气水汽含量低的生态系统特征。实验区的土壤主要由沙粒和粉砂组成,特殊的气候条件决定了该区域的植被根系非常浅。因此,表层土壤的有机质(碳)含量非常高。

实验区的地面观测数据是通过一个中尺度青藏高原中部地区土壤水分与温度观测网(CTP-SMTMN)得到的,该观测网的覆盖范围正好与实验区一致。CTP-SMTMN 是中国科学院青藏高原研究所(ITP CAS)为了研究土壤–植被–大气相互作用及验证卫星土壤水分和温度产品而建立的(Zhao and Yang,2018)。观测网的铺设经历了 3 个阶段:①初期站点布设,2010 年 7 月沿着那曲镇向外延伸的四条主要公路布了 30 个观测点;②中期站点布设,2011 年 7 月在选定的 0.25°网格区域内增加了 20 个观测点;③加密站点布设,2012 年 6 月在第二阶段建立的 0.25°加密网格内选择 5km×5km 的正方形区域又增加了 5 个观测点。每个观测点分配有四个 ECH20 EC-TM/5 TM 电容探头,用于监测不同深度的土壤水分和温度的变化,土壤观测深度分别为 0～5cm、10cm、20cm 和 40cm,

观测数据时间间隔 30min。

本研究中使用的气象数据来自 ITP CAS 水文气象研究小组所开发的一套近地面气象与环境要素再分析数据集,其中包含近地面气温、近地面气压、近地面空气比湿、近地面全风速、地面向下短波辐射、地面向下长波辐射、地面降水率 7 个要素(变量)。该数据集是国际上现有的以普林斯顿(Princeton)再分析资料、全球陆地数据同化系统(GLDAS)资料、全球能量和水循环试验–地表收支(GEWEX-SRB)辐射资料及 TRMM 降水资料为背景场,融合了中国气象局 740 个气象站点的常规气象观测数据制作而成(Chen et al.,2011)。ITP CAS 驱动数据是一套覆盖整个中国区域的高时空分辨率地面气象要素驱动数据集,其时间分辨率为 3h,空间分辨率为 0.1°。本研究中,利用 MicroMet 对驱动数据进行时空降尺度,该模型利用了不同气象变量与周围地表环境的关系,主要是高程信息(Liston and Elder,2006)。最后,通过降尺度得到一套时间分辨率为 1h,空间分辨率为 0.05°的气象数据集用于驱动 CoLM 模型。

地表温度和叶面积指数产品提供了每日的地表温度和植被叶面积指数数据。MODIS 传感器是通过 Aqua 和 Terra 卫星获取的每日地表温度数据,每天提供白天和晚上各一次的观测数据,空间分辨率为 0.05°。对应一个地理气候模型网络(climate model grid,CMG)。其中,质量控制(quality control,QC)字段提供了地表温度产品的质量信息。由于地表温度产品经常受到云影响,我们只选取质量控制标志为 0 的地表温度数据用作同化实验中的观测数据。MCD15A3 是利用两颗卫星观测数据得到的合成产品,提供全球范围内的叶面积指数和光合有效辐射吸收比例(FPAR)数据,时间分辨率为 4 天,空间分辨率为 1km。为了匹配 CoLM 模型的计算网格的空间分辨率,实验中对原始的叶面积指数数据进行预处理:①重投影。WGS84 坐标系为基准将 MCD15A3 从原来的正弦投影转换为 UTM 投影。②重采样。利用最邻近插值将投影后的 MCD15A3 从原来的 1km 重采样为 0.05°。③利用非对称高斯滤波对叶面积指数进行逐网格拟合,剔除产品中的异常值。最后用处理后的叶面积指数数据替代 CoLM 模型中的默认值。

AMSR-E 是搭载在近日极地轨道卫星 Aqua 上的微波辐射计,传感器角度为 55°,包含六个观测波段,两种极化信息(垂直极化和水平极化)。AMSR-E 的观测频率有 6.9GHz、10.7GHz、18.7GHz、23.8GHz、36.5GHz、89GHz,视场范围从 75km×43km 变化至 46km×46km。AMSR-E 已于 2011 年 10 月停止工作,可提供从 2002 年 6 月 18 日到 2011 年 10 月 4 日的数据产品。本实验中用到的亮温观测为 NSDIC-0302,它是全球 0.25°的逐日亮度温度产品。

2. 遥感微波亮温与地表温度数据同化框架

遥感微波亮温与地表温度数据同化框架包括陆面过程模型(CoLM)、同化算法(EnKF)和观测算子(辐射传输模型)。

3. 实验设计

数据同化过程如图 6.11 所示。首先,为了减少土壤温度对模拟亮温的影响,使用 MODIS 陆地表面温度产品来校正模拟的土壤湿度剖面。由于 EnKF 的反馈机制能够及时纠正输入辐射传输模型的温度信息，因此使用 EnKF 更新土壤温度。其次，将更新后的土壤温度、模拟的土壤湿度和相关参数输入辐射传输模型中计算模拟的亮温。最后，考虑到参数的不确定性可能导致土壤湿度和亮温模拟中的系统偏差，当同化 AMSR-E 亮温时，采用双重滤波方法来同步估计土壤湿度及其相关参数。选择集合卡尔曼平滑（EnKS）算法来考虑状态/参数与观测数据在时间尺度上的相关性。

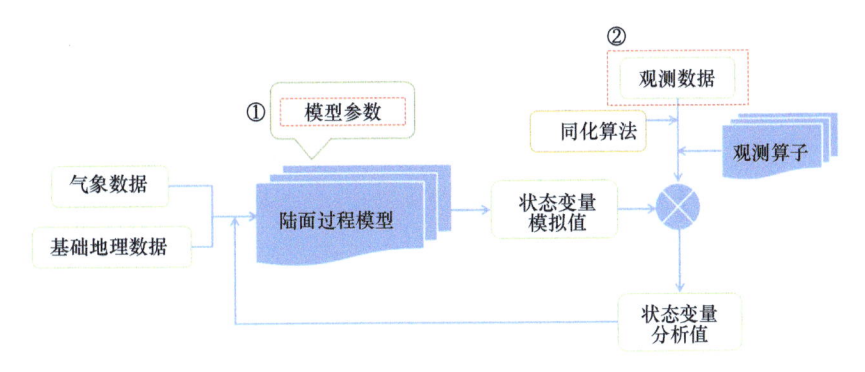

图 6.11 数据同化过程

第一阶段校正模型参数（假设两次更新之间的参数值保持不变），第二阶段更新模型状态。两个阶段并行交替进行，因此在同化过程中无须重新启动模型模拟。每次平滑窗口计算完成后，仅将更新后的土壤湿度和参数反馈给模型，并作为下一个计算步骤的初始条件。考虑到土壤冻结和解冻期间水热过程的显著差异，实验期选择在土壤解冻期进行，并可以忽略冻结参数化方案的影响。实验期从 2011 年 5 月 31 日开始，持续 120 天。实验之前，使用前一年的驱动数据多次预热模型，以获得稳定和合理的初始状态变量。集合大小设置为 50，并为土壤温度剖面和土壤湿度剖面分别添加 2K 的加性噪声和 20%的乘性噪声，以表示初始状态集合的不确定性。在实验之前，根据 CTP-SMTMN 地面站的观测深度重新定义 CoLM 的土壤分层。新的土壤分层深度为 0.05m、0.1m、0.2m、0.4m、0.6m、0.8m、1.0m、1.2m、1.4m 和 1.6m。模型运行的时空分辨率与驱动数据相同，分别为每小时和 0.05°。同化实验中使用的观测数据包括 AMSR-E 亮温数据和 MODIS 陆地表面温度数据。微波频率越低，土壤湿度对亮温的敏感性越高，而横向极化亮温更容易受到植被因素的影响。因此，本实验选择同化 6.9 GHz 垂直极化亮温来更新土壤湿度和相关参数。

由于驱动数据的空间分辨率为 0.05°，MODIS 以 0.05°尺度提供温度和植被信息，模拟的亮温代表了 0.05°尺度上的土壤湿度信息。此外，同一个 25°AMSR-E 粗网格中的 0.05°网格内的模拟微波信号是不同的。因此，尽管 AMSR-E 只能提供 0.25°尺度上的亮温观测，但土壤湿度模拟的改进也可以在细致的空间尺度（0.05°）上进行。在实验中，假设每个 AMSR-E 亮温观测对其所在网格中的所有模型计算网格具有相同的影响。在实验中，通过对 AMSR-E 亮温数据和 MODIS 陆地表面温度数据施加方差为 2K 的摄动场来生成观测集合。考虑到参数在时间尺度上的变化比土壤湿度更稳定，EnKS 算法中的参数估计窗口设置为 10 天，土壤湿度估计窗口设置为 5 天。

6.3.2 实验结果分析

1. 地表温度同化

利用观测数据对地表温度同化结果进行验证,图 6.12~图 6.19 由 29 个网格模拟(OL)与同化(DA)的土壤温度和站点观测计算得到的平均偏差(bias)和均方根误差(RMSE)绘制而成。

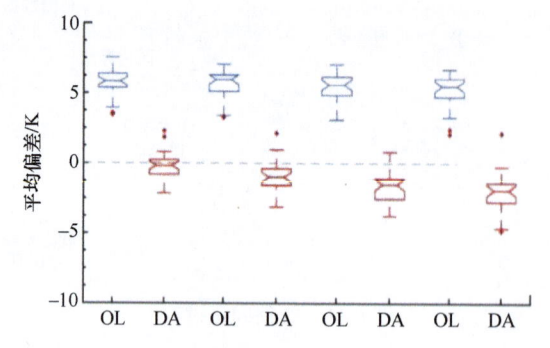

图 6.12 地表温度同化结果与观测数据的平均偏差
4 组 OL 和 DA 依次是 5cm、10cm、20cm、40cm 深度的土壤温度

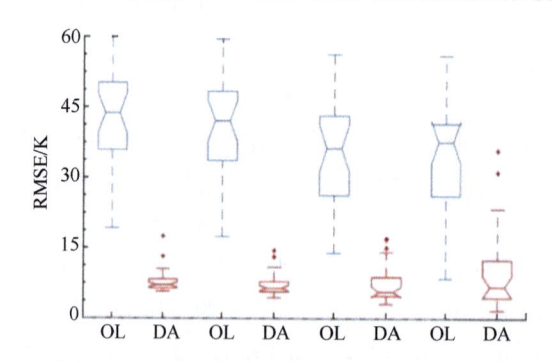

图 6.13 地表温度同化结果与观测数据的均方根误差(RMSE)
4 组 OL 和 DA 依次是 5cm、10cm、20cm、40cm 深度的土壤温度

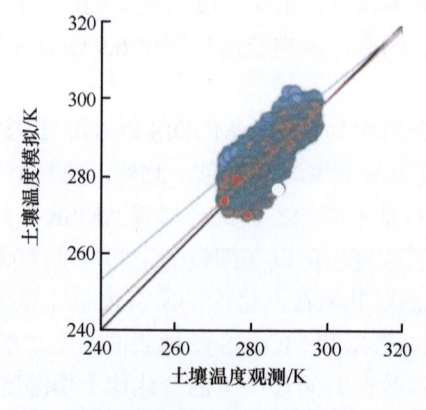

图 6.14 5cm 土壤温度模拟(蓝点)、同化(红点)与观测

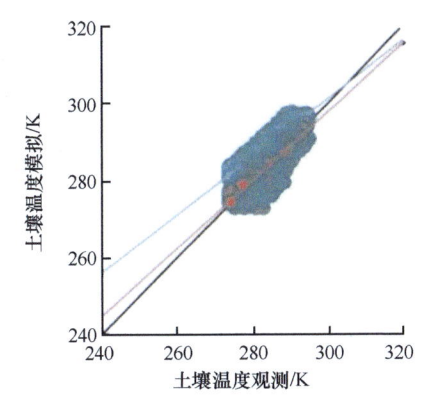

图6.15 10cm土壤温度模拟（蓝点）、同化（红点）与观测

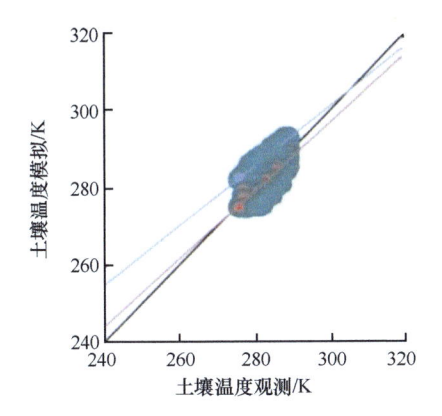

图6.16 20cm土壤温度模拟（蓝点）、同化（红点）与观测

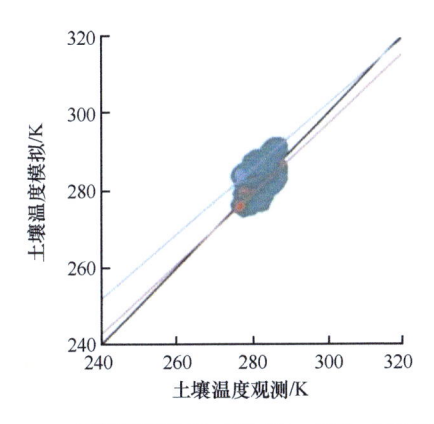

图6.17 40cm土壤温度模拟（蓝点）、同化（红点）与观测

2. 微波亮温同化

利用观测数据对微波亮温同化结果进行验证，图6.20和图6.21由29个网格模拟（OL）与同化（DA）的土壤湿度和站点观测计算得到的平均偏差和RMSE绘制而成。

实验结果表明，微波亮温同化非常明显地改进了模型土壤水分的模拟精度，对于表层土壤的水分而言改进明显，深层土壤的水分虽然也有改进但不如表层明显。

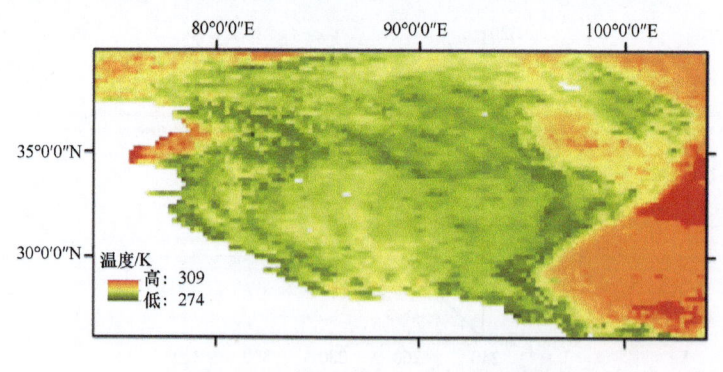

图 6.18　同化后 7 月 5cm 土壤温度

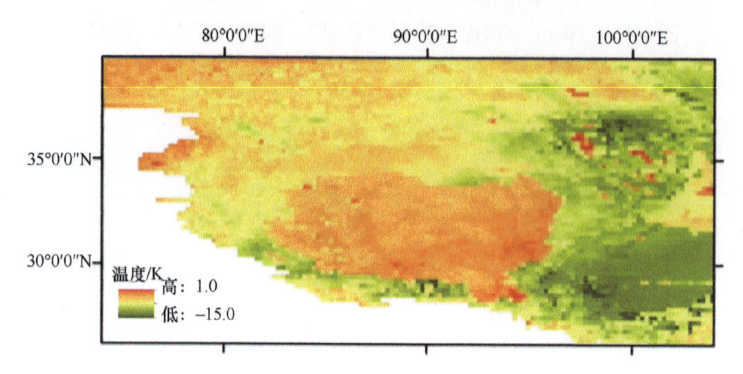

图 6.19　7 月 5cm 土壤温度同化与模拟的差值

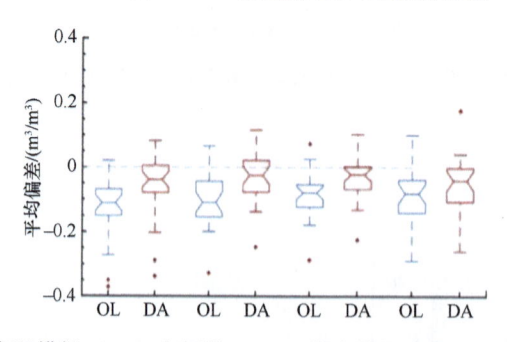

图 6.20　微波亮温模拟（OL）与同化（DA）的土壤湿度与站点观测的平均偏差
4 组 OL 和 DA 依次是 5cm、10cm、20cm、40cm 深度的土壤湿度

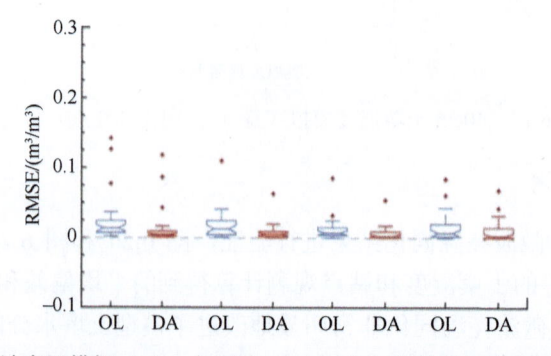

图 6.21　微波亮温模拟（OL）与同化（DA）的土壤湿度与站点观测的 RMSE
4 组 OL 和 DA 依次是 5cm、10cm、20cm、40cm 深度的土壤湿度

如图 6.22～图 6.27 所示，在不同时期不同土壤层的土壤湿度模拟结果均不如数据同化的结果，表层的模拟结果与同化结果相差较小，而随着深度的增加，模拟的结果越来越差，但本研究的同化结果受降水和深度的影响较小。

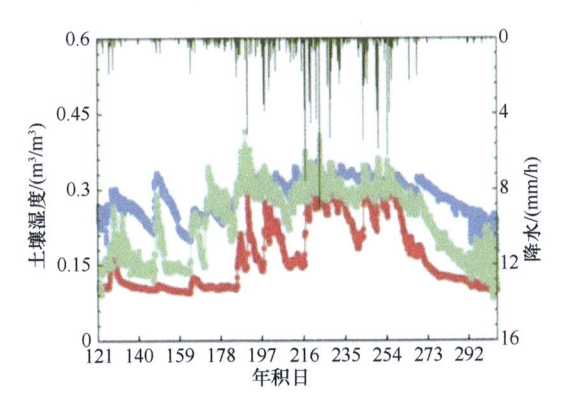

图 6.22 微波亮温模拟（红点）、同化（绿点）与站点观测（蓝点）的 5cm 土壤湿度与降水（绿柱）

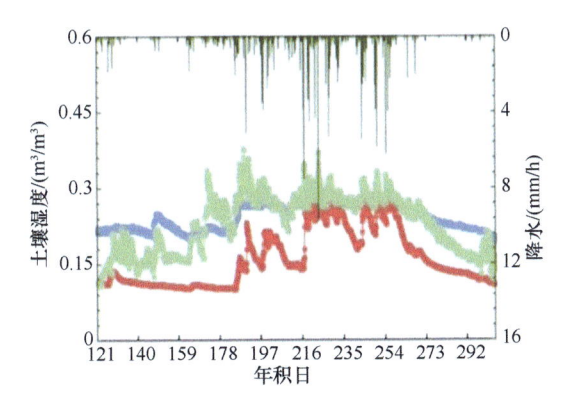

图 6.23 微波亮温模拟（红点）、同化（绿点）与站点观测（蓝点）的 10cm 土壤湿度与降水（绿柱）

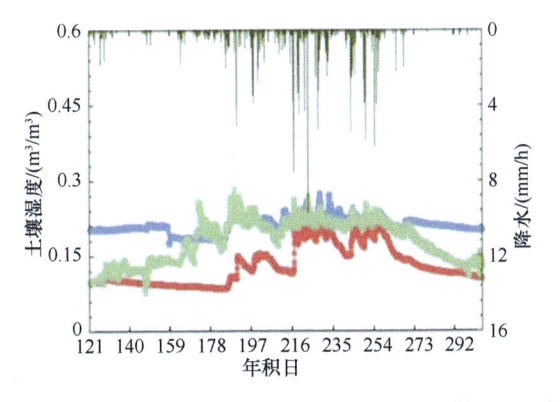

图 6.24 微波亮温模拟（红点）、同化（绿点）与站点观测（蓝点）的 20cm 土壤湿度与降水（绿柱）

微波亮温在土壤水分观测领域具有一定的优势，但其较粗的空间分辨率往往无法满足实际应用的需求。为了提高细尺度土壤水分估计精度，本研究进行了 AMSR-E 亮温与 MODIS 地表温度联合同化实验，并利用双重 EnKS 算法进行状态–参数同步估计。通过区域实验探索了多源遥感观测联合同化在提高细尺度土壤水分降尺度估计精度上的可行性。实验结果表明，该实验框架有效地实现了通过同化粗尺度 AMSR-E 亮温提高 CoLM 模型细尺度计算网格上的土壤湿度模拟精度。而通过将更新后的参数代入模型重新进行模拟实验可以看出，更新后的参数对土壤湿度模拟结果有较明显的提升，尤其是偏差，进一步证明了参数估计的有效性。

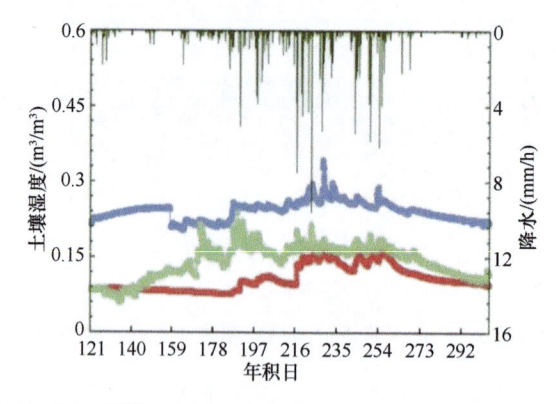

图 6.25　微波亮温模拟（红点）、同化（绿点）与站点观测（蓝点）的 40cm 土壤湿度与降水（绿柱）

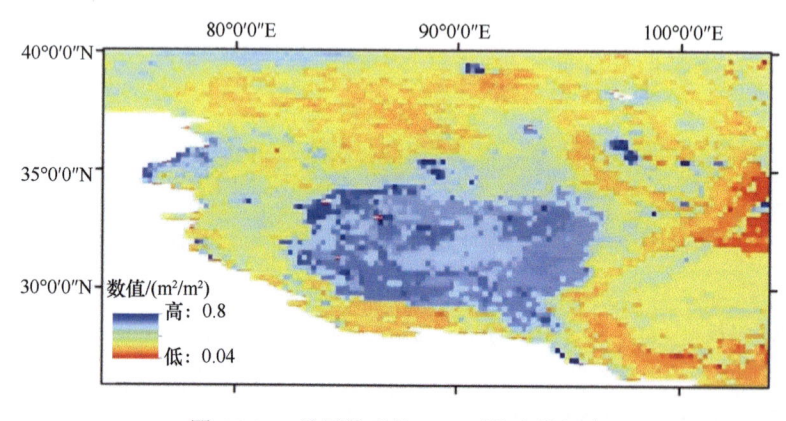

图 6.26　7 月同化后的 5cm 平均土壤湿度

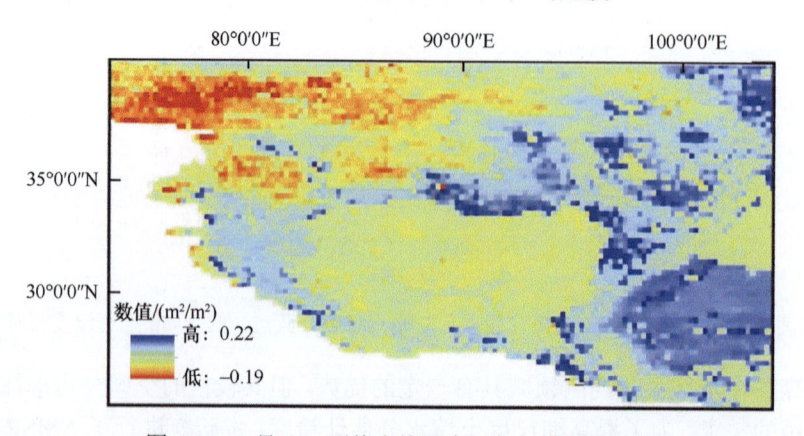

图 6.27　7 月 5cm 平均土壤湿度同化与模拟的差值

6.4 基于 EnKF 的遥感微波亮温与地下水储量变化的数据同化技术

6.4.1 遥感微波亮温与地下水储量变化数据同化流程

多源遥感数据同化框架包括陆面过程模型、观测算子［辐射传输模型（RTM）］和同化算法（EnKF）。

1. 陆面过程模型

Noah-MP 是 Noah 的增强版本，具有多物理选项（Niu et al.，2011）。它包含一个独立的植被冠层，采用双流辐射传输方案、四层土壤结构和最多三层雪模型。Noah-MP 的开发旨在通过基于物理的集合预测来促进气候预测。它提供了多种参数化方案的选择，包括叶片动力学、辐射传输、气孔阻力、特定参数（β）因子、空气动力阻力、径流等关键物理过程。Noah-MP 现已直接与 WRF 集成，可用于水文预测和陆地–大气耦合研究（He et al.，2023）。本研究使用的是离线的 Noah-MP 4.0.1 版本。

使用北美陆地数据同化系统第 2 阶段（NLDAS-2）提供的近地表气象数据驱动模型。该数据集由美国国家航空航天局（NASA）提供，网格间距为 0.125°，时间分辨率为每小时。本研究中使用的备选参数化方案组合见 Chen 等（2021）的研究。有关 Noah-MP 中方案的更多描述，请参阅 Niu 等（2011）和 Yang 等（2011）。根据所选的动态植被方案，需要指定两个植被参数作为输入。因此，使用了由 NASA 分发的 MODIS 叶面积指数和由哥白尼全球土地服务（CGLS）（Verger et al.，2014）分发的植被分数作为 Noah-MP 的输入。在使用之前，这两个数据集通过算术平均从高空间分辨率聚合到模型分辨率。

2. 辐射传输模型

为了模拟亮温，将 RTM 与 Noah-MP 耦合。使用零阶 τ-ω 模型计算植被层顶部的垂直极化亮温和水平极化亮温，该模型考虑了土壤和植被对微波信号的贡献。τ-ω 模型的土壤模块中，使用菲涅耳（Fresnel）反射方程计算光滑表面的反射率，并结合 Dobson 等（1985）提出的介电混合模型计算土壤介电常数。此外，本研究使用半经验的 Q-h 模型（Wang and Choudhury，1981）考虑了土壤粗糙度效应。在 τ-ω 模型的植被模块中，根据 Wigneron 等（2007）的光学深度模型计算植被对土壤辐射的衰减。由于 L 波段应该考虑大气和天空的贡献，根据 Pellarin 等（2009）开发的大气辐射模型计算大气顶部的亮温。有关 RTM 的更全面介绍可参考 Wigneron 等（2017）。具体而言，RTM 的动态输入，如土壤湿度和土壤温度，是从 Noah-MP 的输出中获取的。RTM 中使用的辅助数据，包括叶面积指数、土壤参数和土地覆盖类型，与 Noah-MP 保持一致。

6.4.2 实验结果分析

1. 实验数据

土壤湿度和海洋盐度（SMOS）卫星是由欧洲航天局（ESA）于 2009 年 11 月 2 日成功发射的，搭载了一个 L 波段被动微波辐射计（1.4 GHz），即使用孔径合成的微波成像辐射计（microwave imaging radiometer using aperture synthesis，MIRAS）。该研究的主要目标是提供全球土壤湿度和海洋表面盐度的观测数据（Kerr et al.，2010）。MIRAS 获取的亮温数据覆盖了一定范围的入射角（0°～55°），并具有全极化模式。SMOS 的太阳同步轨道在上升轨道和下降轨道分别于上午 6 点和下午 6 点（当地时间）穿越赤道。

本研究使用的亮温数据集来自 SMOS L3 产品，该产品由 SMOS 后处理中心（CATDS）（Al Bitar et al.，2017）生产。该产品包括从 L1 数据计算得到的所有亮温，并将其分组和平均成固定入射角类别（包括 40°入射角，以便与 SMAP 数据进行比较）。该产品以等面积网格形式提供，每日空间尺度的采样分辨率为 25km。具体而言，本研究使用了 SMOS 在名义 42.5°入射角下的垂直极化亮温数据。

AMSR-E 传感器于 2002 年 5 月 4 日由美国国家航空航天局（NASA）搭载 Aqua 卫星发射，并于 2011 年 10 月停止运行（Kawanishi et al.，2003）。AMSR2 是 AMSR-E 的继任者，搭载在全球变化观测任务 W（GCOM-W）卫星的第一代上，于 2012 年 5 月 18 日发射（Imaoka et al.，2010）。AMSR-E 是一个多频段仪器，可以水平极化和垂直极化观测六个波段（6.925 GHz、10.65 GHz、18.7 GHz、23.8 GHz、36.5 GHz 和 89 GHz）。AMSR2 引入了一个新的双极化通道（7.3 GHz）以减轻射频干扰（RFI）的影响。AMSR-E 和 AMSR2 以恒定的地球入射角 55°扫描地球表面，大约在当地时间上午 1:30（下降轨道）/下午 1:30（上升轨道）。

本研究使用的观测数据是由美国国家冰雪数据中心（NSIDC）分发的 AMSR-E 亮温产品和由日本宇宙航空研究开发机构（JAXA）分发的 AMSR2 L3 亮温产品。这两个数据集以 0.25°和每日间隔的全球等面积圆柱等距经纬度（cylindrical，equidistant latitude-longitude）投影提供。具体而言，本研究使用了 AMSR-E/AMSR2 在 6.925 GHz 处的垂直极化亮温数据。

GRACE 由两颗完全相同的卫星组成，于 2002 年 3 月发射。GRACE 的任务是通过卫星间距变化测量、全球定位系统（GPS）和微波测距系统精确地绘制地球重力场的变化。GRACE 观测到的地球重力场的月度变化主要由海洋表面和深层流体的变化、陆面过程和地下水库的变化、冰盖或冰川之间以及海洋之间的交换引起（Tapley et al.，2004）。

GRACE L3（网格数据产品）月度陆地水储量（terrestrial water storage，TWS）异常数据集，在去除大气贡献后，由三个不同的处理中心发布。然而，这些产品粗糙的时间分辨率限制了对亚季节性水文过程变化的科学分析。本研究采用了每日的 GRACE TWS 异常数据，全球网格分辨率为 0.5°。该数据集由 Sakumura 等（2016）通过正则化滑动窗口质量（RSWM）控制解算得到。

2. 实验设计

在这项研究中，实验重点关注 2010～2013 年得克萨斯州干旱期间。首先，使用 30 年的强迫数据（1980～2009 年）对 Noah-MP 陆面过程模型进行自旋，以达到统计平衡状态。其次，我们使用自旋阶段的重启文件输出从 1980～2009 年重新运行模型，模型模拟用于计算土壤湿度百分位数气候学。然后，使用未同化的扰动强迫数据生成的模型模拟被视为参考开环（OL）运行。同化实验与 OL 共享相同的初始条件和强迫数据，并被标记为 DA。扰动强迫数据考虑了可能引入 Noah-MP 的强迫数据的不确定性。本研究中，选择多变量随机场来扰动强迫数据，可以涉及气象变量之间的暗示物理关系。对于基于集合的 OL 运行和 DA 实验，本研究中选择了 30 个集合成员。具体而言，选择的预测变量土壤湿度在同化实验中被扰动以考虑模型结构和模型参数的误差。其他预测变量没有明确应用扰动，但强迫数据的扰动可以对 Noah-MP 的预报误差做出贡献。强迫数据和状态变量的扰动设置总结如表 6.5 所示。

表 6.5 强迫数据和状态变量的扰动设置

描述	扰动类型	标准差	交叉相关 P	SW	LW	T
降水（P）	乘性	0.5	—	−0.8	0.5	−0.1
短波辐射（SW）	乘性	0.3	−0.8	—	−0.5	0.3
长波辐射（LW）	加性	50 W/m^2	0.5	−0.5	—	0.6
气温（T）	加性	2 K	−0.1	0.3	0.6	—
土壤湿度	乘性	0.1				

受到 RFI 影响的亮温观测应在同化之前被排除。使用 6.9 GHz 和 10.7 GHz 通道之间的差异来确定 AMSR-E/AMSR2 的 6.9 GHz 亮温的 RFI 干扰大小。满足 6.9GHz 亮温与 10.7GHz 亮温相减＞5K 的亮温被筛除，因为通过这个阈值可以容易地检测到强和中等程度的 RFI（De Nijs et al.，2015）。根据 Al Bitar 等（2017）的研究，在 CATDS SMOS L3 产品生成过程中已考虑到 RFI 污染，因此这里不需要再进行过滤。由于研究区域是得克萨斯州，在亮温同化过程中不需要特别考虑雪和冻土。此外，将标记为城市/湿地/陆地冰/陆地水体的格点的所有亮温都排除在外，意味着在这些格点中不进行同化实验。

同化实验中需要指定观测误差，以考虑卫星观测的不确定性。静态观测误差被设定 SMOS 为 5K，AMSR-E/AMSR2 为 5K，与其他研究的误差大小相同（De Lannoy and Reichle，2016a，2016b）。GRACE 观测的全球误差估计由 Sakumura 等（2016）提供，并在本研究中作为观测误差采用。此外，假设观测的协方差矩阵为对角矩阵，意味着不同种类观测之间没有相关性。

在亮温预测的计算中，卫星观测的空间分辨率（0.25°）比模型模拟（0.125°）更粗糙。因此，在计算与 $y_{t,i}$ 相对应的 $HX_{t,i}$ 时，应考虑空间聚合：

$$HX_{t,i} = \frac{1}{N1}\left(\sum_{s=1}^{N1} TB_{t,i,s}\right) \qquad (6.23)$$

式中，$N1$ 为卫星观测格点数；$TB_{t,i,s}$ 为从 RTM 中得出的亮温预测；$HX_{t,i}$ 为状态变量 $X_{t,i}$ 在观测空间的映射值。该式使用简单算术平均，即每个模型格点具有相同的权重。

在地表水储量预测的计算中，卫星观测的时间分辨率和空间分辨率（每日，0.5°）比模型模拟（每小时，0.125°）更粗糙。此外，作为陆地上水的垂直积分测量，TWS 在 Noah-MP 中没有直接建模。因此，在计算与 y_t、i 相对应的 $HX_{t,i}$ 时，应考虑时间和空间聚合：

$$HX_{t,i} = \frac{1}{N1}\frac{1}{N2}\left[\sum_{s=1}^{N1}\sum_{t=1}^{N2}\left(SWE_{t,i,s} + CANS_{t,i,s} + SMS_{t,i,s} + GWS_{t,i,s}\right)\right] \quad (6.24)$$

式中，$N2$ 为一天内的小时数；SWE 为雪水当量；CANS 为冠层储水；SMS 为所有四个土壤层的总土壤水储量；GWS 为地下水储量。

EnKF 的一个假设是观测和预测无偏。然而，卫星观测和模型模拟之间存在明显的系统偏差，这些偏差是由空间代表性、模型限制等引起的，很难量化和区分观测偏差和模型模拟偏差。但是，数据同化之前，可以通过将观测重新调整为模型气候学（Kumar et al.，2012）来进行偏差校正。以下方程用于校正观测和预测之间的一阶（气候平均）差异，然后在方程中使用重新调整的观测 $y_{t,i}^{r}$。

$$y_{t,i}^{r} = y_{t,i} - \langle y \rangle + \langle HX \rangle \quad (6.25)$$

式中，$y_{t,i}^{r}$ 为调整后的观测值；$y_{t,i}$ 为 t 时刻、i 网格的观测值；$\langle HX \rangle$ 为模型模拟的观测平均值；$\langle y \rangle$ 为卫星观测平均值。

考虑到亮温偏差随季节变化，首先使用 90 天滑动平均窗口分别计算实验期间卫星和模型的亮温平滑时间序列。然后，计算每年每天的多年平均值，并表示为卫星观测（$\langle y \rangle$）和模型模拟（$\langle HX \rangle$）的气候平均值。此外，分别对升降轨道计算气候平均值。由于 GRACE 提供 TWS 异常值，它们的偏差校正与将 GRACE TWS 异常值转换为等效 TWS 值一起进行，即观测值等于式（6.24）中的模型预测。首先去除实验期间 GRACE TWS 异常值的平均值（$\langle y \rangle$），然后加上来自开环模拟的 Noah-MP 模拟 TWS 的平均值（$\langle HX \rangle$）（Zhao and Yang，2018）。具体而言，对于所有类型的观测，每个格点单独进行先验偏差校正。

3. 结果分析

本研究使用了来自土壤气候分析网络（soil climate analysis network，SCAN）、美国气候参考网络（U.S. climate reference network，USCRN）和西得克萨斯气象网（WTM）的原位土壤湿度测量数据来评估结果（图 6.28）。所有这些数据都是从国家土壤湿度网络（National Soil Moisture Network）网站收集的。对于 SCAN 和 USCRN，土壤湿度测量深度为 5cm、10cm、20cm、50cm 和 100cm。对于 WTM，土壤湿度测量深度为 5cm、20cm、60cm 和 75cm。排除了任何测量层中有 100%缺失数据的站点，以及总测量层数超过 50%缺失数据的站点。因此，本研究选择了 52 个站点。原位土壤湿度测量数据以每日值提供，然后通过算术平均值在 0.125°上进行聚合，以匹配模型分辨率。本研究使用了多种技能指标来评估同化实验的性能,如偏差、RMSE 和相关系数（R）等。

蒸散发是土壤蒸发加上植物蒸腾的总和,反映了向大气丢失的水分,与土壤湿度密切相关。因此,本研究还使用了 FluxCom 发布的蒸散发数据集进行验证。根据 Tramontana 等（2016）的研究,该数据集是通过将 FLUXNET 站点的能量通量测量与 MODIS 的遥感数据通过机器学习方法进行融合而产生的。8 天的蒸散发数据通过双线性插值从 0.0833°重新调整为 0.125°（模型分辨率）。

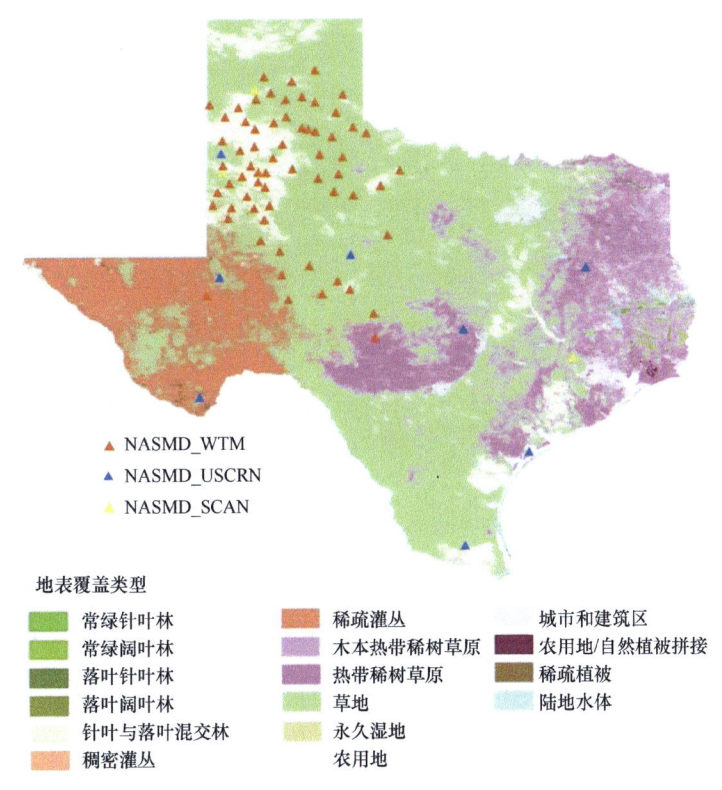

图 6.28 研究区观测站分布与地表覆盖类型

NASMD 为北美土壤湿度数据库（North American Soil Moisture Database）

从图 6.29 可以看出,OL 得出的 TWS 异常与土壤湿度的高估一致。OL 的偏差和 RMSE 分别为 13.540mm 和 54.288mm,通过同化分别减小到 2.200mm 和 6.161mm。DA 进一步提高了 TWS 异常的 R 值,从 0.668 增加到 0.991。DA 曲线与 GRACE 曲线非常接近,证明了 TWS 异常同化的可行性。通过减少土壤湿度,特别是深层土壤湿度的减少,部分实现了 TWS 异常的高估纠正。

图 6.30 显示,与 FluxCom 相比,OL 的蒸散发被低估,并且性能指标偏差为 −0.462mm/d,RMSE 为 0.826mm/d,R 为 0.745。降水异常较低和气温异常较高导致实验期间大部分时间蒸散发模拟值降低,特别是在 2011 年和 2012 年下半年。很明显,这是因为没有足够的水分蒸发或植物蒸腾。通过同化,由于土壤湿度的减少,低估趋势略有加剧,偏差为−0.502mm/d。但是,RMSE 减小到 0.673mm/d,R 增加到 0.823,改进明显。

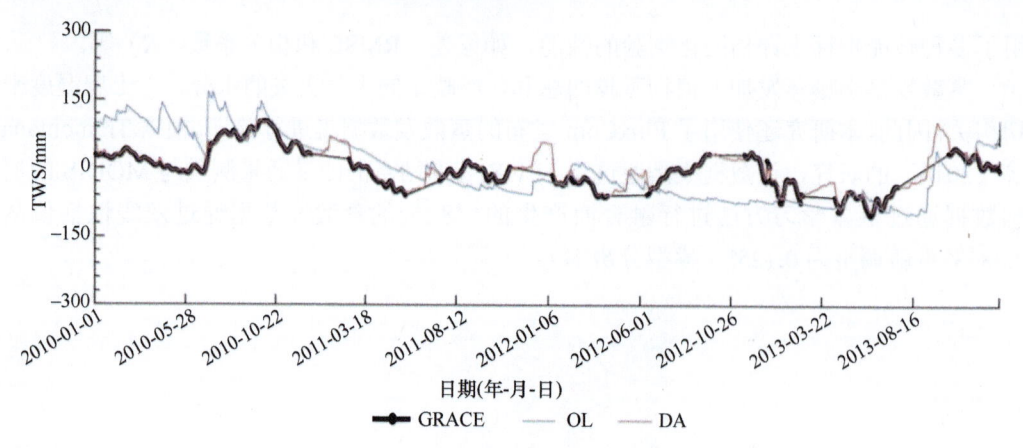

图 6.29　TWS 变化在 98°W～98.125°W 和 26.5°N～26.625°N 的格网单元上的 OL、DA、GRACE 卫星获取的比较

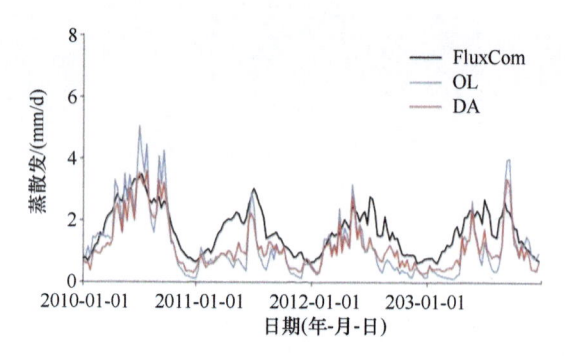

图 6.30　98°W～98.125°W 和 26.5°N～26.625°N 的格网单元上对 OL、DA 和 FluxCom 的日蒸散发的比较

虽然上述结果证明同化实验在几个变量的模拟中起到了积极的作用，但在一些格点上也可以发现同化性能的退化。图 6.31 显示的土壤湿度比较与图 6.32 相同，但在 99.25°W～99.375°W 和 33.625°N～33.75°N 的格点上。OL 明显低估了土壤湿度，偏差为 $-0.038\ cm^3/cm^3$（0～10 cm）、$-0.052\ cm^3/cm^3$（10～40 cm）和 $-0.105\ cm^3/cm^3$（40～100 cm）。但是，土壤湿度的 R 值相对较高，在所有层次上都高于 0.70。三个性能指标（0～10 cm 的偏差为 $-0.043\ cm^3/cm^3$，RMSE 为 $0.062\ cm^3/cm^3$，R 为 0.65）都证实了同化性能的退化，土壤湿度的低估趋势在同化时更加严重，特别是在深层。SMOS 显示了土壤湿度的低估，偏差为 $-0.071\ cm^3/cm^3$，而 AMSR 在偏差方面具有更好的准确性。尽管这两种反演具有与 DA 相当的 R 值，但它们的 RMSE 值大于 DA。值得注意的是，卫星观测（高温和 TWS 异常）的空间分辨率相对较粗，比模型模拟的分辨率要低。因此，一个观测格点包含了多个相邻模型格点的信息。地表的复杂性可能会影响观测中所包含信息对单个模型格点的代表性。

OL 高估了蒸散发，偏差为 0.389mm/d，DA 改进有限，偏差降至 0.384mm/d（图 6.31）。但是，在 RMSE 和 R 方面对蒸散发的改进是明显的，分别从 0.810mm/d 和 0.724 降至 0.638mm/d 和 0.795。如上所述，实验期间蒸散发的限制是由降水异常较低和气温异常较高的综合影响造成的。此外,极端高的气温异常导致了 2012 年中期 Noah-MP 的蒸散发增加,而这种增加在 FluxCom 数据中并未检测到。

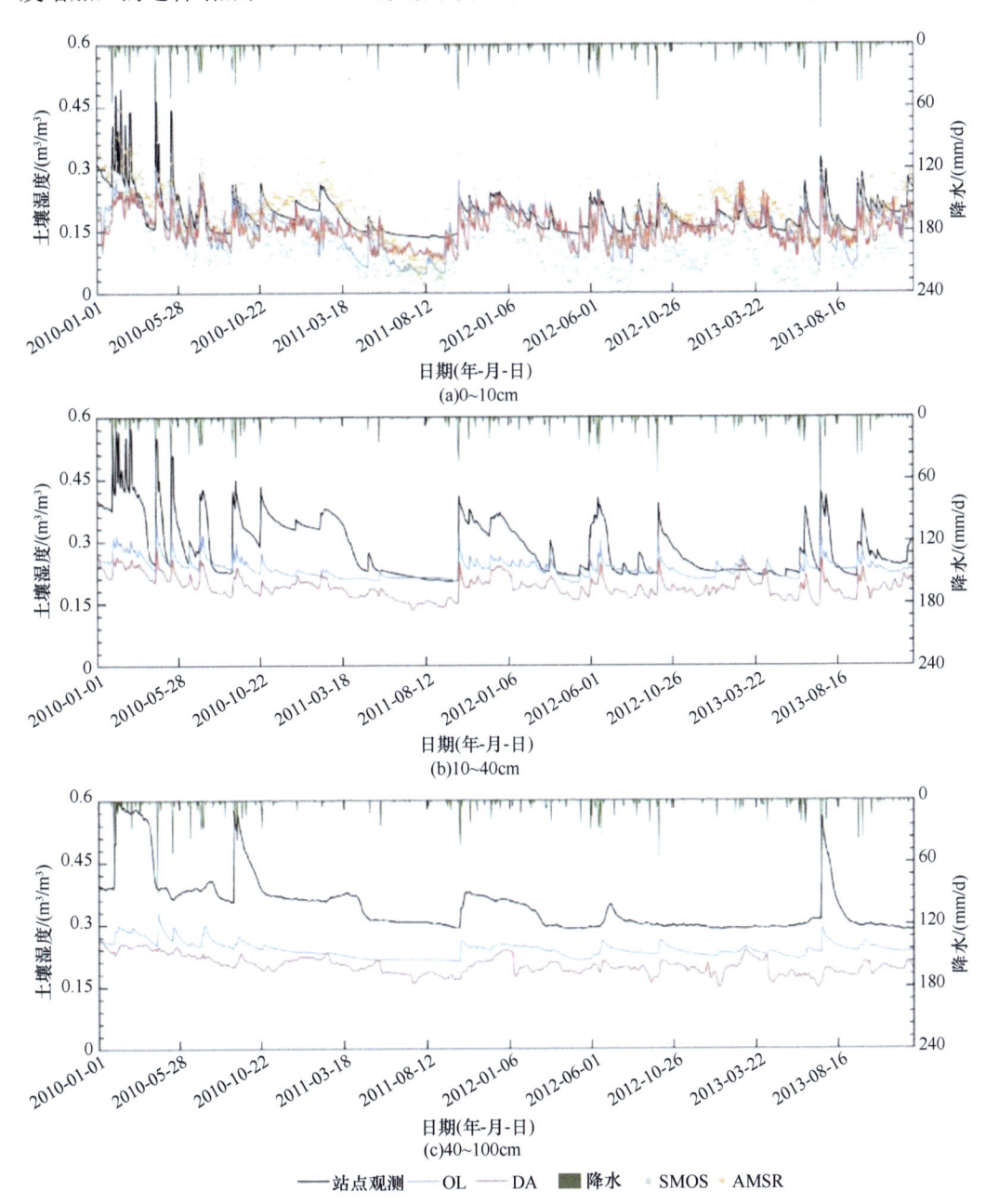

图 6.31 土壤湿度和降水在 99.25° W～99.375° W 和 33.625° N～33.75° N 网格单元上的 OL、DA、卫星回波和原位测量之间的比较

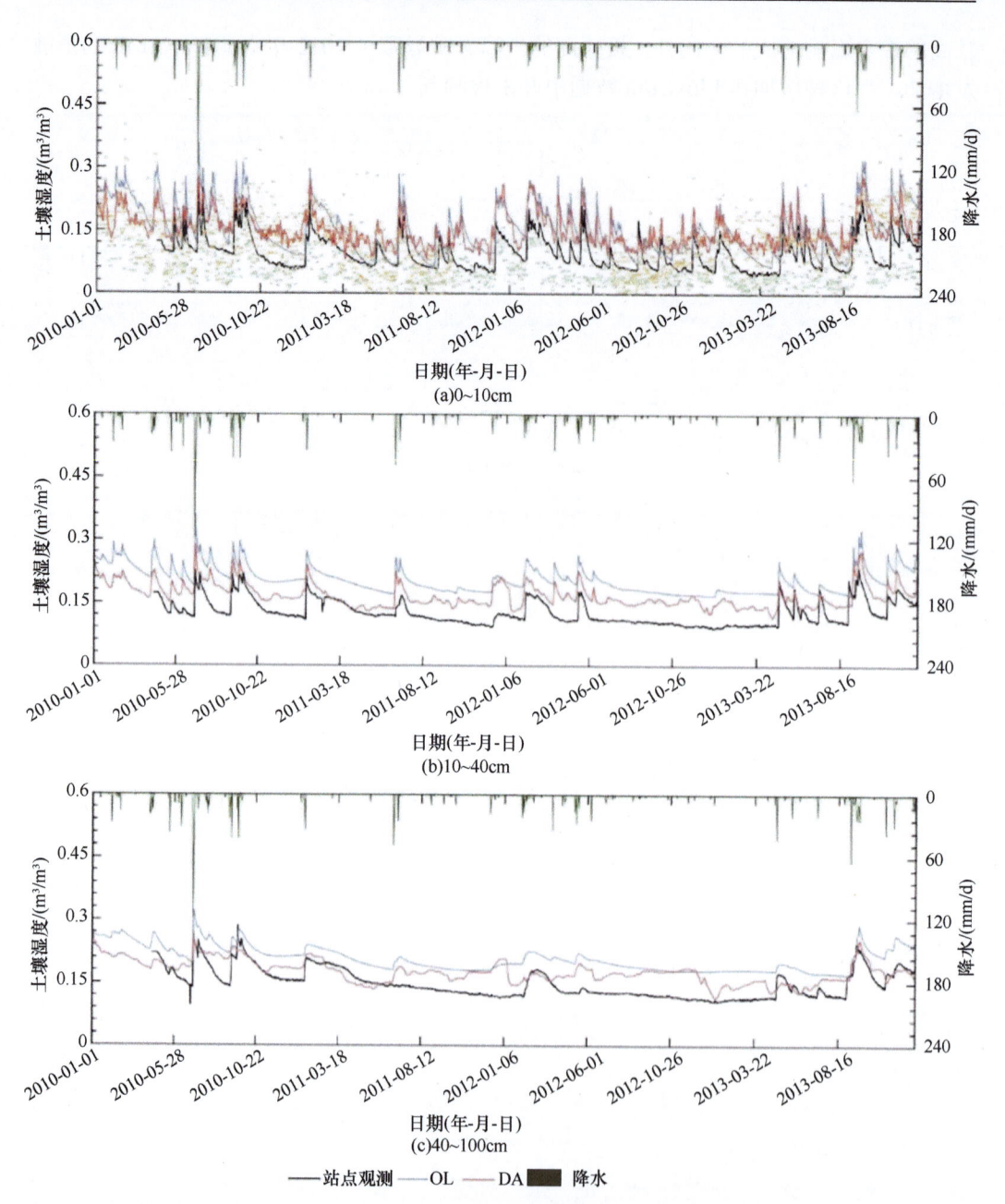

图 6.32 土壤湿度和降水在 98°W～98.125°W 和 26.5°N～26.625°N 的格网单元上的 OL、DA、卫星获取和原地获取的比较

黄色散点为 SMOS，绿色散点为 AMSR

6.5 本章小结

遥感数据同化是将不同来源的遥感数据融合在一起，以提高遥感数据的精度和可靠性的过程。它可以通过统计方法、机器学习算法和物理模型等多种方法来实现。遥感数

据同化的主要目标是减小遥感数据的误差和不确定性，以提高遥感数据的精度和可靠性。通过将不同来源的遥感数据进行融合，可以弥补不同遥感数据的缺陷和局限性，提高遥感数据的空间分辨率和时间分辨率，提供更准确的地表信息。遥感数据同化的方法主要包括统计方法、机器学习算法和物理模型等。统计方法主要利用统计学原理和方法来分析和处理遥感数据，如卡尔曼滤波、贝叶斯推断等。机器学习算法可以通过训练模型来学习遥感数据的特征和规律，从而提高遥感数据的精度和可靠性。物理模型主要基于地球物理学原理和方程，通过模拟和计算来推测地表信息。

遥感数据同化仍然是一个富有活力且不断发展的领域，世界各地的许多研究中心都在尝试使用和改进这种方法。随着越来越多优质测量数据具有可用性，尤其是来自卫星的数据，数据同化已被证明是利用这些数据进行更好的天气预报和研究数据集以帮助科学家了解我们的环境的最佳方式。方法和算法始终有改进的空间。虽然研究人员现在已经意识到"正确"的数据同化方法，但计算成本仍然是限制因素。虽然计算能力在不断增强，但仍然需要更准确、高效和富有想象力的解决方案。遥感数据同化在农业、环境监测、气象预测等领域具有广泛的应用。在农业领域，遥感数据同化可以用于监测农作物生长状况、预测农作物产量等。在环境监测领域，遥感数据同化可以用于监测水质、土壤污染等。在气象预测领域，遥感数据同化可以用于改进气象模型，提高气象预测的准确性。

总之，遥感数据同化是将不同来源的遥感数据进行融合，以提高遥感数据的精度和可靠性的过程，具有广泛的应用前景。

参 考 文 献

黄春林, 侯金亮, 李维德, 等. 2023. 深度学习融合遥感大数据的陆地水文数据同化: 进展与关键科学问题[J]. 地球科学进展, 38(5): 441-452.

李新, 刘丰, 方苗. 2020. 模型与观测的和弦: 地球系统科学中的数据同化[J]. 中国科学: 地球科学, 50(9): 1185-1194.

Abebe G, Tadesse T, Gessesse B. 2022. Assimilation of leaf area index from multisource earth observation data into the WOFOST model for sugarcane yield estimation[J]. International Journal of Remote Sensing, 43(2): 698-720.

Al Bitar A, Mialon A, Kerr Y H, et al. 2017. The global SMOS Level3 daily soil moisture and brightness temperature maps[J]. Earth System Science Data, 9(1): 293-315.

Alonso-González E, Aalstad K, Pirk N, et al. 2023. Spatio-temporal information propagation using sparse observations in hyper-resolution ensemble-based snow data assimilation[J]. Hydrology and Earth System Sciences, 27(24): 4637-4659.

Arango H G, Levin J, Wilkin J, et al. 2023. 4D-Var data assimilation in a nested model of the Mid-Atlantic Bight[J]. Ocean Modelling, 184: 102201.

Arsenault K R, Houser P R, De Lannoy G J M, et al. 2013. Impacts of snow cover fraction data assimilation on modeled energy and moisture budgets[J]. Journal of Geophysical Research: Atmospheres, 118(14): 7489-7504.

Botto A, Belluco E, Camporese M. 2018. Multi-source data assimilation for physically based hydrological modeling of an experimental hillslope[J]. Hydrology and Earth System Sciences, 22(8): 4251-4266.

Chang C C, Lin C J. 2011. LIBSVM: a library for support vector machines[J]. ACM Transactions on Intelligent Systems and Technology (TIST), 2(3): 1-27.

Charney J, Halem M, Jastrow R. 1969. Use of incomplete historical data to infer the present state of the atmosphere[J]. Journal of the Atmospheric Sciences, 26(5): 1160-1163.

Che T, Li X, Jin R, et al. 2014. Assimilating passive microwave remote sensing data into a land surface model to improve the estimation of snow depth[J]. Remote Sensing of Environment, 143: 54-63.

Chen W J, Huang C L, Yang Z L, et al. 2021. Retrieving accurate soil moisture over the Tibetan Plateau using multi-source remote sensing data assimilation with simultaneous state and parameter estimations[J]. Journal of Hydrometeorology, 22(10): 2751-2766.

Chen Y Y, Yang K, He J, et al. 2011. Improving land surface temperature modeling for dry land of China[J]. Journal of Geophysical Research: Atmospheres, 116(D20): D20104.

Cheng S B, Quilodrán-Casas C, Ouala S, et al. 2023. Machine learning with data assimilation and uncertainty quantification for dynamical systems: a review[J]. IEEE/CAA Journal of Automatica Sinica, 10(6): 1361-1387.

Cressman G P. 1959. An operational objective analysis system[J]. Monthly Weather Review, 87(10): 367-374.

Dai Y, Zeng X, Dickinson R E, et al. 2003. The common land model[J]. Bulletin of the American Meteorological Society, 84(8): 1013-1024.

De Lannoy G J M, Reichle R H. 2016a. Assimilation of SMOS brightness temperatures or soil moisture retrievals into a land surface model[J]. Hydrology and Earth System Sciences, 20(12): 4895-4911.

De Lannoy G J M, Reichle R H. 2016b. Global assimilation of multiangle and multipolarization SMOS brightness temperature observations into the GEOS-5 catchment land surface model for soil moisture estimation[J]. Journal of Hydrometeorology, 17(2): 669-691.

Demuth H, Beale M. 2013. Neural network toolbox user's guide[J]. Ver the Mathwork Inc Apple Hill Drive, 21(15): 1225-1233.

De Nijs A H A, Parinussa R M, De Jeu R A M, et al. 2015. A methodology to determine radio-frequency interference in AMSR2 observations[J]. IEEE Transactions on Geoscience and Remote Sensing, 53(9): 5148-5159.

Dobson M C, Ulaby F T, Hallikainen M T, et al. 1985. Microwave dielectric behavior of wet soil-Part II: dielectric mixing models[J]. IEEE Transactions on Geoscience and Remote Sensing, (1): 35-46.

Eliassen A. 1954. Provisional report on calculation of spatial covariance and autocorrelation of pressure field[J]. Space Science Reviews, 120(8): 1747-1763.

Gandin Lev S. 1963. Objective analysis of meteorological Fields[C]. Saint Petersburg: English Translation by Israeli Program for Scientific Translations, Jerusalem.

He C L, Chen F, Barlage M, et al. 2023. Enhancing the community Noah-MP land model capabilities for earth sciences and applications[J]. Bulletin of the American Meteorological Society, 104(11): E2023-E2029.

He J, Yang K, Tang W J, et al. 2020. The first high-resolution meteorological forcing dataset for land process studies over China[J]. Scientific Data, 7(1): 25.

Hou J L, Huang C L, Chen W J, et al. 2021. Improving snow estimates through assimilation of MODIS fractional snow cover data using machine learning algorithms and the common land model[J]. Water Resources Research, 57(7): e2020WR029010.

Hou J L, Huang C, Zhang Y L, et al. 2019. Gap-filling of MODIS fractional snow cover products via non-local spatio-temporal filtering based on machine learning techniques[J]. Remote Sensing, 11(1): 90.

Howard L J, Subramanian A, Hoteit I. 2024. A machine learning augmented data assimilation method for high-resolution observations[J]. Journal of Advances in Modeling Earth Systems, 16(1): e2023 MS003774.

Imaoka K, Kachi M, Kasahara M, et al. 2010. Instrument performance and calibration of AMSR-E and AMSR2[J]. International Archives of the Photogrammetry, Remote Sensing and Spatial Information Science, 38(8): 13-18.

Jekabsons G. 2015. Adaptive regression splines toolbox for Matlab/Octave[EB/OL]. http://www.cs.rtu.lv/jekabsons/.

Kalnay E, Sluka T, Yoshida T, et al. 2023. Review article: towards strongly-coupled ensemble data assimilation with additional improvements from machine learning[J]. Nonlinear Processes in Geophysics Discussions, 30: 1-31.

Kawanishi T, Sezai T, Ito Y, et al. 2003. The advanced microwave scanning radiometer for the earth observing system (AMSR-E), NASDA's contribution to the EOS for global energy and water cycle studies[J]. IEEE Transactions on Geoscience and Remote Sensing, 41(2): 184-194.

Kerr Y H, Waldteufel P, Wigneron J P, et al. 2010. The SMOS mission: new tool for monitoring key elements ofthe global water cycle[J]. Proceedings of the IEEE, 98(5): 666-687.

Krause C, Huang W Z, Mechem D B, et al. 2022. A metric tensor approach to data assimilation with adaptive moving meshes[J]. Journal of Computational Physics, 466: 111407.

Kumar S V, Reichle R H, Harrison K W, et al. 2012. A comparison of methods for a priori bias correction in soil moisture data assimilation[J]. Water Resources Research, 48(3): W03515.

Li X, Chen Y B, Deng X C, et al. 2021. Evaluation and hydrological utility of the GPM IMERG precipitation products over the Xinfengjiang River reservoir basin, China[J]. Remote Sensing, 13(5): 866.

Li X, Cheng G, Jin H, et al. 2008. Cryospheric change in China[J]. Global and Planetary Change, 62(3-4): 210-218.

Li X, Cheng G, Ma M, et al. 2010. Digital heihe river basin. 4: watershed observing system [J]. Advances in Earth Science, 25(8): 866.

Li X, Cheng G D, Liu S M, et al. 2013. Heihe watershed allied telemetry experimental research (HiWATER): scientific objectives and experimental design[J]. Bulletin of the American Meteorological Society, 94(8): 1145-1160.

Li X, Liu S M, Xiao Q, et al. 2017. A multiscale dataset for understanding complex eco-hydrological processes in a heterogeneous oasis system[J]. Scientific Data, 4(1): 1-11.

Liston G E, Elder K. 2006. A meteorological distribution system for high-resolution terrestrial modeling (MicroMet)[J]. Journal of Hydrometeorology, 7(2): 217-234.

Lorenc A C. 1986. Analysis methods for numerical weather prediction[J]. Quarterly Journal of the Royal Meteorological Society, 112(474): 1177-1194.

Ma X X, Liu H N, Peng Z. 2024. Assimilating a blended dataset of satellite-based estimations and in situ observations to improve WRF-Chem $PM_{2.5}$ prediction[J]. Atmospheric Environment, 319: 120284.

Metref S, Cosme E, Le Lay M, et al. 2023. Snow data assimilation for seasonal streamflow supply prediction in mountainous basins[J]. Hydrology and Earth System Sciences, 27(12): 2283-2299.

Niu G Y, Yang Z L. 2007. An observation-based formulation of snow cover fraction and its evaluation over large North American river basins[J]. Journal of Geophysical Research: Atmospheres, 112(D21): 1-14.

Niu G Y, Yang Z L, Mitchell K E, et al. 2011. The community Noah land surface model with multiparameterization options (Noah‐MP): 1. model description and evaluation with local-scale measurements[J]. Journal of Geophysical Research: Atmospheres, 116(D12): D12109.

Painter T H, Rittger K, McKenzie C, et al. 2009. Retrieval of subpixel snow covered area, grain size, and albedo from MODIS[J]. Remote Sensing of Environment, 113(4): 868-879.

Palm R. 2014. Deeplearntoolbox, a matlab toolbox for deep learning[EB/OL]. https://github.com/chisyliu/Deeplearn Toolbox-MATLAB.

Pellarin T, Calvet J C, Wigneron J P. 2003a. Surface soil moisture retrieval from L-band radiometry: a global regression study[J]. IEEE Transactions on Geoscience and Remote Sensing, 41(9): 2037-2051.

Pellarin T, Wigneron J P, Calvet J C, et al. 2003b. Two-year global simulation of L-band brightness temperatures over land[J]. IEEE Transactions on Geoscience and Remote Sensing, 41(9): 2135-2139.

Pujol L, Garambois P A, Monnier J, et al. 2022. Integrated hydraulic-hydrological assimilation chain: towards multisource data fusion from river network to headwaters[C]//Advances in Hydroinformatics: Models for Complex and Global Water Issues—Practices and Expectations. Singapore: Springer Nature Singapore: 195-211.

Rodell M, Houser P R. 2004. Updating a land surface model with MODIS-derived snow cover[J]. Journal of Hydrometeorology, 5(6): 1064-1075.

Sakumura C, Bettadpur S, Save H, et al. 2016. High-frequency terrestrial water storage signal capture via a regularized sliding window mascon product from GRACE[J]. Journal of Geophysical Research: Solid Earth, 121(5): 4014-4030.

Shu L, Zhu L, Bak J, et al. 2023. Improving ozone simulations in Asia via multisource data assimilation: results from an observing system simulation experiment with GEMS geostationary satellite observations[J]. Atmospheric Chemistry and Physics, 23(6): 3731-3748.

Sun C J, Walker J P, Houser P R. 2004. A methodology for snow data assimilation in a land surface model[J]. Journal of Geophysical Research: Atmospheres, 109(D8): D08108.

Tapley B D, Bettadpur S, Ries J C, et al. 2004. GRACE measurements of mass variability in the earth system[J]. Science, 305(5683): 503-505.

Tramontana G, Jung M, Schwalm C R, et al. 2016. Predicting carbon dioxide and energy fluxes across global FLUXNET sites with regression algorithms[J]. Biogeosciences, 13(14): 4291-4313.

Verger A, Baret F, Weiss M. 2014. Near real-time vegetation monitoring at global scale[J]. IEEE Journal of Selected Topics in Applied Earth Observations and Remote Sensing, 7(8): 3473-3481.

Wang B W, Sun Z B, Jiang X Y, et al. 2023. Kalman filter and its application in data assimilation[J]. Atmosphere, 14(8): 1319.

Wang J R, Choudhury B J. 1981. Remote sensing of soil moisture content, over bare field at 1.4 GHz frequency[J]. Journal of Geophysical Research: Oceans, 86(C6): 5277-5282.

Wang J, Li H X, Hao X H, et al. 2014. Remote sensing for snow hydrology in China: challenges and perspectives[J]. Journal of Applied Remote Sensing, 8(1): 084687.

Wang W G, Zou J C, Deng C. 2023. Comparison of data assimilation based approach for daily streamflow simulation under multiple scenarios in Ganjiang River basin[J]. Journal of Lake Sciences, 35(3): 1047-1056.

Wigneron J P, Jackson T J, O'neill P, et al. 2017. Modelling the passive microwave signature from land surfaces: a review of recent results and application to the L-band SMOS & SMAP soil moisture retrieval algorithms[J]. Remote Sensing of Environment, 192: 238-262.

Wigneron J P, Kerr Y, Waldteufel P, et al. 2007. L-band microwave emission of the biosphere (L-MEB) model: description and calibration against experimental data sets over crop fields[J]. Remote Sensing of Environment, 107(4): 639-655.

Yang Z L, Niu G Y, Mitchell K E, et al. 2011. The community Noah land surface model with multiparameterization options (Noah-MP): 2. evaluation over global river basins[J]. Journal of Geophysical Research: Atmospheres, 116(D12) : D12110.

You Y H, Huang C L, Hou J L, et al. 2023a. Improving the estimation of snow depth in the Noah-MP model by combining particle filter and Bayesian model averaging[J]. Journal of Hydrology, 617: 128877.

You Y H, Huang C L, Wang Z, et al. 2023b. A genetic particle filter scheme for univariate snow cover assimilation into Noah-MP model across snow climates[J]. Hydrology and Earth System Sciences, 27(15): 2919-2933.

Yu F, Li H T, Zhang C M, et al. 2014. Data assimilation on soil moisture content based on multi-source remote sensing and hydrologic model[J]. Journal of Infrared & Millimeter Waves, 33(6): 602-607.

Zhao L, Yang Z L. 2018. Multi-sensor land data assimilation: toward a robust global soil moisture and snow estimation[J]. Remote Sensing of Environment, 216: 13-27.

第 7 章　遥感智能云计算技术

遥感智能云计算技术，是利用人工智能结合云计算，对遥感数据进行处理和分析的技术。在遥感大数据背景下，遥感智能云计算技术的出现改变了遥感数据处理和分析的传统模式，极大地提高了存储、处理和共享效率，为遥感大数据挖掘、处理和分析带来了前所未有的机遇，使得大范围、长时间的快速分析成为可能。本章在介绍遥感智能云计算基本概念的基础上，提出一种可扩展计算资源的遥感大数据云计算平台构建方案，并以大范围植被变化为例说明基于云平台的遥感大数据快速处理过程，最后探讨如何将深度学习和云平台有效集成，构建遥感大数据智能云计算平台，以期实现更加智能化和自动化的遥感大数据服务和应用。

7.1　遥感智能云计算

7.1.1　遥感智能云计算基本概念

1. 遥感智能云计算的概念与定义

云计算是一种利用互联网实现随时随地、按需、便捷地访问共享资源池（如计算设施、存储设备、应用程序等）的计算模式（罗军舟等，2011；张建勋等，2010）。云计算的服务模型主要有三种，即软件即服务（SaaS）、平台即服务（PaaS）和基础设施即服务（IaaS）。云计算的部署方式主要有四种，包括私有云、社区云、公有云和混合云。

遥感云计算则是利用云计算技术，整合各种遥感信息技术，将已有的遥感数据、遥感产品、遥感算法等作为一个公共服务设施，通过网络服务提供给用户使用（付东杰等，2021）。传统的数据处理方法已经无法满足对大规模遥感数据进行高效处理和分析的需求。而云计算技术的出现为遥感数据的存储、处理和分析提供了新的解决方案。

遥感智能云计算是指将人工智能技术与遥感云计算技术相结合，把遥感数据处理和分析的任务迁移到云端进行，通过云计算平台提供的强大计算能力和存储空间，实现对大规模遥感数据的高效处理和分析（Talia，2012）。

2. 遥感智能云计算的特点

遥感智能云计算技术具有高效性、灵活性、可扩展性和智能化的特点，具体包括三个方面。

（1）云端有海量遥感数据资源，无须下载到本地处理。

（2）云端提供批量和交互式的大数据高性能智能计算服务。

（3）云端提供应用程序接口（application programming interface，API），无须在本地

安装软件，便可以进行处理分析。

7.1.2 遥感智能云计算关键技术

1. Hadoop 分布式文件系统

Hadoop 分布式文件系统（Hadoop distributed file system，HDFS），是一个适合运行在通用计算机硬件上的分布式文件系统。Hadoop 大数据框架基于流数据访问模式和批处理超大文件的需求而开发，该系统仿效了谷歌文件系统（GFS），是 GFS 的一个简化和开源版本，包括以下几个部分：①主元数据节点（NameNode，NN），管理名称空间、数据块（block）映射信息、配置副本策略及响应客户端读写请求；②数据节点（DataNode，DN），负责执行实际的数据读写操作，存储数据块，按照 NameNode 副本策略，同一个数据块会被存储在多个 DataNode 上（默认为 3 副本策略）；③备份元数据节点（secondary NameNode），定期合并元数据，推送给每个 NameNode，在 NameNode 出现故障时，可保证 NameNode 的高可用性（high available，HA）；④客户端（Client），从 NameNode 获取文件的位置信息，再通过 DataNode 读取或者写入数据。此外，在存储数据时，客户端负责文件的分割。

HDFS 的特点如下。

（1）分块更大，默认数据块大小为 128MB，在 NameNode 配置文件中可自行设定分块大小。

（2）不支持并发，同一文件在相同时刻只允许一个写入者或追加者。

（3）过程一致性，写入数据的传输顺序与最终写入顺序一致。

（4）Master HA，2.X 版本支持两个 NameNode（分别处于活动节点和备用节点状态），故障切换时间一般几十秒到数分钟。

（5）适用于大文件和大数据处理，可处理 GB、TB 甚至 PB 级别的数据量。

（6）适合流式文件访问及一次写入多次读取的数据。

（7）文件一旦写入就不能执行修改操作，只能进行数据追加操作。

2. Spark 计算框架

Spark 是一个相较于 Hadoop MapReduce 的下一代批处理框架，支持以批处理和流处理的方式处理数据。Spark 提供了一个基于集群的分布式内存抽象弹性分布式数据集（RDD），其计算引擎包括行动算子和转换算子两种 RDD 的操作。相较于 MapReduce 基于频繁读取 HDFS 存储的方式实现大体量批处理，Spark 则是在内存中进行数据处理，需要在任务一开始时先将数据读入内存，只有当需要将计算结果持久存储时才与存储层交互，处理过程中的所有处理结果均存储在内存中。Spark 相对于 Hadoop MapReduce 最主要的优势是计算速度更快。基于内存计算策略和先进的有向无环图（directed acyclic graph，DAG）调度等机制的作用，在相同的数据集大小前提下，其处理速度更快。Spark 计算引擎的另外一个重要优势是多样性，其可以独立集群方式部署或与 Hadoop Yarn 等现有集群集成。

Spark 生态系统中包括许多处理库，主要的几个库介绍如下。

（1）Spark Streaming：基于微批量方式的计算，用户处理实时流数据的库，主要利用 DStream（等同于一个 RDD 系列）来处理实时数据。

（2）Spark SQL：可通过 Java 数据连接库（Java data base connectivity，JDBC）API 查询 Spark 数据集，还可以用传统的商业智能（business intelligence，BI）或可视化工具对 Spark 的 RDD 数据执行类似结构化查询语言（SQL）的查询等操作。利用 Spark SQL 工具可对不同格式的数据（如 JSON 等）执行抽取–转换–加载（extract-transform-load，ETL）等数据转换操作，再将操作转换为特定的查询方式。

（3）Spark MLlib：可扩展的机器学习库，由通用的学习算法和工具等组成。

（4）Spark GraphX：是一个新的用于图计算以及并行图计算的 API，基于弹性分布式属性图（resilient distributed property graph，RDPG），是一种顶点和边都带有属性的有向多重图，扩展了 Spark RDD。

3. K8s 集群

K8s 是一种可自动实施容器操作的开源平台，可帮助用户省去应用容器化过程的许多手动部署和扩展操作。也就是说，可以将运行 Linux 容器的多组主机聚集在一起，由 K8s 轻松高效地管理这些跨公共云、私有云或混合云部署的主机集群。其组成包括以下几个方面。

（1）控制平面：K8s 集群的神经中枢，用于控制集群的 K8s 组件以及一些有关集群状态和配置的数据，以确保容器以足够的数量和所需的资源运行。

（2）kube-apiserver：API 是 K8s 集群控制平面的前端，用于处理内部和外部请求。通过 API 与 K8s 集群进行交互，API 服务器会确定请求是否有效，如果有效，则对其进行处理。可通过 REST 调用、kubectl 命令行界面或其他命令行工具（如 kubeadm）来访问 API。

（3）kube-scheduler：负责监控集群的健康状况并决定容器分配的位置。调度程序通过全局考虑容器集的资源需求［如中央处理器（central processing unit，CPU）或内存］以及集群的运行状况，然后将容器安排到适当的计算节点。

（4）kube-controller-manager：K8s 控制管理器，主要负责实际运行集群，查询调度程序，并确保有正确数量的容器集在运行。

（5）etcd：配置数据以及有关集群状态信息的存储，其采用分布式、容错设计，被视为集群的最终事实来源。

4. 容器化技术

容器化（containerization）技术作为操作系统层面的虚拟化技术，其目标是在单一 Linux 主机上交付多套隔离性环境，所有容器共享同一套主机操作系统内核。单个容器是集成了代码和所有软件包、依赖库标准的软件单元，目的是让基于容器部署的应用可以在不同计算环境间运行得更快更稳定。容器化技术主要有以下几个特点。

（1）极其轻量：容器镜像只需打包应用程序必要的运行库和组件。
（2）秒级部署：根据镜像环境的不同，容器的部署大概在毫秒与秒之间。
（3）易于移植：一次构建的镜像，在其他任何 Linux 环境都可部署。
（4）弹性伸缩：基于 Kubernetes、Swam 和 Mesos 这几类开源的容器管理平台有着非常强大的容器弹性管理能力。

7.2 可扩展计算资源的遥感大数据云计算平台

遥感大数据云计算平台应集遥感大数据的存储、基于移动代码范式的服务端分析处理、结果可视化和平台友好化访问接口等于一体。针对云平台定义的功能模块，本节介绍一个基于 Spark on K8s 的可扩展计算资源的遥感大数据云计算平台架构及设计，分别从平台建设的硬件环境、软件环境和集成方案等方面对平台设计进行详细介绍。

7.2.1 云计算平台硬件环境

云计算平台基础硬件由 6 台虚拟机节点（virtual machine nodes，VMNs）构成。在华为 FusionCompute 虚拟化平台上创建了这些虚拟机节点，其中 4 台部署在 FusionComputeV100R006 平台（R006）上，包括节点 1、节点 2、节点 3 和节点 4；另外 2 台虚拟机的宿主是 FusionComputeV100R005 平台（R005），包括节点 5 和节点 6。构成 R006 虚拟化平台的物理服务器硬件配置如下：Intel（R）Xeon（R）CPU E5-2630 v4 @ 2.20 GHz、Intel Corporation 82599EB 10 Gigabit Dual Port Backplane Connection（网络配置）和 128GB 内存。构成 R005 虚拟化平台的物理服务器配置如下：Intel（R）Xeon（R）CPU E5-2620 v2 @ 2.10 GHz、Intel Corporation I350 Gigabit Network Connection（网络配置）和 64GB 内存。K8s 集群中的虚拟机节点硬件配置见表 7.1。

表 7.1 K8s 集群中的虚拟机节点硬件配置

节点	节点类别	配置	角色
节点 1	虚拟机节点（部署在 FusionServer CH121 V3）	CPU 虚拟核 16 个、32GB 内存和 500G 磁盘空间	K8s 工作节点；HDFS 的元数据节点（NameNode，NN）
节点 2	虚拟机节点（部署在 FusionServer CH121 V3）	CPU 虚拟核 16 个、32GB 内存和 550G 磁盘空间	K8s 管理节点；HDFS 的数据节点（DataNode，DN）；Kuboard 集群监测
节点 3	虚拟机节点（部署在 FusionServer CH121 V3）	CPU 虚拟核 16 个、16GB 内存和 1074G 磁盘空间	K8s 工作节点；HDFS 的数据节点；CephFS 的 OSD
节点 4	虚拟机节点（部署在 FusionServer CH121 V3）	CPU 虚拟核 16 个、16GB 内存和 1074G 磁盘空间	K8s 工作节点；HDFS 的数据节点；CephFS 的 OSD
节点 5	虚拟机节点（部署在 RH1288 V2-8S）	CPU 虚拟核 16 个、32GB 内存和 1050G 磁盘空间	K8s 工作节点；HDFS 的元数据节点；CephFS 的 OSD
节点 6	虚拟机节点（部署在 RH1288 V2-8S）	CPU 虚拟核 16 个、32GB 内存和 3.7T 磁盘空间	K8s 工作节点；HDFS 的数据节点；CephFS 的 OSD

注：OSD 的英文全称是对象存储设备（object storage device），其主要功能是存储数据、复制数据、平衡数据和恢复数据。

7.2.2 云计算平台软件环境

利用 Kuboard 和 Spark 任务监控工具等 K8s 免费开源管理工具，管理和监测 6 个节点的运行状况及硬件资源使用情况。平台中所有的虚拟机节点（VMNs）使用 CentOS-7.4-x86_64 开源操作系统，Docker 作为容器执行环境。VMNs 和 Docker 镜像使用的软件包见表 7.2。为了方便管理基于容器化的计算工作负载，由六个 VMNs 构建了 K8s 集群平台，其中一台作为 K8s 管理节点，其余五台作为 K8s 的工作节点。

表 7.2 VMNs 和 Docker 镜像使用的软件包

对象	软件名称	版本
VMNs	Docker	19.03.13
	Ceph	15.2.6
	K8s	1.19.2
	Kuboard	2.0.5.5
Docker 镜像	Hadoop	2.7.3
	Python	3.7.3
	Spark-bin-Hadoop	2.4.6
	GDAL	3.1.4
	PROJ	6.3.2

7.2.3 云计算平台集成方案

基于 K8s 集群，云平台分别集成了 HDFS、基于 Spark 并行式框架的 GeoPySpark 遥感数据处理库以及基于 Jupyter Notebook 的 Web 访问接口，利用容器虚拟化技术构建用于遥感大数据处理分析的可扩展计算资源云计算平台（图 7.1）。云平台包括 K8s 集群管理、遥感数据分布式存储及可扩展计算资源容器和 Web 访问接口的容器解决方案三个模块。

1. K8s 集群管理

K8s 集群管理主要负责集群资源管理、用户鉴权、服务计费和配置管理。作为 K8s 集群的基础模块，构建了 CephFS 分布式存储，并将其作为 K8s 的永久卷（persistent volume）的存储类。当集群某个节点发生宕机后可由其他正常运行的节点接管运行在其上的服务，从而保证了 K8s 集群的数据安全稳定运行。

2. 遥感数据分布式存储

利用 HDFS on K8s 技术实现分布式文件存储，整个 HDFS 环境运行在 K8s 集群之上，当某个元数据节点（NN）宿主节点宕机后，可由其他正常运行的 VMNs 节点接管其服务。HDFS 的实现中，在充分考虑存储系统的高可用性的基础上，我们构建了主备

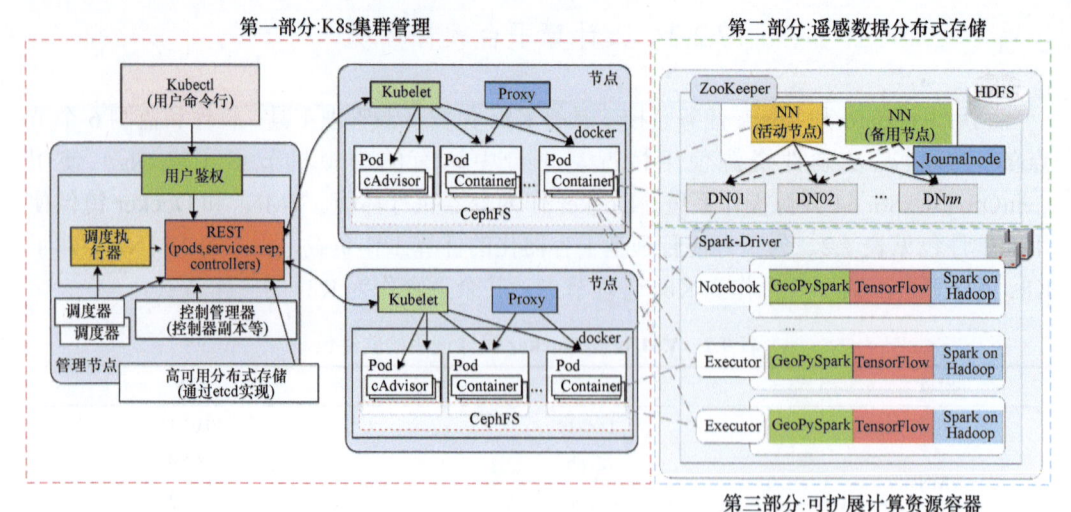

图 7.1 可扩展计算资源的遥感大数据云平台架构

Kubectl 为用户提供了与 K8s 集群进行交互的命令行接口；Kubelet 是运行在每个节点上的"节点代理"；Pod 是用户用来创建和管理 K8s 集群的最小部署计算单元；ZooKeeper 维持了 HDFS 分布式存储的高可用；NN 和 DN 分别代表了 HDFS 的元数据节点和数据节点；REST 为代表"Representational State Transfer"（表现层状态转换）；services.rep 为服务副本数；controllers 为控制器

管理模式的分布式存储系统，其中一个 NN 作为活动节点，另一个则作为备用节点。NN 是 HDFS 的管理核心，记录了整个文件系统的目录树并跟踪每个文件数据在集群中的存储位置，其本身并不存储真实的文件数据。DN 则是在 HDFS 系统中专门负责存储实际的数据，我们将 DN 部署在所有的 VMNs 之上，从而降低数据在节点之间的移动。

3. 可扩展计算资源容器

可扩展计算资源容器由 Spark 驱动容器和执行容器（Spark executor containers，SEC）组成。作为平台的核心部分，集成容器化 Spark 的 K8s 集群被用来实现可扩展计算资源的分配。在每一个容器化 Spark 应用中，计算执行容器的容器数量、虚拟核数和内存等参数可根据计算任务的复杂度通过 Jupyter Notebook 提供的 Web 接口进行动态设置。通过集成一系列处理遥感数据 Python 库的 Docker 镜像就可创建 SDC 和 SEC。Spark-Notebook 镜像中集成的 Jupyter Notebook Python 库，扩展了基于控制台的应用到交互式计算的一种新模式，其提供的 Web 接口适合于捕获跟踪整个计算过程，包括开发、文档记录、代码执行以及结果的快速展示等。集成在 Spark-Notebook 和 Spark-Python 镜像中的 GeoPySpark 是 GeoTrellis 的 Python 语言捆绑实现库。GeoTrellis 是一个基于 Scala 语言编写的高性能处理地理数据的工具包，包括一系列处理操作各类遥感数据的功能模块。GeoPySpark 利用 GeoTrellis 的功能模块来读取、写入并操作栅格数据。在 GeoPySpark 处理框架下，所有的栅格图像都被抽象为多个切片类。切片类中包括一个表示像元值的 NumPy 数组和与其相关的栅格数据地理空间信息。

在平台结果可视化方面，镜像中集成了 Matplotlib 包，这是一个提供了可创建静态的、多彩活力图像的 Python 可视化包。通过 Helm 工具在部署 Spark-Notebook 分布式框架管理容器时，三种服务将被部署，包括网页接口服务（Web portal service）（Jupyter Notebook）、Spark 驱动服务（Spark driver service）和 Spark 可视化服务（Spark UI service）。网页接口服务通过 haproxy-ingress 高可用和高稳定性代理服务将其暴露给终端用户访问；Spark 驱动服务用来分配和维护整个计算任务所申请的 SEC 资源状态；Spark 可视化服务则用来监控每个任务（job）及其过程阶段（task stage）的执行细节信息等。

7.3 基于云平台的遥感大数据快速处理——以 MODIS NDVI 数据为例

利用 7.2 节构建的遥感大数据云平台，以及 MODIS 地表反射率数据和云覆盖数据重建中国陆地区域 250m 逐日长时间序列（2002～2020 年）MODIS NDVI 数据产品，开展遥感大数据快速处理研究。

7.3.1 实验设计

本研究使用 MOD09GQ 提供的 250m 逐日地表反射率波段 1（红光波段，RED）和波段 2（近红外波段，NIR）以及 MOD35 云覆盖产品的云掩模（Cloud_Mask，CM）波段数据。利用 MOD09GQ 数据产品中的数据质量控制（QC）来掩膜 RED 和 NIR 波段中受云影响的像元。其中，RED、NIR 和 QC 数据格式为 int16 类型，250m 分辨率下整个中国陆地区域有 24642×14157 像元数，则每个栅格文件大小约为 665MB；MOD35 数据格式为 int8 类型，则每个栅格文件大小约为 332MB。因此，每天的归一化植被指数（NDVI）计算所处理的数据大约为 2GB。2002～2020 年底，整个中国陆地区域所需的逐日 MOD09GQ 数据大约为 13TB。MODIS NDVI 重建的数据处理流程如图 7.2 所示，主要包括：对 MOD09GQ 的 RED 和 NIR 波段进行质量控制后，MOD09GQ 和 MOD35 栅格数据分别进行投影转换、图像合并、重采样和裁剪中国区域等操作步骤，再利用 MOD35 CM 数据将 MOD09GQ 的 RED 和 NIR 波段数据进行云掩膜处理，最后将其转

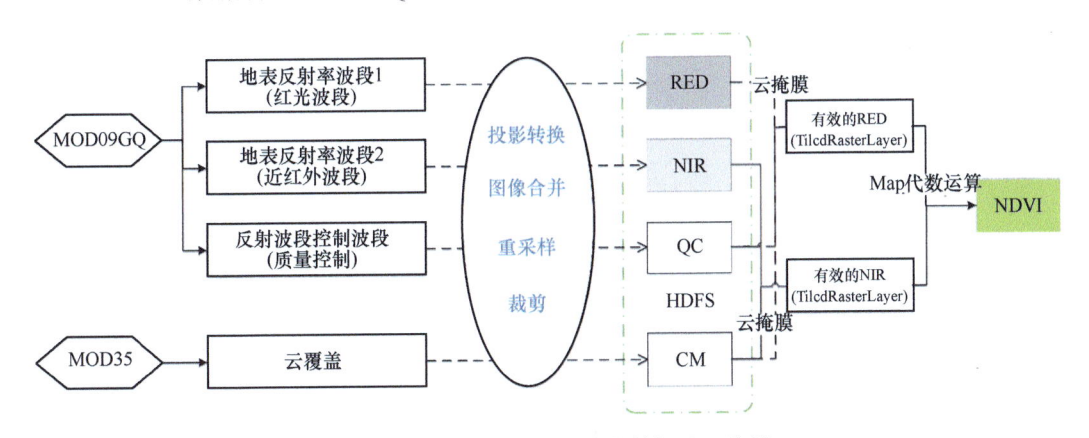

图 7.2 MODIS NDVI 重建的数据处理流程

六边形表示遥感图像在 HDFS 中的目录，长方形表示图像的波段，绿色长方形表示最后计算得到的 NDVI

换为 TiledRasterLayer 并进行 Map 代数运算操作得到每天的 NDVI 数据产品。

7.3.2 云平台效率评估

1. 代数运算效率评估

基于波段的代数运算分别评估异构节点、切片块大小及可扩展计算资源对平台整体运算效率的影响。

1）异构节点对集群效率的影响

为了评估性能差的节点对整个集群效率的影响,利用 Spark 可视化服务跟踪瓦片操作各任务阶段的详细运行时间。我们初始化 6 个 SEC,每个容器独享 8GB 内存和 2 个虚拟核,分别运行 Spark 容器应用 20 次,并记录下每次瓦片过程的时间。在前 10 次运行中,所有的计算节点都参与调度,后 10 次运行中将性能差的计算节点设置为暂停调度。结果如图 7.3 所示,当整个集群的节点都参与调度时,一些操作的任务不可避免地被提交到性能差的节点上(节点 5 和节点 6),时间波动比较大。当性能差的节点被暂停调度后,所有的 SEC 被调度在性能强的节点上,这种情况下,计算时间明显平稳很多。以 CM 数据瓦片处理过程为例,当性能差的节点一起参与调度时,最高的时间消耗超过了 35s,然后,当暂停调度性能差的节点后,瓦片过程时间降至约 22s。一些执行过程的时间接近于 25s,通过详细跟踪 Spark 可视化服务和 HDFS 管理系统,发现主要的原因是数据存储的节点与计算节点不在同一个节点上所致。因此,当暂停调度性能差的节点后,整个集群的最大增益可达到 37.1% [(35−22)/35×100%]。

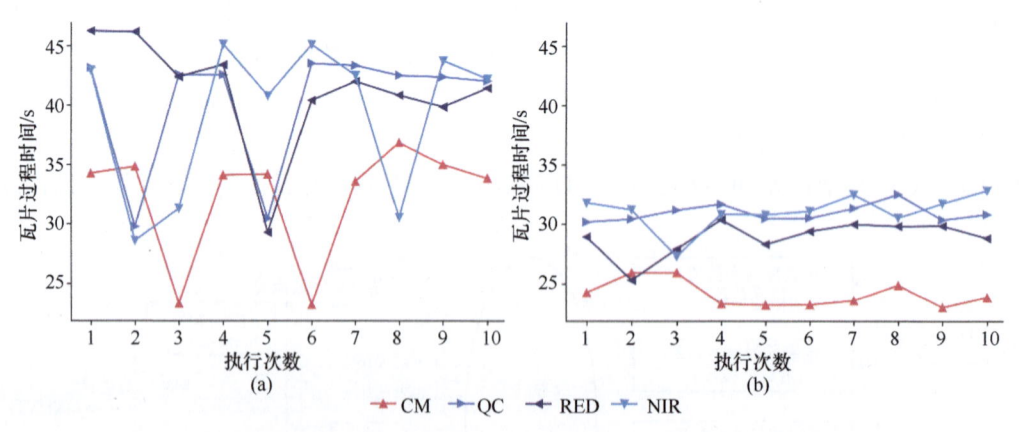

图 7.3 相同 SparkContext 参数配置下低效率节点对整体计算效率的影响
(a) 所有的节点都参与计算调度;(b) 仅效率高的节点参与计算调度

2）切片块大小对计算效率的影响

由于所有的 Map 代数运算只能在 TiledRasterLayer 上进行,研究切片块大小对栅格数据处理过程消耗时间的影响是非常有必要的。我们初始化 6 个 SEC、2 个虚拟核和 8GB 内存的 SparkContext 来制备遥感 NDVI。针对每个不同的切片块大小执行 10 次,分别记录每次瓦片过程及计算写入时间,然后计算得到平均时间。如图 7.4 所示,可以看出不同切片块大小平均瓦片过程消耗时间几乎一致。更小的遥感栅格影像(CM 数据)消耗时间约为 25s,更大一点的栅格数据(QC、RED 和 NIR 数据)大概需要 30s。因此,在相同 SparkContext 参数配置下,切片块大小在瓦片执行过程中并非一个主导因素。

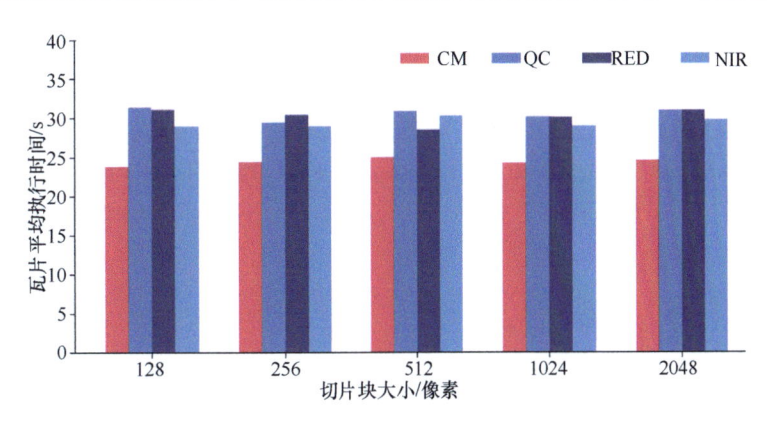

图 7.4　相同 SparkContext 参数配置下切片块大小对瓦片过程效率的影响

由于 Spark 的延迟加载机制(lazy loading behavior,LLB),在数据转换操作中不会触发计算过程,而是只跟踪记录请求的转换操作。因此,需要更进一步地探索计算和写入绑定在一起阶段的时间效率。我们利用 Spark 可视化服务继续跟踪每个阶段详细时间消耗,发现切片块大小主导了整个集群在计算和写入阶段的时间消耗。如图 7.5 所示,随着切片块大小的增加,集群计算写入时间也在持续增大。最小执行时间发生在切片块大小为 256 像素的第二次执行过程,而最大执行时间则发生在切片块大小为 2048 像素的第四次执行过程。虽然最小执行时间发生在切片块最小的执行过程中,但这并不意味着在计算写入过程中,切片块大小越小对整个计算时间影响越小。相较于其他不同的切片块大小(128 像素、256 像素、1024 像素和 2048 像素),当切片块大小为 512 像素时,集群获得了一个比较稳定的执行效率。

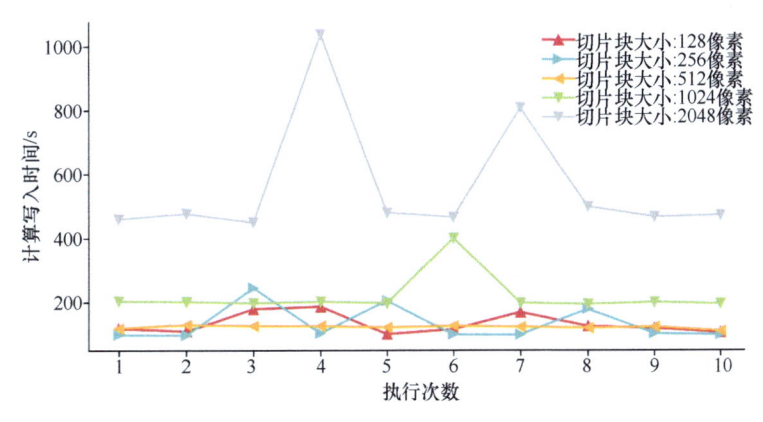

图 7.5　同等 SparkContext 参数配置下不同切片块大小对计算和写入时间的影响

3）可扩展计算资源对计算效率的影响

本研究针对 SparkContext 设计了 4 种不同的参数配置。①set1：42 个 SEC 拥有 2GB 内存和 1 个虚拟核（42E1C2G）；②set2：20 个 SEC 拥有 4GB 内存和 2 个虚拟核（20E2C4G）；③set3：10 个 SEC 拥有 6GB 内存和 3 个虚拟核（10E3C6G）；④set4：6 个 SEC 拥有 12GB 内存和 7 个虚拟核（6E7C12G）。

逐日 MODIS NDVI 重建计算写入任务中，包括 4 个 flatMap 过程、3 个 RDD 汇聚过程和 1 个 RDDWriter 过程。RDD 汇聚和 RDDWriter 过程减缓了整个执行任务，增加了 Spark 计算框架的时间消耗。4 个不同 SparkContext 配置下，计算和写入任务的时间耗费如图 7.6 所示，可以看出，在同等算法复杂度下，计算和写入时间随 SEC 的数量增大而变大。

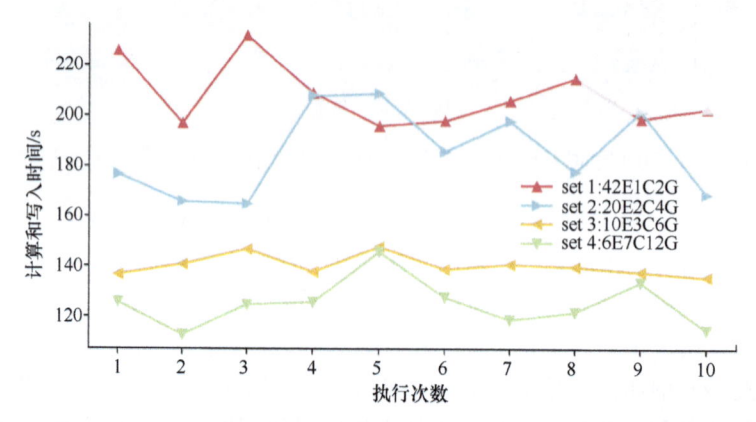

图 7.6　不同 SparkContext 参数配置和同等 512 像素切片块大小下计算及写入效率评估

2. 空间计算效率评估

根据四种不同滑动窗口（sliding windows，SW）大小和不同数据类型，评估平台的空间计算效率影响平台因素。在三种不同的 SparkContext 参数配置下（20 个 SEC 拥有 4GB 内存和 2 个虚拟核、10 个 SEC 拥有 4GB 内存和 2 个虚拟核、5 个 SEC 拥有 4GB 内存和 2 个虚拟核，分别记作 20E2C4G、10E2C4G 和 5E2C4G），选择 GeoPySpark 的平均（MEAN）操作和 int16/float32 数据类型的 TiledRasterLayer 分别在 3×3、5×5、7×7 像素和 9×9 这 4 个不同滑动窗口大小下进行实验，每个不同的滑动窗口下分别执行 5 次并记录下计算写入过程时间。结果如图 7.7 所示，可以看出 float32 数据类型的实验执行时间明显高于 int16 数据类型，在 20E2C4G、10E2C4G 和 5E2C4G 三种不同计算环境下的平均时间消耗分别高约 9.2s（58.625s–49.42s）、4.35s（59.27s–54.92s）和 4.25s（59.74s–55.49s）。同等计算资源配置和算法复杂度下，滑动窗口大小对整个计算写入过程的影响甚微。

3. 可视化输出

GeoPySpark 库提供了一种可从 TiledRasterLayer 目录中读取任意自定义区域大小（包括点）遥感数据的功能。我们以 2020 年 6 月 14 日的 NDVI 计算为例进行说明，针

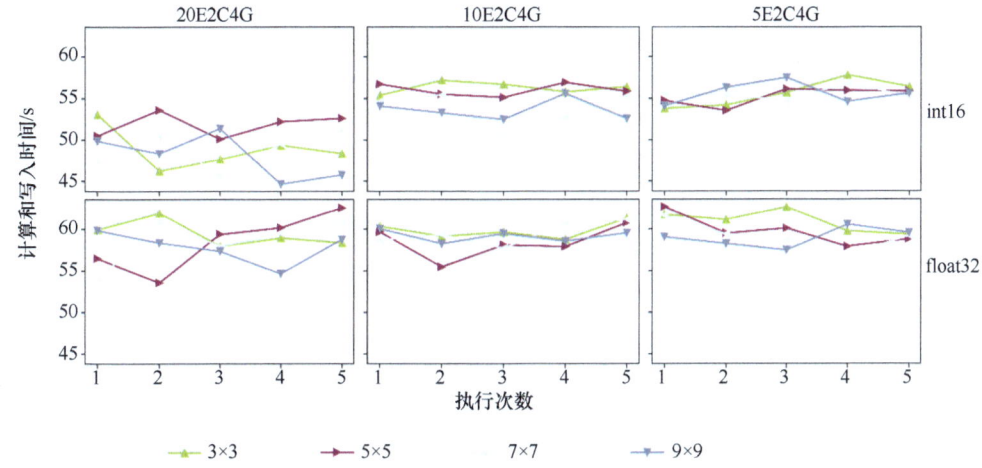

对任意大小的切片块大小,可以很容易地在 Web 平台界面中进行显示(图 7.8)。

图 7.7 不同 SparkContext 参数配置及不同数据类型下的滑动窗口并行计算效率评估

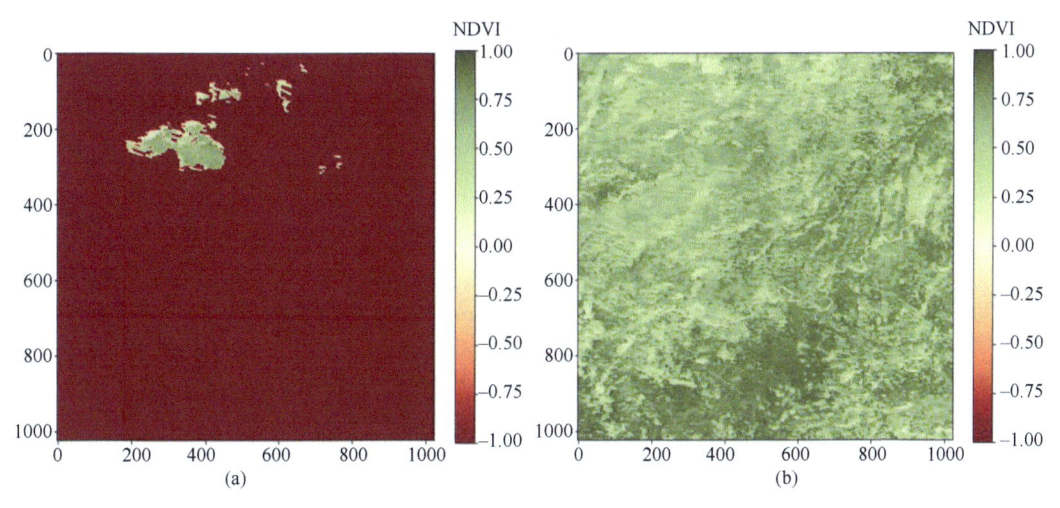

图 7.8 用户自定义边界大小(1024×1024)下的数据可视化
(a)波段计算得到的 NDVI;(b)利用 S-G 滤波重建后的 NDVI 结果

7.4 云平台与深度学习框架的集成

  目前主流的深度学习框架,如 PyTorch、Caffe 和 TensorFlow,自带的分布式训练框架均存在比较明显的缺点:一是需要手动部署训练代码到多台服务器;二是整个训练样本需要手动分发到所有服务器上;三是训练过程如果有某个节点宕机,则训练失败。因此,已有学者将这些深度学习框架与分布式并行框架 Spark 融合,形成了 SparkTorch、BigDL、CaffeOnSpark 和 TensorFlowOnSpark 等可扩展式深度学习框架。SparkTorch 是 PyTorch 在 Spark 上的实现,该库的目标是提供一个简单易懂的界面,用于在 Spark 上分发 PyTorch 模型的训练。BigDL 由 Intel 开发的基于 Spark 的分布式深度学习框架,使数据科学家和数据工程师可以轻松构建端到端的分布式 AI 应用程序的框架,基于 Scala

语言实现,该框架并不支持图形处理器(GPU)。CaffeOnSpark 和 TensorFlowOnSpark 都是将可扩展深度学习(scalable deep learning,SDL)集成到 Apache Hadoop 和 Apache Spark 集群中,将各自深度学习框架显著特性与 Apache Hadoop 和 Apache Spark 结合,可在图形处理器和中央处理器(CPU)服务器集群上实现分布式深度学习。这几个框架都支持在 Spark 集群上进行分布式深度学习训练和推理,目标是最大限度地减少在共享网格上运行现有深度学习程序所需的代码更改量。

7.4.1 云平台与深度学习框架的集成方案

针对遥感数据以像元进行组织的特征,本章提出一种基于遥感数据像元间长时间序列数据的并行深度学习框架。以 TensorFlow 深度学习框架为例,需要先构建像元间的 TensorFlow in Spark 分布式并行框架,再将 TensorFlow 深度学习框架代码与处理遥感数据的软件包一起构建在 Docker 镜像中,然后对长时间序列构成的多波段遥感影像数据立方体(data cube)执行操作时,将每一个像元的长时间序列数据作为一组单独数据集,分别执行训练数据生成、模型训练、模型验证与解决预测等深度学习任务(图 7.9)。基于 TensorFlow in Spark 的方式,对用户选择感兴趣区域的像元数据一次性加载进入 Spark 框架,然后在像元间执行并行式的分布式深度学习操作。其主要过程包括:将相同空间范围、相同分辨率和投影方式等的单独遥感影像,通过 GeoPySpark 提供的多波段合成方法,组合成一个具有多波段的 GeoTIFF 影像数据立方体(类似于 GEE 平台中的 ImageCollection 以及 OpenEO 和 SH 的 Collection);再将一个个小的切片立方体(tile cube)或任意自定义区域大小的块文件加载到 TensorFlow in Spark 框架,实现并行可扩展深度学习算法。

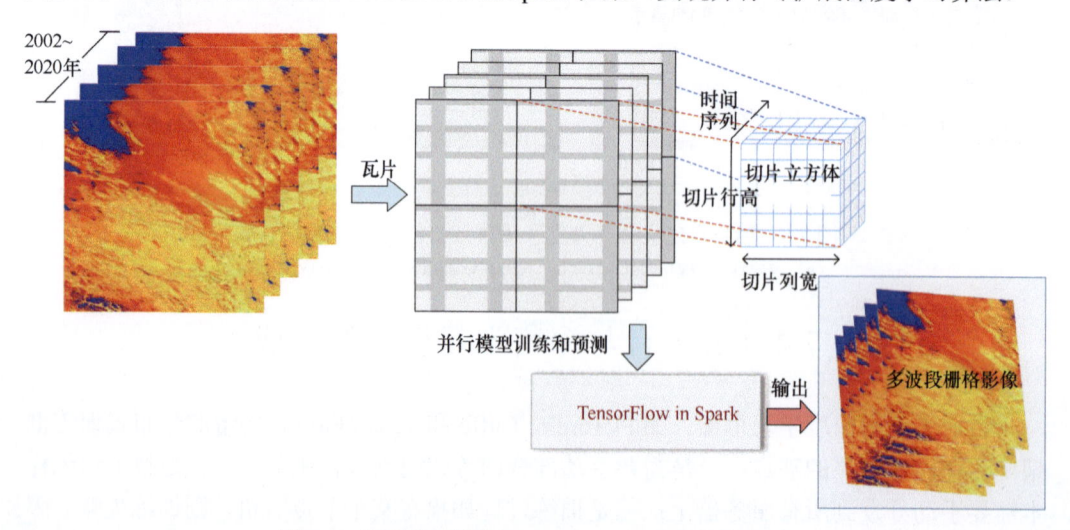

图 7.9 深度学习框架 TensorFlow 与云平台的集成

7.4.2 集成云平台和深度学习框架的时序 MODIS LAI 数据重建

以黄河源区长时序(2002~2021 年)MODIS 叶面积指数(LAI)产品时空重建为

例，将本节构建的可扩展计算资源云计算平台与 TensorFlow 深度学习框架集成，开展复杂计算评估。

1. 重建流程

基于 MODIS LAI/FPAR（MCD15A3H）产品（4 天/500m），采用 LSTM 深度学习方法对 LAI 的缺失值进行时空重建（图 7.10）。

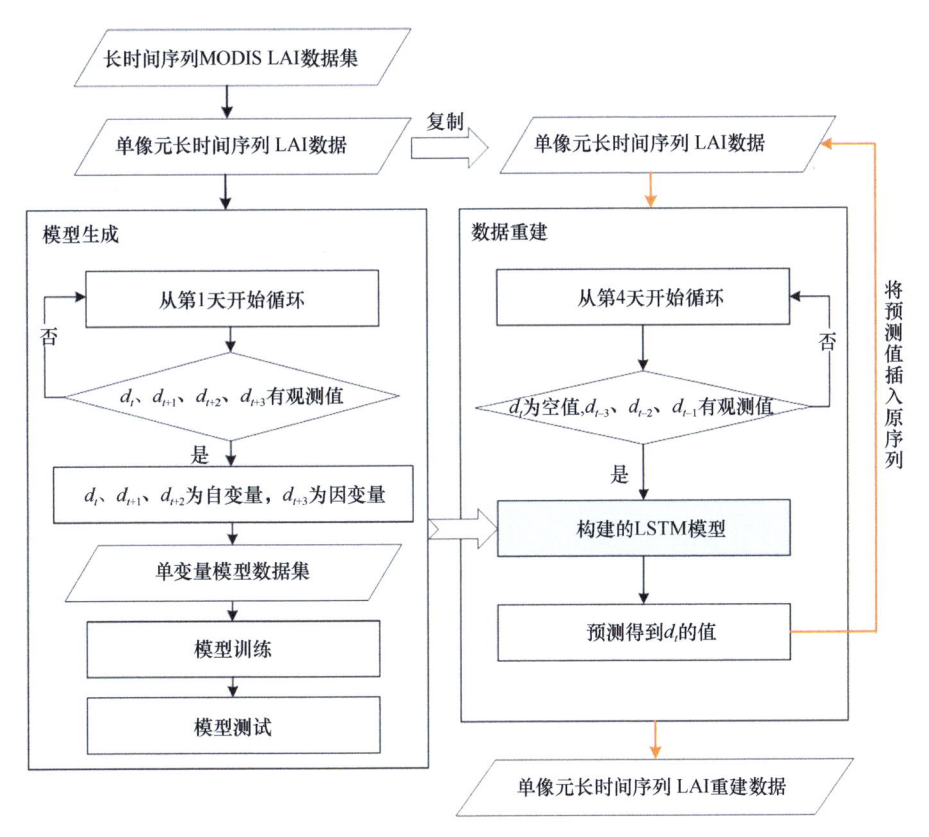

图 7.10 利用 LSTM 重建 MODIS LAI 数据流程

MODIS LAI 时序重建主要步骤包括以下几点。

第 1 步：准备原始长时间序列 MODIS LAI 数据集（数据立方体）。

第 2 步：针对单个像元长时间序列数据准备模型数据集。一个个点进行循环判断，如果其本身以及后 3 天（d_t、d_{t+1}、d_{t+2} 和 d_{t+3}）都是有效数据，则以 d_{t+3} 的数据为因变量，d_t、d_{t+1}、d_{t+2} 的 3 天数据为自变量作为模型数据集一条记录。

第 3 步：结合准备好的数据集训练并验证模型。以其中大部分的数据集作为训练数据，剩余数据集作为验证数据集，设置好 LSTM 模型参数，开始训练模型。

第 4 步：用上一步训练好的模型重建缺失数据。从第 4 天开始循环（因使用模型预测缺失值时，必须保证前 3 天有数据），当天的数据记作 d_t，如果 d_{t-1}、d_{t-2} 和 d_{t-3} 前 3 天都有数据，则预测出 d_t 的值。

第 5 步：将上一步预测出的 d_t 值，重新插入单个像元长时间序列 LAI 数据中。如果这个点之后的数据仍有空值，则以该数据和它前 2 天的数据预测下一个点（或天）的数据。循环往复，直到该长时间序列所有缺失值重建完成。

2. 精度评价

以研究区分块位置（512，512）处像元为例，2002~2021 年该像元拥有 1741 天的数据，其中有效数据的天数为 1526 天。根据 LSTM 单变量重建算法，共生成 1221 条有效模型输入记录，其中训练数据记录 818 条（1221 条×67%），验证数据为 403 条。本实验中，LSTM 的参数设置分别为：采用 mean_squared_error 作为损失函数，优化算法选用 Adam，轮次为 100，每次加载数据量（batch_size）为 128 和隐藏神经元个数设置为 120。图 7.11 给出了验证数据集上 LSTM 模型重建 LAI 的效果，结果表明 LSTM 模型的 RMSE、R^2 和偏差值分别为 0.255、0.71 和 0.003。显然，基于 LSTM 的 LAI 重建模型达到了较高的精度。

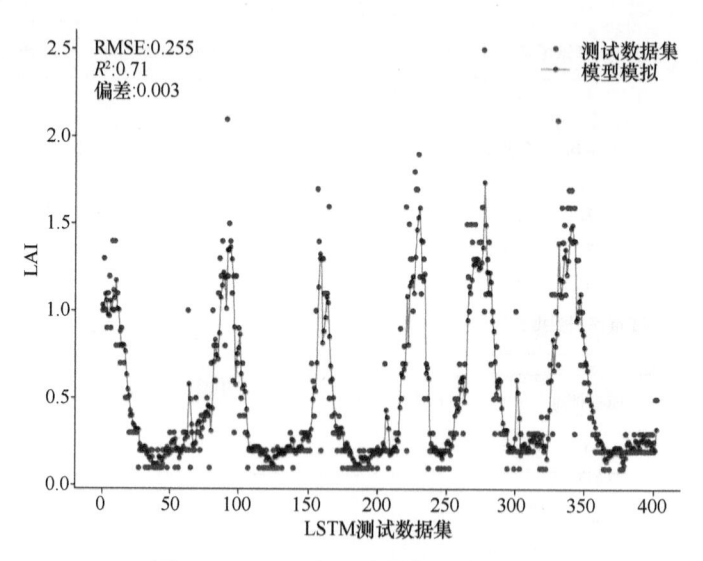

图 7.11 LSTM 测试数据集及模型模拟

3. 平台效率评估

1）单像元效率评估

单像元 LSTM 重建效率评估中，只是在交互式笔记本端进行测试，并没有申请更多的 SEC 计算资源，也就是说，相当于单机测试（Spark Driver 的配置为 8GB 内存和 1 个虚拟核）。我们随机选择了 10 个有效像元，并记录下每个像元的重建时间，结果如图 7.12 所示。可以看出，执行一个单像元的 CPU 时间约为 30s，时钟时间约为 20s，其中 CPU 时间代表算法进程执行时间和进程内核态消耗时间的和；时钟时间表示实际运行的时钟时间。CPU 时间明显高于时钟时间，表示我们使用的 LSTM 算法在单机上面执行时，一个进程任务被分割为多个线程进行并发执行，从而大大缩减实际等待时间约 35% [（29.4–19.2）/29.4×100%]。

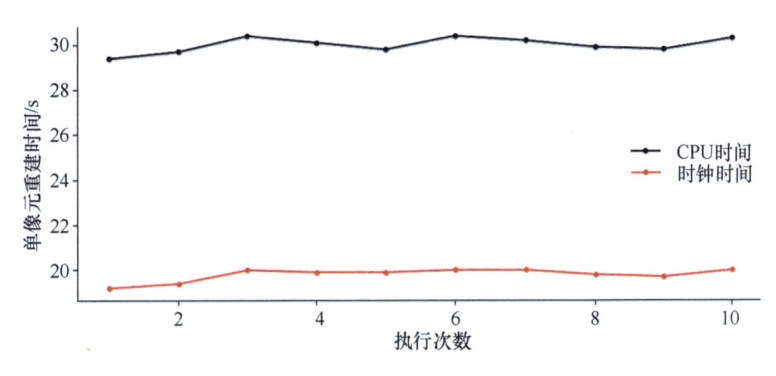

图 7.12　单像元长时间序列 LAI 重建效率

2）切片块大小评估

申请使用整个集群的所有计算资源，由于整个平台共有 96 个 CPU 虚拟核，160GB 内存，除去维护 K8s 平台、HDFS 及操作系统占用的资源外，可以申请到用于 Spark 并行框架计算的 SparkContext 最大的资源配置为 40 个拥有 2 个虚拟核和 2GB 内存的 SEC（40E2C2G）。在该资源配置下，分别进行了 5×5、10×10、20×20、40×40、80×80 和 160×160 切片块大小的计算效率评估，每个切片块大小执行 5 次运算，记录每次执行时间后求平均值，结果如表 7.3 所示。平台的计算时间随着切片块大小的增大而增长，切片块大小从 5×5 到 10×10，像元数量扩大 4 倍，时间增长 0.3 倍；从 10×10 到 20×20，时间增长 2.56 倍；从 20×20 到 40×40，时间增长 3.43 倍；从 40×40 到 80×80，时间增长 2.55 倍；从 80×80 到 160×160，时间增长 3.5 倍。总体而言，计算时间的增长速率与数据量大小呈线性关系。

表 7.3　不同切片块大小平台执行效率

计算资源配置	切片块大小/像素	耗时/min
40E2C2G	5×5	1
	10×10	1.32
	20×20	4.7
	40×40	20.82
	80×80	73.83
	160×160	332.15

3）扩展计算资源的效率评估

为了评估计算资源对计算密集型算法的影响，我们利用如下资源进行实验，具有相同内存大小（2GB）和相同内核数（2 个虚拟核）的 SEC 分别为 5 个、10 个、20 个、30 个和 40 个，分别记作 5E2C2G、10E2C2G、20E2C2G、30E2C2G 和 40E2C2G。在以上五种计算配置下，分别基于 20×20 和 40×40 两种不同切片块大小的数据集进行实验。每种块大小数据，在每种计算资源配置下分别执行 5 次，记录下耗时并计算平均时间，结果如图 7.13 所示。可以看出，在 20×20 切片块大小下，计算资源配置 40E2C2G（80

个任务）的耗时约是 30E2C2G（60 个任务）配置的 66%；20E2C2G（40 个任务）耗时约为 10E2C2G（20 个任务）的 64%；10E2C2G 耗时约为 5E2C2G（10 个任务）的一半。在同等加载的数据量下，计算耗时随着计算资源配置的增多呈下降趋势。

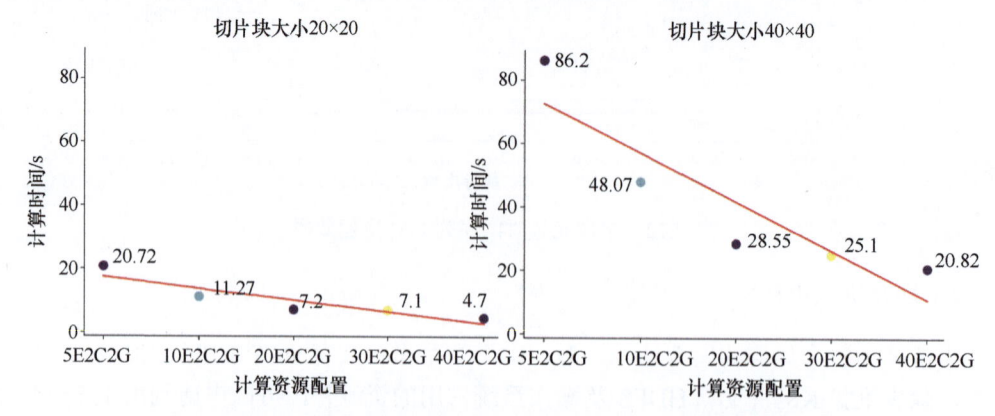

图 7.13　不同计算资源配置的 SparkContext 计算效率评估
左图表示切片块大小为 20×20 的数据量；右图切片块大小为 40×40 的数据量

在同等计算资源配置下，20×20 和 40×40 块大小在 5E2C2G 配置下耗时分别为 20.72s 和 86.2s；10E2C2G 配置下耗时分别为 11.27s 和 48.07s；20E2C2G 配置下耗时分别为 7.2s 和 28.55s；30E2C2G 配置下耗时分别为 7.1s 和 25.1s；40E2C2G 配置下耗时分别为 4.7s 和 20.82s。40×40 切片块大小的数据量是 20×20 切片块大小的 4 倍，在同等计算配置下，计算耗时也约为 4 倍。由此可知，对于类似于深度学习这种计算密集型的算法，分布式计算云平台的计算效率与数据量大小呈正比例增加。

7.5　本章小结

本章以遥感大数据的处理分析为研究导向，基于现有硬件资源构建了集数据存储、分析处理、结果可视化及集成深度学习框架于一体的可扩展计算资源遥感大数据处理云计算平台。在解决遥感数据快速处理方面为用户提供一个可快速实现遥感大数据云处理环境及可移植到任何私有云、公有云或混合云的实践。

目前，大范围的土地覆被/土地利用制图、植被变化、气候变化等是遥感大数据云计算平台的应用热点领域，但大部分遥感大数据云计算平台还未能和人工智能技术有效结合。未来，需要将遥感大数据技术、人工智能技术、云计算技术有效融合成遥感大数据智能云计算技术，提供弹性扩展、资源共享和按需付费的服务模式，使用户能够根据自身需求快速获取所需的计算资源。例如，智能云计算平台可以提供虚拟机实例、存储空间和数据库等服务，通过云计算平台提供的高性能计算能力，帮助用户实现高性能计算，利用人工智能实现复杂模拟、大规模数据存储、分析处理和应用部署等任务。构建能满足各种不同层次遥感大数据需求的遥感智能云平台，是遥感应用研究的必然趋势。

参 考 文 献

付东杰, 肖寒, 苏奋振, 等. 2021. 遥感云计算平台发展及地球科学应用[J]. 遥感学报, 25: 220-230.
付琨, 孙显, 仇晓兰, 等. 2021. 遥感大数据条件下多星一体化处理与分析[J]. 遥感学报, 25(3): 691-707.
罗军舟, 金嘉晖, 宋爱波, 等. 2011. 云计算: 体系架构与关键技术[J]. 通信学报, 32(7): 3-21.
张建勋, 古志民, 郑超. 2010. 云计算研究进展综述[J]. 计算机应用研究, (2): 429-433.
Talia D. 2012. Clouds meet agents: toward intelligent cloud services[J]. IEEE Internet Computing, 16(2): 78-81.